普通物理教程 上册

第2版

主编／魏京花
副主编／苏欣纺 余丽芳 聂传辉 王俊平 马黎君

清华大学出版社
北京

内容简介

《普通物理教程》(上、下册)是根据教育部最新修订的“高等学校理工科非物理类专业大学物理课程基本要求”和国内工科物理教材改革动态，并结合编者多年从事工科物理教学的经验编写而成的。其中上册为力学篇和电磁学篇，下册为热学篇，振动与波动篇，波动光学篇，量子物理基础篇及专题选讲篇，全书共计7篇15章内容。每章由教学基本内容、例题、章节要点、习题四部分组成，书后附有习题答案。

本书可作为高等学校非物理专业学生物理课程的基础教材，也可作为高校物理教师、学生和相关技术人员的参考书。

图书在版编目(CIP)数据

普通物理教程．上册/魏京花主编．—2版．—北京：清华大学出版社，2016(2019.1重印)
ISBN 978-7-302-42403-1

Ⅰ．①普…　Ⅱ．①魏…　Ⅲ．①普通物理学－高等学校－教材　Ⅳ．①O4

中国版本图书馆CIP数据核字(2015)第287852号

责任编辑：邹开颜　赵从棉
封面设计：常雪影
责任校对：赵丽敏
责任印制：刘祎淼

出版发行：清华大学出版社
网　　址：http://www.tup.com.cn，http://www.wqbook.com
地　　址：北京清华大学学研大厦A座　　邮　　编：100084
社 总 机：010-62770175　　邮　　购：010-62786544
投稿与读者服务：010-62776969，c-service@tup.tsinghua.edu.cn
质量反馈：010-62772015，zhiliang@tup.tsinghua.edu.cn
印 装 者：三河市铭诚印务有限公司
经　　销：全国新华书店
开　　本：185mm×260mm　　印　　张：16.25　　字　　数：394千字
版　　次：2012年9月第1版　　2016年1月第2版　　印　　次：2019年1月第5次印刷
定　　价：32.00元

产品编号：061005-02

前言

FOREWORD

物理学是研究物质的基本结构、基本运动形式及其相互作用和转化规律的科学。它的基本理论渗透在自然科学的各个领域,广泛应用于生产技术,是自然科学和工程技术的基础。大学物理课程是高等学校理工科各专业学生一门重要的必修基础课。它是为提高学生的现代科学素质服务的,在培养学生科学的自然观、宇宙观和辩证唯物主义世界观,培养学生的探索、创新精神,培养学生的科学思维能力、掌握科学方法等方面,都具有其他课程不可替代的重要作用。

本书在内容上遵循教育部最新修订的"高等学校理工科非物理类专业大学物理课程基本要求",在编写中力求使读者掌握物理学的基本概念和规律,建立较完整的物理思想,同时渗透人文社会科学知识,让读者活用所学知识,加强应用能力,实现知识、能力与素质协调发展。全书共分7篇:力学、电磁学、热学、振动与波动、波动光学、量子物理基础及专题选讲,分上、下两册出版。为了帮助学生掌握各篇内容的体系结构与脉络,每章均编有章节重点并附有部分习题。书中最后附有物理学常用数据、常用数学公式以及习题答案,以方便学生查阅和使用。书中还选有少量的阅读材料以开阔学生视野,拓展知识面,激发学生的学习兴趣,并启迪学生的创造性。全书讲授约需120学时。

本书由魏京花、黄伟、余丽芳、苏欣纺、聂传辉、王俊平、马黎君、宫瑞婷和陈蕾9位教师共同编写完成。全书分为7篇15章,其中第1章、第9章和第10章由魏京花编写,第2章由王俊平编写,第3章由马黎君编写,第4章由黄伟编写,第5章、第6章由苏欣纺编写,第7章由聂传辉编写,第8章、第11～13章由余丽芳编写,第14章、第15章由陈蕾编写,专题选讲部分由宫瑞婷编写,全书由魏京花负责统稿,黄伟教授主审并定稿。

本教材第1版于2012年9月出版,经过北京建筑大学和部分院校使用3年,基本体现了编者的初衷:难度合适、深入浅出、篇幅不大、易教易学。根据使用者反映的情况和编者在这几年使用本书授课的经验,保留原有教材框架,对原书的部分内容进行了增补修订,调整了部分习题,出版了第2版。

本书在编写过程中参考了近年来出版的部分优秀大学物理教材(见参考文献),同时得到北京市优秀教学团队——北京建筑大学大学物理教学团队全体教师的大力支持和帮助,在此一并表示衷心感谢。

由于编者水平有限,修订后书中仍不免存在错误和疏漏,恳请使用本教材的读者随时提出批评指正。

编　者

2015年9月

目录

CONTENTS

第1篇　力　　学

第2篇 电 磁 场

第 1 篇

力　学

第 1 章

质点运动学

物体之间或同一物体各部分之间相对位置的变动称为机械运动(简称运动)。机械运动是自然界中最简单、最普遍的一种运动形式,物理学中把研究机械运动的规律及其应用的学科称为力学。力学成为一门科学理论是从 17 世纪伽利略(Galileo Galilei,1564—1642)论述物体的惯性运动开始的,继而牛顿(Isaac Newton,1643—1727)提出了三个运动定律,以牛顿定律为基础的力学称为牛顿力学或经典力学。

质点是力学中的理想模型之一,是为了研究问题的方便,突出主要矛盾、忽视次要矛盾而抽象出来的理想模型。它是有质量而无线度的物体。任何物体都有一定的大小,但当其线度对所讨论的问题影响很小,且物体内部运动状态差别可忽略时,可把物体看作质点。描述质点运动状态变化的物理量有:位置矢量、位移、速度和加速度等。本章主要研究这 4 个物理量之间的相互关系及如何用它们来描述物体的机械运动。研究物体位置随时间的变化或运动轨道的问题,而不涉及物体发生运动变化的原因的学科称为运动学。

1.1 位置矢量和位移

1.1.1 参考系与坐标系

物体的机械运动是指它的位置随时间的改变。位置总是相对的,这就是说任何物体的位置总是相对于其他物体或物体系来确定的。这个其他的物体或物体系就叫做确定运动物体位置的参考系。简而言之:被选做参考的物体或物体系称为参考系。

例如:确定车辆的位置时,我们用固定在地面上的一些物体,如房子或路牌作参考系,这样的参考系通常称为地面参考系。在物理实验中,确定某一物体的位置时,我们就用固定在实验室内的物体,如周围的墙壁或固定的实验桌作参考系,这样的参考系就称为实验室参考系。

经验告诉我们,相对于不同的参考系,同一物体的同一运动会表现为不同的运动形式。例如:一自由落体的运动,在地面参考系中观察时,它是竖直向下的直线运动;如果在近旁驶过的车厢内观察,即以一行进的车厢为参考系,则物体将作曲线运动。物体的运动形式随参考系的不同而不同,这个事实就是运动的相对性。由于运动的相对性,当我们确定一个物体的运动时就必须指明是相对于哪个参考系来说的。宇宙中的所有物体都处于永不停止的运动中,这就是与之相对应的运动的绝对性。

当确定了参考系后,为了确切地、定量地说明一个质点相对于此参考系的位置,就得在此参考系上固结一个坐标系。最常见的是笛卡儿(René Descartes,1596—1650)直角坐标系,但有时为了研究问题的方便还选用平面极坐标系、球坐标系、柱坐标系和自然坐标系等。对于笛卡儿直角坐标系而言,称一固结点为坐标原点,记作 O,从此原点沿三个相互垂直的方向引三条固定的且有刻度和方向的直线作为坐标轴,通常记作 x、y、z 轴,如图 1-1 所示。于是在这样的坐标系中,一个质点在任意时刻的位置将会准确给出,如 P 点就可以用坐标 $P(x,y,z)$来表示。

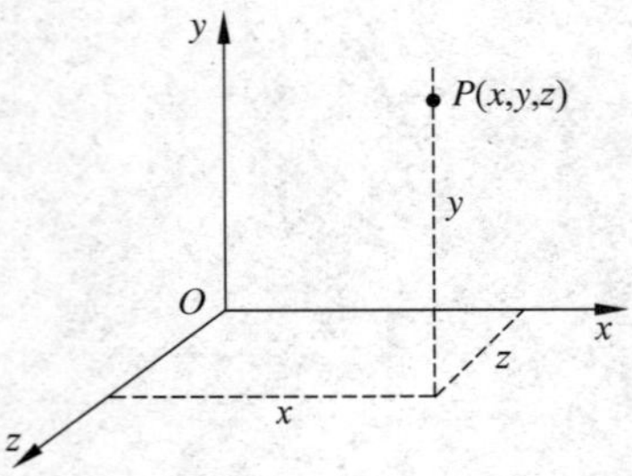

图 1-1　质点的位置表示

1.1.2　位置矢量(即运动方程)

由于运动与时间有关,在不同的时刻,质点的位置不同,也就是说位置是随时间而变化的,用数学函数的形式来表示,即

$$\begin{cases} x = x(t) \\ y = y(t) \\ z = z(t) \end{cases} \tag{1-1}$$

这样的一组函数称为质点的运动方程。将质点的运动方程消去时间参数 t,得到坐标相关的方程称为质点的轨道方程

$$f(x,y,z) = 0 \tag{1-2}$$

在坐标系中可画出相应的函数曲线即质点运动的运动轨迹。

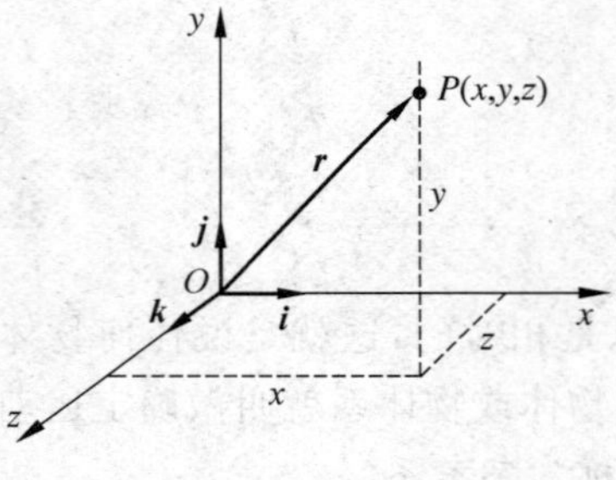

图 1-2　位置矢量

为了确定质点在空间的位置,我们可以使用位置矢量这一更简洁、更清楚的概念。图 1-2 中质点 P 的位置,可以用笛卡儿坐标系中的三个坐标 x、y、z 确定,如果从原点 O 向 P 作有向线段 $\boldsymbol{r}$,显然,有向线段 $\boldsymbol{r}$ 与 P 点的位置(x,y,z)有一一对应的关系,因此可以借用从参考点 O 到 P 的有向线段 $\boldsymbol{r}$ 来表示 P 点的位置,我们称 $\boldsymbol{r}$ 为 P 点的位置矢量,若以 $\boldsymbol{i}$,$\boldsymbol{j}$,$\boldsymbol{k}$ 分别表示沿 x、y、z 轴的单位矢量,则在笛卡儿坐标系中,P 点的位置矢量为

$$\boldsymbol{r} = x(t)\boldsymbol{i} + y(t)\boldsymbol{j} + z(t)\boldsymbol{k} \tag{1-3}$$

式(1-1)中各函数表示质点位置的各坐标值随时间的变化情况,可以看作是质点沿各个坐标轴的分运动表示式。质点的实际运动由式(1-1)中的三个函数的总体式(1-3)表示。同时式(1-3)也表明:质点的实际运动是各分运动的矢量和,这个由空间的几何性质所决定的各分运动和实际运动的关系称为运动叠加原理。

在国际单位制(SI)[①]中,位置矢量的量纲单位为m(米),大小和方向分别用其模和方向余弦来表示,即

$$r=|\boldsymbol{r}|=\sqrt{x^2+y^2+z^2}$$

$$\cos(\boldsymbol{r},\boldsymbol{i})=\frac{x}{\sqrt{x^2+y^2+z^2}}$$

$$\cos(\boldsymbol{r},\boldsymbol{j})=\frac{y}{\sqrt{x^2+y^2+z^2}}$$

$$\cos(\boldsymbol{r},\boldsymbol{k})=\frac{z}{\sqrt{x^2+y^2+z^2}}$$

如:若质点 P 的位置为(2,3,4),则质点 P 的位置矢量为

$$\boldsymbol{r}=2\boldsymbol{i}+3\boldsymbol{j}+4\boldsymbol{k}$$

质点 P 的位置矢量大小为

$$r=|\boldsymbol{r}|=\sqrt{2^2+3^2+4^2}=\sqrt{29}(\mathrm{m})$$

质点 P 的位置矢量的方向余弦为

$$\cos(\boldsymbol{r},\boldsymbol{i})=\frac{2}{\sqrt{29}},\quad \cos(\boldsymbol{r},\boldsymbol{j})=\frac{3}{\sqrt{29}},\quad \cos(\boldsymbol{r},\boldsymbol{k})=\frac{4}{\sqrt{29}}$$

1.1.3 位移矢量

从运动质点初始时刻所在位置指向运动质点任意时刻所在位置的有向线段称为在对应时间内的位移矢量(简称位移)。如图1-3所示,质点 P 沿图中曲线运动,t 时刻位于 P_1 点,$t+\Delta t$ 时刻位于 P_2 点。P_1,P_2 两点的位置矢量分别为 $\boldsymbol{r}(t)$ 和 $\boldsymbol{r}(t+\Delta t)$,在时间 Δt 内质点的空间位置变化可用矢量 $\Delta\boldsymbol{r}$ 来表示,其关系式为

$$\boldsymbol{r}(t+\Delta t)-\boldsymbol{r}(t)=\Delta\boldsymbol{r} \tag{1-4}$$

$\Delta\boldsymbol{r}$ 是描述质点空间位置变化的物理量,它同时也表示了质点位置变化的距离和方向。

位移不同于位置矢量。在质点运动过程中,位置矢量表示某时刻质点的位置,它描述该时刻质点相对于坐标原点的位置状态,是描述状态的物理量。位移则表示某段时间内质点位置的变化,它描述该段时间内质点状态的变化,是与运动过程相对应的物理量。

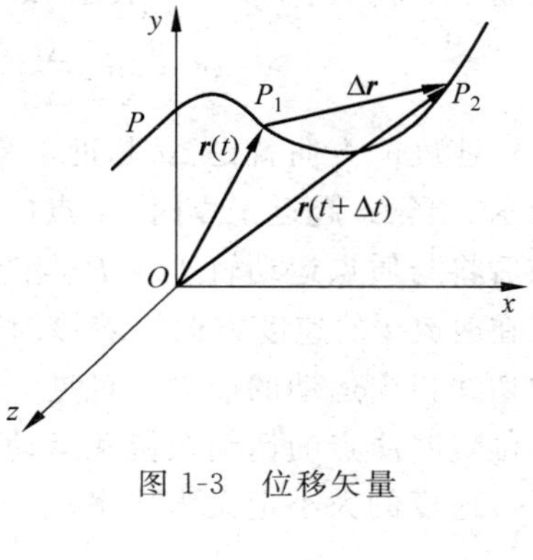

图1-3 位移矢量

位移也不同于路程。质点从 P_1 运动到 P_2 所经历的路程 Δs 是图1-3中从 P_1 到 P_2 的一段曲线长。路程是标量,恒取正值。在一般情况下,路程 Δs 与位移的大小 $|\Delta\boldsymbol{r}$ (图1-3中 P_1 和 P_2 之间的弦长)并不相等。只有当质点作单向的直线运动时,路程和位移的大小才是相等的。此外,在时间间隔 $\Delta t\to 0$ 的极限情况下,P_2 无限靠近 P_1,弦 P_1P_2 与曲线 P_1P_2 的长度无限接近,这时,路程 $\mathrm{d}s$ 与位移的大小 $|\mathrm{d}\boldsymbol{r}|$ 才相等,即 $\mathrm{d}s=|\mathrm{d}\boldsymbol{r}|$。在

① 国际单位制(SI)见附录B。

笛卡儿坐标系中,位移 $\Delta \boldsymbol{r}$ 的表达式为

$$\begin{aligned}\Delta \boldsymbol{r} &= \boldsymbol{r}_2 - \boldsymbol{r}_1 = (x_2\boldsymbol{i} + y_2\boldsymbol{j} + z_2\boldsymbol{k}) - (x_1\boldsymbol{i} + y_1\boldsymbol{j} + z_1\boldsymbol{k}) \\ &= (x_2 - x_1)\boldsymbol{i} + (y_2 - y_1)\boldsymbol{j} + (z_2 - z_1)\boldsymbol{k} \\ &= \Delta x\boldsymbol{i} + \Delta x\boldsymbol{j} + \Delta z\boldsymbol{k}\end{aligned}$$

如:若 P_1 点的位置矢量为 $\boldsymbol{r}_1=\boldsymbol{i}+3\boldsymbol{j}+5\boldsymbol{k}$,$P_2$ 点的位置矢量为 $\boldsymbol{r}_2=2\boldsymbol{i}+4\boldsymbol{j}+6\boldsymbol{k}$,则 P_1 与 P_2 间的位移为 $\Delta\boldsymbol{r}=\boldsymbol{r}_2-\boldsymbol{r}_1=\boldsymbol{i}+\boldsymbol{j}+\boldsymbol{k}$。

在实际应用中,常用坐标系还有平面极坐标系和自然坐标系等。平面极坐标系是在描述点 A 的位置由该点与选取的坐标原点 O 的距离 $r(r=|\boldsymbol{r}|)$ 及位矢 $\boldsymbol{r}$ 与某选定的射线矢量 $\overline{Ox}$(极轴)的有向 θ(幅角)共同决定。自然坐标系是在质点运动轨迹已知的情况下,选定轨迹上任意一点 O 为原点,并沿轨迹规定一个正方向,于是点 P 的位置可由该点到原点的轨迹长度 s(再加上正、负号)来确定。在讨论圆周运动时,由于质点运动轨迹是已知的圆周,因此选用自然坐标系就比较方便。

1.2 速度与加速度

1.2.1 速度

质点的位置随着时间变化产生了位移,而位移一般也是随时间变化的。那么位移 $\Delta\boldsymbol{r}$ 和产生这段位移所用的时间 Δt 之间有怎样的关系呢? $\Delta\boldsymbol{r}/\Delta t$ 是一个怎样的物理量呢?

从物理意义上来看,它描述的是质点位置变化的快慢和位置变化的方向。由于它对应的是时间间隔而不是某一时刻或位置,所以我们称其为在 Δt 时间内的平均速度,以 $\bar{\boldsymbol{v}}$ 表示,即

$$\bar{\boldsymbol{v}} = \frac{\Delta \boldsymbol{r}}{\Delta t} \tag{1-5}$$

平均速度是矢量,它的方向就是相应位移的方向,如图 1-4 所示。

实际上当 Δt 趋近于零时,式(1-5)的极限就是质点位置矢量对时间的变化率,将其定义为质点在 t 时刻的瞬时速度(简称速度),以 $\boldsymbol{v}$ 表示,即

$$\boldsymbol{v} = \lim_{\Delta t\to 0}\frac{\Delta \boldsymbol{r}}{\Delta t} = \frac{\mathrm{d}\boldsymbol{r}}{\mathrm{d}t} \tag{1-6}$$

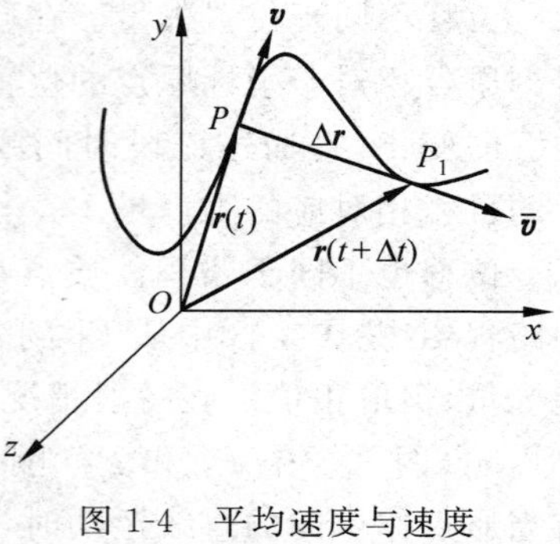

图 1-4 平均速度与速度

速度的方向就是 Δt 趋近于零时 $\Delta\boldsymbol{r}$ 的方向,如图 1-4 所示。当 Δt 趋近于零时 P_1 点向 P 点趋近,而 $\Delta\boldsymbol{r}$ 的方向最后将与质点运动轨迹在 P 点的切线方向一致。因此质点在时刻 t 的速度方向沿着该时刻质点所在处运动轨迹的切线指向运动的前方。可见它能够反映某一时刻或某一位置时质点的运动快慢和运动方向。这就是速度与平均速度的区别所在。

速度的大小定义为速率,以 v 表示,即

$$v = |\ \boldsymbol{v}\ | = \left|\frac{\mathrm{d}\boldsymbol{r}}{\mathrm{d}t}\right| = \lim_{\Delta t\to 0}\frac{|\ \Delta\boldsymbol{r}\ |}{\Delta t} \tag{1-6a}$$

以 Δs 表示在 Δt 时间内质点沿轨迹所经历的路程。当 Δt 趋近于零时，由于 $|\Delta \boldsymbol{r}|$ 和 Δs 将趋于相同，因此可以得到

$$v=\lim_{\Delta t\to 0}\frac{|\Delta \boldsymbol{r}|}{\Delta t}=\lim_{\Delta t\to 0}\frac{\Delta s}{\Delta t}=\frac{\mathrm{d}s}{\mathrm{d}t} \tag{1-6b}$$

这就是说速度的大小又等于质点所走过的路程对时间的变化率(即速率)。因此以后对速率和速度的大小不再区别。

注意：位移的大小 $|\Delta \boldsymbol{r}|$ 与 Δr 是有区别的，一般来讲

$$v=\left|\frac{\mathrm{d}\boldsymbol{r}}{\mathrm{d}t}\right|\neq\frac{\mathrm{d}r}{\mathrm{d}t}$$

若将式(1-3)代入式(1-6)，由于三个坐标轴上的单位矢量都不随时间变化，所以有

$$\boldsymbol{v}=\frac{\mathrm{d}x}{\mathrm{d}t}\boldsymbol{i}+\frac{\mathrm{d}y}{\mathrm{d}t}\boldsymbol{j}+\frac{\mathrm{d}z}{\mathrm{d}t}\boldsymbol{k}=v_x\boldsymbol{i}+v_y\boldsymbol{j}+v_z\boldsymbol{k} \tag{1-6c}$$

从式(1-6c)可以看出：质点的速度 $\boldsymbol{v}$ 是各分速度的矢量和，这一关系式是式(1-3)的直接结果，也由空间几何性质所决定，这一关系式称为速度叠加原理(一般来讲，各分速度不一定相互垂直)。

由式(1-6c)知各分速度相互垂直，所以 $\boldsymbol{v}$ 的大小和方向由下式决定：

$$v=\sqrt{v_x^2+v_y^2+v_z^2}$$

$$\cos(\boldsymbol{v},\boldsymbol{i})=\frac{v_x}{\sqrt{v_x^2+v_y^2+v_z^2}}$$

$$\cos(\boldsymbol{v},\boldsymbol{j})=\frac{v_y}{\sqrt{v_x^2+v_y^2+v_z^2}}$$

$$\cos(\boldsymbol{v},\boldsymbol{k})=\frac{v_z}{\sqrt{v_x^2+v_y^2+v_z^2}}$$

在国际单位制(SI)中速度的单位为 m/s。

1.2.2 加速度

当质点的运动速度随时间改变时，常常要搞清速度的变化情况，速度的变化情况常以另一个物理量加速度来表示。若以 $\boldsymbol{v}(t)$ 和 $\boldsymbol{v}(t+\Delta t)$ 分别表示质点在 t 时刻和 $t+\Delta t$ 时刻的速度，如图 1-5 所示，则在 Δt 时间内的平均加速度 $\bar{\boldsymbol{a}}$ 由下式来定义：

$$\bar{\boldsymbol{a}}=\frac{\boldsymbol{v}(t+\Delta t)-\boldsymbol{v}(t)}{\Delta t}=\frac{\Delta \boldsymbol{v}}{\Delta t} \tag{1-7}$$

当 Δt 趋近于零时，此平均加速度的极限，即速度对时间的变化率，称为质点在 t 时刻的瞬时加速度(简称加速度)，以 $\boldsymbol{a}$ 表示，即

$$\boldsymbol{a}=\lim_{\Delta t\to 0}\frac{\Delta \boldsymbol{v}}{\Delta t}=\frac{\mathrm{d}\boldsymbol{v}}{\mathrm{d}t} \tag{1-8}$$

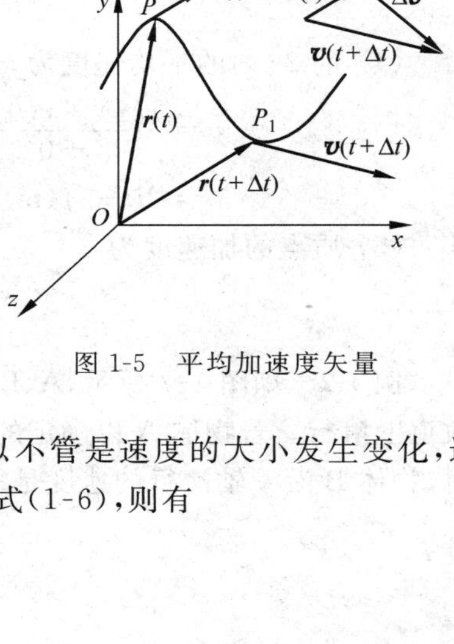

图 1-5 平均加速度矢量

加速度也是矢量，由于它是速度对时间的变化率，所以不管是速度的大小发生变化，还是速度的方向发生变化，都有不为零的加速度存在。利用式(1-6)，则有

$$a = \frac{d^2 \boldsymbol{r}}{dt^2} \tag{1-8a}$$

将式(1-6c)代入式(1-8a)可得加速度的分量表示式如下：

$$\begin{aligned} \boldsymbol{a} &= \frac{dv_x}{dt}\boldsymbol{i} + \frac{dv_y}{dt}\boldsymbol{j} + \frac{d\boldsymbol{v}_z}{dt}\boldsymbol{k} \\ &= a_x\boldsymbol{i} + a_y\boldsymbol{j} + a_z\boldsymbol{k} \end{aligned} \tag{1-8b}$$

加速度的大小和方向分别为

$$a = \sqrt{a_x^2 + a_y^2 + a_z^2}$$

$$\cos(\boldsymbol{a},\boldsymbol{i}) = \frac{a_x}{\sqrt{a_x^2 + a_y^2 + a_z^2}}$$

$$\cos(\boldsymbol{a},\boldsymbol{j}) = \frac{a_y}{\sqrt{a_x^2 + a_y^2 + a_z^2}}$$

$$\cos(\boldsymbol{a},\boldsymbol{k}) = \frac{a_z}{\sqrt{a_x^2 + a_y^2 + a_z^2}}$$

在国际单位制(SI)中加速度的单位为 m/s^2。

在定义速度和加速度时，都用到了求极限的方法。这种做法在物理学中经常用到。求极限是人类对物质和运动作定量描述时在准确程度上的一次重大飞跃。实际上极限概念是牛顿在17世纪对物体的运动作定量研究时提出的，可见微积分学的创立是与对物体运动的定量研究分不开的。微积分学是数学的一个重要分支，也是研究物理学不可缺少的重要工具。

例 1-1 已知一质点的运动方程为 $x=2t$，$y=18-2t^2$，其中 x、y 以 m 计，t 以 s 计。求：(1)质点的轨道方程并画出其轨道曲线；(2)质点的位置矢量；(3)质点的速度；(4)前2s内的平均速度；(5)质点的加速度。

解 (1) 将质点的运动方程消去时间参数 t，得质点轨道方程为 $y=18-\frac{x^2}{2}$，质点的轨道曲线如图1-6所示。

(2) 质点的位置矢量为

$$\boldsymbol{r} = 2t\boldsymbol{i} + (18 - 2t^2)\boldsymbol{j}$$

(3) 质点的速度为

$$\boldsymbol{v} = \frac{d\boldsymbol{r}}{dt} = 2\boldsymbol{i} - 4t\boldsymbol{j}$$

(4) 前2s内的平均速度为

$$\begin{aligned} \bar{\boldsymbol{v}} &= \frac{\boldsymbol{r}(2) - \boldsymbol{r}(0)}{2-0} = \frac{1}{2}\{[2\times 2\boldsymbol{i} + (18 - 2\times 2^2)\boldsymbol{j}] - 18\boldsymbol{j}\} \\ &= 2\boldsymbol{i} - 4\boldsymbol{j}\,(\text{m/s}) \end{aligned}$$

(5) 质点的加速度为

$$\boldsymbol{a} = \frac{d^2\boldsymbol{r}}{dt^2} = -4\boldsymbol{j}\,(\text{m/s}^2)$$

例 1-2 如图1-7所示，A、B两物体由一长为 l 的刚性细杆相连，A、B两物体可在光滑轨道上滑行。若物体A以确定的速率 v 沿 x 轴正向滑行，α 为杆与 y 轴的夹角，当 $\alpha=\pi/6$ 时，物体B沿 y 轴滑行的速度是多少？

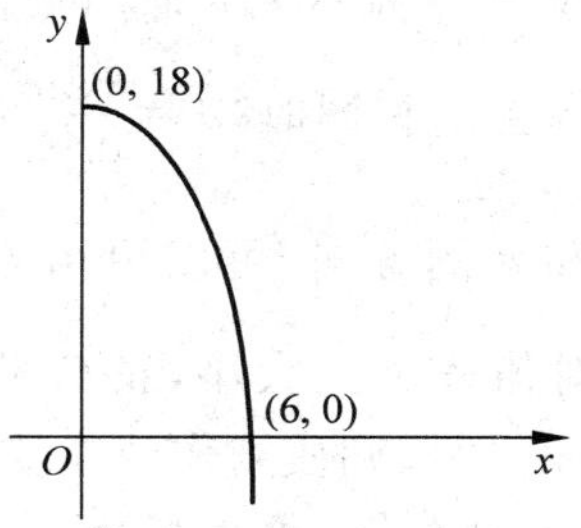

图 1-6 质点的轨迹曲线

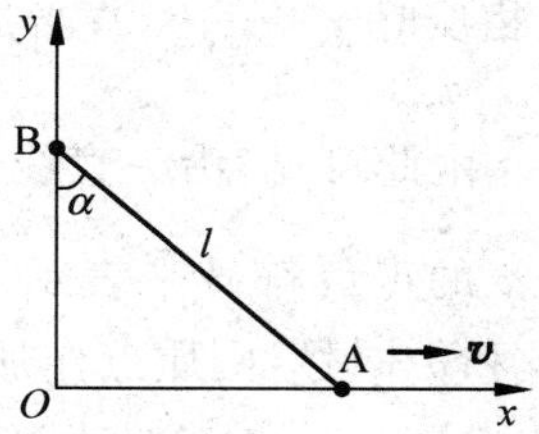

图 1-7

解 根据题意,得

$$\boldsymbol{v}_A = \frac{dx}{dt}\boldsymbol{i} = v\boldsymbol{i}, \quad \boldsymbol{v}_B = \frac{dy}{dt}\boldsymbol{j}$$

因为

$$x^2(t) + y^2(t) = l^2$$

所以

$$2x\frac{dx}{dt} + 2y\frac{dy}{dt} = 0$$

故

$$\boldsymbol{v}_B = \frac{dy}{dt}\boldsymbol{j} = -\frac{x}{y}\frac{dx}{dt}\boldsymbol{j} = -v\tan\alpha\boldsymbol{j}$$

当 $\alpha=\pi/6$ 时,

$$\boldsymbol{v}_B = -v\tan\frac{\pi}{6}\boldsymbol{j} = -\frac{\sqrt{3}}{3}v\boldsymbol{j}$$

1.3 直线运动

质点在一条确定的直线上的运动称为直线运动。作直线运动的质点,其位置以坐标 x 来表示,如图 1-8 所示。因为研究质点的直线运动,总是以该直线作为坐标轴来讨论的。

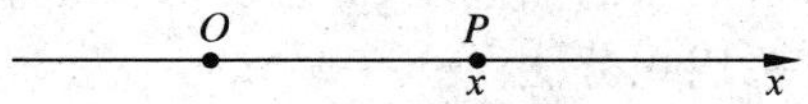

图 1-8 直线运动

于是质点 P 的位置矢量为

$$\boldsymbol{r} = x\boldsymbol{i}$$

质点 P 的位移为

$$\Delta\boldsymbol{r} = \Delta x\boldsymbol{i}$$

质点 P 的速度为

$$\boldsymbol{v} = \frac{dx}{dt}\boldsymbol{i}$$

质点 P 的加速度为

$$\boldsymbol{a} = \frac{d^2x}{dt^2}\boldsymbol{i}$$

由于质点在 Ox 直线上运动,上述矢量中的每一个矢量只能取两个方向:或者与 x 轴的正向相同，或者与 x 轴的负向相同。例如，当质点速度的方向与 Ox 轴的正向相同时，$v=\frac{\mathrm{d}x}{\mathrm{d}t}>0$，相反时 $v=\frac{\mathrm{d}x}{\mathrm{d}t}<0$；当加速度的方向与 Ox 轴的正向相同时，$a=\frac{\mathrm{d}^2x}{\mathrm{d}t^2}>0$，相反时 $a=\frac{\mathrm{d}^2x}{\mathrm{d}t^2}<0$。由此可见，沿一直线运动时的矢量 $\boldsymbol{r}$、$\Delta\boldsymbol{r}$、$\boldsymbol{v}$ 和 $\boldsymbol{a}$ 的方向，可以用相应的代数量 x、Δx、v 和 a 的正负符号来表示。即，这些代数量的绝对值表示其大小，正负号表示其方向。如果 v 和 a 同号，则质点作加速直线运动；如果 v 和 a 异号，则质点作减速直线运动。

假定质点沿 x 轴作匀加速直线运动，加速度 a 不随时间变化，初位置为 x_0，初速度为 v_0，则 $a=\frac{\mathrm{d}v}{\mathrm{d}t}$，所以

$$\mathrm{d}v = a\mathrm{d}t$$

对上式两边取定积分可得

$$\int_{v_0}^{v}\mathrm{d}v = \int_0^t a\mathrm{d}t,\quad v = v_0 + at \tag{1-9}$$

又因为

$$\frac{\mathrm{d}x}{\mathrm{d}t} = v_0 + at$$

所以

$$\mathrm{d}x = (v_0 + at)\mathrm{d}t$$

对上式两边再取定积分可得

$$\int_{x_0}^{x}\mathrm{d}x = \int_0^t (v_0 + at)\mathrm{d}t,\quad x = x_0 + v_0 t + \frac{1}{2}at^2 \tag{1-10}$$

式(1-9)和式(1-10)消去时间参数可得

$$v^2 - v_0^2 = 2a(x - x_0) \tag{1-11}$$

式(1-9)～式(1-11)正是中学学过的匀变速直线运动公式。

可见：如果知道了质点的运动方程，我们就可以根据速度和加速度的定义用求导数的方法求出质点在任何时刻(或任何位置)的速度和加速度。然而在许多实际问题中，往往先知道质点的加速度，而且要求在此基础上求出质点在各时刻的速度和位置。求解此类问题可采用积分法。

例 1-3 一质点沿 x 轴正向运动，其加速度为 $a=kt$，若采用国际单位制(SI)，当 $t=0$ 时，$v=v_0$，$x=x_0$，试求质点的速度和质点的运动方程。

解 因为 $a=kt$，$a=\frac{\mathrm{d}v}{\mathrm{d}t}=kt$，所以有

$$\mathrm{d}v = kt\,\mathrm{d}t$$

作定积分有

$$\int_{v_0}^{v}\mathrm{d}v = \int_0^t kt\,\mathrm{d}t,\quad v = v_0 + \frac{1}{2}kt^2$$

而

$$v = \frac{\mathrm{d}x}{\mathrm{d}t} = v_0 + \frac{1}{2}kt^2$$

所以有

$$\int_{x_0}^{x} \mathrm{d}x = \int_0^t \left(v_0 + \frac{1}{2}kt^2\right)\mathrm{d}t$$

得

$$x = x_0 + v_0 t + \frac{1}{6}kt^3$$

1.4 平面曲线运动

质点在确定的平面内作曲线运动,称为平面曲线运动。常见的实例有抛体运动和圆周运动。

1.4.1 抛体运动

从地面上某点向空中抛出一物体,它在空中的运动称为抛体运动。物体被抛出之后,若忽略风力及空气阻力的影响,它的运动轨迹总是被限制在通过抛射点的抛出方向和竖直方向所确定的平面内,因此描述这种运动时,就可以把抛出点作为坐标原点,把水平方向和竖直方向分别作为 x 轴和 y 轴,如图 1-9 所示。若从抛出时刻开始计时,则 $t=0$ 时,物体的初位置在原点即(0,0)。以 v_0 表示物体的初速度,以 θ 角表示抛射角,即初速度与 x 轴的夹角,则 v_0 沿 x 轴和 y 轴的分量分别为

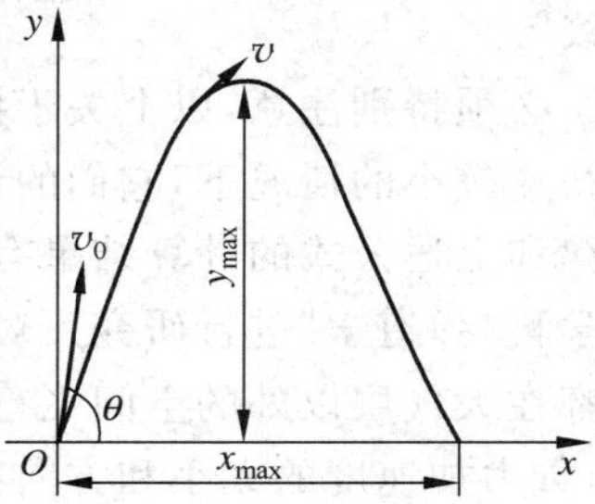

图 1-9 抛体运动

$$\begin{cases} v_{0x} = v_0 \cos\theta \\ v_{0y} = v_0 \sin\theta \end{cases}$$

物体在空中的加速度分别为

$$\begin{cases} a_x = 0 \\ a_x = -g \end{cases}$$

其中负号表示加速度的方向与 y 轴的方向相反。利用这些条件,可以方便地得出物体在空中任意时刻的速度为

$$\begin{cases} v_x = v_0 \cos\theta \\ v_y = v_0 \sin\theta - gt \end{cases} \tag{1-12}$$

也可以得出物体在空中任意时刻的位置坐标为

$$\begin{cases} x = (v_0 \cos\theta)t \\ y = (v_0 \sin\theta)t - \dfrac{1}{2}gt^2 \end{cases} \tag{1-13}$$

式(1-12)和式(1-13)就是在中学已熟知的抛体运动的有关公式。由这两式也可以求出物体在空中飞行回落到抛出点高度时所用的时间为

$$T = \frac{2v_0 \sin\theta}{g}$$

飞行中的最大高度(即高出抛射点的最大距离)为

$$y_{\max} = \frac{v_0^2 \sin^2\theta}{2g}$$

飞行的射程(即回落到与抛出点的高度相同时所经过的水平距离)为

$$x_{\max} = \frac{v_0^2 \sin 2\theta}{g}$$

由上面的公式可以看出：

若 $\theta=0$,则 $y_{\max}=0$,此时为平抛运动；

若 $\theta=\frac{\pi}{4}$,则 $x_{\max}=\frac{v_0^2}{g}$,此时射程最大；

若 $\theta=\frac{\pi}{2}$,则 $x_{\max}=0$,此时为竖直抛体运动。

消去式(1-13)中的时间参数后可以得到抛体运动的轨迹方程为

$$y = x\tan\theta - \frac{1}{2}\,\frac{gx^2}{v_0^2\cos^2\theta}$$

对于一定的 v_0 和 θ,此方程表示一条通过原点的二次曲线。这一曲线就是数学上的“抛物线”。

必须特别注意,以上关于抛体运动的公式都是在忽略空气阻力的情况下得出的。只有在初速较小的情况下,它们的计算结果才比较符合实际。实际中子弹和炮弹在空中飞行的规律和上述公式的计算结果有很大的差别。子弹和炮弹的飞行规律,在军事技术中由专门的学科“弹道学”进行研究。对于射程和射高极大的抛射体,如洲际导弹,弹头在大部分时间内都在大气层以外的空间飞行,所受的空气阻力是很小的。但是由于在这样大的范围内飞行,重力加速度的大小和方向都有明显的变化,因而以上公式也不能适用。

1.4.2 圆周运动

在确定的平面上质点的运动轨迹为圆周的运动称为圆周运动。下面从加速度的定义出发,进一步分析研究质点作圆周运动时的加速度。如图 1-10 所示,设 t 时刻质点位于 P 点,其速度为 $\boldsymbol{v}_P$;$t+\Delta t$ 时刻质点位于 Q 点,其速度为 $\boldsymbol{v}_Q$。则在 Δt 这一段时间内,速度的增量为 $\Delta\boldsymbol{v}=\boldsymbol{v}_Q-\boldsymbol{v}_P$,于是在由矢量 $\boldsymbol{v}_P$、$\boldsymbol{v}_Q$ 和 $\Delta\boldsymbol{v}$ 组成的△CPQ 中取 CP' 的长度等于 CP 的长度,那么速度增量 $\Delta\boldsymbol{v}$ 就可以分解为两个矢量 $\Delta\boldsymbol{v}_n$ 和 $\Delta\boldsymbol{v}_\tau$ 之和,即 $\Delta\boldsymbol{v}=\Delta\boldsymbol{v}_n+\Delta\boldsymbol{v}_\tau$。所以加速度

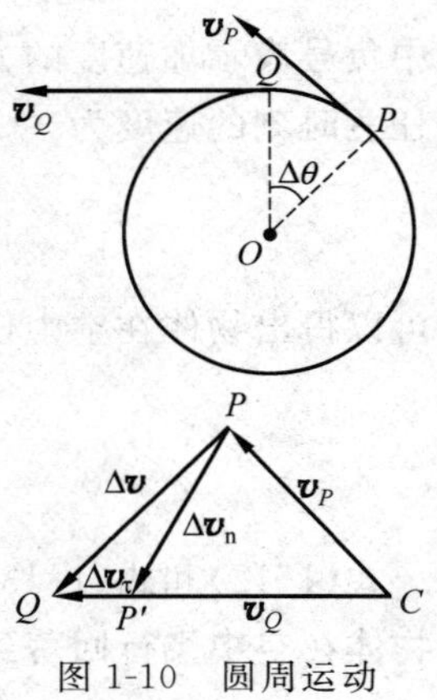

图 1-10 圆周运动

$$\boldsymbol{a} = \lim_{\Delta t\to 0}\frac{\Delta\boldsymbol{v}}{\Delta t} = \lim_{\Delta t\to 0}\frac{\Delta\boldsymbol{v}_n}{\Delta t} + \lim_{\Delta t\to 0}\frac{\Delta\boldsymbol{v}_\tau}{\Delta t}$$

令

$$\boldsymbol{a}_n = \lim_{\Delta t\to 0}\frac{\Delta\boldsymbol{v}_n}{\Delta t},\quad \boldsymbol{a}_\tau = \lim_{\Delta t\to 0}\frac{\Delta\boldsymbol{v}_\tau}{\Delta t}$$

则

$$\boldsymbol{a} = \boldsymbol{a}_n + \boldsymbol{a}_\tau$$

下面分析 $\boldsymbol{a}_n$ 和 $\boldsymbol{a}_\tau$ 的大小、方向和物理意义。

当 $\Delta t\to 0$ 时，Q 点无限趋近于 P 点，OQ 与 OP 之间的夹角 $\Delta\theta\to 0$。$\Delta\boldsymbol{v}_\tau$ 的极限方向与 $\boldsymbol{v}_P$ 相同，是 P 点处圆周的切线方向；$\Delta\boldsymbol{v}_\text{n}$ 的极限方向与 $\boldsymbol{v}_P$ 垂直，沿半径指向圆心。可见质点在 P 点处的加速度 $\boldsymbol{a}$ 的两个分量 $\boldsymbol{a}_\text{n}$ 和 $\boldsymbol{a}_\tau$ 恰好分别指向圆周上 P 点处的法向和切向这两个特殊方向。顾名思义，我们将 P 点处的 $\boldsymbol{a}_\text{n}$ 称为该点处的法向加速度（对于圆周运动即为向心加速度），将 P 点处的 $\boldsymbol{a}_\tau$ 称为该点处的切向加速度。

平移 $\boldsymbol{v}_P$ 和 $\boldsymbol{v}_Q$ 矢量于 C 点，由图 1-10 可以看出，$|\Delta\boldsymbol{v}_\tau|$ 是速度大小的增量（即速率的增量 Δv）. 于是切向加速度 $\boldsymbol{a}_\tau$ 的大小为

$$a_\tau=\lim_{\Delta t\to 0}\frac{|\Delta\boldsymbol{v}_\tau|}{\Delta t}=\lim_{\Delta t\to 0}\frac{\Delta v}{\Delta t}=\frac{\mathrm{d}v}{\mathrm{d}t}$$

又因为$\triangle OPQ\backsim\triangle CPP'$，所以

$$\frac{|\Delta\boldsymbol{v}_\text{n}|}{v_P}=\frac{\overline{PQ}}{R}$$

故法向加速度 $\boldsymbol{a}_\text{n}$ 的大小为

$$a_\text{n}=\lim_{\Delta t\to 0}\frac{|\Delta\boldsymbol{v}_\text{n}|}{\Delta t}=\frac{v_P}{R}\lim_{\Delta t\to 0}\frac{\overline{PQ}}{\Delta t}=\frac{v_P^2}{R}$$

由于 P 点是圆周上的任意一点，所以质点在圆周上的法向加速度 $\boldsymbol{a}_\text{n}$ 的大小为

$$a_\text{n}=\frac{v^2}{R}$$

其中 v 为对应点的速度大小（即速率）。

通过上面的分析和研究，我们发现：切向加速度 $\boldsymbol{a}_\tau$ 与质点运动的速度改变相联系，法向加速度 $\boldsymbol{a}_\text{n}$ 与质点运动的方向改变相联系。于是将其归纳为

$$\begin{cases}\boldsymbol{a}=\boldsymbol{a}_\text{n}+\boldsymbol{a}_\tau\\ a_\text{n}=\dfrac{v^2}{R},\quad a_\tau=\dfrac{\mathrm{d}v}{\mathrm{d}t}\\ a=|\boldsymbol{a}|=\sqrt{a_\text{n}^2+a_\tau^2}\\ \tan(\boldsymbol{a},\boldsymbol{v})=\dfrac{a_\text{n}}{a_\tau}\end{cases}\tag{1-14}$$

质点作圆周运动，通常还可以用角量来描述，如图 1-11 所示。

质点作圆周运动时，在某一时刻 t 位于 P 点，质点的位置可由其半径 OP 与过圆心 O 的参考线 Ox 的夹角 θ 唯一地确定，θ 角称为质点的角位置。角位置不断地随时间变化，它是时间的函数，即 $\theta=\theta(t)$。它被称为质点作圆周运动时的角量运动方程。

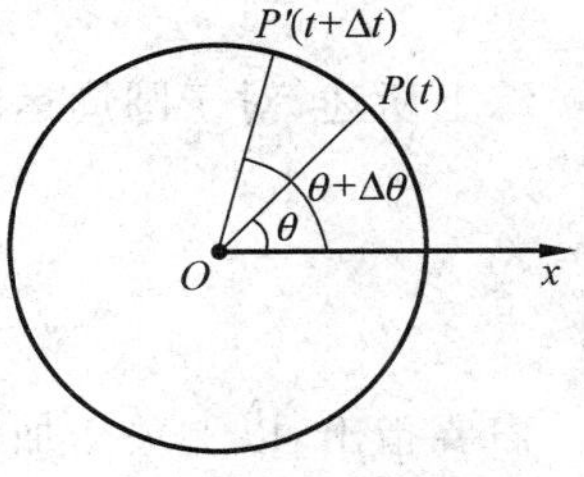

图 1-11　角量描述

在时刻 $t+\Delta t$，质点运动到达 P' 点时其角位置为 $\theta+\Delta\theta$，在 Δt 时间内，质点转过的角度 $\Delta\theta$ 称为角位移。质点沿圆周运动的绕行方向不同，角位移的转向也不同。一般情况下，规定质点沿逆时针方向绕行时角位移取正值，质点沿顺时针方向绕行时角位移取负值。

角位移 $\Delta\theta$ 与对应时间之比 $\overline{\omega}=\dfrac{\Delta\theta}{\Delta t}$ 称为 Δt 时间内的平均角速度。当 $\Delta t\to 0$ 时，平均角速度的极限称为质点在 t 时刻对应的瞬时角速度（简称角速度），即

$$\omega = \lim_{\Delta t \to 0} \frac{\Delta \theta}{\Delta t} = \frac{d\theta}{dt} \tag{1-15}$$

同样的道理,质点的角加速度为

$$\alpha = \lim_{\Delta t \to 0} \frac{\Delta \omega}{\Delta t} = \frac{d\omega}{dt} = \frac{d^2\theta}{dt^2} \tag{1-16}$$

在国际单位制(SI)中,角位置、角位移的单位为 rad(弧度),角速度的单位为 rad/s(弧度每秒),角加速度的单位为 rad/s^2(弧度每二次方秒)。当然目前工程上还在继续使用每分绕行的转数(r/min)来表示转速,其换算关系为

$$1r/min = \frac{\pi}{30} rad/s$$

质点作圆周运动时,如果角速度 ω 不随时间变化,即角加速度 α 为零,则质点作匀速圆周运动;如果角加速度 α 不随时间变化且不等于零,则质点作匀加速圆周运动。对于匀加速圆周运动而言,可以用与研究匀变速直线运动一样的方法得到

$$\begin{cases} \omega = \omega_0 + \alpha t \\ \theta = \theta_0 + \omega_0 t + \frac{1}{2}\alpha t^2 \\ \omega^2 - \omega_0^2 = 2\alpha(\theta - \theta_0) \end{cases}$$

如图 1-11 所示,因为质点在圆周上所经历的路程,即弧长为 $\Delta s = R\Delta\theta$,两边同除以质点运动所经历的时间 Δt,得

$$\frac{\Delta s}{\Delta t} = R\frac{\Delta \theta}{\Delta t}$$

令 $\Delta t \to 0$,两边取极限,得

$$\frac{ds}{dt} = R\frac{d\theta}{dt}, \quad 即 \quad v = R\omega$$

等式 $v = R\omega$ 两边对时间求一阶导数,得

$$\frac{dv}{dt} = R\frac{d\omega}{dt}, \quad 即 \quad a_\tau = R\alpha$$

对于法向加速度,有

$$a_n = \frac{v^2}{R} = R\omega^2$$

综上所述,对于圆周运动其线量和角量之间的关系为

$$\begin{cases} v = R\omega \\ a_\tau = R\alpha \\ a_n = R\omega^2 \end{cases} \tag{1-17}$$

需要指出,以上关于加速度的讨论及结果,也适用于任何二维(即平面上的)曲线运动,这时有关公式中的半径应是曲线上所涉及点处的曲率半径(即该点曲线的内接圆或曲率圆的半径)。其曲率半径为 $\rho = \frac{v^2}{a_n}$。

例 1-4 一人乘摩托车跳越一个大矿坑,他以与水平面成 22.5°夹角的初速度 65m/s 从西边起跳,准确地落在坑的东边。已知坑东边比西边低 70m,忽略空气阻力,且取 $g = 10m/s^2$。问:(1)矿坑有多宽,他飞越的时间有多长?(2)他在东边落地时的速度多大?速度与

水平面的夹角多大？

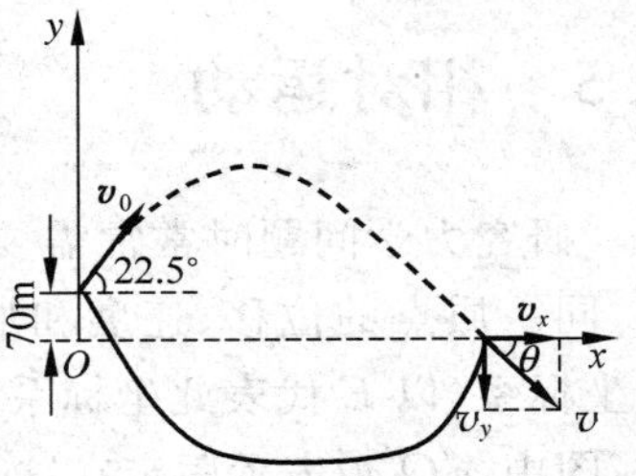

图　1-12

解　据题意建立坐标系如图 1-12 所示。

(1) 若以摩托车和人作为一质点，则其运动方程为

$$\begin{cases} x = (v_0\cos\theta_0)t \\ y = y_0 + (v_0\sin\theta_0)t - \dfrac{1}{2}gt^2 \end{cases}$$

运动速度为

$$\begin{cases} v_x = v_0\cos\theta_0 \\ v_y = v_0\sin\theta_0 - gt \end{cases}$$

当到达东边落地时 $y=0$，有

$$y_0 + (v_0\sin\theta_0)t - \frac{1}{2}gt^2 = 0$$

将 $y_0=70\text{m}$，$g=10\text{m/s}^2$，$v_0=65\text{m/s}$，$\theta_0=22.5°$ 代入解之，得到飞越矿坑的时间为 $t=7.0\text{s}$（另一根舍去），矿坑的宽度为 $x=420\text{m}$。

(2) 在东边落地时 $t=7.0\text{s}$，其速度为

$$\begin{cases} v_x = v_0\cos\theta_0 = 60.1(\text{m/s}) \\ v_y = v_0\sin\theta_0 - gt = -44.9(\text{m/s}) \end{cases}$$

预示落地点速度的量值为

$$v = \sqrt{v_x^2 + v_y^2} = 75.0(\text{m/s})$$

此时落地点速度与水平面的夹角为

$$\theta = \arctan\frac{v_y}{v_x} = 37°$$

例 1-5　一质点沿半径为 R 的圆周运动，其角位置与时间的函数关系式（即角量运动方程）为 $\theta=\pi t+\pi t^2$，取 SI 制，则质点的角速度、角加速度、切向加速度和法向加速度各是什么？

解　因为

$$\theta = \pi t + \pi t^2$$

所以质点的角速度

$$\omega = \frac{\mathrm{d}\theta}{\mathrm{d}t} = \pi + 2\pi t$$

质点的角加速度为

$$\alpha = \frac{\mathrm{d}\omega}{\mathrm{d}t} = 2\pi$$

质点的切向加速度为

$$a_\tau = R\alpha = 2\pi R$$

质点的法向加速度为

$$a_\mathrm{n} = \omega^2 R = (\pi + 2\pi t)^2 R$$

1.5 相对运动

研究力学问题时常常需要从不同的参考系来描述同一物体的运动。对于不同的参考系,同一质点的位移、速度和加速度都可能不同。图 1-13 中,xOy 表示固定在水平地面上的坐标系(以 E 代表此坐标系),其 x 轴与一条平直马路平行。设有一辆平板车 V 沿马路行进,图中 $x'O'y'$ 表示固定在这个行进的平板车上的坐标系。在 Δt 时间内,车在地面上由 V_1 移到 V_2 位置,其位移为 $\Delta \boldsymbol{r}_{VE}$。设在同一 Δt 时间内,一个小球 S 在车内由 A 点移到 B 点,其位移为 $\Delta \boldsymbol{r}_{SV}$。在这同一时间内,在地面上观测,小球是从 A_0 点移到 B 点的,相应的位移是 $\Delta \boldsymbol{r}_{SE}$。(在这三个位移符号中,下标的前一字母表示运动的物体,后一字母表示参考系。)很明显,同一小球在同一时间内的位移,相对于地面和车这两个参考系来说是不相同的。这两个位移和车厢对于地面的位移有下述关系:

$$\Delta \boldsymbol{r}_{SE} = \Delta \boldsymbol{r}_{SV} + \Delta \boldsymbol{r}_{VE} \tag{1-18}$$

以 Δt 除此式,并令 $\Delta t \to 0$,可以得到相应的速度之间的关系,即

$$\boldsymbol{v}_{SE} = \boldsymbol{v}_{SV} + \boldsymbol{v}_{VE} \tag{1-19}$$

以 $\boldsymbol{v}$ 表示质点相对于参考系 xOy 的速度,以 $\boldsymbol{v}'$ 表示同一质点相对于参考系 $x'O'y'$ 的速度,以 $\boldsymbol{u}$ 表示参考系 $x'O'y'$ 相对于参考系 xOy 平动的速度,则上式可以一般地表示为

$$\boldsymbol{v} = \boldsymbol{v}' + \boldsymbol{u} \tag{1-20}$$

同一质点相对于两个相对作平动的参考系的速度之间的这一关系叫做伽利略速度变换。

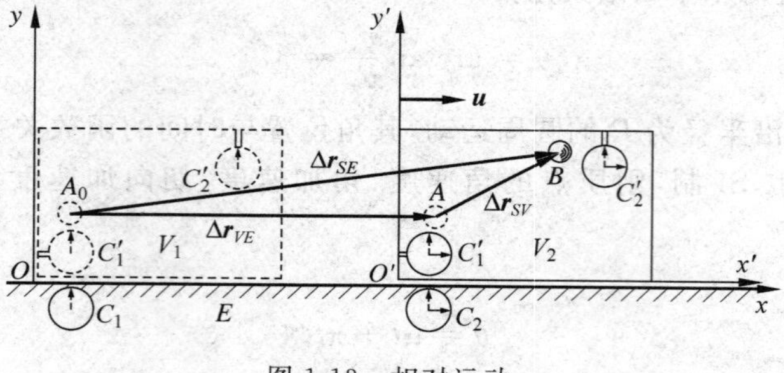

图 1-13 相对运动

要注意,速度的合成和速度的变换是两个不同的概念。速度的合成是指在同一参考系中一个质点的速度和它的各分速度的关系。相对于任何参考系,它都可以表示为矢量合成的形式,如式(1-20)。速度的变换涉及有相对运动的两个参考系,其公式的形式和相对速度的大小有关,而伽利略速度变换只适用于相对速度比真空中的光速小得多的情形。这一点将在第 4 章(狭义相对论)中作详细的说明。

如果质点运动速度是随时间变化的,则求式(1-20)对 t 的导数,就可得到相应的加速度之间的关系。以 $\boldsymbol{a}$ 表示质点相对于参考系 xOy 的加速度,以 $\boldsymbol{a}'$ 表示质点相对于参考系 $x'O'y'$ 的加速度,以 $\boldsymbol{a}_0$ 表示参考系 $x'O'y'$ 相对于参考系 xOy 平动的加速度,则由式(1-20)可得

$$\frac{\mathrm{d}\boldsymbol{v}}{\mathrm{d}t} = \frac{\mathrm{d}\boldsymbol{v}'}{\mathrm{d}t} + \frac{\mathrm{d}\boldsymbol{u}}{\mathrm{d}t}$$

即

$$\boldsymbol{a}=\boldsymbol{a}'+\boldsymbol{a}_0 \tag{1-21}$$

这就是同一质点相对于两个相对作平动的参考系的加速度之间的关系。

如果两个参考系相对作匀速直线运动,即 $\boldsymbol{u}$ 为常量,则

$$\boldsymbol{a}_0=\frac{\mathrm{d}\boldsymbol{u}}{\mathrm{d}t}=\boldsymbol{0}$$

于是有

$$\boldsymbol{a}=\boldsymbol{a}'$$

这就是说,在相对作匀速直线运动的参考系中观察同一质点的运动时,所测得的加速度是相同的。

例 1-6 雨天一辆客车 V 在水平马路上以 20m/s 的速度向东开行,雨滴 R 在空中以 10m/s 的速度竖直下落。求雨滴相对于车厢的速度的大小与方向。

解 如图 1-14 所示,以 xOy 表示地面(E)参考系,以 $x'O'y'$ 表示车厢参考系,则 $v_{VE}=20\text{m/s}$,$v_{RE}=10\text{m/s}$。以 v_{RV} 表示雨滴对车厢的速度,则根据伽利略速度变换 $\boldsymbol{v}_{RE}=\boldsymbol{v}_{RV}+\boldsymbol{v}_{VE}$,这三个速度的矢量关系如图 1-14 所示。由图形的几何关系可得雨滴对车厢的速度的大小为

$$\begin{aligned}v_{RV}&=\sqrt{v_{RE}^2+v_{VE}^2}\\&=\sqrt{10^2+20^2}\\&=22.4(\text{m/s})\end{aligned}$$

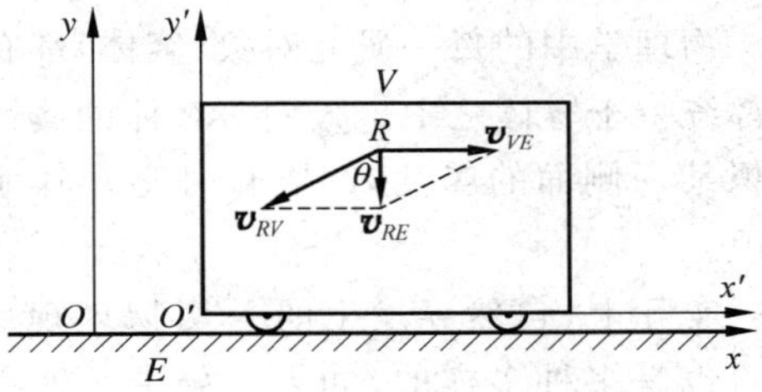

图 1-14

这一速度的方向用它与竖直方向的夹角 θ 表示,则

$$\tan\theta=\frac{v_{VE}}{v_{RE}}=\frac{20}{10}=2$$

由此得

$$\theta=63.4°$$

即向下偏西 63.4°。

阅读材料 1 物理学方法简述

1 数学方法

物理学是一门实验科学。但是仅由观察和试验获取的原始数据并不代表物理规律,数学方法则是用来分析、处理数据的重要手段。在本章中已采用数学所提供的字母、符号(如矢量)和运算规则(如微分、积分)等数学语言,对质点运动规律进行了定量描述。显然,没有微分与导数这些数学语言,人们就无法准确、全面、深刻地了解质点运动速度、加速度;没有积分这种数学语言,人们也无法求得可以描述质点运动全貌的运动学方程。物理学作为一门独立的学科,有着它自己特殊的物理语言(如速度、加速度、力、动量等),但在物理定律、定理、原理的表达及推导、论证等方面,数学也是表达物理规律最为简练、准确的语言。从某种意义上说,物理学就是要解读隐藏在物理现象中的数与形的定量规律。因此,掌握与运用一定的数学语言,对学习质点力学乃至整个物理学都是非常重要的。但要注意以下两点。

(1) 在运用微分与积分运算时,需理解无限小、无穷多与极限思想在力学中的应用。如定积分就是一种和式的极限,定积分是无穷多个无限小之和,定积分的基础就是极限的概念而不是其他。

(2) 笛卡儿用具有固定夹角(不一定是直角)的三根不共面的有向数轴构成了笛卡儿坐标系。坐标方法的出现成功地为代数与几何之间架起了一座可以互通的桥梁,人们称它为数学发展史上的一次革命。

在物理学中,与参考物体固连在一起的坐标系叫做参考系。参考物体大小有限,但固连在物体上的坐标系可以延伸到空间的无限远处。因此,坐标系可以理解为与参考系相固连的整个空间(一个理论上抽象的三维空间)。或者说一个空间(如点、线、面等)都可由坐标定量地表示出来,但同一个空间,坐标系并非唯一(如极坐标、球坐标、自然坐标等),且彼此可以转换。因此,同一空间内的同一对象在不同坐标系下,有着在数学运算上的繁简和难易不同的表述形式。在大学物理以及相关后续课程中,既要学习坐标系的构造,也要善于利用它的功能。不管什么坐标系,它的坐标变元(如 x,y,z)个数应与所表示空间的维数相同,而且用代数语言来说,这些变元是线性无关的。

2. 理想模型方法

物理学中的每一研究对象(客体)都有许多方面的属性,如大小、形状、质量、……这些属性都统一于客体之中。人们对客体的属性,是从一个侧面一个侧面地分别去认识的。为了认识某一侧面的属性,都要暂时避开其他方面的属性,这样才便于获取对所关注的属性的认识。

实际上,自然界发生的一切物理现象和物理过程一般都是比较复杂的,影响它们的因素也是多种多样的,如果不分主次地考虑一切因素,不仅会增加认识的难度,而且也不能得出准确的结果;相反,还会导致对最简单的物理图像的分析也无从下手。因此,在物理学的研究中,需要把复杂问题转换为理想化的简单问题,也就是采用理想化的方法。理想化方法主要包括建立理想模型方法、理想过程与设计理想实验等三个方面。例如本章中以质点为讨论对象就是应用理想模型方法。质点模型是相对物体模型而言的,在忽略物体形状、大小等次要因素后,保留了物体在运动过程中起决定作用的两个主要特征:质量和空间位置。

在质点动力学中,以牛顿第二定律为基础,由力引出了冲量、功和力矩,由质量、位矢、速度引出了动量、动能和角动量等概念。可以说,牛顿力学是以质点力学为基础。当然,质点作为理想模型,实际生活中没有任何一个物体与它完全等价。但是,在描述诸如地球绕太阳公转这样的运动时,由于地球半径(约为 6400km)比地球与太阳的距离(约 1.49×10^8 km)小得多,把地球视作质点是相当好的近似。一般来说,只要当物体在空间运动的尺度远大于物体本身的线度,或者在不考虑物体的转动和内部运动时,都可以采用质点模型。在研究刚体、弹性体、流体等质量连续分布的物体的运动时,我们会把它们分割成无限多个质点进行讨论,这也是质点模型的一种实际应用。

3. 逻辑推理方法

1) 演绎推理

演绎方法是从一般到特殊(或个别)、由共性推出个性的方法。在经典力学中,牛顿运动三定律是一般规律，它通过分析力的时间积累与空间积累、运用微分与积分的数学手段，得出描述特定物理问题的质点运动三定理。由于数学有一套严格的公理系统，是一门基本前提很明确的学科，而物理学中越来越广泛地使用数学语言，所以，数学中的演绎推理在解决物理问题中的作用日益明显。

2）归纳推理

物理学家几乎从来不单纯地对孤立的个别事物或事件进行研究，而是通过观察若干个别事物的特性，从中找出整个类别的普遍特性，这就是归纳推理法（简称归纳法）。如人们通过长期的天文观测，发现在行星绕太阳运动中，行星在任一位置对日位矢的大小与行星在该处的动量值，以及位矢和动量两矢量夹角的正弦这三者的乘积总保持常数。在此基础上引入了一个新物理量——角动量，并猜测它是一个守恒量。由此可以看出，归纳法是从一些个别的经验事实和感性材料中概括出理论性的一般原理的一种逻辑推理和认识方法。与演绎法相反，归纳法是从特殊（或个体）事物概括出一般规律的方法。就人类总的认识过程而言，总是先认识某些特殊现象，然后过渡到对一般现象的认识。所以，归纳法是科学发现的一种常用思维方法。具体来说，归纳推理方法有以下特点。

（1）归纳是依据特殊现象推断一般现象，因而，由归纳得的结论，超越了前提所包含的内容。

（2）归纳是依据若干个已知的不尽完整的现象推断尚属未知的现象，因而结论具有猜测的性质。

（3）归纳的前提是单个事实和特殊的情况，所以，归纳要立足于观察、经验或实验的基础之上。

本章要点

1. 描述质点运动的 4 个物理量

位置矢量：描述质点在空间的位置情况。

$$\boldsymbol{r} = x\boldsymbol{i} + y\boldsymbol{j} + z\boldsymbol{k}$$

位移：描述质点位置的改变情况。

$$\Delta\boldsymbol{r} = \boldsymbol{r}(t+\Delta t) - \boldsymbol{r}(t) = \Delta x\boldsymbol{i} + \Delta y\boldsymbol{j} + \Delta z\boldsymbol{k}$$

速度：描述质点位置变化的快慢和方向。

$$\boldsymbol{v} = \lim_{\Delta t\to 0}\frac{\Delta\boldsymbol{r}}{\Delta t} = \frac{\mathrm{d}\boldsymbol{r}}{\mathrm{d}t} = \frac{\mathrm{d}x}{\mathrm{d}t}\boldsymbol{i} + \frac{\mathrm{d}y}{\mathrm{d}t}\boldsymbol{j} + \frac{\mathrm{d}z}{\mathrm{d}t}\boldsymbol{k}$$

加速度：描述质点速度的变化情况。

$$\boldsymbol{a} = \lim_{\Delta t\to 0}\frac{\Delta\boldsymbol{v}}{\Delta t} = \frac{\mathrm{d}\boldsymbol{v}}{\mathrm{d}t} = \frac{\mathrm{d}^2\boldsymbol{r}}{\mathrm{d}t^2} = \frac{\mathrm{d}^2x}{\mathrm{d}t^2}\boldsymbol{i} + \frac{\mathrm{d}^2y}{\mathrm{d}t^2}\boldsymbol{j} + \frac{\mathrm{d}^2z}{\mathrm{d}t^2}\boldsymbol{k}$$

上述 4 个物理量均具有矢量性、瞬时性和相对性。

2. 圆周运动的速度和加速度

1）线量描述

线速度 $\boldsymbol{v}$：方向沿切向，大小为其运动的速率，$v=\frac{\mathrm{d}s}{\mathrm{d}t}$。

切向加速度 $\boldsymbol{a}_\tau$：方向沿切向($a_\tau>0$，$\boldsymbol{a}_\tau$ 与 $\boldsymbol{v}$ 同向，加速；$a_\tau<0$，$\boldsymbol{a}_\tau$ 与 $\boldsymbol{v}$ 反向，减速)，大小为 $a_\tau=\dfrac{\mathrm{d}v}{\mathrm{d}t}$。

法向加速度 $\boldsymbol{a}_\mathrm{n}$：方向指向圆心，大小为 $a_\mathrm{n}=\dfrac{v^2}{R}$。

线加速度 $\boldsymbol{a}$：方向指向轨迹凹的一侧。

$$\boldsymbol{a}=\boldsymbol{a}_\tau+\boldsymbol{a}_\mathrm{n},\quad a=\sqrt{a_\tau^2+a_\mathrm{n}^2},\quad \tan(\boldsymbol{a},\boldsymbol{v})=\frac{a_\mathrm{n}}{a_\tau}$$

2）角量描述

角位置：$\theta(t)$

角速度：$\omega=\dfrac{\mathrm{d}\theta}{\mathrm{d}t}$

角加速度：$\alpha=\dfrac{\mathrm{d}\omega}{\mathrm{d}t}=\dfrac{\mathrm{d}^2\theta}{\mathrm{d}t^2}$

3）线量与角量的关系

$$s=R\theta,\quad v=R\omega,\quad a_\tau=R\alpha,\quad a_\mathrm{n}=R\omega^2$$

3. 伽利略速度变换

$$\boldsymbol{v}=\boldsymbol{v}'+\boldsymbol{u}$$

4. 运动学的两类问题

1）已知运动学方程求轨道方程、速度及加速度

解这类问题时，消去运动方程中的参量 t 得轨道方程；由运动方程对 t 求导数，可得质点的速度和加速度。

2）已知加速度和初始条件求速度及运动方程

这类问题是微分法的逆运算，需要用积分的方法求解，积分可采用定积分或不定积分，要注意初始条件的正确使用。

习题 1

一、选择题

1. 一运动质点在某瞬时位于矢径 $\boldsymbol{r}(x,y)$ 的端点处，其速度大小为(　　)。

A. $\dfrac{\mathrm{d}r}{\mathrm{d}t}$　　B. $\dfrac{\mathrm{d}\boldsymbol{r}}{\mathrm{d}t}$　　C. $\dfrac{\mathrm{d}|\boldsymbol{r}|}{\mathrm{d}t}$　　D. $\sqrt{\left(\dfrac{\mathrm{d}x}{\mathrm{d}t}\right)^2+\left(\dfrac{\mathrm{d}y}{\mathrm{d}t}\right)^2}$

2. 一质点在平面上运动，已知质点位置矢量的表示式为 $\boldsymbol{r}=at^2\boldsymbol{i}+bt^2\boldsymbol{j}$(其中 a、b 为常量)，则该质点作(　　)。

A. 匀速直线运动　B. 变速直线运动　C. 抛物线运动　D. 一般曲线运动

3. 某质点的速度为 $\boldsymbol{v}=2\boldsymbol{i}-8t\boldsymbol{j}$，已知，$t=0$ 时，它过点(3，-7)，则该质点的运动方程为(　　)。

A. $2t\boldsymbol{i}-4t^2\boldsymbol{j}$　　B. $(2t+3)\boldsymbol{i}-(4t^2+7)\boldsymbol{j}$

C. $-8\boldsymbol{j}$　　D. 不能确定

4. 以初速 v_0 将一物体斜向上抛，抛射角为 θ，不计空气阻力，则物体在轨道最高点处的曲率半径为(　　)。

A. $\frac{v_0\sin\theta}{g}$　　B. $\frac{g}{v_0^2}$　　C. $\frac{v_0^2\cos^2\theta}{g}$　　D. 不能确定

5. 质点沿半径为 R 的圆周作匀速率运动，每 T 秒转一圈。在 $2T$ 时间间隔中，其平均速度大小与平均速率大小分别为(　　)。

A. $2\pi R/T$，$2\pi R/T$　　B. 0，$2\pi R/T$

C. 0，0　　D. $2\pi R/T$，0

6. 某物体的运动规律为 $\mathrm{d}v/\mathrm{d}t=-kv^2t$，式中的 k 为大于零的常量。当 $t=0$ 时，初速为 v_0，则速度 v 与时间 t 的函数关系是(　　)。

A. $v=\frac{1}{2}kt^2+v_0$　　B. $v=-\frac{1}{2}kt^2+v_0$

C. $\frac{1}{v}=\frac{kt^2}{2}+\frac{1}{v_0}$　　D. $\frac{1}{v}=-\frac{kt^2}{2}+\frac{1}{v_0}$

7. 一个质点在作匀速率圆周运动时，(　　)。

A. 切向加速度改变，法向加速度也改变

B. 切向加速度不变，法向加速度改变

C. 切向加速度不变，法向加速度也不变

D. 切向加速度改变，法向加速度不变

8. 一小球沿斜面向上运动，其运动方程为 $x=5+4t-t^2$(SI)，则小球运动到最高点的时刻是(　　)。

A. $t=4$s　　B. $t=2$s　　C. $t=8$s　　D. $t=5$s

9. 质点沿曲线运动，t_1 时刻速度为 $\boldsymbol{v}_1=6\boldsymbol{i}+8\boldsymbol{j}$(m/s)，$t_2$ 时刻速度为 $\boldsymbol{v}_2=-6\boldsymbol{i}-8\boldsymbol{j}$(m/s)，那么，其速度增量的大小$|\Delta\boldsymbol{v}|$和速度大小的增量 Δv 分别为(　　)。

A. $|\Delta\boldsymbol{v}|=0$，$\Delta v=20$m/s　　B. $|\Delta\boldsymbol{v}|=20$m/s，$\Delta v=0$

C. 均为 20m/s　　D. 均为零

二、填空题

1. 某质点从静止出发沿半径为 $R=1$m 作圆周运动，其角加速度随时间的变化规律是 $\alpha=12t^2-6t$，则质点的角速度大小为________，切向加速度大小为________。

2. 质点 P 在一直线上运动，其坐标 x 与时间 t 有如下关系：$x=-A\sin(\omega t)$ (SI)(A 为常数)。(1)任意时刻 t，质点的加速度 $a=$________；(2)质点速度为零的时刻 $t=$________。

3. 两辆车 A 和 B 在笔直的公路上同向行驶，它们从同一起始线上同时出发，并且由出发点开始计时，行驶的距离 x 与行驶时间 t 的函数关系式为：$x_A=4t+t^2$，$x_B=2t^2+2t^3$(SI)。(1)它们刚离开出发点时，行驶在前面的一辆车是________；(2)出发后，两辆车行驶距离相同的时刻是________；(3)出发后，B 车相对 A 车速度为零的时刻是________。

4. 一质点沿 x 方向运动，其加速度随时间的变化关系为 $a=3+2t$(SI)，如果初始时质点的速度 v_0 为 5m/s，则当 t 为 3s 时，质点的速度 $v=$________。

5. 一质点沿直线运动，其运动学方程为 $x=6t-t^2$(SI)，则在 t 由 0～4s 的时间间隔内，质点的位移大小为________，在 t 由 0～4s 的时间间隔内质点走过的路程为________。

6. 一质点从坐标原点出发沿 x 轴运动，其速度随时间变化关系为 $\boldsymbol{v}=(6t-6t^2)\boldsymbol{i}$(m/s)。在最初 2s 内质点的平均速度大小为________，平均速率为________。

三、计算题

1. 某质点在平面上作曲线运动，t_1 时刻位置矢量为 $\boldsymbol{r}_1=-2\boldsymbol{i}+6\boldsymbol{j}$，$t_2$ 时刻的位置矢量为 $\boldsymbol{r}_2=2\boldsymbol{i}+4\boldsymbol{j}$。求：(1)在 $\Delta t=t_2-t_1$ 时间内质点的位移矢量式；(2)该段时间内位移的大小和方向；(3)在坐标图上画出 $\boldsymbol{r}_1$、$\boldsymbol{r}_2$ 及 $\Delta\boldsymbol{r}$。(题中 $\boldsymbol{r}$ 以 m 计，t 以 s 计。)

2. 某质点作直线运动，其运动方程为 $x=1+4t-t^2$，其中 x 以 m 计，t 以 s 计。求：(1)第3s 末质点的位置；(2)头 3s 内的位移大小；(3)头 3s 内经过的路程。

3. 已知某质点的运动方程为 $x=2t$，$y=2-t^2$，式中 t 以 s 计，x 和 y 以 m 计。

(1)计算并图示质点的运动轨迹；(2)求出 $t=1$s 到 $t=2$s 这段时间内质点的平均速度；(3)计算 1s 末和 2s 末质点的速度；(4)计算 1s 末和 2s 末质点的加速度。

4. 湖中有一小船，岸边有人用绳子跨过离河面高 H 的滑轮拉船靠岸，如图 1-15 所示。设绳子的原长为 l_0，人以匀速 v_0 拉绳，试描述小船的运动轨迹并求其速度和加速度。

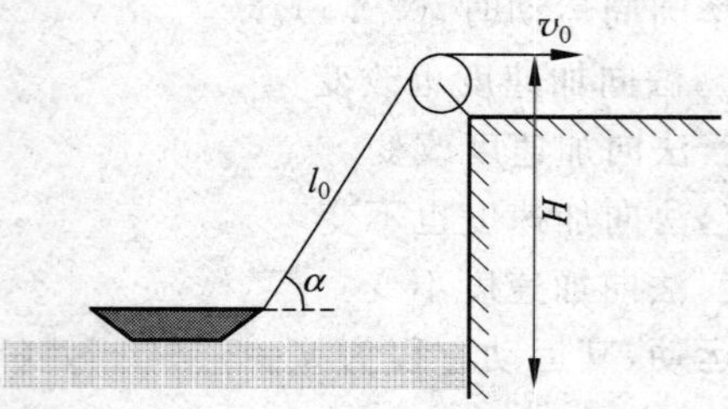

图 1-15

5. 大马哈鱼总是逆流而上，游到乌苏里江上游去产卵，游程中有时要跃上瀑布。这种鱼跃出水面的垂直速度可达 32km/h。它最高可跃上多高的瀑布？和人的跳高纪录相比如何？

6. 某质点作圆周运动的方程为 $\theta=2t-4t^2$(θ 以 rad 计，t 以 s 计)。在 $t=0$ 时开始逆时针旋转，问：(1)$t=0.5$s 时，质点以什么方向转动？(2)质点转动方向改变的瞬间，它的角位置 θ 等于多大？

7. 质点从静止出发沿半径 $R=3$m 的圆周作匀变速运动，切向加速度 $a_\tau=3\text{m/s}^2$。问：(1)经过多少时间后质点的总加速度恰好与半径成 45°角？(2)在上述时间内，质点所经历的角位移和路程各为多少？

8. 汽车在半径为 $R=400$m 的圆弧弯道上减速行驶。设某一时刻，汽车的速率为 $v=10$m/s，切向加速度的大小为 $a_\tau=0.2\text{m/s}^2$。求汽车的法向加速度和总加速度的大小和方向。

9. 由楼窗口以水平初速度 $\boldsymbol{v}_0$ 射出一发子弹，取枪口为原点，沿 $\boldsymbol{v}_0$ 方向为 x 轴，竖直向下为 y 轴，并取发射时刻 t 为 0。试求：

(1) 子弹在任一时刻 t 的位置坐标及轨迹方程；

(2) 子弹在 t 时刻的速度、切向加速度和法向加速度的大小并作图标注方向。

10. xOy 平面内一粒子在 $t=0$ 时以速度 $8.0\boldsymbol{j}$m/s 和恒定加速度 $(4.0\boldsymbol{i}+2.0\boldsymbol{j})\text{m/s}^2$ 从

原点开始运动。若某瞬时粒子的 x 坐标为 29m，求：(1)它的 y 坐标；(2)它的速率。

11. 一个粒子按它的位置(单位：m)对时间(单位：s)的函数 $\boldsymbol{r}=\boldsymbol{i}+4t^2\boldsymbol{j}+t\boldsymbol{k}$ 运动。写出它的：(1)速度对时间的函数；(2)加速度对时间的函数。

12. 一个地球卫星沿离地球表面 640km 的圆形轨道运行，周期为 98.0min。问：(1)卫星的速率是多少？(2)卫星的向心加速度是多少？

13. 一质点作半径为 $r=0.02$m 的圆周运动，它走过的路程与时间的关系为 $s=0.1t^3$(其中 s 以 m 为单位，t 以 s 为单位)，当质点的速率为 $v=0.3$m/s 时，它的法向加速度和切向加速度各为多少？

14. 一质点斜向上抛出，$t=0$ 时，质点位于坐标原点，其速度随时间的变化关系为

$$\boldsymbol{v}=200\boldsymbol{i}+(200\sqrt{3}-10t)\boldsymbol{j}\,(\mathrm{m/s})$$

求：(1) 质点的运动方程(矢量式)$\boldsymbol{r}$，加速度 $\boldsymbol{a}$；

(2) $t=0$ 时，质点的切向加速度的大小 a_τ，法向加速度的大小 a_n；并把 $\boldsymbol{a}_\tau$ 和 $\boldsymbol{a}_n$ 画在质点运动的轨迹图上(标注符号)。

15. 质点在 xOy 平面内运动，其速度随时间的变化关系为

$$\boldsymbol{v}=2\boldsymbol{i}-4t\boldsymbol{j}\,(\mathrm{m/s}),\quad t=0\text{ 时},\quad x=0,y=9\mathrm{m}$$

求：(1) 质点的运动方程 $\boldsymbol{r}$，加速度 $\boldsymbol{a}$；

(2) $t=0.5$s 时，质点的切向加速度的大小 a_τ，法向加速度的大小 a_n；

(3) 何时 $\boldsymbol{r}$ 与 $\boldsymbol{v}$ 恰好垂直。

第 2 章

质点动力学

在第 1 章质点运动学中，我们着重研究了物体的运动，从几何观点描述了质点的运动，没有考虑产生或改变运动状态的原因。本章则着重从改变运动状态的原因来研究质点的运动。

牛顿在伽利略等人的力学研究的基础上，通过深入分析和研究，于 1687 年出版了名著《自然哲学的数学原理》。书中提出了三条定律，奠定了动力学的基础。后人为了纪念牛顿，将这三条定律称为牛顿运动定律。在此基础上，科学家们又推导出了许多力学规律，形成了一套完整的理论体系，称为牛顿力学或经典力学。

2.1 牛顿运动定律

2.1.1 牛顿第一运动定律

牛顿第一运动定律的描述：任何物体都将保持静止或沿一直线作匀速运动的状态，直至其他物体对它作用的力迫使它改变这种运动状态为止。

数学表达式：$\boldsymbol{F}=\mathbf{0}$ 时，$\boldsymbol{v}=$ 恒矢量。

牛顿第一定律说明：仅当物体受到其他物体对它的作用力时，物体的运动状态才会改变，即力是改变物体运动状态的原因。任何物体都具有保持运动状态不变的这种特性，即惯性。故牛顿第一定律又称为惯性定律。

2.1.2 牛顿第二运动定律

设物体的质量为 m，运动速度为 $\boldsymbol{v}$，则 $m\boldsymbol{v}$ 称为物体的动量，以 $\boldsymbol{p}$ 表示，即

$$\boldsymbol{p} = m\boldsymbol{v} \tag{2-1}$$

在国际单位制中，动量的单位是 kg · m/s(千克米/秒)，方向和速度方向相同。

牛顿第二运动定律的描述：动量为 $\boldsymbol{p}$ 的物体在合外力 $\boldsymbol{F}$ 作用下，动量随时间的变化率应当等于作用于物体的合外力。

数学表达式为

$$\boldsymbol{F}=\frac{\mathrm{d}\boldsymbol{p}}{\mathrm{d}t} \tag{2-2}$$

对于低速运动(速度≪光速)的物体，物体质量可视为恒量，牛顿第二运动定律就简化为

$$\boldsymbol{F}=m\boldsymbol{a} \tag{2-3}$$

在国际单位制(SI)中，力 $\boldsymbol{F}$ 的单位为牛顿(N)，质量 m 的单位为千克(kg)，加速度 $\boldsymbol{a}$ 的单位为 $\mathrm{m/s^2}$。牛顿第二定律也称为加速度定律。

在直角坐标系中，牛顿第二运动定律的分量表达式为

$$\begin{cases}\boldsymbol{F}_x=m\boldsymbol{a}_x\\ \boldsymbol{F}_y=m\boldsymbol{a}_y\\ \boldsymbol{F}_z=m\boldsymbol{a}_z\end{cases} \tag{2-4}$$

在自然坐标系中，牛顿第二运动定律的分量表达式为

$$\begin{cases}\boldsymbol{F}_\tau=m\boldsymbol{a}_\tau\\ \boldsymbol{F}_\mathrm{n}=m\boldsymbol{a}_\mathrm{n}\end{cases} \tag{2-5}$$

由牛顿第二运动定律可以看出：物体所获得的加速度 $\boldsymbol{a}$ 与物体所受的外力 $\boldsymbol{F}$ 呈瞬时对应关系，即外力的大小和方向发生变化，则物体所获得加速度的大小和方向也随之发生变化。

当物体受到几个力的作用时，物体所获得的加速度等于每个力单独作用时产生的加速度的叠加。这也称为力的独立作用原理或力的叠加原理。用公式表示为

$$\begin{aligned}\boldsymbol{F}&=\boldsymbol{F}_1+\boldsymbol{F}_2+\cdots+\boldsymbol{F}_n=\sum_{i=1}^{n}\boldsymbol{F}_i\\ &=m\boldsymbol{a}_1+m\boldsymbol{a}_2+\cdots+m\boldsymbol{a}_\mathrm{n}=\sum_{i=1}^{n}m\boldsymbol{a}_i=m\boldsymbol{a}\end{aligned}$$

即

$$\sum_{i=1}^{n}\boldsymbol{F}_i=m\boldsymbol{a} \tag{2-6}$$

2.1.3 牛顿第三运动定律

牛顿第三运动定律的表述：两个物体之间的作用力与反作用力在同一直线上，大小相等，方向相反。作用力与反作用力属于同种性质的力，分别作用在两个不同的物体上，故牛顿第三定律也称为作用与反作用定律。

其数学表示为

$$\boldsymbol{F}_{12}=-\boldsymbol{F}_{21} \tag{2-7}$$

其中 $\boldsymbol{F}_{12}$ 表示物体 1 对物体 2 的作用力，$\boldsymbol{F}_{21}$ 表示物体 2 对物体 1 的作用力。$\boldsymbol{F}_{12}$ 和 $\boldsymbol{F}_{21}$ 总是同时产生，同时消失，成对出现，并且大小相等、方向相反，在同一直线上。

牛顿运动三定律是一个有机的整体，应用它来分析解决实际问题，应该把三个定律综合起来考虑，绝不能将其割裂。

由于运动的描述是相对的，因此描述某个物体的运动必是相对某个参考系而言的。牛顿运动定律就是在惯性参考系中对运动的描述。牛顿第一定律成立的参考系叫做惯性参考

系。并非任意参考系都是惯性参考系。实验指出：对一切力学现象而言，地面参考系、相对于地面静止或作匀速直线运动的参考系，都是足够精确的惯性参考系。而对于天体的研究，可以选太阳为参考系，所观测到的天文现象都能和牛顿运动定律推算的结果相符合，故对天体的研究，常选太阳为惯性参考系。

牛顿运动定律是牛顿在讨论物体平动时总结出来的，所以它只适用于作平动的物体或可视为质点的物体的运动。例如：研究某物体的转动时，该物体的整体不能简化为一个质点，就不能对它直接应用牛顿运动定律，而只能将其整体看成是由许多个(甚至是无穷多个)小部分组成，其中每一个小部分均可视为一个质点，分别对每一个质点应用牛顿运动定律，然后再把各部分综合起来，得到物体整体运动的情况。

牛顿运动三定律是牛顿在经典力学的范围内总结出来的，所以它只适用于相对于惯性参考系作低速($v\ll c$)运动的宏观质点。

2.2 几种常见的力

在动力学中，对物体进行受力分析是非常重要的，是应用牛顿运动定律解决问题的关键。在日常生活和工程技术中经常遇到的力有引力、重力、弹力、摩擦力等，下面介绍这些力产生的原因和特征。

1. 万有引力

万有引力是物体与物体间的一种相互吸引力。胡克、牛顿等人发现了其规律，称为万有引力定律，表述为：两个相距为 r，质量分别为 m_1、m_2 的两质点间的万有引力，大小与它们的质量乘积成正比，与它们间距离 r 的二次方成反比，方向沿着两物体的连线，即

$$\boldsymbol{F}=-G\frac{m_1m_2}{r^2}\boldsymbol{e}_r \tag{2-8}$$

式中，G 为引力常数，是一普适常数，$G=6.67\times10^{-11}\mathrm{N\cdot m^2/kg^2}$；若以由 m_1 指向 m_2 的有向线段为 m_2 的位矢，则 $\boldsymbol{e}_r$ 是从 m_1 指向 m_2 的单位矢量 $\frac{\boldsymbol{r}}{r}$；式中的负号表示 m_1 施于 m_2 的万有引力的方向始终与 $\boldsymbol{e}_r$ 的方向相反，即由 m_2 指向 m_1。

2. 重力

重力是由地球对物体的万有引力而引起的。在忽略地球自转的情况下，地球表面或表面附近的物体所受地球对它的吸引力称为重力。重力以 $\boldsymbol{P}$ 表示，其方向指向地球中心。

从广义上讲，任何天体对其表面上或表面附近的物体的吸引力也称为重力，如月球重力、金星重力、火星重力等。就一般情况而言，在重力作用下，任何物体产生的加速度都以重力加速度 $\boldsymbol{g}$ 来表示。以 m 表示物体的质量，$\boldsymbol{P}$ 表示物体的重力，则由牛顿第二运动定律，得 $\boldsymbol{g}=\frac{\boldsymbol{P}}{m}$。

利用式(2-8)可得地球表面的重力加速度大小为 $g=G\frac{m_E}{r^2}$，其中 m_E 为地球的质量，r 为地球地心与物体间的距离，地球的半径为 R_E。一般有 $r-R_E\ll R_E$，故得地球表面的重力加速度为 $g=G\frac{m_E}{R_E^2}$，将 $m_E=5.98\times10^{24}\mathrm{kg}$，$R_E=6.37\times10^6\mathrm{m}$ 代入，得 $g=9.82\mathrm{m/s^2}$，常取 $g=$

9.8m/s²。

3. 弹力

发生形变的物体，由于要恢复形变，对与它接触的物体会产生力的作用，这种力称为弹力。弹力的表现形式很多，下面只讨论三种常见的表现形式。

1）正压力（或支持力）

两个相互接触的物体，因压挤而产生了形变（这种形变通常十分微小，很难观察到），为了恢复所产生的形变，便产生了正压力（或支持力）。它的大小取决于相互压紧的程度，方向总是垂直于接触面并指向对方。

2）拉力（或牵引力）

拉力（或牵引力）就是指绳索或线对物体的拉力。这种拉力是由于绳子发生了形变（通常也十分微小很难观察）而产生的。它的大小取决于绳被拉紧的程度，方向总是沿着绳而指向绳收缩的方向。绳子产生拉力时，绳子内部各段之间也有相互作用的弹力存在，这种弹力也称为拉力。

3）弹簧的弹性力

在力学中还有一种常见的弹力就是弹簧的弹性力，由弹簧的拉伸或压缩而产生。当弹簧被拉伸或压缩时，它就会对与之相连的物体产生弹力的作用，如图 2-1 所示。这种弹力总是要使弹簧恢复原长，故该力又称为恢复力。在弹性限度内，弹力的大小和形变的大小成正比，以 f 表示弹性力，以 x 表示形变（即弹簧的长度相对于原长的变化），则有

$$f=-kx \tag{2-9}$$

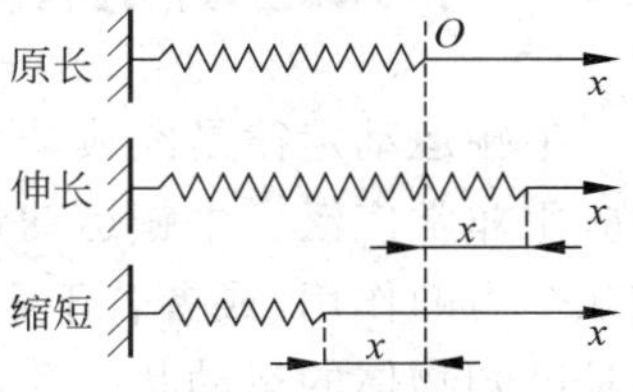

图 2-1　弹簧的弹性力

其中 k 为弹簧的劲度系数，取决于弹簧本身的结构；负号表示弹性力的方向与形变的方向相反。当 x 为正值时，弹簧拉伸，f 为负（即弹性力的方向与拉伸方向相反）；当 x 为负值时，弹簧压缩，f 为正（即弹性力的方向与压缩方向相反）。总之，弹簧的弹力总是指向恢复它原长的方向。

4. 摩擦力

当两个物体有相互接触面且沿着接触面有相对运动时，或者有相对运动的趋势时，一般由于接触面较粗糙（粗糙的原因可能很复杂），在接触面之间，每个物体都受到对方给予的一个阻碍相对运动的力，这种力称为摩擦力。摩擦力有两种：静摩擦力和滑动摩擦力。

当相互接触的两个物体相对静止但又有相对运动的趋势时，这时两物体间的摩擦力称为静摩擦力。如图 2-2 所示，A 与 B 两物体相互接触，A 受到水平向右的外力 $\boldsymbol{F}$ 作用，但运动速度为零，这时 A 受到的力就是静摩擦力 $\boldsymbol{f}_s$。静摩擦力的存在阻止了 A 和 B 间的相对滑动的出现，所以它的方向与物体 A 相对于 B 运动的趋势方向相反，即 $\boldsymbol{f}_s$ 水平向左。同时 B 物体也受到一个水平向右的静摩擦力 $\boldsymbol{f}_s'$ 作用，且 $\boldsymbol{f}_s=-\boldsymbol{f}_s'$。静摩擦力是变化的，与外力的大小有关。当外力 $\boldsymbol{F}$ 达到一定的值时，物体 A 就被拉动，这时的静摩擦力称为最大静摩擦力 f_{smax}。实验得知，最大静摩擦力 f_{smax} 与两个物体间的正压力 N 成正比，其大小为

$$f_{smax}=\mu_s N \tag{2-10}$$

式中比例系数 μ_s 称为静摩擦系数，它取决于接触面的材料与表面状况。它的大小可以从相

关的技术手册中查到。

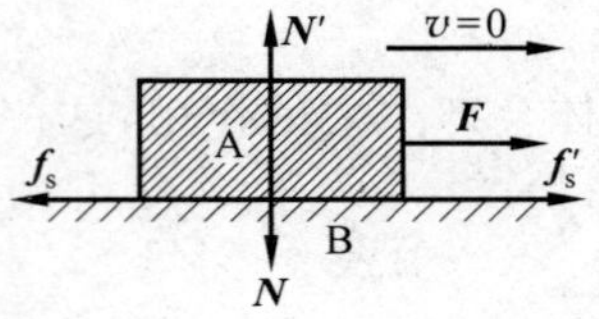

图 2-2　静摩擦力

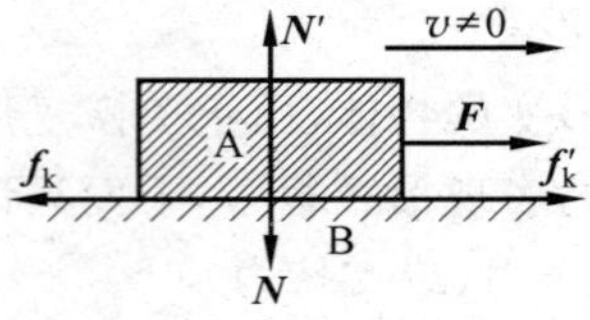

图 2-3　滑动摩擦力

当两物体间有了相对运动后,这时的摩擦力称为滑动摩擦力 f_k(见图 2-3),实验证明:滑动摩擦力 f_k 的大小与两物体间的正压力 N 成正比,即

$$f_k = \mu_k N \tag{2-11}$$

式中比例系数 μ_k 称为滑动摩擦系数,它与两接触物体的材料性质、接触表面的情况、温度、干湿度等有关,还和两接触物体的相对速度有关。一般情况下,μ_k 随速度的增大而减小。

对于给定的接触面,$\mu_s > \mu_k$,并且都小于 1。但在一般计算时,除非特别指明,可以近似认为 $\mu_s = \mu_k$。

2.3　牛顿运动定律的应用

牛顿运动定律是经典动力学的核心内容,表明了机械运动物体的基本运动规律,在实际中应用非常广泛。牛顿运动定律涉及的动力学问题一般分为两类,一类是已知一个物体受到几个力的作用,或者若干个物体之间的相互作用力,欲求物体的加速度和运动状态;另一类是已知物体的运动状态和加速度,欲求物体之间的相互作用力。这两类问题尽管所求的未知量不同,但分析方法非常类似。

利用牛顿运动定律求解实际问题时,常用的方法是"隔离体"法,即把要研究的物体单独"拿出来",对它进行以下的分析。

(1) 认物体。选定所讨论的物体作为研究对象,该物体可看成是质点,把该物体与其他物体"隔离"开,对它应用牛顿运动定律来讨论。

(2) 看运动。分析确定所选定物体的运动状态,包括它的运动轨迹、速度和加速度。若涉及多个物体时,还要找出它们之间的运动学关系,即它们的速度和加速度之间的关系。

(3) 查受力,建坐标系,画受力图。找出被选定的物体所受的所有的力(必须知道施力体)。一般先找主动力,如外力、重力、拉力等,再找被动力,如摩擦力等,建立合适的坐标系,让尽可能多的力沿坐标轴完整分解。画出简单的示意图以表示物体受力情况与运动情况。

(4) 列方程、求解、讨论。运用牛顿第二定律,沿坐标轴方向建立物体的动力学方程。对于涉及多个物体的情况,将对各个物体运用类似的方法,得到一个动力学的方程组,求解方程组,根据实际情况对所得结果进行讨论。

下面举例说明。

例 2-1　如图 2-4(a)所示一物体组,$m_1 = 50\text{kg}$,$m_2 = 25\text{kg}$,$m_3 = 50\text{kg}$,设摩擦力及滑轮和绳的质量不计,求两物体的加速度及 A、B 两段绳子间的张力。

解　受力如图 2-4(b)所示,图中已取加速度方向为坐标轴正方向。

对 m_1、m_2、m_3 分别列出动力学方程如下:

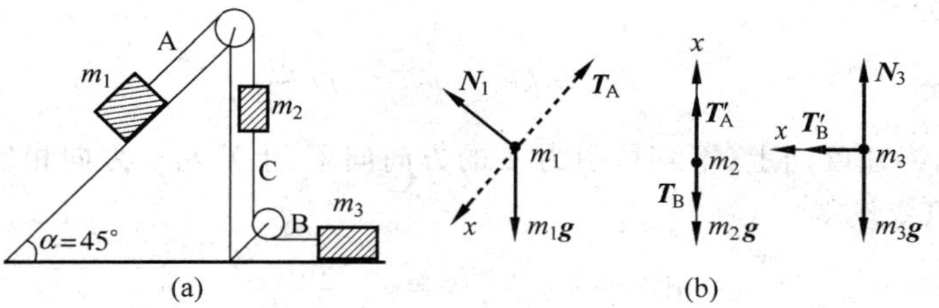

图　2-4

$$m_1 g\sin\alpha - T_A = m_1 a_1 \tag{1}$$

$$T'_A - T_B - m_2 g = m_2 a_2 \tag{2}$$

$$T'_B = m_3 a_3 \tag{3}$$

各物体加速度之间的关系为

$$a_1 = a_2 = a_3 = a \tag{4}$$

各段绳中张力关系为

$$T_A = T'_A,\quad T_B = T'_B \tag{5}$$

解以上方程组得

$$a = \frac{m_1 \sin\alpha - m_2 g}{m_1 + m_2 + m_3} = 0.81(\mathrm{m/s^2})$$

$$T_B = m_3 a = 40.5(\mathrm{N})$$

$$T_A = m_1(g\sin\alpha - a) = 306(\mathrm{N})$$

【提示】 本例题讨论的是多个物体间的运动问题，分析时对每个物体都采用隔离体法进行受力分析。画受力图时，要无一遗漏地画出各物体所受到的各力的大小和方向，建立坐标系，再列方程组进行求解。

例 2-2 以初速度 $\boldsymbol{v}_0$ 竖直上抛的物体，质量为 m，受到的空气阻力与物体的速率成正比，设比例系数为 $k(k>0)$，试求：

(1) 物体运动的速度公式(即任一时刻 t 时的速度)；

(2) 物体上升的最大高度。

解 (1) 以物体为研究对象进行受力分析，取抛出点为原点 O，受力图见图 2-5。

$\boldsymbol{v}$ 向上时受力图如图(a)所示，$\boldsymbol{v}$ 向下时受力图如图(b)所示。

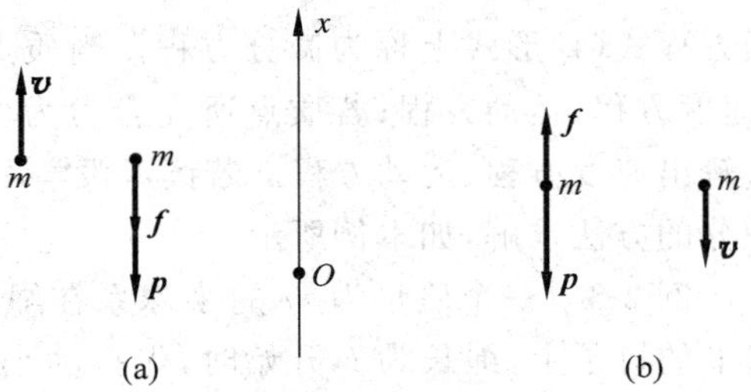

图　2-5

牛顿动力学方程为

$$\boldsymbol{p} + \boldsymbol{f} = m\boldsymbol{a}$$

x 轴方向的分量式为

$$-mg-kv=ma=m\frac{\mathrm{d}v}{\mathrm{d}t} \tag{1}$$

式中的 $-kv$ 表示当速度向上(下)时,阻力 $\boldsymbol{f}$ 的方向向下(上),与 $\boldsymbol{v}$ 方向相反。

对式(1)分离变量得

$$\mathrm{d}t=-\frac{\mathrm{d}v}{g+\frac{kv}{m}}=-\frac{\mathrm{d}v}{g+Bv} \tag{2}$$

其中令 $B=\frac{k}{m}$,速度增加无限小量 $\mathrm{d}v$,则时间增加 $\mathrm{d}t$(元时间),速度从 v_0 增加到 v 时所用时间为各元时间 $\mathrm{d}t$ 之和。即

$$\int_0^t \mathrm{d}t=\int_{v_0}^{v}-\frac{\mathrm{d}v}{g+Bv}$$

$$v=\left(v_0+\frac{mg}{k}\right)\mathrm{e}^{-\frac{kt}{m}}-\frac{mg}{k} \tag{3}$$

为简便起见,令 $A=v_0+\frac{mg}{k}$,$C=\frac{mg}{k}$,则式(3)简化为

$$v=A\mathrm{e}^{-Bt}-C \tag{3$'$}$$

(2) 在 $\mathrm{d}t$ 时间内,物体的元位移

$$\mathrm{d}x=v(t)\mathrm{d}t=(A\mathrm{e}^{-Bt}-C)\mathrm{d}t$$

从 $t=0$ 到 t 时刻的位移为各元位移之和。即

$$\int_0^x \mathrm{d}x=\int_0^t (A\mathrm{e}^{-Bt}-C)\mathrm{d}t$$

得

$$x=\frac{A}{B}(1-\mathrm{e}^{-Bt})-Ct \tag{4}$$

式(4)即为物体的运动方程。

由式(3)$'$知:当 $t_1=\frac{1}{B}\ln\frac{A}{C}$ 时,$v=0$,在此之前 $v>0$,物体上升;在此之后 $v<0$,物体下落。故 $t=t_1$ 时刻,物体达到最大高度 H:

$$H=\frac{A}{B}(1-\mathrm{e}^{-Bt_1})-Ct_1=\frac{mv_0}{k}-\frac{m^2g}{k^2}\ln\left(1+\frac{kv_0}{mg}\right)$$

【提示】 本例中牛顿方程式(1)形式上称为微分方程。当质点所受各力为恒力时,$\boldsymbol{a}=$恒矢量,可以简单地得出速度方程、运动方程;若质点所受合力为变力,加速度不是恒量,可以用解微分方程的方法求解出速度方程、运动方程。若读者没学习过微分方程时,可以采用积分的方法求解,如本例所示。

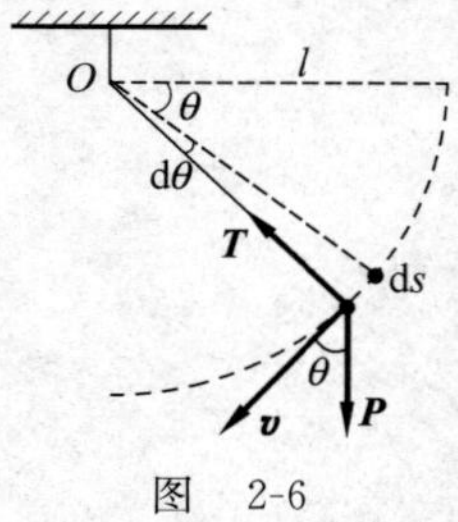

图 2-6

例 2-3 一个质量为 m 的小球系在绳的一端,绳的另一端系在墙上的钉子上,绳长为 l,开始时,先拉动小球使其处于水平位置,然后释放小球使其下落。求绳摆下 θ 角度时,这个小球的速率和绳子的张力。

解 对小球进行受力分析,小球受的力有绳对它的拉力 $\boldsymbol{T}$ 和重力 $\boldsymbol{P}$,如图 2-6 所示,被释放的小球下落过程中作圆周运动,故采用

自然坐标系，把小球所受的力沿切向和法向分解，应用牛顿第二定律。

切向分量方程为

$$mg\cos\theta = ma_{\tau} = m\frac{\mathrm{d}v}{\mathrm{d}t} \tag{1}$$

法向分量方程为

$$T - mg\sin\theta = ma_{\mathrm{n}} = m\frac{v^2}{l} \tag{2}$$

式(1)中有三个变量 θ、v、t，对此常用变换式：

$$m\frac{\mathrm{d}v}{\mathrm{d}t} = m\frac{\mathrm{d}v}{\mathrm{d}\theta}\cdot\frac{\mathrm{d}\theta}{\mathrm{d}t} = m\frac{\mathrm{d}v}{\mathrm{d}\theta}\cdot\omega = m\frac{\mathrm{d}v}{\mathrm{d}\theta}\cdot\frac{v}{l} \tag{3}$$

将式(3)代入式(1)得

$$gl\cos\theta\mathrm{d}\theta = v\mathrm{d}v$$

两侧同时定积分(摆角从 $0\to\theta$，速率从 $0\to v$)，得

$$\int_0^{\theta} gl\cos\theta\mathrm{d}\theta = \int_0^{v} v\mathrm{d}v$$

解之，得

$$v = \sqrt{2gl\sin\theta} \tag{4}$$

将式(4)代入式(2)得 $T=3mg\sin\theta$，这就是绳中的张力。

当然，由于小球下落过程中只有重力做功，机械能守恒，再加上圆周运动的特点，同样可以求解本题。

2.4 动量 动量守恒定律

前面讨论的是力作用于物体时，物体的运动状态发生了变化，然而力作用于物体往往还会持续一段时间，或者持续一段距离，前者是力对时间的累积效果，与物体的冲量、动量有关；后者是力对空间的累积效果，与物体的动能或能量有关。当然力更普遍地会作用于物体组，故本节主要研究力对物体(质点)或物体组(质点系)的时间累积效应。

2.4.1 质点的冲量及动量定理

由牛顿第二定律知：

$$\boldsymbol{F} = \frac{\mathrm{d}\boldsymbol{p}}{\mathrm{d}t}$$

则

$$\boldsymbol{F}\mathrm{d}t = \mathrm{d}\boldsymbol{p} \tag{2-12}$$

上式表示 $\mathrm{d}t$ 时间内，质点的动量的增量 $\mathrm{d}\boldsymbol{p}$ 等于外力 $\boldsymbol{F}$ 与 $\mathrm{d}t$ 的乘积，这就是质点动量定理的微分形式。

如果力 $\boldsymbol{F}$ 持续地从 t_0 时刻作用到 t 时刻，设 t_0 时刻的动量为 $\boldsymbol{p}_0$，t 时刻的动量为 $\boldsymbol{p}$，则对上式积分可求出这段时间内力的持续作用效果：

$$\int_{t_0}^{t}\boldsymbol{F}\mathrm{d}t = \int_{p_0}^{p}\mathrm{d}\boldsymbol{p} = \boldsymbol{p} - \boldsymbol{p}_0$$

令

$$\boldsymbol{I}=\int_{t_0}^{t}\boldsymbol{F}\mathrm{d}t \tag{2-13}$$

则

$$\boldsymbol{I}=\boldsymbol{p}-\boldsymbol{p}_0 \tag{2-14}$$

式(2-13)表示了力对时间的持续作用效果,用 $\boldsymbol{I}$ 表示,$\boldsymbol{I}$ 称为冲量。式(2-14)表示作用于质点上的合外力的冲量等于在力的作用时间内质点动量的增量,这也是质点动量定理的积分形式。在国际单位制(SI)中,冲量的单位为牛顿秒(N·s)。

在直角坐标系中,动量定理的分量形式为

$$\begin{cases} I_x=\int_{t_0}^{t}F_x\mathrm{d}t=mv_{2x}-mv_{1x} \\ I_y=\int_{t_0}^{t}F_y\mathrm{d}t=mv_{2y}-mv_{1y} \\ I_z=\int_{t_0}^{t}F_z\mathrm{d}t=mv_{2z}-mv_{1z} \end{cases} \tag{2-15}$$

质点从一个状态变化到另一个状态,中间必然要经历某种过程。有一类物理量是用以描述过程的,称其为过程量;另一类物理量是用以描述系统状态的,称其为状态量。显然,位移、冲量是过程量,位置矢量、速度、动量是状态量。动量定理表明了力的持续作用效果,它给出了过程量(冲量 $\boldsymbol{I}$)和该过程初、末两个状态的状态量(动量)$\boldsymbol{p}_0$ 和 $\boldsymbol{p}$ 之间的定量关系。

式(2-15)给出冲量的两种计算方法,一是可以用动量的增量求解,二是利用力对时间的累积效果求解。若力 $\boldsymbol{F}$ 是一个方向不变,只有大小在变的变力,则该力的冲量就与外力 $\boldsymbol{F}$ 方向相同(当然也相同于动量增量的方向),而冲量的大小就如图 2-7 所示,等于曲线下的面积,但若 $\boldsymbol{F}$ 的大小和方向都在变化,则冲量的方向与动量增量的方向相同。

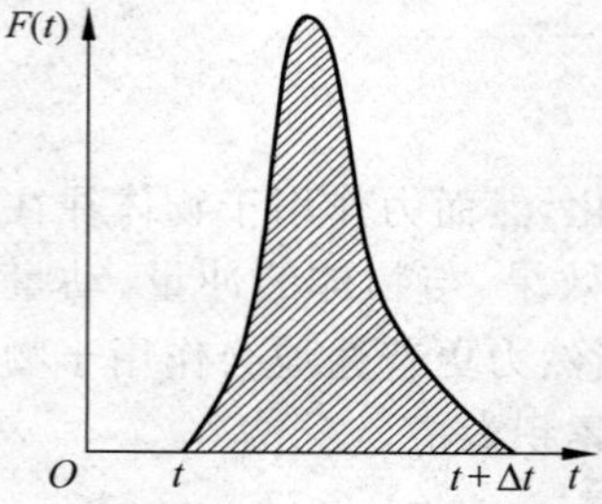

图 2-7　冲力变化曲线

动量定理对求解碰撞、打桩、爆破和锻打一类问题很有帮助。如两物体碰撞时,相互作用时间极短,碰撞瞬间的相互作用力称为冲力。在碰撞时,相互作用力瞬间达到很大的值,然后又急剧降为零。在这极短的时间内,相互作用变化复杂,很难确定相互作用力 $\boldsymbol{F}$ 随时间 t 的变化关系,无法用牛顿第二定律求解问题,故常常引入这段时间内的平均冲力 $\overline{\boldsymbol{F}}$,用平均冲力的冲量来代替变力的冲量。即

$$\overline{\boldsymbol{F}}\cdot\Delta t=\boldsymbol{p}_{(t+\Delta t)}-\boldsymbol{p}_{(t)}$$

平均冲力

$$\overline{\boldsymbol{F}}=\frac{1}{\Delta t}[\boldsymbol{p}_{(t+\Delta t)}-\boldsymbol{p}_{(t)}]$$

2.4.2　质点系的动量定理

由具有相互作用的若干个质点构成的系统称为质点系。系统内各质点之间的相互作用力称为内力;系统外其他物体对系统内任意一质点的作用力称为外力。例如:将地球和月

球看成一个系统，则它们之间的相互作用力称为内力，而系统外的物体如太阳以及其他行星对地球或月球的引力都是外力。

将质点的牛顿运动定律(或质点的动量定理)应用于质点系内每一个质点，就可以得到用于整个质点组系的牛顿运动定律(或质点组的动量定理)。

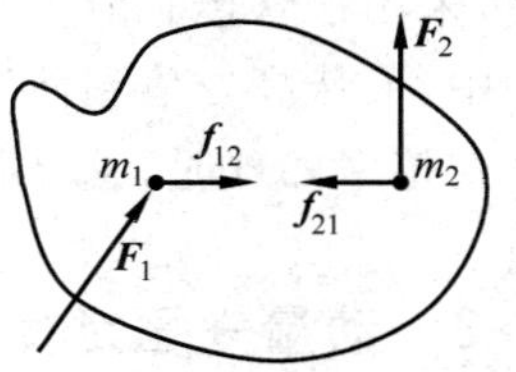

图 2-8 两质点构成的质点系

为简单起见，我们首先讨论由两个质点组成的质点系(见图 2-8)，设两个质点的质量分别为 m_1 和 m_2，它们除分别受到相互作用力(即内力)$\boldsymbol{f}_{12}$ 和 $\boldsymbol{f}_{21}$ 外，还受到系统外其他物体的作用力(即外力)$\boldsymbol{F}_1$ 和 $\boldsymbol{F}_2$，如图 2-8 所示，分别对两个质点应用牛顿运动定律，得

$$\boldsymbol{F}_1 + \boldsymbol{f}_{12} = \frac{\mathrm{d}\boldsymbol{p}_1}{\mathrm{d}t}$$

$$\boldsymbol{F}_2 + \boldsymbol{f}_{21} = \frac{\mathrm{d}\boldsymbol{p}_2}{\mathrm{d}t}$$

将此二式相加，得

$$(\boldsymbol{F}_1 + \boldsymbol{F}_2) + (\boldsymbol{f}_{12} + \boldsymbol{f}_{21}) = \frac{\mathrm{d}\boldsymbol{p}_1}{\mathrm{d}t} + \frac{\mathrm{d}\boldsymbol{p}_2}{\mathrm{d}t}$$

由于系统内力是一对作用力与反作用力，由牛顿第三运动定律得知

$$\boldsymbol{f}_{12} + \boldsymbol{f}_{21} = \boldsymbol{0}$$

因此有

$$\boldsymbol{F}_1 + \boldsymbol{F}_2 = \frac{\mathrm{d}\boldsymbol{p}_1}{\mathrm{d}t} + \frac{\mathrm{d}\boldsymbol{p}_2}{\mathrm{d}t}$$

如果系统包含两个以上的质点，可按照上述步骤对各个质点写出牛顿运动定律的表达式，再相加。由于系统的各个内力总是以作用力和反作用力的形式成对出现，所以它们的矢量总和等于零。因此可得到

$$\sum_i \boldsymbol{F}_i = \frac{\mathrm{d}}{\mathrm{d}t}\left(\sum_i \boldsymbol{p}_i\right)$$

其中 $\sum_i \boldsymbol{F}_i$ 为系统所受的合外力，$\sum_i \boldsymbol{p}_i$ 为系统的总动量。若以 $\boldsymbol{F}$ 表示合外力，$\boldsymbol{p}$ 表示总动量，则有

$$\boldsymbol{F} = \frac{\mathrm{d}\boldsymbol{p}}{\mathrm{d}t} \tag{2-16}$$

式(2-16)是用于质点系的牛顿第二运动定律的表达式。它表明：系统的总动量随时间的变化率等于该系统所受的合外力，内力使系统内各个质点的动量发生变化，但它们对系统的总动量却没有影响。质点系的动量定理的微分形式为

$$\boldsymbol{F}\mathrm{d}t = \mathrm{d}\boldsymbol{p} \tag{2-17}$$

它表明：系统所受的合外力的冲量等于系统总动量的增量。

将式(2-17)两端取定积分可得质点系动量定理的积分形式

$$\int_{t_0}^{t} \boldsymbol{F}\mathrm{d}t = \boldsymbol{p} - \boldsymbol{p}_0 \tag{2-18}$$

在日常生活中，经常利用动量定理处理一些具体问题，例如：贵重或易碎物品的包装，采用海绵、纸屑、绒布等垫衬，用来防止振动和碰撞对物品造成损坏。物品装卸过程中，经常

被提起、放下或受到碰撞而使它的动量发生变化,当动量发生变化时,包装壳则施以冲量于物品,采用松软包装能延长包装壳对物品的作用时间,从而减小对物品的冲力作用。在体育运动中,人从高处落到沙坑或海绵垫上,由于沙坑或海绵垫的缓冲而不致挫伤;打篮球中迎接队友传来的球时,总是有意向后拉的动作也是因为这个定理。

2.4.3 动量守恒定律及其意义

对于质点系而言,由式(2-16)可以看出,若

$$\boldsymbol{F}=\sum_i \boldsymbol{F}_i=\boldsymbol{0} \quad (\text{动量守恒定律的条件})$$

则

$$\boldsymbol{p}=\sum_i \boldsymbol{p}_i=\text{常矢量} \quad (\text{动量守恒定律的内容}) \tag{2-19}$$

就是说,当一个质点系所受的合外力为零时,质点系的总动量就保持不变,这一结论称为动量守恒定律。

应用动量守恒定律分析解决实际问题时,应注意以下几点。

(1) 系统动量守恒的条件是合外力为零,即 $\boldsymbol{F}=\boldsymbol{0}$。但在外力比内力小得多的情况下,外力对质点系的总动量变化影响很小,这时可以认为近似满足动量守恒的条件,也就是说可以近似地应用动量守恒定律。如两个物体的碰撞过程,由于相互撞击的内力往往很大,所以此时即使有摩擦力和重力等外力的影响,也常常忽略它们,而认为系统的总动量守恒。爆炸过程也属于内力远大于外力的过程,也可以认为在此过程中系统的总动量守恒。

(2) 动量守恒定律的表达式(2-19)是矢量关系式。在实际问题中常应用沿其坐标的分量表达式,即

当 $F_x=0$ 时,$\sum_i m_i v_{ix}=P_x=\text{const}(\text{常量})$

当 $F_y=0$ 时,$\sum_i m_i v_{iy}=P_y=\text{const}$

当 $F_z=0$ 时,$\sum_i m_i v_{iz}=P_z=\text{const}$

由此可见,如果质点系沿某个方向所受合外力为零,则沿此方向的总动量的分量守恒。如一个物体在空中爆炸后裂成几块,在忽略空气阻力的情况下,这些碎块受到的外力只有竖直向下的重力,因此它们的总动量在水平方向的分量是守恒的。

(3) 动量守恒定律只适用于惯性参考系,但在使用动量守恒定律解决实际问题时,式中各速度必须是对同一惯性参考系而言的,这一点要特别注意。

(4) 动量守恒定律是一条普适定律,是自然界中最重要的守恒定律之一。它在宏观领域和微观领域都适用。虽然它是由牛顿运动定律推导出来的,但它比牛顿运动定律的适用范围要广泛,它不仅可适用于低速运动的物体,也可适用于高速运动的物体。无论是宏观系统还是微观系统,系统内的质点之间一般都存在相互作用的内力,依靠这种作用力,动量从一个质点传递给另外的质点,但是只要没有外力的作用,系统内所有质点的总动量一定保持原来的大小和方向不变。在相对论中可以用它推出质量-速率的关系式,在量子论中,可以用它解释康普顿效应,证实光子的存在。凡是表面上违反动量守恒定律的过程将意味着某

种新物质的诞生(如中微子的发现)。

例 2-4 在 α 粒子散射实验中，α 粒子与静止的氧原子核“碰撞”。实验测得：在此碰撞后，α 粒子沿与入射方向成 $\theta=72°$ 的方向运动，而氧核沿 $\beta=41°$ 的方向运动，如图 2-9(a)所示，试求碰撞前后 α 粒子的速率比。

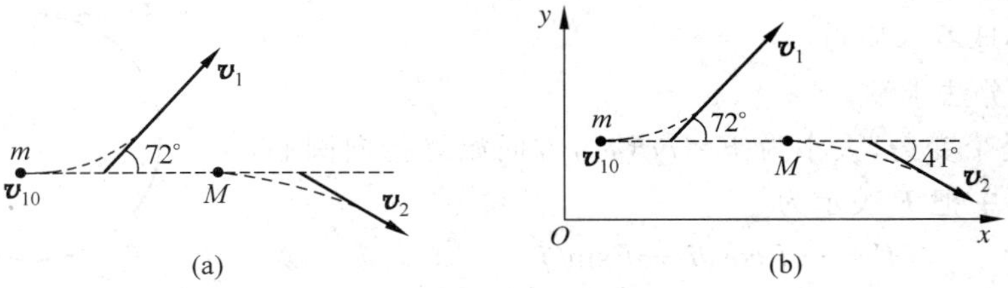

图 2-9

解 粒子间的这种“碰撞”过程实际上是一种非接触的碰撞，它们由于运动而相互靠近，继而由于相互斥力作用而又相互分离，将 α 粒子与氧核作为研究系统，碰撞时两粒子间相互作用的内力极大，重力可略去，故系统的动量守恒。建立如图 2-9(b)所示的坐标系，并设 α 粒子、氧核的质量分别为 m、M，碰撞前后 α 粒子的速度分别为 $\boldsymbol{v}_{10}$ 和 $\boldsymbol{v}_1$，氧核碰后的速度为 $\boldsymbol{v}_2$，则由动量守恒的分量表示可得

$$mv_{10} = mv_1\cos\theta + Mv_2\cos\beta$$
$$0 = mv_1\sin\theta - Mv_2\sin\beta$$

解之得

$$\frac{v_1}{v_{10}} = \frac{\sin\beta}{\sin(\theta+\beta)} = 0.71$$

即 α 粒子在碰撞后的速率约为碰撞前速率的 71%。

例 2-5 一辆装煤车以 $v=3\text{m/s}$ 的速率从煤斗下面通过，如图 2-10 所示，煤粉通过煤斗以 500kg/s 的速率落入车厢，如果车厢的速度保持不变，不计车厢和钢轨间的摩擦，应该用多大的牵引力拉车厢才行？

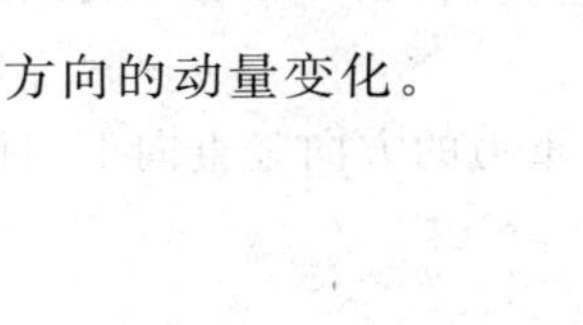

图 2-10

解 由于车厢速率保持不变，落入车厢的煤粉改变了整个车厢(包括内落的煤粉)的质量，并使车厢在水平方向的动量发生变化，故可用质点系的动量定理进行求解。将此系统(车厢和煤粉)的动量增量与待求系统所受的水平外力(牵引力 $\boldsymbol{F}$)相联系，求出 $\boldsymbol{F}$ 的大小。设 t 时刻车厢和煤粉的总质量为 m，$t+\Delta t$ 时刻总质量为 $m+\Delta m$，取$(m+\Delta m)$为研究系统，研究系统在水平方向的动量变化。

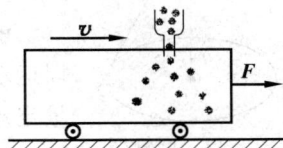

初态

$$p_1 = mv + \Delta m \cdot 0 = mv$$

末态

$$p_2 = mv + \Delta mv = (m+\Delta m)v$$

由动量定理得

$$I = \bar{F}\cdot\Delta t = p_2 - p_1 = \Delta mv$$

故牵引力(实际为其平均值)的大小为

$$\overline{F}=\frac{I}{\Delta t}=\frac{\Delta m}{\Delta t}v=500\times 3=1.5\times 10^{3}(\mathrm{N})$$

例 2-6 如图 2-11 所示,在光滑的平面上,质量为 m 的小球以角速度 ω 沿半径为 R 的圆周作匀速运动。试分别用积分法和动量定理求出 θ 从 0 到 $\pi/2$ 的过程中合外力的冲量。

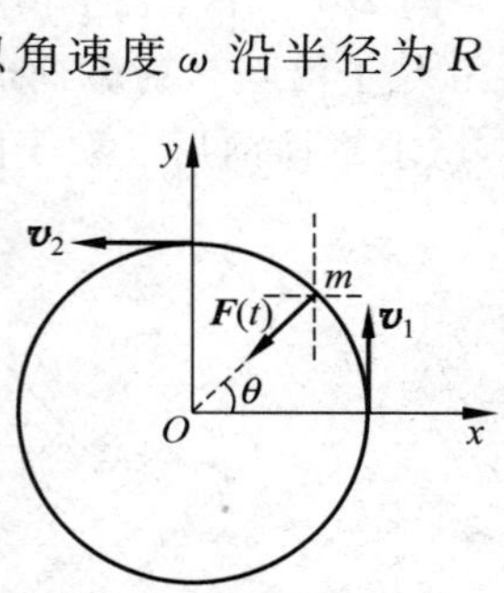

图 2-11

解 把小球看为质点。

(1) 用积分法求解。

外力 $\boldsymbol{F}$ 是个变力,大小为 $F=mR\omega^2$,方向始终指向圆心,可在直角坐标系中把 $\boldsymbol{F}$ 表示为

$$\boldsymbol{F}=-F\cos\theta\boldsymbol{i}-F\sin\theta\boldsymbol{j}$$

代入动量定理的积分式得

$$\boldsymbol{I}=\int_{t_1}^{t_2}\boldsymbol{F}\mathrm{d}t=\int_{t_1}^{t_2}(-F\cos\theta\boldsymbol{i}-F\sin\theta\boldsymbol{j})\mathrm{d}t$$

利用 $\mathrm{d}\theta=\omega\mathrm{d}t$,得

$$\begin{aligned}\boldsymbol{I}&=\int_{t_1}^{t_2}mR\omega^2(-\cos\theta\boldsymbol{i}-\sin\theta\boldsymbol{j})\mathrm{d}t\\&=\int_{0}^{\frac{\pi}{2}}mR\omega(-\cos\theta\boldsymbol{i}-\sin\theta\boldsymbol{j})\mathrm{d}\theta\\&=mR\omega(-\boldsymbol{i}-\boldsymbol{j})\end{aligned}$$

(2) 用动量定理求解如下

$$\boldsymbol{I}=\boldsymbol{p}_2-\boldsymbol{p}_1=m\boldsymbol{v}_2-m\boldsymbol{v}_1=-mv\boldsymbol{i}-mv\boldsymbol{j}=mR\omega(-\boldsymbol{i}-\boldsymbol{j})$$

例 2-7 一圆锥摆的绳长为 L,绳子的上端固定,另一端系一质量为 m 的质点,质点以匀角速度 ω 绕铅直线作圆周运动,绳子和铅直线之间的夹角为 θ,如图 2-12 所示。在质点旋转一周的过程中,质点所受的合外力的冲量 $\boldsymbol{I}$ 为多少?质点所受张力 $\boldsymbol{F}$ 的冲量 $\boldsymbol{I}_F$ 是多少?

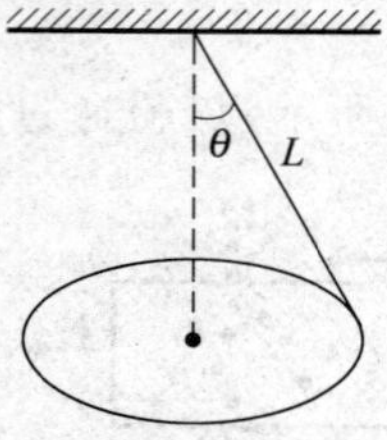

图 2-12 圆锥摆

解 设竖直向上为 y 轴正方向,由于质点以匀速率绕铅直线作圆周运动,故质点旋转一周回到出发点,速度的大小和方向都不变,由动量定理得

$$I=mv_2-mv_1=0$$

即质点所受合外力的冲量为零。

又质点在运动中受到两个力作用:重力 $\boldsymbol{P}$ 和绳间张力 $\boldsymbol{F}$,则合外力冲量为

$$\boldsymbol{I}=\boldsymbol{I}_P+\boldsymbol{I}_F$$

又重力的方向竖直向下,且

$$I_P=mgT=mg\,\frac{2\pi}{\omega}$$

所以

$$\boldsymbol{I}_F=-\boldsymbol{I}_P=-\frac{2\pi m}{\omega}\boldsymbol{g}$$

方向竖直向上。

【提示】 应用动量定理或动量守恒定律求解时,应该明确以下几点。

(1) 所选择的物体系包括哪些物体？

(2) 系统是否受外力？是合外力为零，还是外力的冲量可以略去？

(3) 是系统的总动量守恒还是系统动量的哪个分量守恒？

(4) 可以根据已知条件选择合适的求解系统动量的方法(积分法或根据动量定理)，以减小计算量。

2.5　角动量定理　角动量守恒定律

在讨论质点的运动时，我们用线动量 $\boldsymbol{p}$ 来表示机械运动的状态，引出了动量定理和动量守恒定律。同样，在转动中我们可以动量 $\boldsymbol{p}$ 的对应量——角动量来描述物体转动的状态。

2.5.1　质点的角动量定理

自古以来圆周运动就受到很多人的关注，这可以上溯到人们对行星及其他天体的运动的观察。现在实用技术和生活中的圆周运动或转动的例子比比皆是，例如各种机器中轮子的转动。为了研究力对物体转动的作用效果，在牛顿力学中，引入了力矩这一概念。力矩是相对于一个参考点定义的。力 $\boldsymbol{F}$ 对参考点 O 的力矩 $\boldsymbol{M}$ 定义为从参考点 O 到力的作用点 P 的矢径 $\boldsymbol{r}$ 和该力的矢量积，即

$$\boldsymbol{M} = \boldsymbol{r} \times \boldsymbol{F} \tag{2-20}$$

由此定义可知，力矩是一个矢量。如图 2-13(a)所示，力矩的大小为

$$M = rF\sin\alpha = r_{\perp}F \tag{2-21}$$

式中 α 是 $\boldsymbol{r}$ 和 $\boldsymbol{F}$ 间小于 180°的夹角，$r_{\perp} = r\sin\alpha$ 为垂直于 $\boldsymbol{F}$ 的位置矢量的大小，称为力臂，力矩的方向垂直于矢径 $\boldsymbol{r}$ 和力 $\boldsymbol{F}$ 所决定的平面，而指向用右手螺旋法则确定(见图 2-13(b))：使右手四指从 $\boldsymbol{r}$ 沿逆时针方向跨越小于 180°的角度 α 转向 $\boldsymbol{F}$，这时大拇指的指向就是力矩 $\boldsymbol{M}$ 的方向。

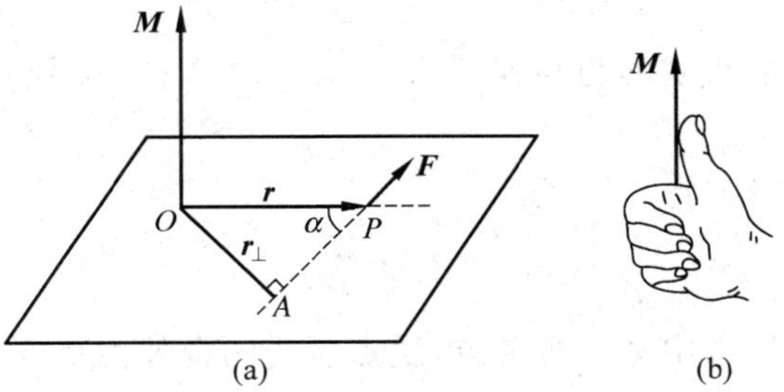

图 2-13　力矩的定义

在国际单位制中，力矩的单位名称是牛顿米，符号是 N·m。

如果一个质点受几个力 $\boldsymbol{F}_1, \boldsymbol{F}_2, \cdots, \boldsymbol{F}_n$ 的作用，则这些共点力对参考点 O 的力矩分别为 $\boldsymbol{M}_1 = \boldsymbol{r} \times \boldsymbol{F}_1, \boldsymbol{M}_2 = \boldsymbol{r} \times \boldsymbol{F}_2, \cdots, \boldsymbol{M}_n = \boldsymbol{r} \times \boldsymbol{F}_n$，其对参考点 O 的力矩 $\boldsymbol{M}$ 等于其合力 $\boldsymbol{F}$ 对同一参考点 O 的合力矩。即

$$\boldsymbol{M} = \boldsymbol{r} \times \boldsymbol{F}_1 + \boldsymbol{r} \times \boldsymbol{F}_2 + \cdots + \boldsymbol{r} \times \boldsymbol{F}_n$$

$$= \boldsymbol{r} \times (\boldsymbol{F}_1 + \boldsymbol{F}_2 + \cdots + \boldsymbol{F}_n)$$

$$= \boldsymbol{r} \times \sum_{i=1}^{n} \boldsymbol{F}_i = \boldsymbol{r} \times \boldsymbol{F}$$

现在说明力矩的作用效果。在一个惯性参考系中,设力作用在一个质量为 m 的质点上,其时质点的速度为 $\boldsymbol{v}$,相对于某一固定参考点 O 的位矢为 $\boldsymbol{r}$,根据力矩的定义式(2-20)和牛顿第二定律,应有

$$\boldsymbol{M} = \boldsymbol{r} \times \boldsymbol{F} = \boldsymbol{r} \times \frac{\mathrm{d}\boldsymbol{p}}{\mathrm{d}t} = \frac{\mathrm{d}}{\mathrm{d}t}(\boldsymbol{r} \times \boldsymbol{p}) - \frac{\mathrm{d}\boldsymbol{r}}{\mathrm{d}t} \times \boldsymbol{p}$$

由于 $\frac{\mathrm{d}\boldsymbol{r}}{\mathrm{d}t} = \boldsymbol{v}$,而 $\boldsymbol{p} = m\boldsymbol{v}$,所以上式中最后一项为0,由此得

$$\boldsymbol{M} = \frac{\mathrm{d}}{\mathrm{d}t}(\boldsymbol{r} \times \boldsymbol{p}) \tag{2-22}$$

定义 $\boldsymbol{r} \times \boldsymbol{p}$ 为质点相对于固定点 O 的角动量矢量,并以 $\boldsymbol{L}$ 表示此矢量,即

$$\boldsymbol{L} = \boldsymbol{r} \times \boldsymbol{p} \tag{2-23}$$

角动量的定义式(2-23)可用图2-14表示。质点 m 对 O 点的角动量的大小为

$$L = rp\sin\varphi = mrv\sin\varphi \tag{2-24}$$

其中 r 为位矢 $\boldsymbol{r}$ 的大小,φ 为 $\boldsymbol{r}$ 和 $\boldsymbol{p}$ 间小于180°的夹角。$\boldsymbol{L}$ 的方向垂直于 $\boldsymbol{r}$ 和 $\boldsymbol{p}$ 所决定的平面,指向由右手螺旋定则确定:使右手四指从 $\boldsymbol{r}$ 沿逆时针方向跨越小于180°的角度转向 $\boldsymbol{p}$,这时大拇指的指向就是角动量 $\boldsymbol{L}$ 的方向。

如对于作匀速圆周运动的质点(质量为 m)而言,其速率为 v,圆半径为 r,则质点对圆心的角动量大小为 $L = mrv$,方向垂直于质点运动的圆平面,如图2-15所示。

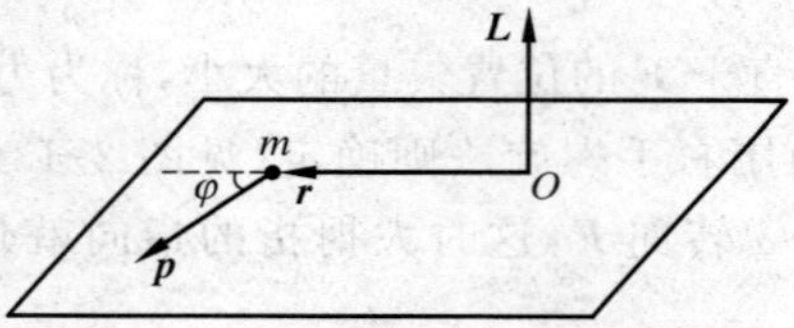

图2-14 质点的角动量

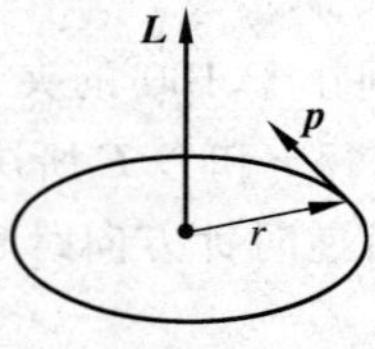

图2-15 匀速圆周运动质点对圆心的角动量

在国际单位制中,角动量的单位是千克二次方米每秒,符号是 $\mathrm{kg \cdot m^2/s}$,也可写作 $\mathrm{J \cdot s}$。

由式(2-22)和式(2-23)得

$$\boldsymbol{M} = \frac{\mathrm{d}\boldsymbol{L}}{\mathrm{d}t} \tag{2-25}$$

这说明:相对于惯性系中某一参考点,质点所受的合外力矩等于它的角动量对时间的变化率(力矩和角动量都是对于惯性系中的该参考点而言的)。这称为质点的角动量定理。它说明力对物体转动作用的效果:力矩使物体的角动量发生改变,而力矩就等于物体的角动量对时间的变化率。这一定理和动量定理类似,也是牛顿第二定律的直接结果或变形。

例2-8 地球绕太阳的运动可以近似地看作匀速圆周运动,求地球对太阳中心的角动量。

解 已知从太阳中心到地球的距离 $r = 1.5 \times 10^{11}\,\mathrm{m}$,地球的公转速度 $v = 3.0 \times 10^4\,\mathrm{m/s}$,而地球的质量为 $m = 6.0 \times 10^{24}\,\mathrm{kg}$。代入式(2-24),即可得地球对于太阳中心的角动量的大小为

$$L = mrv\sin\varphi = 6.0\times10^{24}\times1.5\times10^{11}\times3.0\times10^{4}\times\sin\frac{\pi}{2}$$
$$= 2.7\times10^{40}(\mathrm{kg\cdot m^2/s})$$

2.5.2　质点系的角动量定理

我们把研究对象由一个质点推广到 n 个质点组成的质点系。

由式(2-22)、式(2-25)得

$$\frac{\mathrm{d}\boldsymbol{L}}{\mathrm{d}t} = \frac{\mathrm{d}}{\mathrm{d}t}\left(\sum_{i=1}^{n}\boldsymbol{r}_i\times\boldsymbol{p}_i\right) = \sum_{i=1}^{n}\left(\frac{\mathrm{d}\boldsymbol{r}_i}{\mathrm{d}t}\times\boldsymbol{p}_i + \boldsymbol{r}_i\times\frac{\mathrm{d}\boldsymbol{p}_i}{\mathrm{d}t}\right)$$

其中第一项

$$\frac{\mathrm{d}\boldsymbol{r}_i}{\mathrm{d}t}\times\boldsymbol{p}_i = \boldsymbol{v}_i\times m_i\boldsymbol{v}_i = \boldsymbol{0}$$

第二项

$$\boldsymbol{r}_i\times\frac{\mathrm{d}\boldsymbol{p}_i}{\mathrm{d}t} = \boldsymbol{r}_i\times(\boldsymbol{F}_i+\boldsymbol{F}_{0i}) = \boldsymbol{r}_i\times\boldsymbol{F}_i + \boldsymbol{r}_i\times\boldsymbol{F}_{0i}$$

式中，$\boldsymbol{F}_i$ 和 $\boldsymbol{F}_{0i}$ 分别表示作用在第 i 个质点上的合外力和合内力。故有

$$\frac{\mathrm{d}\boldsymbol{L}}{\mathrm{d}t} = \sum_{i=1}^{n}\boldsymbol{r}_i\times\boldsymbol{F}_i + \sum_{i=1}^{n}\boldsymbol{r}_i\times\boldsymbol{F}_{0i}$$

根据牛顿第三定律，一对内力大小相等，方向相反，并且作用在同一直线上，如图 2-16 所示，故任何一对内力对同一个参考点的力矩矢量和必为零，而内力总是成对出现。故所有内力矩的矢量和为零，即

$$\sum_{i=1}^{n}\boldsymbol{r}_i\times\boldsymbol{F}_{0i} = \boldsymbol{0}$$

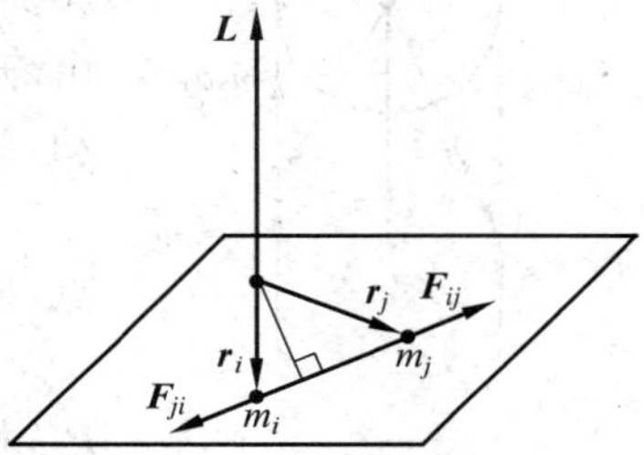

图 2-16　一对内力的力矩

而 $\sum_{i=1}^{n}\boldsymbol{r}_i\times\boldsymbol{F}_i$ 表示所有外力对同一参考点的合外力矩，以 $\boldsymbol{M}$ 表示，则上式就变为

$$\frac{\mathrm{d}\boldsymbol{L}}{\mathrm{d}t} = \boldsymbol{M} = \sum_{i=1}^{n}\boldsymbol{r}_i\times\boldsymbol{F}_i \tag{2-26}$$

这表明：质点系对某一参考点的角动量对时间的变化率等于质点系所受到的所有外力对同一参考点的力矩的矢量和。这称为质点系的角动量定理。上式也是它的微分表达式。

式(2-26)两边乘以 $\mathrm{d}t$，并对时间积分，设时间从 t_0 到 t，则可得

$$\int_{t_0}^{t}\boldsymbol{M}\mathrm{d}t = \boldsymbol{L}_2 - \boldsymbol{L}_1 \tag{2-27}$$

式中，$\int_{t_0}^{t}\boldsymbol{M}\mathrm{d}t$ 称为作用于质点系的冲量矩，它是外力矩对时间的累积效果，与质点平动中的冲量类似；$\boldsymbol{L}_1$ 和 $\boldsymbol{L}_2$ 分别为系统始末两个状态的角动量。式(2-27)表明：作用于质点系的冲量矩等于质点系在作用时间内的角动量的增量。这是质点系的角动量定理的积分形式。

2.5.3 角动量守恒定律

由式(2-25)和式(2-26)知,不论是对质点还是质点系,若合外力矩 $\boldsymbol{M}=\boldsymbol{0}$,则有 $\mathrm{d}\boldsymbol{L}/\mathrm{d}t=\boldsymbol{0}$,因而

$$\boldsymbol{L}=\text{常矢量} \tag{2-28}$$

此即为角动量守恒定律,表述为:当质点或质点系所受的外力对某一参考点的力矩的矢量和为零时,则此质点或质点系对该参考点的角动量守恒。对于角动量守恒定律需要注意以下几点。

(1) 角动量守恒定律和动量守恒定律一样,也是自然界的一条最基本的定律,并且在更广泛的情况下它不依赖牛顿定律。

(2) 外力矩 $\boldsymbol{M}=\boldsymbol{0}$ 时,对质点可能会有两种情况,一种是质点所受外力为零,导致力矩为零;另一种情况是质点受力不为零,但力的作用线始终与位矢平行或反平行,导致 $\boldsymbol{M}=\boldsymbol{0}$,这种情况下的外力通过参考点,故常被称为有心力。因此只受有心力作用的质点对参考点的角动量守恒。这常常用于行星绕日运动、卫星绕行星运动等问题的讨论。

(3) 在有些过程中,虽然质点系所受的外力对某参考点的力矩的矢量和不为零,但系统所受外力对某轴的力矩的代数和为零时,则质点系对该轴的角动量守恒,即当 $\boldsymbol{M}_z=\boldsymbol{0}$ 时,$\boldsymbol{L}_z$ 为常量。

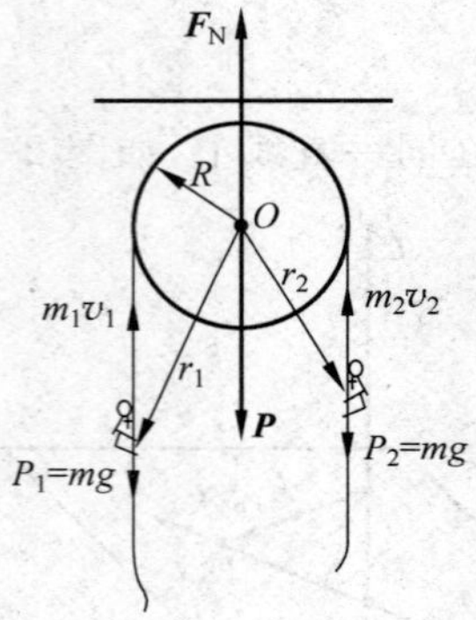

图 2-17

例 2-9 如图 2-17 所示,一个轻绳绕过一个定滑轮(轮轴间摩擦不计),两个质量相等的人分别抓住轻绳的两端,从同一高度由静止开始向上爬,问谁先到达滑轮?若左边的人抓住绳子不动,又是谁先到达滑轮?

解 把两人看成两个质点,质量为 m,以定滑轮轴心为参考点,以定滑轮、两人、绳为一系统,对其进行受力分析。

系统受滑轮的重力 $\boldsymbol{P}$、支撑力 $\boldsymbol{F}_N$ 和两人重力 $\boldsymbol{P}_1$、$\boldsymbol{P}_2$,且 $\boldsymbol{P}_1=\boldsymbol{P}_2$,相对滑轮中心而言 $\boldsymbol{F}_N$ 和 $\boldsymbol{P}$ 过 O 点,对 O 点的力矩为零,而 $\boldsymbol{P}_1$ 和 $\boldsymbol{P}_2$ 对 O 点产生的力矩大小相等(均为 mgR),方向相反。故系统受外力矩和为零,系统对 O 点角动量守恒。

设左右两人相对地的速度分别为 $\boldsymbol{v}_1$ 和 $\boldsymbol{v}_2$,对 O 点的角动量分别为

$\boldsymbol{L}_1=\boldsymbol{r}_1\times m\boldsymbol{v}_1$,大小为 $L_1=m_1Rv_1=mRv_1$,方向垂直纸面向里;

$\boldsymbol{L}_2=\boldsymbol{r}_2\times m\boldsymbol{v}_2$,大小为 $L_2=m_2Rv_2=mRv_2$,方向垂直纸面向外。

由系统的角动量守恒得

$$L_1-L_2=mRv_1-mRv_2=0$$

从而得

$$v_1=v_2$$

可见两人对地的速度相同,又处于同一高度,故两人同时到达滑轮。

从上面的分析知:即使左边的人抓住绳子不动,他对地的速度也和右边的人相同,还是两人同时到达。只不过右边的人手中倒过的绳子长些而已。

例 2-10 "所有的行星都沿椭圆轨道绕太阳运动,太阳位于椭圆的一个焦点上,由太阳

到达任一行星的连线(矢径)在相等的时间内在行星轨道平面内扫过的面积相等,即它扫过的面积 A 的速率$\frac{\mathrm{d}A}{\mathrm{d}t}$是常量”。这是关于行星运动的开普勒第一定律和第二定律,试用角动量守恒定律证明开普勒第二定律。

解　由于行星本身的线度远小于它到太阳的距离 r,如图 2-18 所示,可将行星看做质点,又因太阳作用在行星上的万有引力指向太阳,为有心力,则行星在围绕太阳运动的过程中,行星对太阳的角动量处处守恒。

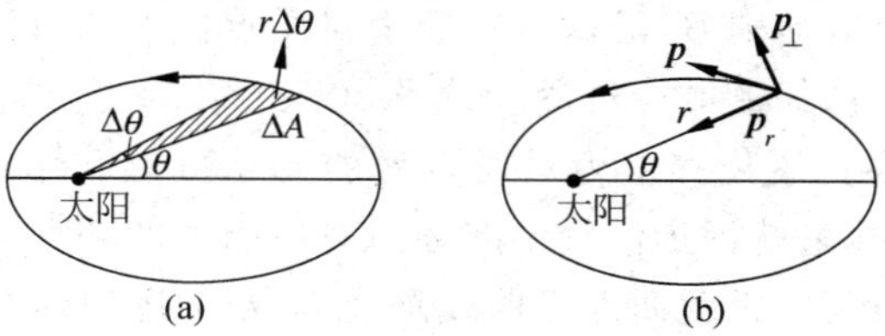

图　2-18

如图 2-18 所示,阴影部分面积近似于连接相距为 r 的行星与太阳的直线在 Δt 时间内扫过的面积。阴影的面积 ΔA 近似为高为 r、底为 $r\Delta\theta$ 的三角形面积,即 $\Delta A\approx\frac{1}{2}r^2\cdot\Delta\theta$,当 Δt 趋于零时,行星与太阳连线扫过面积的瞬时变化率为

$$\frac{\mathrm{d}A}{\mathrm{d}t}=\frac{1}{2}r^2\frac{\mathrm{d}\theta}{\mathrm{d}t}=\frac{1}{2}r^2\omega \tag{1}$$

式中,ω 为行星和太阳连线转动的角速度。图(b)中把行星的线动量 $\boldsymbol{p}$ 分解为切向分量 $\boldsymbol{p}_\perp$ 和法向分量 $\boldsymbol{p}_r$,由式(2-24)知:行星对太阳的角动量 $\boldsymbol{L}$ 的大小为 $L=rp_\perp$,设行星质量为 m,则有

$$L=rp_\perp=rmv_\perp=rmv=mr^2\omega \tag{2}$$

将式(1)和式(2)联立得:$\frac{\mathrm{d}A}{\mathrm{d}t}=\frac{L}{2m}$=恒量,此即开普勒第二定律。

2.6　动能　动能定理

在 2.4 节我们讨论了力对时间的累积效应,给出了动量的变化、冲量和力的关系。本节主要讨论力对空间的累积效果——功。功和物体的机械运动过程有关,外力对物体做功时,不仅物体的运动状态会发生变化,甚至运动形式也可能转化。对应各种各样的运动形式,就会有各种各样的能量(如机械能、电磁能、热能、光能、化学能、原子能等),各种形式能量之间的相互传递和转化,又靠做功来完成。

2.6.1　功

如图 2-19 所示,一质点在力 $\boldsymbol{F}$ 的作用下,沿曲线 L 由 A 运动到 B,在 AB 曲线上取一无限小的元位移 $\mathrm{d}\boldsymbol{r}$,$\boldsymbol{F}$ 与 $\mathrm{d}\boldsymbol{r}$ 的夹角为 θ,则力所做的功定义为:力在位移方向上的分量与该位移大小的乘积。故 $\boldsymbol{F}$ 所做的元功 $\mathrm{d}W$ 为

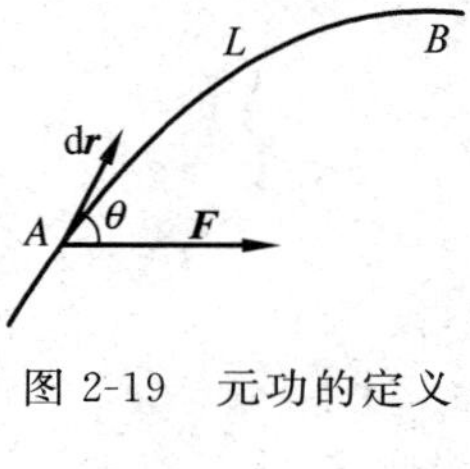

图 2-19　元功的定义

$$dW = F\,|\,d\boldsymbol{r}\,|\cos\theta \tag{2-29}$$

由式(2-29)可以看出：功虽是标量，但有正负之分。$90°>\theta\geqslant 0°$时，功为正值，即力对质点做正功；当$90°<\theta\leqslant 180°$时，功为负值，即力对质点做负功，或者说质点在运动中克服力$\boldsymbol{F}$做了功。而$\theta=90°$时，该力不做功。

根据矢量的标积定义，式(2-29)可以改写为

$$dW = \boldsymbol{F}\cdot d\boldsymbol{r} \tag{2-30}$$

这就是说：功等于质点受的力和它的位移的点积。

质点沿曲线L从A运动到B，沿这一路径力对质点做的功可以计算如下：把路径分成许多可看成元位移的小段，任意取一小段元位移，以$d\boldsymbol{r}$表示之。则在这段元位移上质点所受的力$\boldsymbol{F}$可视为恒力，在这段位移上力对质点做的元功可以利用式(2-30)求出，然后把沿整个路径的所有元功加起来就得到沿整个路径力对质点做的功。当$d\boldsymbol{r}$的大小趋近于零时，所有元功的和就变成了积分，因此质点沿曲线路径L从A运动到B，力$\boldsymbol{F}$对它做的功就是

$$W_{AB} = \int_A^B dW = \int_A^B \boldsymbol{F}\cdot d\boldsymbol{r} \tag{2-31}$$

这一积分在数学上叫做力$\boldsymbol{F}$沿路径从A运动到B的线积分。

式中$\boldsymbol{F}$是可以随质点位置改变的力，θ也会因位置的不同而发生变化。

在直角坐标系中

$$\boldsymbol{F} = F_x\boldsymbol{i} + F_y\boldsymbol{j} + F_z\boldsymbol{k}$$

$$d\boldsymbol{r} = dx\boldsymbol{i} + dy\boldsymbol{j} + dz\boldsymbol{k}$$

可由式(2-31)得功的另一种表示式

$$W = \int_A^B F_x dx + F_y dy + F_z dz \tag{2-32}$$

如质点由坐标$\boldsymbol{r}_1(x_1, y_1, z_1)$的初位置运动到$\boldsymbol{r}_2(x_2, y_2, z_2)$的末位置，该过程中，力$\boldsymbol{F}$所做的功为

$$W = \int_{r_1}^{r_2} dW = \int_{x_1}^{x_2} F_x dx + \int_{y_1}^{y_2} F_y dy + \int_{z_1}^{z_2} F_z dz$$

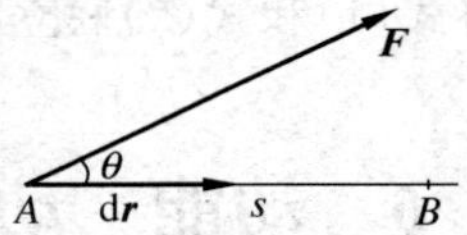

图 2-20　恒力的功

若$\boldsymbol{F}$的大小不变，θ在从A到B的过程中也不变，如图2-20所示，即整个路径s中$\boldsymbol{F}$与$d\boldsymbol{r}$的夹角不变，则由式(2-31)得到恒力功的计算公式

$$W_{AB} = \int_A^B \boldsymbol{F}\cdot d\boldsymbol{r} = \int_A^B F\cos\theta\,|\,d\boldsymbol{r}\,| = F\cos\theta\int_A^B ds = Fs\cos\theta \tag{2-33a}$$

用标积表示恒力的功为

$$W = \boldsymbol{F}\cdot\boldsymbol{s} \tag{2-33b}$$

若有几个力同时作用在质点上，它们做的功应是多少呢？设有力$\boldsymbol{F}_1, \boldsymbol{F}_2, \cdots, \boldsymbol{F}_n$作用在质点上，它们的合力为$\boldsymbol{F}=\boldsymbol{F}_1+\boldsymbol{F}_2+\cdots+\boldsymbol{F}_n$，则由式(2-31)得合力的功为

$$\begin{aligned} W &= \int_A^B \boldsymbol{F}\cdot d\boldsymbol{r} = \int_A^B (\boldsymbol{F}_1+\boldsymbol{F}_2+\cdots+\boldsymbol{F}_n)\cdot d\boldsymbol{r} \\ &= \int_A^B \boldsymbol{F}_1\cdot d\boldsymbol{r} + \int_A^B \boldsymbol{F}_2\cdot d\boldsymbol{r} + \cdots + \int_A^B \boldsymbol{F}_n\cdot d\boldsymbol{r} \end{aligned}$$

故得

$$W = W_1 + W_2 + \cdots + W_n \tag{2-34}$$

即合力对质点所做的功等于每个分力所做功的代数和。

在国际单位制(SI)中,功的单位为牛顿米(N·m),其名称为焦耳(J)。在电工学中功的单位还常用千瓦小时(kW·h),$1\text{kW}\cdot\text{h}=3.6\times10^6\text{J}$。在电学中功的单位还常用电子伏特(eV),$1\text{eV}=1.6\times10^{-19}\text{J}$。

功是一过程量,功是能量转换的量度。不管力的性质和种类如何,凡是有力做功的过程一定伴随着能量的转换。某力做功的多少一定等于相应的能量转换的大小。

2.6.2 功率

为了描述做功的快慢,物理学中引入了功率这一概念。若在 Δt 时间间隔内,力对物体所做的功为 ΔW,则力在 Δt 时间内的平均功率为

$$\bar{P}=\frac{\Delta W}{\Delta t} \tag{2-35}$$

通常将 $\Delta t\to 0$ 时的平均功率的极限定义为瞬时功率(简称为功率),有

$$P=\lim_{\Delta t\to 0}\frac{\Delta W}{\Delta t}=\frac{\mathrm{d}W}{\mathrm{d}t} \tag{2-36}$$

将式(2-30)代入式(2-36),则得

$$P=\boldsymbol{F}\cdot\boldsymbol{v} \tag{2-37}$$

因为功是能量转换的量度,所以功率的大小也描述了能量从一种形式转换为另一种形式的快慢。在国际单位制(SI)中,功率的单位为瓦特(W),1W=1 焦耳每秒(J/s)。

2.6.3 质点的动能定理

由经验知:力对物体做了功,可使物体的运动状态发生变化,它的动能也会改变。下面讨论功与动能之间的定量关系。

考虑质量为 m 的质点,在合外力 $\boldsymbol{F}$ 的持续作用下,沿曲线从 A 点运动到 B 点,同时它的速度从 $\boldsymbol{v}_A$ 变为了 $\boldsymbol{v}_B$,如图 2-21 所示。由于力是变化的,故利用元功定义来求解质点从 A 运动到 B 过程中外力 F 所做的功。选 AB 曲线上一元位移 $\mathrm{d}\boldsymbol{r}$,$\mathrm{d}\boldsymbol{r}$ 与 $\boldsymbol{F}$ 的夹角为 θ,元功为

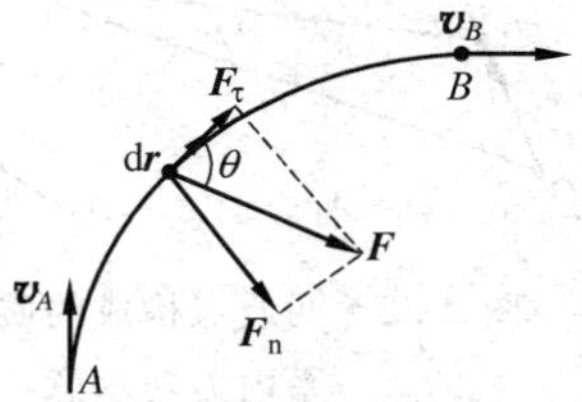

图 2-21 质点的动能定理

$$\mathrm{d}W_{AB}=\boldsymbol{F}\cdot\mathrm{d}\boldsymbol{r}=F\cos\theta\,|\,\mathrm{d}\boldsymbol{r}\,|=ma_t\,|\,\mathrm{d}\boldsymbol{r}\,|=m\frac{\mathrm{d}v}{\mathrm{d}t}\,|\,\mathrm{d}\boldsymbol{r}\,|$$

$$=m\mathrm{d}v\left|\frac{\mathrm{d}\boldsymbol{r}}{\mathrm{d}t}\right|=mv\mathrm{d}v$$

故

$$W_{AB}=\int_{v_A}^{v_B}mv\mathrm{d}v=\frac{1}{2}mv_B^2-\frac{1}{2}mv_A^2$$

即

$$W_{AB}=\frac{1}{2}mv_B^2-\frac{1}{2}mv_A^2 \tag{2-38a}$$

式(2-38a)说明：力对质点所做的功使质点的运动状态发生了改变。功是能量改变的量度，在数量上和功相对应的是$\frac{1}{2}mv^2$，这个量是由各时刻质点的运动状态(以速率表征)决定的，我们将这个量定义为质点的动能，以 E_k 表示，即

$$E_k = \frac{1}{2}mv^2 \tag{2-39}$$

于是式(2-38a)也可以表示为

$$W_{AB} = E_{kB} - E_{kA} \tag{2-38b}$$

该式表明：合外力对质点所做的功等于质点动能的增量，此即质点的动能定理。

质点的动能与质点的速度大小的平方呈正比，即动能取决于质点的运动状态，是运动状态的函数，而外力做功改变了质点的动能，但功是一个与质点位置移动相关联的量，故功是一个过程量。要分清两者的区别与联系。

还需要说明的是质点动能定理是由牛顿第二定律推导出来的，它也适用于惯性参考系，公式中的各个物理量的大小与参考系的选取有关。不同惯性系中质点的位移、速度不同，但动能定理的形式相同。

2.6.4 质点组的动能定理

对于由几个质点组成的质点系而言，质点系所受的力分为内力和外力，外力是系统外物体给予系统内各质点的作用力；而内力是系统内各质点间的相互作用力，它总是成对出现的，一对内力的矢量和为零。故系统的内力不改变系统的动量。但内力的功是否也为零呢？为简便，下面我们来研究一对内力的功。

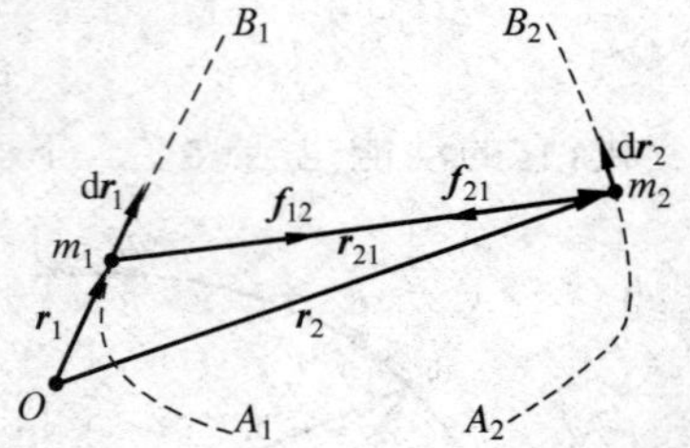

图 2-22　两质点构成的质点系内力功示意

1. 一对内力的功

如图 2-22 所示为由两个质点组成的系统。两个相互作用质点的质量分别为 m_1 和 m_2，相互作用力分别为 f_{12} 和 f_{21}，由牛顿第三运动定律可知：$\boldsymbol{f}_{12}=-\boldsymbol{f}_{21}$。两质点相对于某一坐标原点 O 的位置矢量分别为 $\boldsymbol{r}_1$ 和 $\boldsymbol{r}_2$，两质点运动的轨迹分别为 A_1B_1 和 A_2B_2，在 dt 内两质点产生的位移分别为 $d\boldsymbol{r}_1$ 和 $d\boldsymbol{r}_2$，则在这一段时间内，这一对内力的功之和为

$$dW = \boldsymbol{f}_{12} \cdot d\boldsymbol{r}_1 + \boldsymbol{f}_{21} \cdot d\boldsymbol{r}_2$$

利用

$$\boldsymbol{f}_{21} = -\boldsymbol{f}_{12}$$

所以有

$$\begin{aligned} dW &= -\boldsymbol{f}_{21} \cdot d\boldsymbol{r}_1 + \boldsymbol{f}_{21} \cdot d\boldsymbol{r}_2 = \boldsymbol{f}_{21} \cdot (d\boldsymbol{r}_2 - d\boldsymbol{r}_1) \\ &= \boldsymbol{f}_{21} \cdot d\boldsymbol{r}_{21} \end{aligned}$$

其中 $d\boldsymbol{r}_{21}$ 为 m_2 相对于 m_1 的元位移。这一结果说明了两个质点之间的相互作用力所做的元功之和，等于其中一个质点所受的力和此质点相对于另一质点的元位移的点积。

若将初始状态记作位置 A，此时 m_1 在 A_1，m_2 在 A_2，将经过一段时间之后所处的状态

记作位置 B，此时 m_1 在 B_1，m_2 在 B_2，则它们从位置 A 运动到位置 B 时，它们之间相互作用力所做的总功为

$$W_{AB}=\int_A^B \boldsymbol{f}_{21}\cdot \mathrm{d}\boldsymbol{r}_{21} \tag{2-40}$$

式(2-40)说明：对于两质点构成的质点系而言，一对内力所做功的和等于其中一个质点受的力沿着该质点相对另一质点移动所做的功。即一对内力的功只取决于两个质点的相对位置的改变，而与确定两质点的位置时所选取的参考系无关，这也是一对作用力与反作用力做功之和的重要特点。

当质点系内质点间相对位置不变时，内力做功为零。如对质量为 m 的质点和地球组成的系统而言，当质点在地面上平移一段距离时质点和地面的相对位置没变化，则质点所受重力与地球受质点的引力这一对力做功之和为零。而当质点在地面以上下落高度 h 时，质点与地球间的相互作用力做功之和就是 mgh。

2. 质点系的动能定理

对于图 2-22 由两质点构成的质点系而言，两质点的质量分别为 m_1 和 m_2，两质点之间的相互作用的内力分别为 $\boldsymbol{f}_{12}$ 和 $\boldsymbol{f}_{21}$，$\boldsymbol{F}_1$ 和 $\boldsymbol{F}_2$ 分别为作用于两质点上的合外力，当然对于每一个质点而言是不存在内力的，所以对于两个质点可以分别写出动能定理：

对 m_1

$$\int_{A_1}^{B_1}\boldsymbol{F}_1\cdot \mathrm{d}\boldsymbol{r}_1+\int_{A_1}^{B_1}\boldsymbol{f}_{12}\cdot \mathrm{d}\boldsymbol{r}_1=\frac{1}{2}m_1v_{1B}^2-\frac{1}{2}m_1v_{1A}^2 \tag{1}$$

对 m_2

$$\int_{A_2}^{B_2}\boldsymbol{F}_2\cdot \mathrm{d}\boldsymbol{r}_2+\int_{A_2}^{B_2}\boldsymbol{f}_{21}\cdot \mathrm{d}\boldsymbol{r}_2=\frac{1}{2}m_2v_{2B}^2-\frac{1}{2}m_2v_{2A}^2 \tag{2}$$

其中 v_{1B} 和 v_{1A} 分别为 m_1 质点末态、初态速度的大小，v_{2B} 和 v_{2A} 分别为 m_2 质点末态、初态速度的大小。

把上面(1)和(2)两式相加，并令质点系中外力所做的功为

$$W^{\mathrm{ex}}=\int_{A_1}^{B_1}\boldsymbol{F}_1\cdot \mathrm{d}\boldsymbol{r}_1+\int_{A_2}^{B_2}\boldsymbol{F}_2\cdot \mathrm{d}\boldsymbol{r}_2$$

质点系中内力所做的功为

$$W^{\mathrm{in}}=\int_{A_1}^{B_1}\boldsymbol{f}_{12}\cdot \mathrm{d}\boldsymbol{r}_1+\int_{A_2}^{B_2}\boldsymbol{f}_{21}\cdot \mathrm{d}\boldsymbol{r}_2$$

质点系末态的动能为

$$E_{\mathrm{k}}=\frac{1}{2}m_1v_{1B}^2+\frac{1}{2}m_2v_{2B}^2$$

质点系初态的动能为

$$E_{\mathrm{k0}}=\frac{1}{2}m_1v_{1A}^2+\frac{1}{2}m_2v_{2A}^2$$

则相加后，得

$$W^{\mathrm{ex}}+W^{\mathrm{in}}=E_{\mathrm{k}}-E_{\mathrm{k0}} \tag{2-41}$$

式(2-41)虽然是从两个质点构成的质点系推得的，但若把它推广到由 n 个质点构成的质点系，则该式仍然成立，即得到质点系的动能定理：一切外力所做的功与一切内力所做的

功的代数和等于质点系动能的增量。用公式表示为

$$W^{\mathrm{ex}}+W^{\mathrm{in}}=\sum_{i=1}^{n}E_{\mathrm{k}i}-\sum_{i=1}^{n}E_{\mathrm{k}0i} \tag{2-42}$$

其中 $\sum\limits_{i=1}^{n}E_{\mathrm{k}i}$ 为质点系末态的动能之和,$\sum\limits_{i=1}^{n}E_{\mathrm{k}0i}$ 为质点系初态的动能之和。

例 2-11 从 10m 深的井中匀速提水,起初水与桶的总质量为 10kg,由于水桶漏水,每升高 1m 漏去 $\lambda=0.2$kg 水。(1)画出示意图,设置坐标轴后,写出外力所做元功 $\mathrm{d}W$ 的表示式;(2)计算把水从水面提高到井口过程中外力所做的功。

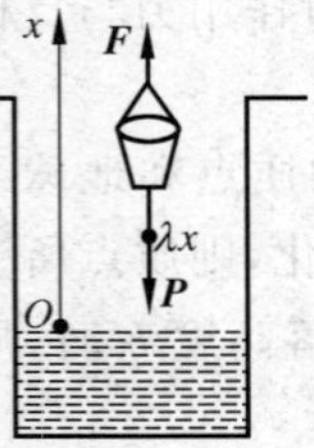

图 2-23

解 (1) 以井中水面为坐标原点,竖直向上为 x 轴正向,画出的示意图如图 2-23 所示,在坐标 x 处水桶的质量为

$$m=m_0-\lambda x$$

由于水是均匀上提的,所以拉力 $\boldsymbol{F}$ 与重力 $\boldsymbol{P}$ 满足关系式

$$\boldsymbol{F}+\boldsymbol{P}=\boldsymbol{0}$$

在坐标 x 处,

$$F=mg=(m_0-\lambda x)g$$

水桶从坐标 x 处移动元位移 $\mathrm{d}x$ 时,人所做的元功为

$$\mathrm{d}W=F\mathrm{d}x=(m_0-\lambda x)g\mathrm{d}x$$

(2) 把水从水面提高到井口外力所做的功为

$$W=\int_0^h(m_0-\lambda x)g\mathrm{d}x=m_0gh-\frac{\lambda}{2}h^2g$$

将 $h=10$m 代入,得 $W=882$J。

例 2-12 有一质量为 4kg 的质点在力 $\boldsymbol{F}=2xy\boldsymbol{i}+3x^2\boldsymbol{j}$(SI)的作用下,由静止开始沿曲线 $x^2=9y$ 从点 $O(0,0)$ 运动到点 $Q(3,1)$,试求质点运动到 Q 点时的速度的大小。

解 由功的定义:

$$W=\int_O^Q\boldsymbol{F}\cdot\mathrm{d}\boldsymbol{r}=\int_O^Q(F_x\mathrm{d}x+F_y\mathrm{d}y)=\int_O^Q(2xy\mathrm{d}x+3x^2\mathrm{d}y)$$

将 $x^2=9y$ 代入上式,得

$$W=\int_0^q\left(\frac{2}{9}x^3\mathrm{d}x+27y\mathrm{d}y\right)=\int_0^3\frac{2}{9}x^3\mathrm{d}x+\int_0^1 27y\mathrm{d}y$$
$$=18(\mathrm{J})$$

由动能定理 $W=\frac{1}{2}mv_2^2-\frac{1}{2}mv_1^2$,且知 $v_1=0$,故 Q 点速度为

$$v_Q=v_2=\sqrt{\frac{2W}{m}}=\sqrt{\frac{36}{4}}=3(\mathrm{m/s})$$

2.7 保守力 势能

2.7.1 保守力及保守力的功

功是过程量,但有些力的功却与过程无关,而只与物体的始末位置有关。如我们所熟悉

的重力就具有这种性质。另外，万有引力、弹性力等也具有类似的性质。

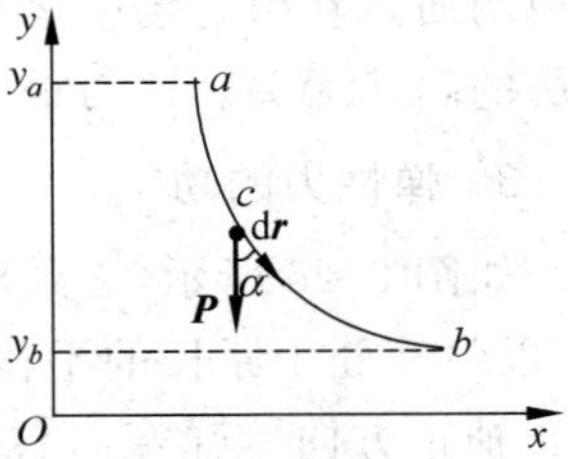

图 2-24　重力的功

1. 重力的功

如图 2-24 所示，在直角坐标系 xOy 中，设质量为 m 的物体在重力作用下由 a 点沿任一曲线 acb 运动到 b 点，点 a 和点 b 距地面高度分别为 y_a 和 y_b，下面计算重力在质点移动过程中做的功 W。在 acb 路径上任选一点 c，在点 c 处取元位移为 $\mathrm{d}\boldsymbol{r}$，重力 $\boldsymbol{P}$ 与 $\mathrm{d}\boldsymbol{r}$ 方向夹角为 α，虽然 $\boldsymbol{P}$ 大小、方向不变，但 α 角是变化的。在元位移 $\mathrm{d}\boldsymbol{r}$ 中，重力做元功为 $\mathrm{d}W=\boldsymbol{P}\cdot\mathrm{d}\boldsymbol{r}$，其中

$$\boldsymbol{P}=-mg\boldsymbol{j},\quad \mathrm{d}\boldsymbol{r}=\mathrm{d}x\boldsymbol{i}+\mathrm{d}y\boldsymbol{j}+\mathrm{d}z\boldsymbol{k}$$

故

$$\mathrm{d}W=-mg\boldsymbol{j}\cdot(\mathrm{d}x\boldsymbol{i}+\mathrm{d}y\boldsymbol{j}+\mathrm{d}z\boldsymbol{k})=-mg\mathrm{d}y$$

因此质点在由 a 点运动到 b 点的过程中，重力做的总功为

$$W_{ab}=-mg\int_{y_a}^{y_b}\mathrm{d}y=-mg(y_b-y_a)$$

即

$$W_{ab}=mgy_a-mgy_b \tag{2-43}$$

上式说明：重力所做的功，只与质点的始末位置有关，而与质点所经过的路径无关。若从 a 点沿另外任一路径 adb 到达 b 点，同理可以计算出重力的功仍是 mgy_a-mgy_b。

2. 万有引力的功

设一质量为 m 的物体，在另一质量为 M 的静止物体的引力场中，沿某路径由 a 点运动到 b 点，以 M 为原点，a、b 两位置的位矢分别为 $\boldsymbol{r}_a$ 和 $\boldsymbol{r}_b$。m 和 M 间的引力是个变力，故引入元位移 $\mathrm{d}\boldsymbol{l}$，如图 2-25 所示，$\mathrm{d}\boldsymbol{l}$ 与 m 受 M 的引力 $\boldsymbol{F}$ 之间的夹角为 α，质点 m 移动元位移的过程中，万有引力所做元功为

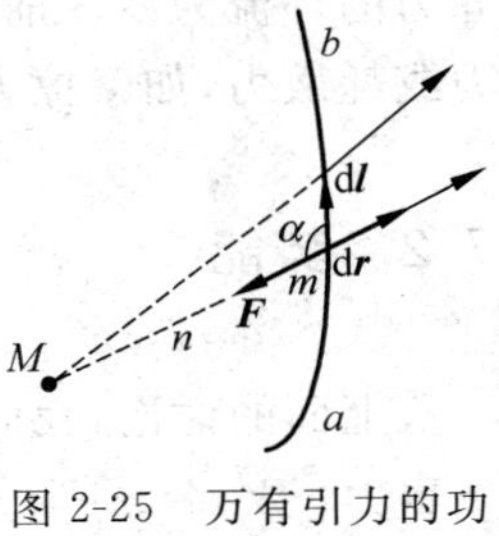

图 2-25　万有引力的功

$$\mathrm{d}W=\boldsymbol{F}\cdot\mathrm{d}\boldsymbol{l}=-\frac{GmM}{r^2}\boldsymbol{e}_r\cdot\mathrm{d}\boldsymbol{l}$$

$$=-\frac{GMm}{r^2}\,|\,\mathrm{d}\boldsymbol{l}\,|\cdot\cos(\pi-\alpha)$$

其中，$\boldsymbol{e}_r$ 为沿 $\boldsymbol{r}$ 方向的单位矢量。

$$|\,\mathrm{d}\boldsymbol{l}\,|\cdot\cos(\pi-\alpha)=\mathrm{d}r$$

故元功

$$\mathrm{d}W=-\frac{GMm}{r^2}\mathrm{d}r$$

从 a 移动到 b，M 对 m 的引力所做功 W 为

$$W_{ab}=\int_{r_a}^{r_b}-\frac{GMm}{r^2}\mathrm{d}r=-\left[\left(-\frac{GMm}{r_b}\right)-\left(-\frac{GMm}{r_a}\right)\right]$$

即

$$W_{ab}=-\left[\left(-\frac{GMm}{r_b}\right)-\left(-\frac{GMm}{r_a}\right)\right] \tag{2-44}$$

这说明质点在引力场中运动时,万有引力对质点所做的功只与质点的始末位置有关,而与所经历的路径无关。这与重力做功的特点相似。

3. 弹性力的功

如图 2-26 所示,一劲度系数为 k 的水平轻弹簧,一端固定,另一端连一质量为 m 的物体,以弹簧处于原长的平衡位置为坐标原点,水平向右为 x 轴正方向。弹簧向右拉伸,当伸长量为 x 时,弹簧移过一段元位移 $\mathrm{d}x\boldsymbol{i}$,则弹簧拉力为 $\boldsymbol{F}=-kx\boldsymbol{i}$,所做的元功为

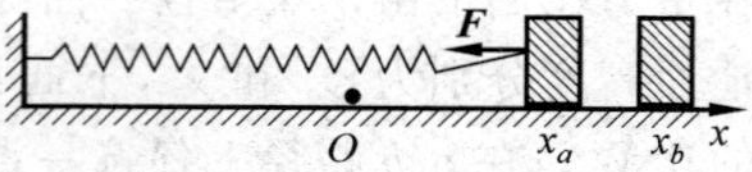

图 2-26 弹性力的功

$$\mathrm{d}W=\boldsymbol{F}\cdot\mathrm{d}x\boldsymbol{i}=-kx\,\mathrm{d}x$$

当弹簧的伸长量从 $\boldsymbol{x}_a$ 移动到伸长量为 $\boldsymbol{x}_b$ 时,在此过程中,弹性力做功大小为

$$W_{ab}=\int_a^b\mathrm{d}W=\int_{x_a}^{x_b}-kx\,\mathrm{d}x=-\left(\frac{1}{2}kx_b^2-\frac{1}{2}kx_a^2\right)$$

即

$$W_{ab}=-\left(\frac{1}{2}kx_b^2-\frac{1}{2}kx_a^2\right) \tag{2-45}$$

即弹性力做的功仅与质点的始末位置有关,而与其经过的路径无关。

由以上分析可以看出,重力、引力、弹性力做功都有一个共同的特点:做功只与质点的始末位置有关,而与路径无关。具有这种性质的力称为保守力。用数学式子可表示为

$$\oint_L\boldsymbol{f}_{保}\cdot\mathrm{d}\boldsymbol{r}=0 \tag{2-46}$$

其中 $\oint_L$ 表示对一个闭合路径的线积分。式(2-46)说明:保守力沿闭合路径的线积分为零或保守力的环流为零。前面讲到的重力、引力、弹性力都是保守力。环流不为零的力称为非保守力或耗散力,如摩擦力、磁场力等。

2.7.2 势能

从上面的讨论,我们分别得到重力、引力、弹性力做功的表达式为

重力:$W_{ab}=mgy_a-mgy_b$

引力:$W_{ab}=-\left[\left(-\frac{GMm}{r_b}\right)-\left(-\frac{GMm}{r_a}\right)\right]$

弹性力:$W_{ab}=-\left(\frac{1}{2}kx_b^2-\frac{1}{2}kx_a^2\right)$

功是能量变化的量度,那么在保守力做功的过程中是什么能量发生了变化?从上面保守力做功的特点看,这是与位置有关的系统能量发生了变化,这种与位置有关的能量称为系统的势能。

设 E_{pa} 和 E_{pb} 分别表示系统初态和末态的势能,W_{ab} 为从初态到末态时保守力所做的功,则保守力做功的特点为

$$W_{ab}=-(E_{pb}-E_{pa})=-\Delta E_p \tag{2-47}$$

即保守力的功等于系统势能增量的负值。也即如果保守力做正功($W_{ab}>0$),系统的势能减

少($E_{pb}<E_{pa}$);如果保守力做负功($W_{ab}<0$),系统的势能增加($E_{pb}>E_{pa}$)。

由式(2-47)我们可以看出:

(1) 系统处于初、末态的势能差可以用保守力所做的功来量度,即势能差是有绝对意义的。系统某位置的势能只有相对意义。

(2) 要确定系统在某一位置的势能值,就必须选定某一位置作为势能零点。若选 $E_{pb}=0$,则由式(2-47)得

$$W_a=-(0-E_{pa})=E_{pa}$$

即

$$E_{pa}=W_a=\int_a^b \boldsymbol{f}_{保}\cdot \mathrm{d}\boldsymbol{r}$$

即系统在某一点的势能等于由该点到势能零点过程中保守力所做的功。由重力、引力和弹性力做功的特点,我们分别引入重力势能、引力势能和弹性势能。

① 对于重力势能,一般常取地面为势能零点。重力势能的表达式为

$$E_{pa}=mgy_a \tag{2-48}$$

② 对于引力势能,常选取两点相距无穷远处为势能零点,即

$$W_{ab}=E_{pa}-E_{pb}=W_{ab}=\int_{r_a}^{r_b}-\frac{GMm}{r^2}\mathrm{d}r=G\frac{Mm}{r_b}-\frac{GMm}{r_a}$$

若规定 $r_b\to\infty$ 时,$E_{pb}=0$,则

$$E_{pa}=-\frac{GMm}{r_a} \tag{2-49}$$

即当 r_a 为任何有限值时,其引力势能总是负值,两质点在从 r_a 变到势能零点位置时,引力总做负功。

③ 对于弹性势能,由于

$$W_{ab}=-(E_{pb}-E_{pa})=-\left(\frac{1}{2}kx_b^2-\frac{1}{2}kx_a^2\right)$$

故常选弹簧原长处即 $x=0$ 处为势能零点。则 x 处的弹性势能为

$$E_{pa}=\frac{1}{2}kx_a^2 \tag{2-50}$$

注意式中 x_a 为弹簧在 a 点时的伸长量。

(3) 势能是属于系统的。势能是由于系统内各物体具有保守力作用而产生的,因此它属于系统。单独谈某个质点的势能是没有意义的。如式(2-49)得出的势能 E_{pa} 是 M 和 m 系统的,而不是其中任一个质点的,无法划分这一能量的多少属于这个质点,多少属于另一个质点。平时常将地球与质点系的重力势能说成是质点的,只是为了叙述上的方便,其实它是属于地球和质点系统的。

2.8　功能原理　机械能转化和守恒定律

2.8.1　功能原理

由 2.6 节质点系的动能定理,我们得到

$$W^{ex}+W^{in}=\sum_{i=1}^{n}E_{ki}-\sum_{i=1}^{n}E_{k0i}$$

质点系内力的功一般分为保守内力的功 W_c^{in} 和非保守内力的功 W_{nc}^{in}。根据式(2-47),保守内力做的功等于势能增量的负值,故有

$$W_c^{in}=-\left(\sum_{i=1}^{n}E_{pi}-\sum_{i=1}^{n}E_{pi0}\right) \tag{2-51}$$

式(2-42)就变为

$$W^{ex}+W_{nc}^{in}=\left(\sum_{i=1}^{n}E_{ki}+\sum_{i=1}^{n}E_{pi}\right)-\left(\sum_{i=1}^{n}E_{ki0}+\sum_{i=1}^{n}E_{pi0}\right) \tag{2-52}$$

对于一个力学系统,可能既具有动能同时还具有势能,通常把系统所具有的动能与势能之和称为机械能,以 E 表示。以 E_0 和 E 分别表示质点系初态和末态的机械能,则式(2-52)变为

$$W^{ex}+W_{nc}^{in}=E-E_0 \tag{2-53}$$

这表明:质点系机械能的增量等于外力与非保守内力做功之和。此即质点系的功能原理。

功能原理是由动能定理推出的,凡是可以用功能原理求解的力学问题都可以用动能定理求解。只是要注意,应用功能原理时,因为保守内力的功已反映在势能的变化中,所以只需计算所有的非保守内力和外力的功即可。而应用动能定理时,则要把所有力所做的功都计算在内。

2.8.2 机械能转化和守恒定律

从式(2-53)可以看出,若

$$W^{ex}+W_{nc}^{in}=0 \tag{2-54}$$

则

$$E=E_0 \quad 或 \quad E_k+E_p=E_{k0}+E_{p0}$$

式(2-54)的意义为:若外力和非保守内力均不做功,或只有保守内力做功的情况下,质点系的机械能保持不变。这称为机械能转化和守恒定律。

当只有保守内力做功时,系统机械能不变,但系统的动能和势能是可以相互转化的,同时由于质点系功能原理是从牛顿定律推导出来的,所以它只适用于惯性系,在非惯性系中不能直接使用。即使在惯性系中,由于外力做功与参考系的选择有关,因此,若在一个惯性系中系统的机械能守恒,在另一惯性系中系统的机械能也不守恒。

2.8.3 能量转化和能量守恒定律

对于一个力学系统(质点系)而言,系统的机械能不守恒,这意味着有外力或非保守内力做了功,即伴随着系统能量的变化,系统的机械能和外界其他形式的能量发生了变化,这种其他形式的能量可能是热能、电磁能、原子核能等。如引入更广泛的能量概念,就可用大量实验证明,一个封闭系统(即一个不受外界作用的系统)经历任何变化时,系统内的所有能量的总和是不变的,它只能从一种形式变化为另一种形式,或从系统内的一个物体传给另一个物体。这称为普遍的能量转化和守恒定律。

能量转化和守恒定律是自然界的基本规律，而机械能守恒定律只不过是它的一个特例。能量守恒定律是以无数实验为基础归纳得出的结论，它可以适用于任何变化过程，不论是机械的、热的、磁的、原子的和原子核内的、基本粒子的以及化学的、生物的等，迄今为止，人们还没发现一个对它的例外。

例 2-13 如图 2-27 所示，一长为 $L=4.8\text{m}$ 的车厢静止于光滑水平轨道上，固定于车厢地板上的击发器 A 自车厢中部以 $u_0=2\text{m/s}$ 的速度将质量为 $m_1=1\text{kg}$ 的物体沿车厢内光滑地板弹出，与另一质量为 $m_2=1\text{kg}$ 的物体碰撞粘在一起，此时恰好 m_2 与一端固定于车厢的水平放置的轻弹簧接触。已知弹簧的劲度系数 $k=400\text{N/m}$，长度 $l=0.3\text{m}$，车厢和击发器的总质量 $M=2\text{kg}$，求车厢自静止至弹簧压缩最短时的位移（不计空气阻力，m_1 和 m_2 当做质点）。

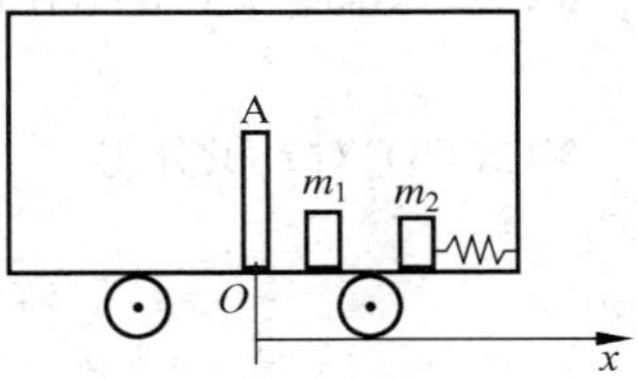

图 2-27

解 以静止时车厢中点为原点，在地面上沿轨道作 Ox 轴，车厢和各物体的运动可分为三个阶段。

(1) 从击发器出发到 m_1 与 m_2 相碰之前，对车厢（连同击发器）与 m_1 系统，水平方向所受外力为零，水平方向动量守恒，击发后 m_1 对地速度为 $\boldsymbol{u}_0$，车厢速度为 $\boldsymbol{v}_3$，则

$$m_1\boldsymbol{u}_0+M\boldsymbol{v}_3=\boldsymbol{0} \tag{1}$$

由于地面光滑，m_2 保持静止。

式(1)对时间 t 积分，可求得此阶段车厢 M 与 m_1 的位移 $\Delta x_3'$、$\Delta x_1'$ 的关系为

$$m_1\Delta x_1'=-M\Delta x_3' \tag*{(1)$'$}$$

以 Δx_{13} 表示物体 m_1 对车厢的位移，则

$$\Delta x_{13}=\frac{L}{2}-l=2.1(\text{m})$$

又有

$$\Delta x_1'=\Delta x_{13}+\Delta x_3' \tag*{(1)$''$}$$

解式(1)′和式(1)″得

$$\Delta x_3'=-\frac{m_1\Delta x_{13}}{M+m_1}=-0.70(\text{m})$$

即在 m_1 即将与 m_2 相碰前，车厢已后退了 0.70m。

(2) m_1 与 m_2 相碰的极短时间内，对 m_1 与 m_2 系统，水平方向不受外力，动量水平分量守恒，相碰前 m_2 静止，相碰后 m_1 和 m_2 的共同速度设为 $\boldsymbol{u}_1$，则有

$$m_1\boldsymbol{u}_0=(m_1+m_2)\boldsymbol{u}_1 \tag{2}$$

(3) 从 m_1、m_2 压缩弹簧到弹簧被压缩到最短时为止，对 m_1、m_2 和车厢（包括弹簧）系统，水平方向不受外力作用，水平方向动量守恒，m_1、m_2 两物体与向后退的车厢双向挤压弹簧，因只有保守内力（弹簧力）做功，系统机械能守恒。弹簧压缩到最短时，车厢、物体具有共同的速度，设为 $\boldsymbol{v}_4$，m_1 和 m_2 相对车厢的位移即弹簧压缩量为 l_1，取弹簧原长时势能为零，则

$$M\boldsymbol{v}_3+(m_1+m_2)\boldsymbol{u}_1=(m_1+m_2+M)\boldsymbol{v}_4 \tag{3}$$

$$\frac{m_1+m_2}{2}u_1^2+\frac{M}{2}v_3^2=\frac{k}{2}l_1^2+\frac{m_1+m_2+M}{2}v_4^2 \tag{4}$$

将式(1)和式(2)代入式(3)得：$\boldsymbol{v}_4=\boldsymbol{0}$，表明系统又达到了与运动开始时相似的车厢不动，互

相也无相对运动的情况。把(1)、(2)两式和$\boldsymbol{v}_4=\mathbf{0}$代入式(4)得

$$l_1=mu_0\sqrt{\frac{m_1+m_2+M}{kM(m_1+m_2)}}=0.10(\mathrm{m})$$

将$\boldsymbol{v}_4=0$代入式(3)得

$$M\boldsymbol{v}_3+(m_1+m_2)\boldsymbol{u}_1=\mathbf{0} \tag{3'}$$

以$\Delta x_1''$、$\Delta x_3''$分别表示在此阶段物体与车厢相对于地的位移,则有

$$\Delta x_1''-\Delta x_3''=l_1$$

由式(3)′对t积分得

$$(m_1+m_2)\Delta x_1''=-M\Delta x_3''$$

解得

$$\Delta x_3''=\frac{-(m_1+m_2)l_1}{m_1+m_2+M}=-0.05(\mathrm{m})$$

故车厢从静止至弹簧压缩到最短时的位移为

$$\Delta x=\Delta x_3'+\Delta x_3''=-0.75(\mathrm{m})$$

即车厢后退0.75m。

阅读材料2　火箭与宇宙速度

1. 火箭

火箭最早是由中国人发明的。我国早在唐代就发明了火药,南宋时就出现了做烟火玩物的“起火”,此后又出现了用“起火”推进的翎箭。南宋周密所著的《武林旧事》中有记载:“烟火起轮,走线流星”,这里的“流星”指的就是一种烟火玩物,即火箭。明代茅元仪所著的《武备志》中也记载了利用火药发动的多箭头火箭,以及用于水战的称为“火龙出海”的两级火箭,后来火药和火箭技术由中国传到了欧洲,逐渐发展到了近代的火箭。我国现在的火箭技术也仍然在不断发展,并从1986年开始向国际上提供航天服务。

现代的火箭是一种利用燃料燃烧后喷出气体产生的反冲推力的发动机。它自带燃料与助燃剂,因而可以在空间任何地方发动。火箭炮以及各种各样的导弹都是利用火箭发动机作动力,空间技术的发展更是离不开火箭技术,各式各样的人造地球卫星、飞船和空间探测器都是靠火箭发动机发射并控制航向的。

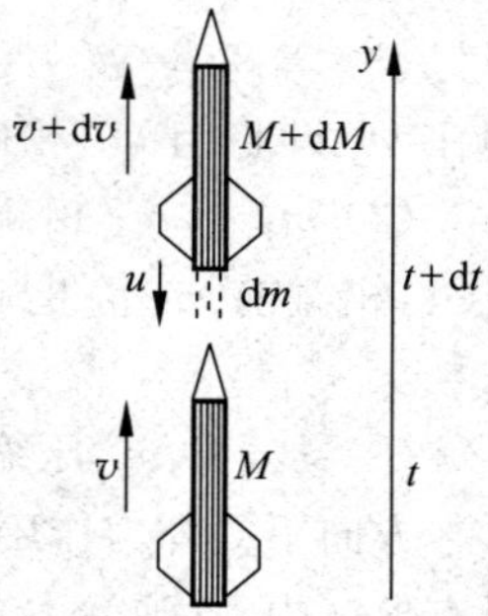

图2-28　火箭的飞行原理

火箭飞行原理如下:

为简单起见,设火箭在自由空间垂直向上飞行,即不受引力和空气阻力等任何外力的影响,如图2-28所示。把t时刻的火箭(包括火箭箭体和其中尚存的燃料)作为研究系统,设其总质量为M,以v表示该时刻火箭的速度,则此时刻系统的总动量为Mv(沿y轴正向)。此后经过$\mathrm{d}t$时间,设火箭喷出气体的质量为$\mathrm{d}m$,其喷出气体相对于火箭体的速度为u,在$t+\mathrm{d}t$时刻,火箭的速度增为$v+\mathrm{d}v$,则此时系统的总动量为

$$\mathrm{d}m\cdot(v-u)+(M-\mathrm{d}m)\cdot(v+\mathrm{d}v)$$

由于喷出气体的质量$\mathrm{d}m$等于火箭质量的减小,即$-\mathrm{d}M$,所以上式可写为

$$-\mathrm{d}M\cdot(v-u)+(M+\mathrm{d}M)\cdot(v+\mathrm{d}v)$$

由于火箭系统不受任何外力作用，因此火箭系统动量守恒，于是有

$$Mv=-\mathrm{d}M\cdot(v-u)+(M+\mathrm{d}M)\cdot(v+\mathrm{d}v)$$

展开此等式，略去二阶无穷小量 $\mathrm{d}M\cdot\mathrm{d}v$，可得

$$u\mathrm{d}M+M\mathrm{d}v=0$$

即

$$\mathrm{d}v=-u\frac{\mathrm{d}M}{M}$$

设火箭点火时的质量为 M_i，初速度为 v_i，燃料燃烧完后火箭的质量为 M_f，火箭所达到的末速度为 v_f，对上式积分，则有

$$\int_{v_i}^{v_f}\mathrm{d}v=\int_{M_i}^{M_f}\left(-u\frac{\mathrm{d}M}{M}\right)$$

由此可得

$$v_f-v_i=u\ln\frac{M_i}{M_f} \tag{2-55}$$

式(2-55)表明：火箭在燃料燃烧完后所增加的速度和喷出气体的速度成正比，也与火箭的始末质量比的自然对数成正比。它是由俄国科学家齐奥尔科夫斯基于 1903 年推出的，因此，式(2-55)也称为齐奥尔科夫斯基公式。

如果以喷出气体 $\mathrm{d}m$ 为研究对象，则它在 $\mathrm{d}t$ 时间内的动量变化率为

$$\frac{\mathrm{d}m[(v-u)-v]}{\mathrm{d}t}=-u\frac{\mathrm{d}m}{\mathrm{d}t}$$

根据牛顿第二运动定律知，这就是喷出气体受火箭的推力。再由牛顿第三运动定律可得，喷出气体对火箭箭体的推力 F 与此力大小相等、方向相反，即

$$F=u\frac{\mathrm{d}m}{\mathrm{d}t} \tag{2-56}$$

式(2-56)表明：火箭发动机的推力 F 与燃料燃烧的速率 $\frac{\mathrm{d}m}{\mathrm{d}t}$ 及喷出气体的相对速度 u 成正比，式(2-56)通常称为火箭推力公式。

2　多级火箭

由式(2-55)可知，要想增大火箭的末速度可以采用两种方法：一是增大喷出气体的相对速度；二是增大火箭的质量比。近代高能推进剂如液氧加液氢的喷出速度可达 $4.1\times10^3\,\mathrm{m/s}$，再考虑到火箭箭体本身的结构和必要的荷载，火箭的质量比增大有一定的限制，目前单级火箭的质量比可达到 15，因此在目前最理想的情况下，单级火箭从静止开始可获得的末速度为 $11.1\times10^3\,\mathrm{m/s}$。实际上由于从地面发射时，火箭还要受到地球引力和空气阻力的作用，考虑到这些因素，末速度只可能达到大约 $7\times10^3\,\mathrm{m/s}$，再要增加速度就必须考虑应用多级火箭。

所谓单级火箭就是只有一个发动机的火箭，多级火箭就是有多个发动机的火箭。为了获得更高的速度，通常将若干个单级火箭串接组成多级火箭。如图 2-29 所示的是三级串接式火箭，当然

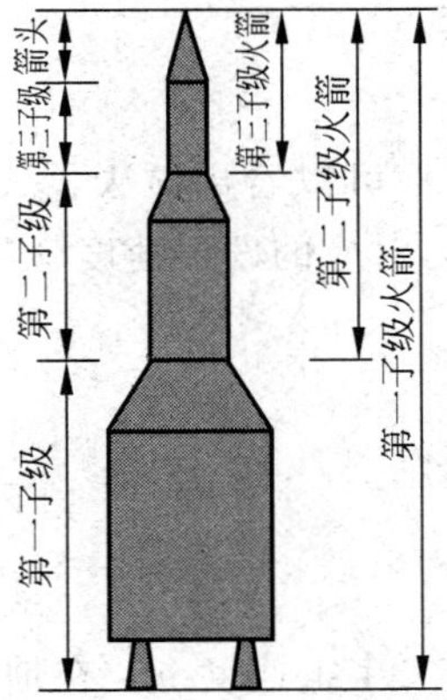

图 2-29　三级串接式火箭

也有将若干个单级火箭串、并连接组成捆绑式多级火箭,发射时第一级火箭先点火,火箭就开始加速上升,等到这一级火箭所储存的燃料燃烧完后,这一级就整个脱落,以便增大火箭的质量比;此后第二级火箭点火,使火箭箭体继续加速,它的燃料燃烧完后也自动脱落;然后第三级火箭接着点火,这样一级一级地使火箭的有效荷载加速而最后达到所需要的速度。

若设各级火箭相对于剩余箭体的喷气速度分别为 $u_1, u_2, \cdots, u_n$,火箭的质量比分别为 $N_1, N_2, \cdots, N_n$,则由式(2-55)可得多级火箭发射后的最终速度为

$$v = v_1 + v_2 + \cdots + v_n = u_1 \ln N_1 + u_2 \ln N_2 + \cdots + u_n \ln N_n$$

由于技术上的原因,多级火箭一般采用三级。如,我国的"长征三号"运载火箭,美国的"土星 5 号"运载火箭,欧洲的"阿丽亚娜 5 型"运载火箭。

3. 宇宙速度

人造地球卫星和航天器是人类认识宇宙的重要工具,它们在太空中运行时所具有的速度称为宇宙速度。宇宙速度有三个,下面分别作一介绍。

第一宇宙速度 v_1:在地面上发射一航天器,使之能绕地球作圆轨道运行所需要的最小发射速度称为第一宇宙速度,也称为环绕速度。

设质量为 m 的航天器在距地心为 r 的圆轨道上绕地球以速度 v 运行,由于地球对航天器的引力提供了航天器作圆周运动的向心力,所以有

$$\frac{GmM_E}{r^2} = m\frac{v^2}{r}$$

即

$$v = \sqrt{\frac{GM_E}{r}}$$

于是,航天器的动能为 $E_k = \frac{1}{2}mv^2 = \frac{GmM_E}{r^2}$,航天器和地球构成的系统所具有的势能为 $E_p = -\frac{GmM_E}{r}$,机械能为 $E_M = E_k + E_p = -\frac{GmM_E}{2r}$。由机械能守恒定律可得发射航天器时所需要的动能为

$$\begin{aligned}\frac{1}{2}mv^2 &= -\frac{GmM_E}{2r} - \left(-\frac{GmM_E}{R_E}\right) \\ &= \frac{GmM_E}{R_E} - \frac{GmM_E}{2r}\end{aligned}$$

可以看出航天器飞得越高,所需初动能越大;反之,航天器飞得越低,所需初动能就越小,对应的发射速度就越小,但

$$r_{\min} = R_E, \quad v_{\min} = \sqrt{\frac{GM_E}{R_E}} = 7.9 \times 10^3\ (\mathrm{m/s})$$

记作

$$v_1 = \sqrt{\frac{GM_E}{R_E}} = 7.9 \times 10^3\ (\mathrm{m/s}) \tag{2-57}$$

第二宇宙速度 v_2:在地面上发射一航天器使之挣脱地球的引力作用所需要的最小发射速度称为第二宇宙速度,也称为挣脱速度。

由于航天器在它的燃料燃烧完后挣脱地球的过程中系统的机械能仍然守恒，所以

$$\frac{1}{2}mv^2+\left(-\frac{GmM_E}{R_E}\right)=E_\infty=E_{k\infty}+E_{p\infty}=0$$

其中航天器挣脱地球引力时 $E_{p\infty}=0$，此时 $E_{k\infty}=0$，对应于最小发射速度。因此有

$$v_{min}=\sqrt{\frac{2GM_E}{R_E}}=\sqrt{2}v_1=11.2\times10^3(\text{m/s})$$

记作

$$v_2=\sqrt{\frac{2GM_E}{R_E}}=11.2\times10^3(\text{m/s}) \tag{2-58}$$

第三宇宙速度 v_3：在地面上发射一航天器，使之挣脱太阳引力作用所需的最小速度称为第三宇宙速度，也称为逃逸速度。

若航天器挣脱地球引力作用后还有一定的动能 $E_{k\infty}=\frac{1}{2}mv'^2$（其中 v' 是航天器相对于地球的速度），则由机械能守恒定律得

$$\frac{1}{2}mv^2+\left(-\frac{GmM_E}{R_E}\right)=\frac{1}{2}mv'^2$$

若动能 $E_{k\infty}=\frac{1}{2}mv'^2$，对于太阳来说还可以正好克服太阳的引力作用，设太阳的质量为 M_S，太阳的半径为 R_S，则

$$\frac{1}{2}mv'^2+\left(-\frac{GmM_S}{R_S}\right)=0$$

即

$$v'=\sqrt{\frac{2GM_S}{R_S}}=42.2\times10^3(\text{m/s})$$

其中 v' 是航天器相对于地球的速度，若设地球绕太阳公转的速度为 v_E，地球到太阳的距离为 R_E，则

$$\frac{GM_EM_S}{R_{ES}^2}=M_E\frac{v_E^2}{R_{ES}}$$

即

$$v_E=\sqrt{\frac{GM_S}{R_{ES}}}=29.8\times10^3(\text{m/s})$$

相对于地球要使发射航天器的动能 $\frac{1}{2}mv^2$ 最小，可利用地球绕太阳的公转能量，即沿着地球绕太阳公转的方向发射航天器，此时有 $v'=v-v_E=12.4\times10^3\,\text{m/s}$，将此值代入式 $\frac{1}{2}mv^2-\left(-\frac{GmM_E}{R_E}\right)=\frac{1}{2}mv'^2$，可得

$$v=\sqrt{v'^2+\frac{2GM_E}{R_E}}=16.7\times10^3(\text{m/s})$$

记作

$$v_3=16.7\times10^3(\text{m/s}) \tag{2-59}$$

本章要点

1. 牛顿运动定律

牛顿第一运动定律(惯性定律):任何物体都保持静止或匀速直线运动,直至其他物体对它作用的力迫使它改变这种运动状态为止。用公式表示为

$$v=\text{const}$$

牛顿第二运动定律(加速度定律):动量为 $\boldsymbol{p}$ 的物体在合外力 $\boldsymbol{F}$ 作用下,其动量随时间的变化率等于作用于物体的合外力。用公式表示为

$$\boldsymbol{F}=\frac{\mathrm{d}\boldsymbol{p}}{\mathrm{d}t}$$

对于低速运动(速度≪光速)的物体,物体质量可视为恒量,牛顿第二运动定律就简化为

$$\boldsymbol{F}=m\boldsymbol{a}$$

牛顿第三运动定律(作用与反作用定律):当物体甲以力 $\boldsymbol{F}$ 作用于物体乙上时,物体乙同时以力 $\boldsymbol{F}'$ 作用于物体甲上,$\boldsymbol{F}$ 与 $\boldsymbol{F}'$ 在一条直线上,大小相等,方向相反。表示为

$$\boldsymbol{F}=-\boldsymbol{F}'$$

常见的几种力:

重力:$\boldsymbol{P}=m\boldsymbol{g}$;弹性力:$f=-kx$;滑动摩擦力:$f_{\mathrm{k}}=\mu_{\mathrm{k}}N$;静摩擦力:$f_{\mathrm{smax}}=\mu_{\mathrm{s}}N$。

2. 动量　动量守恒定律

动量:$\boldsymbol{p}=m\boldsymbol{v}$

冲量:$\boldsymbol{I}=\int_{t_1}^{t_2}\boldsymbol{F}\mathrm{d}t$

动量定理:$\boldsymbol{I}=\int_{t_0}^{t}\boldsymbol{F}\mathrm{d}t=\int_{p_0}^{p}\mathrm{d}\boldsymbol{p}=\boldsymbol{p}-\boldsymbol{p}_0$

动量守恒定律:若

$$\boldsymbol{F}=\sum_i\boldsymbol{F}_i=\boldsymbol{0}\quad\text{(动量守恒定律的条件)}$$

则

$$\boldsymbol{p}=\sum_i\boldsymbol{p}_i=\text{常矢量}\quad\text{(动量守恒定律的内容)}$$

3. 质点(或质点系)的角动量定理　角动量守恒定律

对于惯性系中某一点:

力 $\boldsymbol{F}$ 的力矩

$$\boldsymbol{M}=\boldsymbol{r}\times\boldsymbol{F}$$

质点的角动量

$$\boldsymbol{L}=\boldsymbol{r}\times\boldsymbol{p}=m\boldsymbol{r}\times\boldsymbol{v}$$

角动量定理

$$\boldsymbol{M}=\frac{\mathrm{d}\boldsymbol{L}}{\mathrm{d}t}\text{(其中}\boldsymbol{M}\text{为合外力矩)}\quad\text{或}\quad\int_{t_0}^{t}\boldsymbol{M}\mathrm{d}t=\boldsymbol{L}_2-\boldsymbol{L}_1$$

角动量守恒定理：对某定点，质点（或质点系）受的合外力矩为零时，则它（或它们）对于同一定点的 $\boldsymbol{L}$=常矢量。

4. 动能　动能定理

功：$W_{AB}=\int_L \mathrm{d}W=\int_A^B \boldsymbol{F}\cdot\mathrm{d}\boldsymbol{r}$

功率：$N=\lim\limits_{\Delta t\to 0}\dfrac{\Delta W}{\Delta t}=\dfrac{\mathrm{d}W}{\mathrm{d}t}$

动能：$E_{\mathrm{k}}=\dfrac{1}{2}mv^2$

动能定理：$W^{\mathrm{ex}}+W^{\mathrm{in}}=E_{\mathrm{k}}-E_{\mathrm{k0}}$ 或 $W^{\mathrm{ex}}+W^{\mathrm{in}}=\Delta E_{\mathrm{k}}$

5. 势能　机械能转化及守恒定律

保守力：做功与路径无关的力。

引力势能：$E_{\mathrm{p}a}=-G\dfrac{Mm}{r_a}$（令 $E_{p_\infty}=0$）

重力势能：$E_{\mathrm{p}a}=mgy_a$（令地面处为重力势能零点）

弹性势能：$E_{\mathrm{p}a}=\dfrac{1}{2}kx_a^2$（令弹簧原长时为弹性势能零点）

保守内力的功：$W_{\mathrm{c}}^{\mathrm{in}}=-(E_{\mathrm{p2}}-E_{\mathrm{p1}})=-\Delta E_{\mathrm{p}}$

功能原理：$\begin{cases}W^{\mathrm{ex}}+W_{\mathrm{nc}}^{\mathrm{in}}=\Delta E_{\mathrm{k}}+\Delta E_{\mathrm{p}}=\Delta E\\ \text{或者 } W^{\mathrm{ex}}+W_{\mathrm{nc}}^{\mathrm{in}}=(E_{\mathrm{k}}+E_{\mathrm{p}})-(E_{\mathrm{k0}}+E_{\mathrm{p0}})\end{cases}$

机械能守恒定律：$\begin{cases}\text{若 } W^{\mathrm{ex}}+W_{\mathrm{nc}}^{\mathrm{in}}=0 \quad \text{（机械能守恒的条件）}\\ \text{则 } E=E_0 \text{ 或 } E_{\mathrm{k}}+E_{\mathrm{p}}=E_{\mathrm{k0}}+E_{\mathrm{p0}} \quad \text{（机械能守恒的内容）}\end{cases}$

习题 2

一、选择题

1. 如图 2-30 所示，一轻绳跨过一个定滑轮，两端各系一质量分别为 m_1 和 m_2 的重物，且 $m_1>m_2$，滑轮质量及一切摩擦均不计，此时重物的加速度大小为 a。今用一竖直向下的恒力 $F=m_1 g$ 代替质量为 m_1 的物体，质量为 m_2 的重物的加速度为 a'，则：(　　)。

A. $a=a'$　　B. $a'>a$

C. $a'<a$　　D. 不能确定

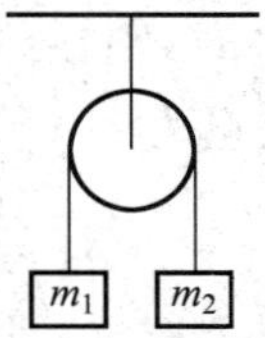

图　2-30

2. 质量为 m 的物体自空中落下，它除受重力外，还受到一个与速度平方成正比的阻力的作用，比例系数为 k，k 为常数，该下落物体的收尾速度（即最后物体作匀速运动时的速度）将是(　　)。

A. $\sqrt{\dfrac{mg}{k}}$　　B. $\dfrac{g}{2k}$　　C. gk　　D. $\sqrt{gk}$

3. 质量为 m 的铁锤竖直落下，打在木桩上并停下，该打击时间为 Δt，打击前铁锤速度

大小为 v,则在打击木桩的时间内,铁锤所受平均合外力的大小为(　　)。

A. $mv/\Delta t$　　B. $\dfrac{mv}{\Delta t}-mg$　　C. $\dfrac{mv}{\Delta t}+mg$　　D. $2mv/\Delta t$

4. 已知两个物体 A 和 B 的质量以及它们的速率都不相同,若 A 的动量在数值上比 B 的大,则 A 的动能 E_{kA} 与 B 的动能 E_{kB} 之间的关系为(　　)。

A. $E_{kB}>E_{kA}$　　B. $E_{kB}<E_{kA}$　　C. $E_{kB}=E_{kA}$　　D. 不能判断谁大谁小

5. 甲、乙、丙三个物体质量之比是 1∶2∶3,如它们的动能相等,并且作用在每一个物体上的制动力都相同,则它们的制动距离之比是(　　)。

A. 1∶2∶3　　B. 1∶4∶9　　C. 1∶1∶1　　D. 3∶2∶1

E. $\sqrt{3}:\sqrt{2}:1$

6. 一个质点同时在几个力作用下的位移是 $\Delta\boldsymbol{r}=6\boldsymbol{i}-8\boldsymbol{j}$(SI),其中一个力为恒力 $\boldsymbol{F}=5\boldsymbol{i}+12\boldsymbol{j}$(SI),则此力在该位移过程中所做的功为(　　)。

A. −66J　　B. 66J　　C. −130J　　D. 130J

7. 一物体在水平面内沿 x 轴作匀速直线运动,其动能为 E_k,受阻力 $F_x=-Kx^2$(K 为正常数),作用后又前进了 x 距离而静止,则 x 大小是(　　)。

A. $\left(\dfrac{E_k}{K}\right)^{\frac{1}{2}}$　　B. $\left(\dfrac{E_k}{K}\right)^{\frac{1}{3}}$　　C. $\left(\dfrac{2E_k}{K}\right)^{\frac{1}{3}}$　　D. $\left(\dfrac{3E_k}{K}\right)^{\frac{1}{3}}$

8. 对功的概念有以下几种说法:

(1) 保守力做正功时,系统内相应的势能增加。

(2) 质点运动经一闭合路径,保守力对质点做的功为零。

(3) 作用力和反作用力大小相等,方向相反,所以两者做功的代数和必为零。

以上说法正确的是(　　)。

A. (1)和(2)　　B. (2)和(3)　　C. 只有(2)　　D. 只有(3)

9. 如图 2-31 所示,劲度系数为 k 的轻弹簧,一端与倾角为 α 的斜面上的固定挡板 A 相连,另一端与质量为 m 的物体 B 相接,O 点为弹簧原长时物体的位置,a 为物体 B 的平衡位置。若将物体由 a 点沿斜面向上移动到 b 点,设 a 点与 O 点、a 点与 b 点之间的距离分别为 x_1 和 x_2,则在此过程中由弹簧、物体 B 和地球组成的系统势能的增量为(　　)。

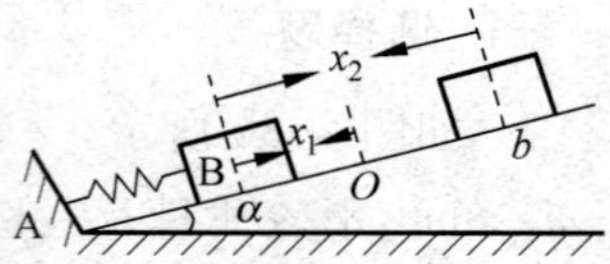

图　2-31

A. $\dfrac{kx_2^2}{2}+mgx_2\sin\alpha$

B. $\dfrac{k(x_2-x_1)^2}{2}+mg(x_2-x_1)\sin\alpha$

C. $\dfrac{k(x_2-x_1)^2}{2}-\dfrac{kx_1^2}{2}+mgx_2\sin\alpha=\dfrac{kx_2^2}{2}$

D. $\dfrac{k(x_2-x_1)^2}{2}+mg(x_2-x_1)\cos\alpha$

10. 在两个质点组成的系统中,若质点间只有万有引力作用,且此系统所受外力的矢量和为零,则此系统(　　)。

A. 动量与机械能一定都守恒

B. 动量与机械能一定都不守恒

C. 动量不一定守恒，机械能一定都守恒

D. 动量一定守恒，机械能不一定都守恒

二、填空题

1. 质量为 m 的小球，用轻绳 AB、BC 连接，如图 2-32 所示，剪断绳 AB 前后的瞬间，绳 BC 中的张力比 $T/T'=$________。

2. 质量为 0.5kg 的质点，受力 $\boldsymbol{F}=2t\boldsymbol{i}$（SI）的作用，式中 t 为时间。$t=0$ 时，该质点以 $\boldsymbol{v}=3\boldsymbol{j}\,\mathrm{m/s}$ 的速度通过坐标原点，则该质点在任意时刻的位置矢量是________。

3. 如图 2-33 所示，有 m 千克的水以初速度 $\boldsymbol{v}_1$ 进入弯管，经 t 秒后流出的速度为 $\boldsymbol{v}_2$，且 $v_1=v_2=v$，在管子转弯处，水对管壁的平均冲力大小为________，方向________（不考虑管内水受到的重力）。

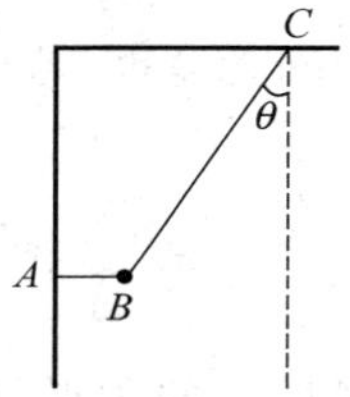

图　2-32

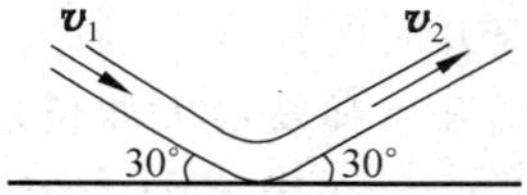

图　2-33

4. 粒子 B 的质量是粒子 A 的质量的 4 倍，开始时粒子 A 的速度为$(3\boldsymbol{i}+4\boldsymbol{j})$，粒子 B 的速度为$(2\boldsymbol{i}-7\boldsymbol{j})$，由于两者的相互作用，粒子 A 的速度变为$(7\boldsymbol{i}-4\boldsymbol{j})$，此时粒子 B 的速度为 $\boldsymbol{v}_B=$________。

5. 有一劲度系数为 k 的轻弹簧，原长为 L_0，将它吊在天花板上，当它下端挂一托盘而平衡时，其长度变为 L_1，然后在托盘中放一重物，弹簧长度变为 L_2，则由 L_1 变至 L_2 的过程中，弹簧所做的功为________。

6. 质量为 1.0kg 的物体，从原点无初速地沿 x 轴运动，若所受合力的大小为 $F=3+2x$（SI），则在开始运动的 3.0m 内合力做功 $W=$________，$x=3.0\mathrm{m}$ 处，其速率 $v=$________。

7. 一质点在二恒力作用下，位移为 $\Delta\boldsymbol{r}=(3\boldsymbol{i}+8\boldsymbol{j})\mathrm{m}$，在此过程中动能增量为 24J，已知其中一恒力 $\boldsymbol{F}_1=(12\boldsymbol{i}-3\boldsymbol{j})\mathrm{N}$，则另一恒力的功为________。

8. 一质点在平面上作如图 2-34 所示的圆周运动，在该质点从坐标原点运动到$(0,2R)$位置的过程中，力 $\boldsymbol{F}=\boldsymbol{F}_0(x\boldsymbol{i}+y\boldsymbol{j})$ 对该质点做的功为________。

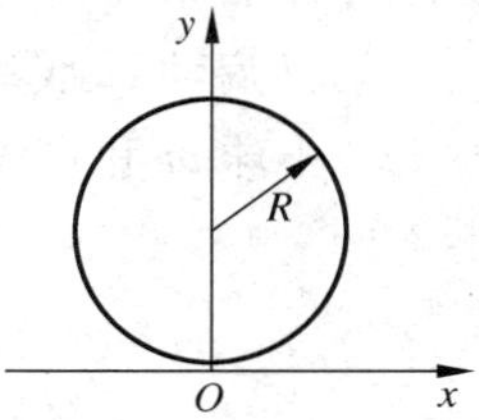

图　2-34

9. 人造地球卫星绕地球作椭圆运动，卫星轨道近地点和远地点分别为 A 和 B，用 L 和 E_k 分别表示卫星对地心的角动量和卫星动能的瞬时值，若把卫星看做质点，则应有：L_A________L_B，E_{kA}________E_{kB}。（填“>”、“=”或“<”）

三、计算题

1. 如图 2-35 所示,质量为 M 的小球自距离斜面高度为 h 处自由下落到倾角为 30°的光滑固定斜面上,碰撞后跳开。设碰撞前后速度大小相同,运动方向与斜面法线的夹角相同,求小球对斜面的冲量为多少(碰撞时小球所受重力的冲量可以略去)。

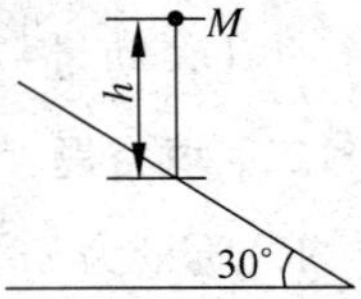

图 2-35

2. 质量为 m 的质点,在外力作用下运动方程为 $\boldsymbol{r}=A\cos(\omega t)\boldsymbol{i}+B\sin(\omega t)\boldsymbol{j}$,则在 $t_1=0$ 到 $t_2=\frac{\pi}{2\omega}$ 时间内,合力做功为多少?

3. 质量为 m 的子弹以速度 v_0 水平射入沙土中,设子弹所受阻力与速度方向相反,大小与速度大小成正比,比例系数为 k,忽略子弹的重力,求:

(1) 子弹射入沙土后,速度大小随时间变化的函数式;

(2) 子弹射入沙土的最大深度。

4. 水平放置的轻弹簧,劲度系数为 k,其一端固定,另一端系一质量为 M 的滑块 A,A 旁又有一质量相同的滑块 B,如图 2-36 所示。设两滑块与桌面间无摩擦,若外力将 A、B 一起推压,致使弹簧压缩距离为 d 而静止,然后撤去外力,求:

(1) B 离开时的速度大小;

(2) B 离开后弹簧最大伸长量。

5. 如图 2-37 所示,质点的质量为 m,置于固定不动的光滑球面的顶点 A 处,当质点由静止下滑到图示 B 点时,求:

(1) 它的加速度大小 a;

(2) 若 B 点是质点要脱离球面的位置,则该处 θ 为多大?

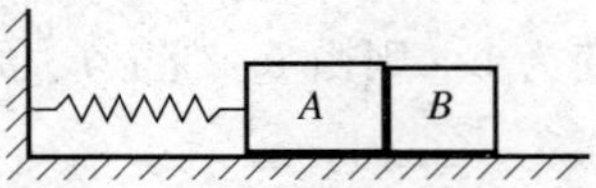

图 2-36

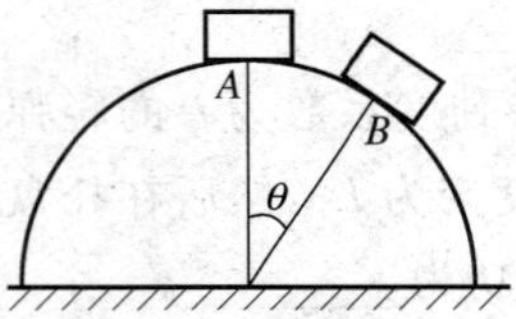

图 2-37

6. 质量为 $M=10\text{kg}$ 的物体放在光滑水平面上,并与一水平轻弹簧相连,如图 2-38 所示,弹簧的倔强系数为 $k=1000\text{N/m}$,今有一质量为 $m=1.0\text{kg}$ 的小球以大小为 $v_0=4.0\text{m/s}$ 的速度水平飞来,与物体 M 相碰撞后,以 $v_1=2.0\text{m/s}$ 大小的速度弹回。问:

(1) M 启动后弹簧将被压缩,弹簧可缩短多少?

(2) 小球 m 和物体 M 组成的系统在碰撞中机械能损失多少?碰撞是弹性的吗?

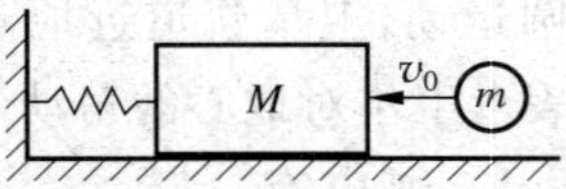

图 2-38

7. 如图 2-39 所示，光滑桌面上有一质量为 M 的木块，一质量为 m 的子弹以速率 v 沿与水平方向成 θ 角的方向射入木块，若桌面离地高为 h，求木块落地时的速率。

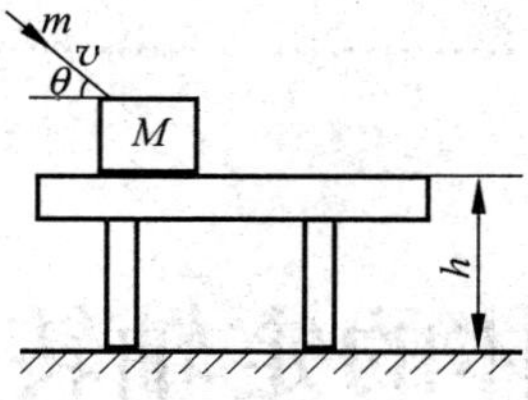

图　2-39

第3章

刚体的定轴转动

转动是物质机械运动的一种普遍形式，大至遥远的星体，小至构成物质的原子、电子等微观粒子均在永不停息地转动着。转动问题也是工程学中经常遇到的普遍问题，如仪表上的指针在旋转，车轮绕轴的转动更是随处可见，我们生活的地球也在不停地绕着地轴周期地转动。

在研究复杂的实际问题时，由于物体的形状和大小对运动有着重要的影响，以至于不能再把物体视为质点，而不得不考虑其形状和大小。在许多实际问题中，绝大部分物体在运动时它的形状和大小的变化极其微小，可以忽略不计，为了简化研究程序，物理学中引入了刚体这一理想模型。刚体就是有一定的形状和大小，但形状和大小永远保持不变的物体。

刚体可以看成是由许多质点构成，每一个质点称为刚体的一个质元。刚体是一个特殊的质点组，其特殊性在于在外力作用下各质元之间的相对位置保持不变。既然刚体是一个特殊的质点组，那么前面讲过的质点组的基本规律当然都可以对刚体加以应用。鉴于刚体的一般运动较为复杂，本书只讨论其中一种运动形式，即刚体的定轴转动。

3.1 刚体定轴转动的运动学

刚体转动中最基本、最常见、最重要、最简单的转动形式是刚体的定轴转动。在这种转动中刚体上各质元均作圆周运动，而且各圆的圆心都在一条相对于某一惯性参考系(例如地面)固定不动的直线上。这条固定不动的直线称为固定轴，这样的转动称为刚体的定轴转动。如机床上各种齿轮、飞轮通常都是绕固定轴在转动着。由于刚体上各质元的形状和大小不变，转轴又是固定的，那么刚体上任意一质元的位置一旦确定，刚体上各质元的位置也都确定，如图 3-1 所示。

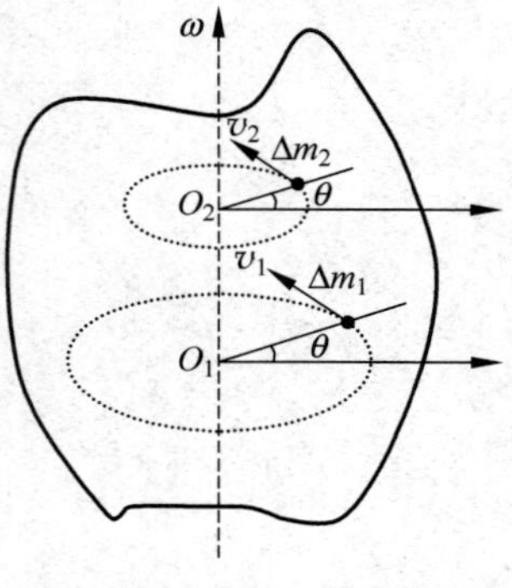

图 3-1 刚体的定轴转动

为研究方便，我们将垂直于固定轴的平面称为转动平面，如图 3-2 所示的 xOy 面。若以 Ox 为参考方向，则刚体上任意质元的位置可以用它转动平面内的角位置唯一地确定，可见刚体的角位置随时间 t 变化方程也就是刚体的运动方程：

$$\theta = \theta(t) \tag{3-1}$$

如果以 $\mathrm{d}\theta$ 表示刚体在 $\mathrm{d}t$ 时间内转过的角位移，则刚体的角速度大小为

$$\omega=\frac{\mathrm{d}\theta}{\mathrm{d}t} \tag{3-2}$$

角速度是矢量，其方向规定为沿 z 轴的方向，其指向满足右手螺旋法则，如图 3-3 所示。

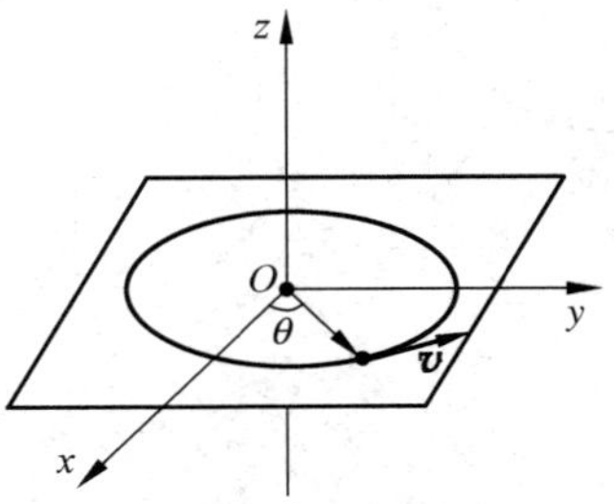

图 3-2　转动平面

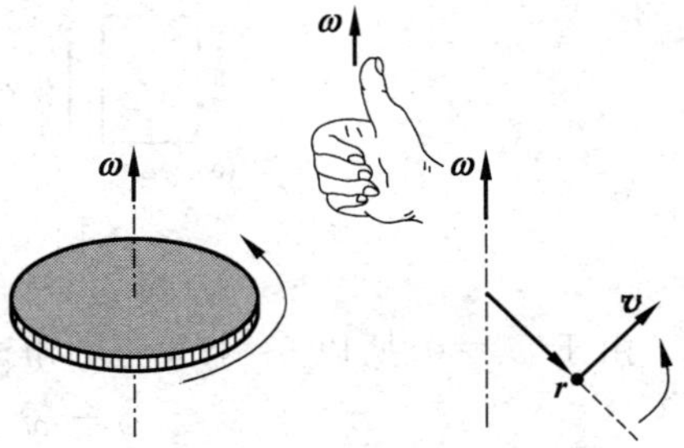

图 3-3　角速度矢量

刚体的角加速度为

$$\alpha=\frac{\mathrm{d}\omega}{\mathrm{d}t}=\frac{\mathrm{d}^2\theta}{\mathrm{d}t^2} \tag{3-3}$$

离转轴的距离为 r_i 处质元的线速度和线加速度与刚体的角速度和角加速度的关系为

$$\begin{cases}v_i=r_i\omega\\a_\tau=r_i\alpha\\a_\mathrm{n}=r_i\omega^2\end{cases} \tag{3-4}$$

定轴转动中的一种简单情况是匀加速转动。在这一转动过程中，刚体的角加速度 α 保持不变。若以 ω_0 表示刚体在 $t=0$ 时刻的角速度，以 ω 表示在 t 时刻的角速度，以 θ 表示它在 0 到 t 这一段时间内的角位移，则可以导出匀加速定轴转动的相应公式如下：

$$\begin{cases}\omega=\omega_0+\alpha t\\\theta=\theta_0+\omega_0 t+\dfrac{1}{2}\alpha t^2\\\omega^2-\omega_0^2=2\alpha(\theta-\theta_0)\end{cases} \tag{3-5}$$

可见，描述刚体的定轴转动只需要一个坐标变量 θ，有了角位置 θ，我们就可以按照上面的程序研究刚体定轴转动时的角速度、角加速度及任意点的线速度和线加速度。

例 3-1　一条缆索绕过一个定滑轮拉动升降机，如图 3-4(a)所示。滑轮的半径为 $r=0.5\mathrm{m}$，如果升降机从静止开始以加速度 $a=0.4\mathrm{m/s^2}$ 匀加速上升，求：

(1) 滑轮的角加速度；

(2) 开始上升后 $t=5\mathrm{s}$ 末滑轮的角速度；

(3) 在这 5s 内滑轮转过的圈数；

(4) 开始上升后 $t'=1\mathrm{s}$ 末滑轮边缘上一点的加速度(假定缆索和滑轮之间不打滑)。

解　为了图示清晰，将滑轮放大为如图 3-4(b)所示。

(1) 由于升降机的加速度和滑轮边缘上的一点的切向加速度相等，所以滑轮的角加速度为

$$\alpha=\frac{a_\tau}{r}=\frac{a}{r}=0.8(\mathrm{rad/s^2})$$

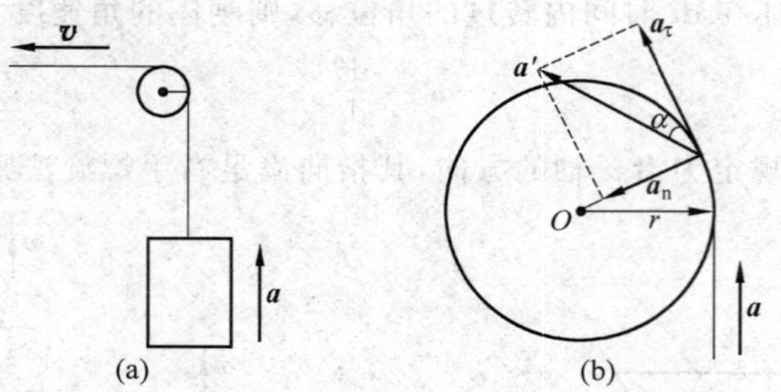

图 3-4　例 3-1 用图

(2) 由于 $\omega_0=0$,所以 5s 末滑轮的角速度为

$$\omega=\alpha t=4.0(\text{rad/s}^2)$$

(3) 在这 5s 内滑轮转过的角度为

$$\theta=\frac{1}{2}\alpha t^2=10(\text{rad})$$

所以在这 5s 内滑轮转过的角度为

$$N=\frac{10}{2\pi}=1.6(\text{圈})$$

(4) 结合题意,由图 3-4(b)可以看出

$$a_\tau=a=0.4(\text{m/s}^2)$$

$$a_n=r\omega^2=r\alpha^2t^2=0.32(\text{m/s}^2)$$

由此可得滑轮边缘上一点在升降机开始上升后 $t'=1$s 时的加速度为

$$a'=\sqrt{a_n^2+a_\tau^2}=0.51(\text{m/s}^2)$$

这个加速度的方向与滑轮边缘的切线方向的夹角为

$$a=\arctan\left(\frac{a_n}{a_\tau}\right)=\arctan\left(\frac{0.32}{0.4}\right)=38.7^\circ$$

3.2　刚体定轴转动的动力学

3.1 节我们只讨论了如何描述刚体的定轴转动,即刚体定轴转动的运动学问题,本节将讨论刚体定轴转动的动力学问题,即刚体作定轴转动时获得角加速度的原因以及所遵守的规律。

3.2.1　刚体定轴转动的转动定律

1. 力矩

关于力矩的概念中学已做过介绍,这里在中学的基础上给出力矩的一般概念,进而给出刚体定轴转动的力矩。

对于定点转动而言:设质量为 m 的质点,在力 $\boldsymbol{F}$ 的作用下绕定点 O 运动,力 F 某时刻的作用线到定点 O 的距离为 d,位置矢量为 $\boldsymbol{r}$,力 $\boldsymbol{F}$ 与 $\boldsymbol{r}$ 的夹角为 α,如图 3-5 所示,则力 $\boldsymbol{F}$

对定点 O 的力矩 $\boldsymbol{M}$ 的大小为

$$M = Fd = Fr\sin\alpha$$

由于力矩是既有大小又有方向的矢量，不管是力矩的大小不同，还是力矩的方向不同，力矩作用效果都不同，结合矢量叉积的概念有

$$\boldsymbol{M} = \boldsymbol{r} \times \boldsymbol{F} \tag{3-6}$$

力矩的方向满足右螺旋法则，在国际单位制(SI)中力矩的单位为牛顿米(N·m)。

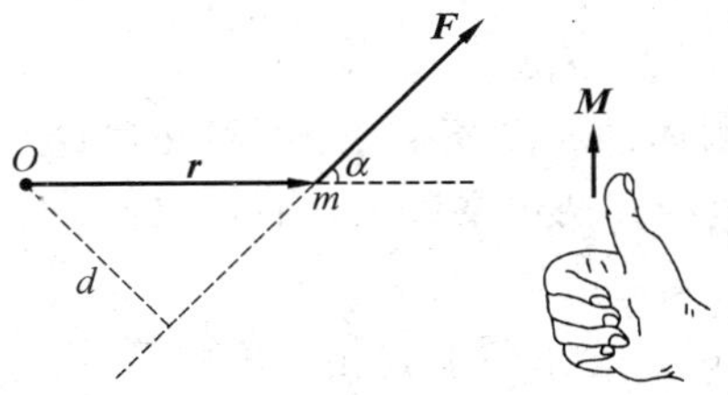

图 3-5　力矩的定义

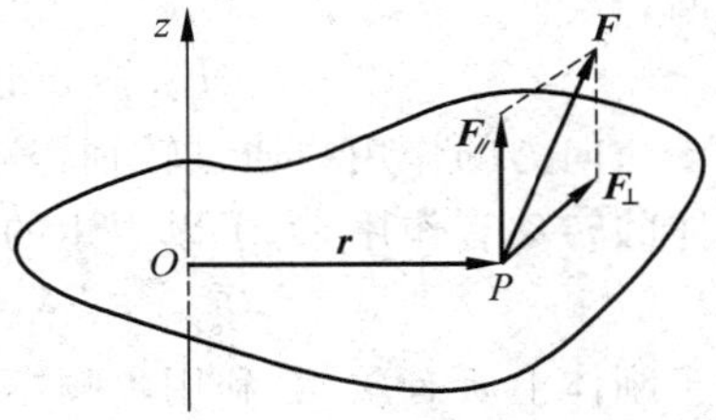

图 3-6　绕定轴转动的力矩

对于刚体的定轴转动而言：取如图 3-6 所示的转动平面，并使转轴通过 O 点，作用在刚体上 P 点的力为 $\boldsymbol{F}$，P 点在转动平面内的位置矢量为 $\boldsymbol{r}$。力 $\boldsymbol{F}$ 平行于转轴的分量 $\boldsymbol{F}_{/\!/}$ 只能使刚体沿轴平移，不能使刚体绕轴转动，使刚体绕轴转动的力只能是力 $\boldsymbol{F}$ 垂直于转轴的分量 $\boldsymbol{F}_{\perp}$（在转动平面内），所以使刚体绕轴转动的力矩为

$$\boldsymbol{M} = \boldsymbol{r} \times \boldsymbol{F}_{\perp} \tag{3-6a}$$

使刚体绕定轴转动的力矩的方向只能沿轴，一般规定，使刚体逆时针绕定轴转动时 $M>0$；使刚体顺时针绕定轴转动时 $M<0$。

2. 刚体定轴转动的转动定律

当刚体绕定轴转动时，刚体内的每个质元都在转动平面内绕转轴作圆周运动，如图 3-7 所示。虽然这些质元对各自的转动中心的位置矢量不同，但是却具有大小和方向都相同的角速度 $\boldsymbol{\omega}$ 和角加速度 $\boldsymbol{\alpha}$，这个角速度 $\boldsymbol{\omega}$ 和角加速度 $\boldsymbol{\alpha}$ 也正是刚体的角速度和角加速度。角速度 $\boldsymbol{\omega}$ 的方向沿转轴，其指向与质元沿圆周的绕行方向遵守右手螺旋法则；$\boldsymbol{\alpha}$ 的方向也沿转轴，其指向由 $\boldsymbol{\omega}$ 增加和减小而定。

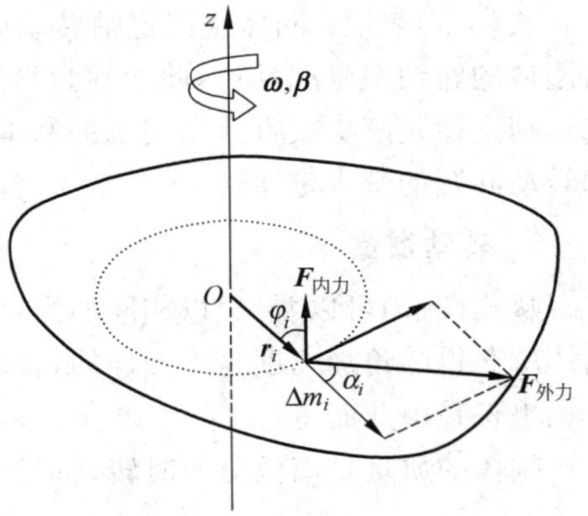

图 3-7　转动定律的指导

图 3-7 表示了一个绕固定轴 Oz 以角速度 $\boldsymbol{\omega}$、角加速度 $\boldsymbol{\alpha}$ 转动的刚体，其中任意一质元 Δm_i 在转动平面内的位置矢量为 $\boldsymbol{r}_i$，所受的外力为 $\boldsymbol{F}_{外力}$，内力为 $\boldsymbol{F}_{内力}$（表示刚体内其他质元对 Δm_i 作用力的合力）。为简化讨论，这里假定外力 $\boldsymbol{F}_{外力}$ 和内力 $\boldsymbol{F}_{内力}$ 的作用线均位于质元所在的转动平面内，且与位置矢量 $\boldsymbol{r}_i$ 的夹角分别为 α_i 和 φ_i。对质元 Δm_i，由牛顿第二运动定律得

$$\boldsymbol{F}_{外力} + \boldsymbol{F}_{内力} = \Delta m_i \boldsymbol{a}_i$$

其中 $\boldsymbol{a}_i$ 是质元 Δm_i 绕轴作圆周运动的加速度，写成分量式如下：

$$\begin{cases}-F_{外力}\cos\alpha_i+F_{内力}\cos\varphi_i=\Delta m_i a_{in}\\ F_{外力}\sin\alpha_i+F_{内力}\sin\varphi_i=\Delta m_i a_{i\tau}\end{cases}$$

其中 a_{in} 和 $a_{i\tau}$ 是质元 Δm_i 绕轴作圆周运动的法向加速度和切向加速度，所以可得以下公式。

法向：

$$-F_{外力}\cos\alpha_i+F_{内力}\cos\varphi_i=\Delta m_i r_i\omega^2$$

切向：

$$F_{外力}\sin\alpha_i+F_{内力}\sin\varphi_i=\Delta m_i r_i\alpha$$

由于法向力的作用线通过转轴，其力矩为零，对刚体的转动不起作用，不必讨论。切向力对刚体的转动有作用，为了以力矩的形式表示，这里给其两边乘以 r_i，则有

$$F_{外力}r_i\sin\alpha_i+F_{内力}r_i\sin\varphi_i=\Delta m_i r_i^2\alpha$$

对于刚体上所有质元，利用牛顿第二运动定律都可以写出与上式相应的式子，把它们全部加起来有

$$\sum_i F_{外力}r_i\sin\alpha_i+\sum_i F_{内力}r_i\sin\varphi_i=\left(\sum_i\Delta m_i r_i^2\right)\alpha$$

因为内力总是成对出现的，且每一对内力属于作用力与反作用力，它们是同一性质的力，大小相等、方向相反，力的作用线在同一直线上，对转轴的力臂是相同的，因此每一对作用力与反作用力对转轴的力矩一定大小相等、方向相反；所以在上式中所有内力矩的和为零，即

$$\sum_i F_{内力}r_i\sin\varphi_i=0$$

若令 $\sum_i F_{外力}r_i\sin\alpha_i=M$(表示刚体受的所有外力对轴 Oz 的合力矩)，$J=\sum_i\Delta m_i r_i^2$(表示刚体对轴 Oz 的固有属性，称之为转动惯量)，于是有

$$M=J\alpha \tag{3-7}$$

式(3-7)表明：刚体绕固定轴转动时，刚体的角加速度与刚体所受的合外力矩成正比，与刚体的转动惯量成反比，此式称为刚体轴转动的转动定律(简称转动定律)。如同牛顿第二运动定律是解决质点运动问题的基本定律一样，刚体定轴转动的转动定律是解决刚体定轴转动问题的基本定律。

3. 转动惯量

从式(3-7)可以看出，以相同的力矩分别作用于两个绕定轴转动的不同刚体时，这两个刚体所获得的角加速度是不一样的，转动惯量大的物体所获得的角加速度小，转动惯量这一名词也正是由此而得。

刚体的质量是离散分布时转动惯量用式(3-8)计算：

$$J=\sum_i\Delta m_i r_i^2 \tag{3-8}$$

刚体的质量一般是连续分布的，则只需将式(3-8)中的求和号改为积分即可：

$$J=\int_m r^2\,\mathrm{d}m \tag{3-8a}$$

在国际单位制(SI)中，转动惯量的单位为千克二次方米，即 $\mathrm{kg\cdot m^2}$。

从式(3-8)及式(3-8a)可以看出，刚体转动惯量的大小与下列因素有关：①形状及大小

分别相同的刚体，质量大的转动惯量大；②总质量相同的刚体，质量分布离轴越远转动惯量越大；③对同一刚体而言，转轴不同，质量对轴的分布就不同，转动惯量的大小也就不同。

常见的几种几何形状简单的均匀刚体对特定轴的转动惯量如图 3-8 所示。

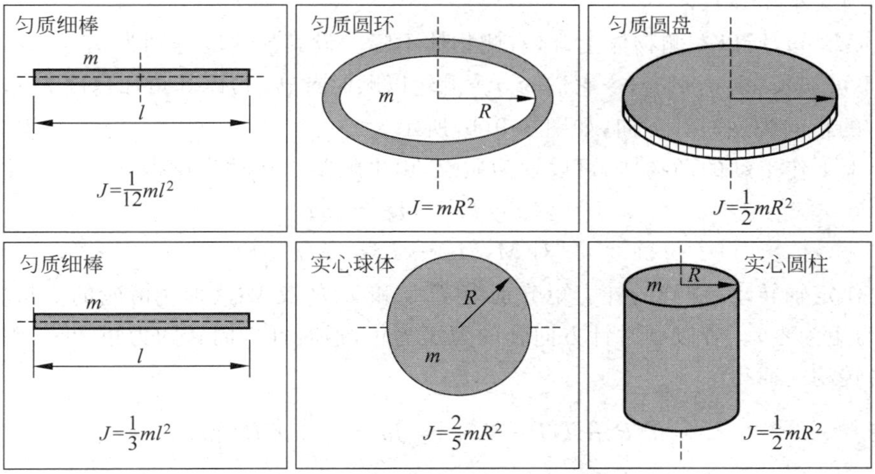

图 3-8　常见刚体对特定轴的转动惯量

若把转动定律同牛顿第二运动定律相比较，则使质点平动的力 F 与使刚体定轴转动的力矩 M 相对应，质点的线加速度 a 与刚体的角加速度 α 相对应，描述质点平动惯性的质量 m 与描述刚体转动惯性的转动惯量 J 相对应。在实际应用中，对一个力学系统而言，有的物体作平动，有的物体作定轴转动，处理此类问题仍然可采用隔离法。但应分清哪些物体作平动，哪些物体作定轴转动。对于平动物体利用牛顿第二运动定律列出动力学方程，对于定轴转动的物体利用定轴转动的转动定律列出动力学方程，对于连结处列出牵连方程，然后对这些方程综合求解即可。下面通过例题加以说明。

例 3-2　一绳跨过定滑轮，两端系有质量分别为 m 和 M 的物体，且 $M>m$。滑轮可看作是质量均匀分布的圆盘，其质量为 m'，半径为 R，转轴垂直于盘面通过盘心，如图 3-9(a)所示。由于轴上有摩擦，滑轮转动时受到摩擦阻力矩 $M_{阻}$ 的作用。设绳不可伸长且与滑轮间无相对滑动。求物体的加速度及绳中的张力。

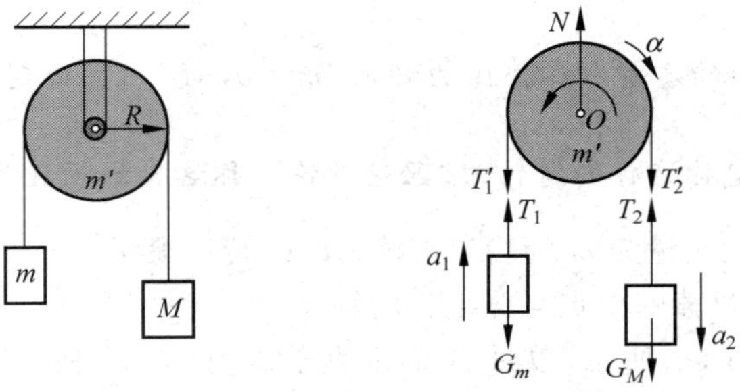

图 3-9　例 3-2 用图

解　由于滑轮有质量，所以不得不考虑滑轮的转动惯性；在转动过程中滑轮还受到阻力矩的作用,在滑轮绕轴作加速转动时,它必须受到两侧绳子的拉力所产生的力矩,以便克服转动惯性与阻力矩的作用,因此滑轮两侧绳子中的拉力一定不相等。设两侧绳子中的拉力分别为 T_1 和 T_2,则滑轮及两侧物体的受力如图 3-9(b)所示,其中 $T_1=T_1'$,$T_2=T_2'$(作用力与反作用力大小相等)。

因为 $M>m$,所以左侧物体上升,右侧物体下降。设其加速度分别为 a_1 和 a_2,据题意可知,绳子不可伸长,则 $a_1=a_2$,令它们为 a。滑轮以顺时针转动,设其角加速度为 α,则摩擦阻力矩 $M_{阻}$ 的指向为逆时针方向,如图 3-9(b)所示。

对于上下作平动的两物体,可以视为质点,由牛顿第二运动定律得

$$\begin{cases}对\ m: T_1 - mg = ma \\ 对\ M: Mg - T_2 = Ma\end{cases} \tag{3-9}$$

滑轮作定轴转动,受到的外力矩分别为 $T_2'R$ 和 $T_1'R$ 及 $M_{阻}$(轴对滑轮的支持力 N 通过转轴,其力矩为零)。若以顺时针方向转的力矩为正,逆时针方向转的力矩为负,则由刚体定轴转动的转动定律得

$$T_2R - T_1R - M_{阻} = J\alpha = \left(\frac{1}{2}m'R^2\right)\alpha \tag{3-10}$$

据题意可知,绳与滑轮间无相对滑动,所以滑轮边缘上一点的切向加速度和物体的加速度相等,即

$$a = a_\tau = R\alpha \tag{3-11}$$

联立式(3-9)~式(3-11)三个方程,得

$$a = \frac{(M-m)g - \dfrac{M_{阻}}{R}}{M+m+\dfrac{m'}{2}}$$

$$T_1 = m(g+a) = \frac{\left(2M+\dfrac{m'}{2}\right)mg - \dfrac{mM_{阻}}{R}}{M+m+\dfrac{m'}{2}}$$

$$T_2 = m(g-a) = \frac{\left(2m+\dfrac{m'}{2}\right)Mg - \dfrac{MM_{阻}}{R}}{M+m+\dfrac{m'}{2}}$$

注意:当不计滑轮的质量和摩擦阻力矩时,$m=0$,$M_{阻}=0$,此时有 $a=\dfrac{(M-m)g}{M+m}$,$T_1=T_2=\dfrac{2mM}{M+m}g$,物理学中称这样的滑轮为“理想滑轮”,称这样的装置为阿特伍德机。

例 3-3 求长为 L、质量为 m 的均匀细棒 AB 的转动惯量。(1)对于通过棒的一端与棒垂直的轴;(2)对于通过棒的中点与棒垂直的轴。

解 (1) 如图 3-10(a)所示,以过 A 端垂直于棒的 OO' 为轴,沿棒长方向为 x 轴,原点在轴上,在棒上取一长度元 $\mathrm{d}x$,则这一长度元的质量为 $\mathrm{d}m=\dfrac{m}{L}\mathrm{d}x$。由式(3-8a)得

$$J_{端点} = \int_m x^2\,\mathrm{d}m = \int_0^L x^2\left(\frac{m}{L}\mathrm{d}x\right) = \frac{1}{3}mL^2$$

(2) 同理，如图 3-10(b)所示，以过中点垂直于棒的 OO' 为轴，沿棒长方向为 x 轴，原点在轴上，在棒上取一长度元 $\mathrm{d}x$，由式(3-8a)得

$$J_{中点}=\int_m x^2\mathrm{d}m=\int_{-\frac{L}{2}}^{\frac{L}{2}}x^2\left(\frac{m}{L}\mathrm{d}x\right)=\frac{1}{12}mL^2$$

由此可见，对于同一均细棒，转轴的位置不同，则棒的转动惯量不同。

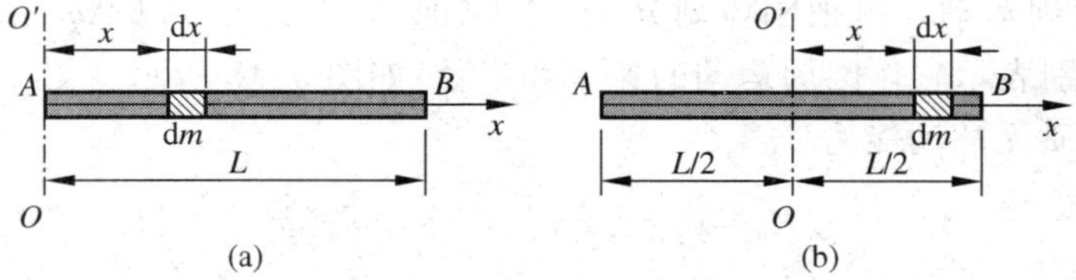

图 3-10　均匀棒的转动惯量

例 3-4　试求质量为 m、半径为 R 的匀质圆环对垂直于平面且过中心轴的转动惯量。

解　已知条件如图 3-11 所示。由于质量连续分布，所以由式(3-8a)得

$$J=\int_m R^2\mathrm{d}m=\int_0^{2\pi R}R^2\left(\frac{m}{2\pi R}\mathrm{d}l\right)=mR^2$$

例 3-5　试求质量为 m、半径为 R 的匀质圆盘对垂直于平面且过中心轴的转动惯量。

解　已知条件如图 3-12 所示。由于质量连续分布，设圆盘的厚度为 l，则圆盘的质量密度为 $\rho=\dfrac{m}{\pi R^2 l}$。因圆盘可以看成是许多有厚度的圆环组成，所以由式(3-8a)得

$$J=\int_m r^2\mathrm{d}m=\int_0^R r^2(\rho\cdot 2\pi r\cdot l\mathrm{d}r)=\frac{1}{2}\pi R^4 l\rho$$

将圆盘的质量密度代入，得

$$J=\frac{1}{2}mR^2$$

由于例 3-5 中对圆盘的厚度 l 没有限制，所以质量为 m、半径为 R 的匀质实心圆柱对其轴的转动惯量也为 $J=\dfrac{1}{2}mR^2$。

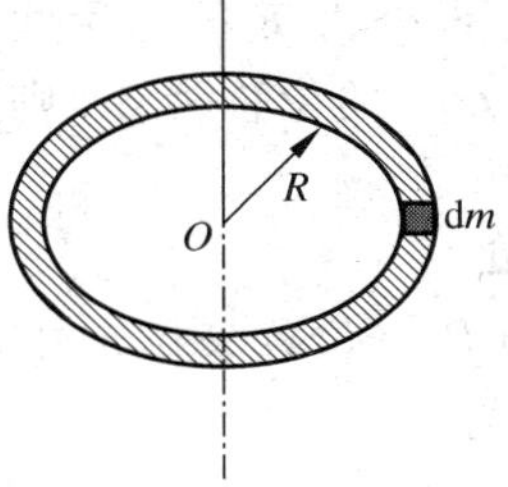

图 3-11　圆环的转动惯量

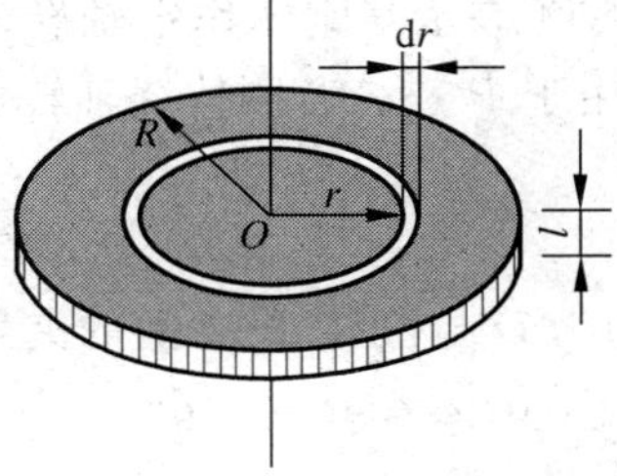

图 3-12　圆盘的转动惯量

用同样的办法我们也可以求出质量为 m、半径为 R 的匀质球体对过球心轴的转动惯量 $J=\dfrac{2}{5}mR^2$，此时球体可看成是由许多半径不同的薄圆盘组成。

3.2.2 刚体定轴转动的动能定理

1. 刚体定轴转动的动能(转动动能)

设某刚体绕 OO' 轴以角速度 ω 转动,则刚体中的每一个质元都将在各自的转动平面内以角速度 ω 作圆周运动。可把刚体划分成 N 块(即 N 个质元),以 Δm_i 表示第 i 个质元的质量,v_i 和 r_i 分别表示它作圆周运动的速率和半径,如图 3-13 所示。

于是第 i 个质元的动能为

$$E_{ki}=\frac{1}{2}\Delta m_i v_i^2=\frac{1}{2}\Delta m_i r_i^2\omega^2$$

式中由于 ω 是所有质元的角速度,所以没有角标。因此整个刚体绕定轴转动的转动动能为

$$E_k=\sum_{i=1}^{N}E_{ki}=\frac{1}{2}\left(\sum_{i=1}^{N}\Delta m_i r_i^2\right)\omega^2=\frac{1}{2}J\omega^2$$

所以

$$E_k=\frac{1}{2}J\omega^2 \tag{3-12}$$

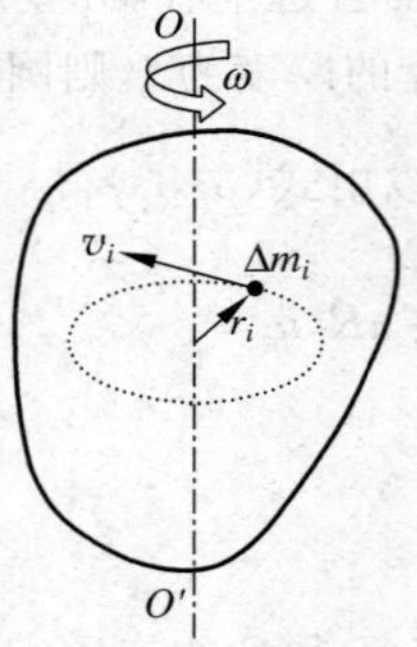

图 3-13 刚体定轴转动的动能

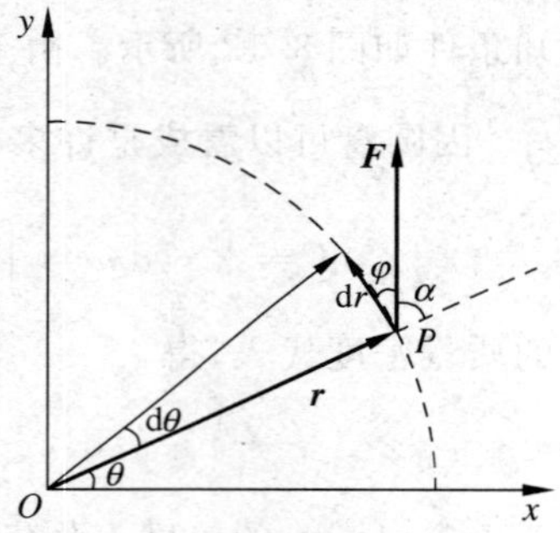

图 3-14 定轴转动时力矩的功

2. 刚体定轴转动时力矩所做的功及功率

图 3-14 表示某刚体作定轴转动时的一个转动平面。设外力 $\boldsymbol{F}$ 的作用线在转动平面内,并作用于 P 点。若刚体绕轴转过一微小角位移 $\mathrm{d}\theta$ 时,P 点的位移为 $\mathrm{d}\boldsymbol{r}$,则力 $\boldsymbol{F}$ 所做的元功为

$$\mathrm{d}W=\boldsymbol{F}\cdot\mathrm{d}\boldsymbol{r}=(F\cos\varphi)\mathrm{d}s$$

其中 φ 为力 $\boldsymbol{F}$ 与位移 $\mathrm{d}\boldsymbol{r}$ 之间的夹角。若用 α 表示力 $\boldsymbol{F}$ 与 P 点位置矢量 $\boldsymbol{r}$ 之间的夹角,则 $\alpha+\varphi=90°$, $\cos\varphi=\sin\alpha$, $|\mathrm{d}\boldsymbol{r}|=\mathrm{d}s=r\mathrm{d}\theta$,于是力矩的元功为

$$\mathrm{d}W=(Fr\sin\alpha)\mathrm{d}\theta=M\mathrm{d}\theta$$

当刚体在力矩 M 的持续作用下,从初始角位置 θ_0 转到末角位置 θ 时,力矩 M 所做的总功为

$$W=\int_{\theta_0}^{\theta}M\mathrm{d}\theta \tag{3-13}$$

力矩 M 的功率为

$$N=\frac{\mathrm{d}W}{\mathrm{d}t}=M\frac{\mathrm{d}\theta}{\mathrm{d}t}=M\omega \tag{3-14}$$

它描述了力矩做功的快慢。当功率一定时，角速度越小，力矩越大；角速度越大，力矩越小。

3．刚体定轴转动的动能定理

由于刚体内部各质元之间没有相对位移，所以刚体的内力功为零，即 $W_{内力}=0$。于是对于刚体这个特殊的质点组，动能定理可写为

$$W_{外力}+W_{内力}=\Delta E_k=E_k-E_{k0}$$

其中 $W_{外力}=\int_{\theta_0}^{\theta}M\mathrm{d}\theta$。若设初始角位置 θ_0 处的角速度为 ω_0，转到末角位置 θ 处的角速度为 ω，则 $E_{k0}=\frac{1}{2}J\omega_0^2$，$E_k=\frac{1}{2}J\omega^2$。于是刚体定轴转动的动能定理为

$$\begin{cases}\text{微分形式：}M\mathrm{d}\theta=\mathrm{d}\left(\frac{1}{2}J\omega^2\right)\\ \text{积分形式：}\int_{\theta_0}^{\theta}M\mathrm{d}\theta=\frac{1}{2}J\omega^2-\frac{1}{2}J\omega_0^2\end{cases}\tag{3-15}$$

当然式(3-15)也可由刚体定轴转动的转动定律推出，这里不再赘述，读者可参看其他教材。式(3-15)表明：合外力矩对绕定轴转动的刚体所做的功等于刚体绕定轴转动的转动动能的增量，这就是刚体定轴转动的动能定理。

例 3-6　如图 3-15 所示，一质量为 M、半径为 R 的匀质圆盘形滑轮可绕一无摩擦的水平轴转动。圆盘上绕有质量可不计的绳子，绳子一端固定在滑轮上，另一端悬挂一质量为 m 的物体，问物体由静止落下 h 高度时，物体的速率为多少？

解法 1　用牛顿第二运动定律及转动定律求解。

受力分析如图 3-15 所示，对物体 m 运用牛顿第二运动定律得

$$mg-T=ma\tag{3-16}$$

对匀质圆盘形滑轮用转动定律有

$$T'R=J\alpha\tag{3-17}$$

物体下降的加速度的大小就是转动时滑轮边缘上切向加速度，所以

$$a=R\alpha\tag{3-18}$$

又由牛顿第三运动定律得

$$T=T'\tag{3-19}$$

物体 m 落下 h 高度时的速率为

$$v=\sqrt{2ah}\tag{3-20}$$

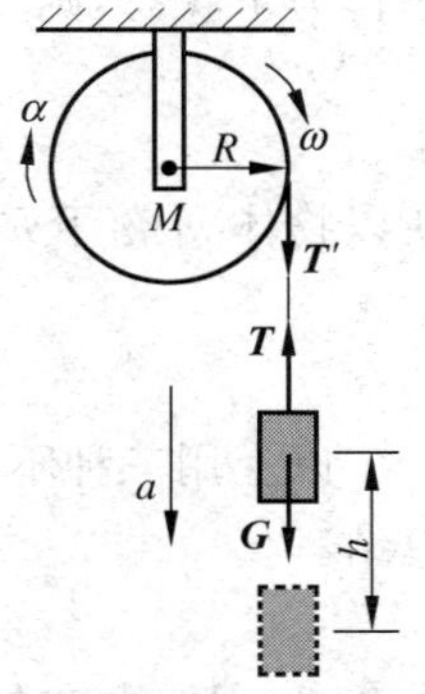

图 3-15　例 3-6 用图

因为 $J=\frac{1}{2}MR^2$，所以联立式(3-16)～式(3-20)，可得物体 m 落下 h 高度时的速率为

$$v=2\sqrt{\frac{mgh}{M+2m}}\quad(\text{小于物体自由下落的速率}\sqrt{2gh})$$

注意：若联立式(3-16)～式(3-19)，可得 $J=\left(\frac{g}{a}-1\right)mR^2$，而 $a=\frac{2h}{t^2}$，所以滑轮的转动惯量为 $J=\left(\frac{gt^2}{2h}-1\right)mR^2$。可见，只要通过实验测得物体的质量 m 及落下的高度 h 和所用

的时间 t 与滑轮的半径 R,就可利用实验测滑轮的转动惯量 J。

解法 2 利用动能定理求解。

如图 3-15 所示,对于物体 m 利用质点的动能定理有

$$mgh - Th = \frac{1}{2}mv^2 - \frac{1}{2}mv_0^2 \tag{3-21}$$

其中 v_0 和 v 分别为物体的初速度和末速度。对于滑轮利用刚体定轴转动的转动定理有

$$TR\Delta\theta = \frac{1}{2}J\omega^2 - \frac{1}{2}J\omega_0^2 \tag{3-22}$$

其中 $\Delta\theta$ 是在拉力矩 TR 的作用下滑轮转过的角度,ω_0 和 ω 是滑轮的初角速度和末角速度。由于滑轮和绳子间无相对滑动,所以物体落下的距离应等于滑轮边缘上任意一点所经过的弧长,即 $h=R\Delta\theta$。又因为 $v_0=0,\omega_0=0,v=\omega R,J=\frac{1}{2}MR^2$,所以联立式(3-21)和式(3-22),可得物体 m 落下 h 高度时的速率为

$$v = 2\sqrt{\frac{mgh}{M+2m}}$$

解法 3 利用机械能守恒定律求解。

若把滑轮、物体和地球看成一个系统,则在物体落下、滑轮转动的过程中,绳子的拉力 T 对物体做负功($-Th$),T'对滑轮做正功(Th),即内力做功的代数和为零,所以系统的机械能守恒。

若把系统开始运动而还未运动时的状态作为初始状态,系统在物体落下高度 h 时的状态作为末状态,则

$$\frac{1}{2}\left(\frac{1}{2}MR^2\right)\cdot\left(\frac{v}{R}\right)^2 + \frac{1}{2}mv^2 - mgh = 0$$

所以物体 m 落下 h 高度时的速率为

$$v = 2\sqrt{\frac{mgh}{M+2m}}$$

以上用三种不同的方法对例 3-6 加以求解,侧重点各不相同,读者应仔细体会,认真总结。

3.2.3 刚体定轴转动的角动量守恒定律

1. 角动量(动量矩)

角动量概念的引入与物体的转动有着密切的关系。在自然界中经常会遇到物体围绕某一中心转动的情形。如行星围绕太阳的公转,电子围绕原子核的旋转,门绕着门轴的转动等,若继续用动量来描述它们的状态情况,将会受到一定的限制,为此引入一个新的物理量——角动量(以 L 表示)。

设某质点的质量为 m,当它以速度 $\boldsymbol{v}$ 围绕参考点 O 转动时,若质点在任意时刻的位置矢量为 $\boldsymbol{r}$,$\boldsymbol{v}$ 与 $\boldsymbol{r}$ 的夹角为 α,与定义力矩的方法相同,如图 3-16 所示,则

$$\boldsymbol{L} = \boldsymbol{r}\times\boldsymbol{p} = \boldsymbol{r}\times m\boldsymbol{v}$$

其大小为 $L=rp\sin\alpha=rmv\sin\alpha$,方向满足右螺旋法则。

在国际单位制(SI)中，角动量的单位为 $kg \cdot m^2/s$。

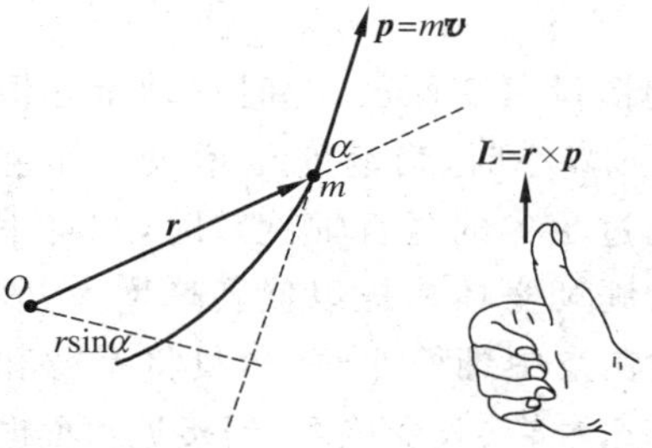

图 3-16　质点的角动量

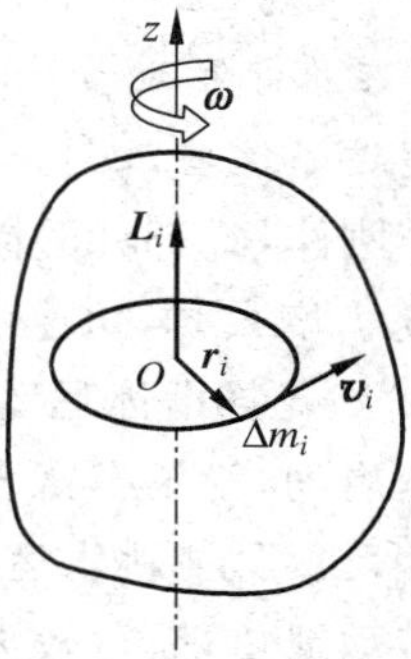

图 3-17　刚体中质元的角动量

对于刚体绕固定轴 Oz 的转动而言，由于它的所有质元都将在各自的转动平面内绕固定轴以相同的角速度$\boldsymbol{\omega}$ 作圆周运动，且 $v=r\omega$，如图 3-17 所示，所以

$$\boldsymbol{L}_i = \boldsymbol{r}_i \times \Delta m_i \boldsymbol{v}_i = \Delta m_i r_i^2 \omega \boldsymbol{k} \tag{3-23}$$

可见，绕固定轴转动的质元其角动量是垂直于转动平面的矢量，角动量的方向沿轴的正向或负向，所以可以用其代数量 $L_i = \Delta m_i r_i^2 \omega$ 来表示。

因此，整个刚体绕定轴转动时其角动量为

$$L = \left(\sum_i^N \Delta m_i r_i^2\right)\omega = J\omega \tag{3-24}$$

注意：角动量和力矩一样均是对参考点或参考轴而言的。

2. 角动量定理(动量矩定理)

当刚体绕固定轴作定轴转动时，由于它的转动惯量是一个常量，所以由刚体定轴转动的转动定律可得

$$M = J\frac{\mathrm{d}\omega}{\mathrm{d}t} = \frac{\mathrm{d}(J\omega)}{\mathrm{d}t} = \frac{\mathrm{d}L}{\mathrm{d}t}$$

即刚体所受的外力矩等于刚体的角动量对时间的变化率。将上式变形可得刚体定轴转动的角动量定理(动量矩定理)为

$$\begin{cases} \text{微分形式：} M\mathrm{d}t = \mathrm{d}(J\omega) = \mathrm{d}L \\ \text{积分形式：} \int_{t_0}^{t} M\mathrm{d}t = J\omega - J\omega_0 \quad \text{或} \quad \int_{t_0}^{t} M\mathrm{d}t = L - L_0 \end{cases} \tag{3-25}$$

式(3-25)中，$\int_{t_0}^{t} M\mathrm{d}t$ 表示刚体上所受的合外力矩 M 在 t_0 到 t 这段时间内对时间的积累效应，称为冲量矩。式(3-25)说明，对于作定轴转动的刚体而言，作用于其上的冲量矩等于刚体角动量的增量。式(3-25)把一个过程量(冲量矩)和状态量(角动量)联系了起来。在推导角动量定理时，我们只讨论了一个刚体绕定轴转动的情况，如果是若干个刚体构成的系统绕同一定轴转动，则式(3-25)中的 L 就表示刚体系统的角动量。

3. 角动量守恒定律

从式(3-25)可以看出：

$$\begin{cases}\text{若 } M=0\text{，即系统所受的合外力矩等于零(角动量守恒的条件)}\\ \text{则 } \mathrm{d}L=\mathrm{d}(J\omega)=0\text{，或 } L=J\omega=\text{常量(角动量守恒的内容)}\end{cases} \tag{3-26}$$

注意：在推导角动量守恒定律的过程中受到了刚体、定轴等条件的限制，但它的适用范围却远远超过了这些限制。

对于非刚体，式(3-26)同样成立，只是其转动惯量可变而已，此时角动量守恒定律表现为转动惯量 J 增大时，角速度 ω 减小；转动惯量 J 减小时，角速度 ω 增大。如芭蕾舞演员(图 3-18(a))、花样滑冰运动员(图 3-18(b))等通过足尖的竖直轴旋转时，常将手臂和腿伸开使其慢速启动，为了丰富表演内容，就将手臂和腿朝身体靠拢以使转速增大，表演结束时过程正好相反。又如跳水运动员(图 3-18(c))跳在空中翻筋斗时，尽量将手臂和腿蜷曲起来以减小转动惯量，获得较大的角速度，在空中迅速翻转、改变造型；当接近水面时再伸开手臂和腿以增大转动惯量，减小角速度，以便于竖直地进入水中而压住水花。

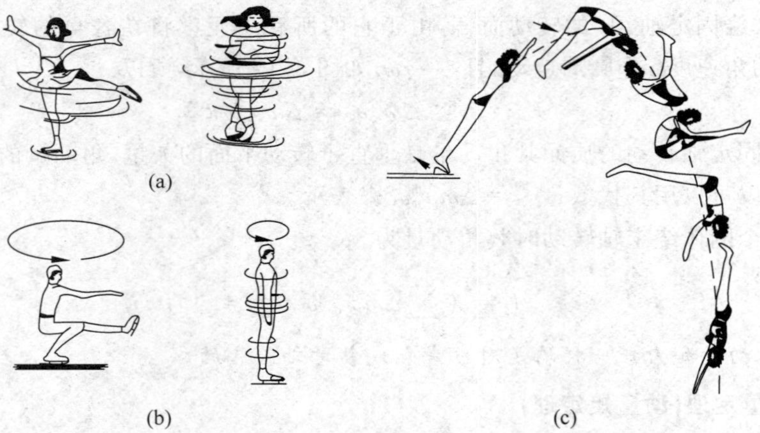

图 3-18　角动量守恒

(a) 芭蕾舞演员；(b) 花样滑冰；(c) 跳水

除了日常生活中有许多现象可用角动量守恒定律来解释外，无数事实已经证明，在宏观领域利用角动量守恒可以研究天体的演化；在微观领域利用角动量守恒研究微观粒子的运动特征和基本属性。因此，角动量守恒定律与动量守恒定律及能量守恒定律一样，它们都是自然界普遍遵守的规律。

例 3-7　如图 3-19 所示，一根质量为 M、长为 $2l$ 的均匀细棒，可以在竖直平面内绕通过其中心的光滑水平轴转动，开始时细棒静止于水平位置。今有一质量为 m 的小球以速度 u 垂直向下落到了棒的端点，设小球与棒的碰撞为完全弹性碰撞。试求碰撞后小球的回跳速度 v 及棒绕轴转动的角速度 ω。

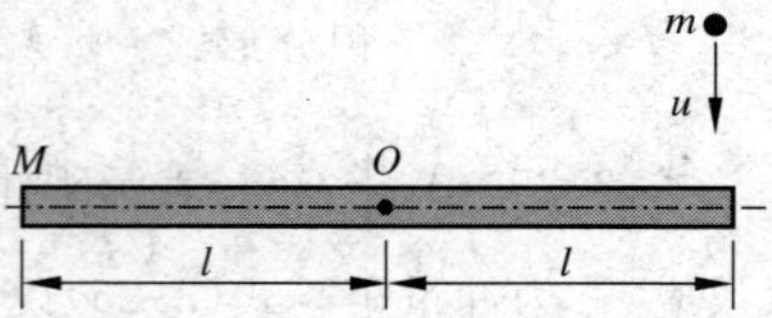

图 3-19　例 3-7 图

解　以棒和小球组成的系统为研究对象，则该系统所受的外力有小球的重力、棒的重力和轴给予棒的支持力，后两者的作用线都通过了转轴，对轴的力矩为零。由于碰撞时间极短，碰撞的冲力矩远大于小球所受的重力矩，所以小球对轴的力矩可忽略不计。分析可知所取系统的角动量守恒。

由于碰撞前棒处于静止状态，所以碰撞前系统的角动量就是小球的角动量 lmu。

由于碰撞后小球以速度 v 回跳，其角动量为 lmv；棒获得的角速度为 ω，棒的角动量为 $\left[\frac{1}{12}M(2l^2)\right]\omega=\frac{1}{3}Ml^2\omega$，所以碰撞后系统的角动量为

$$lmv+\frac{1}{3}Ml^2\omega$$

由角动量守恒定律得

$$lmu = lmv+\frac{1}{3}Ml^2\omega \tag{3-27}$$

注意：上式中 u、v 这两个速度是以其代数量来表示。以碰撞小球运动的方向为正，即 $u>0$；碰撞后小球回跳，u 与 v 的方向必然相反，应该有 $v<0$。

由题意知，碰撞是完全弹性碰撞，所以碰撞前后系统的动能守恒，即

$$\frac{1}{2}mu^2 = \frac{1}{2}mv^2+\frac{1}{2}\left(\frac{1}{3}Ml^2\right)\omega^2 \tag{3-28}$$

联立式(3-27)和式(3-28)，可得小球的速度为

$$v=\frac{3m-M}{3m+M}u$$

棒的角速度为

$$\omega=\frac{6m}{3m+M}\cdot\frac{u}{l}$$

讨论：由于碰撞后小球回跳，所以 v 与 u 的方向不同，而 $u>0$，则 $v<0$。从结果可以看出，要保证 $v<0$，则必须保证 $M>3m$；否则，若 $m\geqslant\frac{1}{3}M$，则无论如何碰撞后小球也不能回跳，杂耍运动员特别注意这一点。

阅读材料 3　行星与人造地球卫星

1. 行星

德国天文学家开普勒(Johanns Kepler，1571—1630)在前人观测与实验数据的基础上，总结出了行星运动的三条定律，后人称之为开普勒定律。其内容如下：

(1) 开普勒第一定律　每一行星绕太阳作椭圆轨道运动，太阳是椭圆轨道的一个焦点。

这一定律实际上是哥白尼日心说的高度概括，如图 3-20 给出示意。这一定律也可以由万有引力定律、机械能守恒定律和角动量守恒定律从理论上得以证明。本定律也称为轨道定律。

(2) 开普勒第二定律　行星运动过程中，行星相对于太阳的位矢在相等的时间内扫过的面积相等。

这一定律说明了行星在太阳系中运动时遵守角动量守恒定律，也就是说由角动量守恒定律出发，从理论上可推出开普勒第二定律。本定律也称为面积定律，如图 3-21 所示。

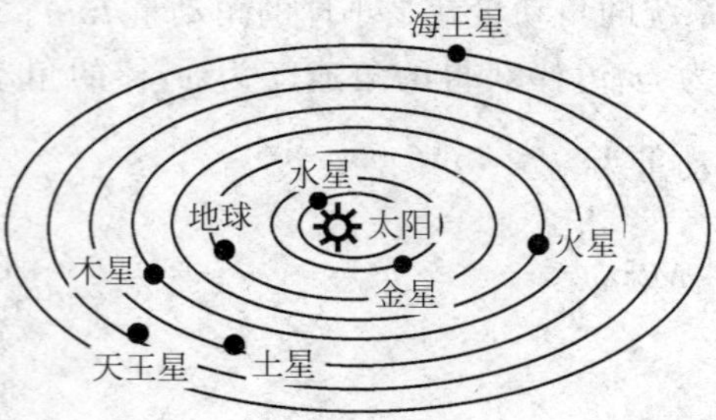

图 3-20 开普勒对日心说的总结

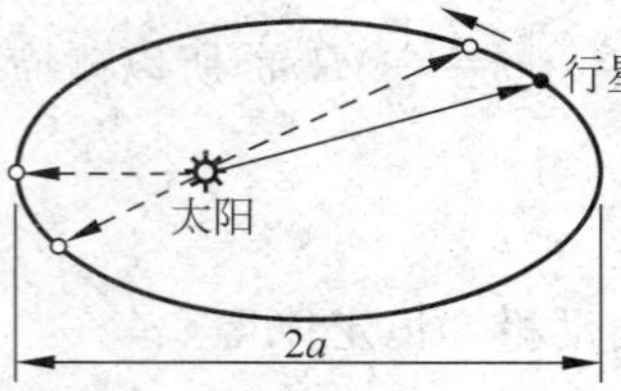

图 3-21 开普勒第二定律示意图

(3) 开普勒第三定律 行星绕太阳公转时,椭圆轨道半长轴的立方与公转周期的平方成正比,即$\frac{a^3}{T^2}=K$。其中$K=G\frac{M_S}{4\pi^2}$称为开普勒常数。

这一定律实际上是对第一和第二两条定律的补充,它给出了行星绕太阳运动的周期与行星和太阳之间距离的关系。这一定律也称为周期定律。

2. 人造地球卫星

我们知道月亮是地球的卫星。如果某物体绕地球作椭圆运动,且地球为椭圆轨道的焦点,则此物体就称为地球的卫星。若此物是原来就有的,则称为地球的卫星;若此物是人为制造的,则称为人造地球卫星。1957 年 10 月 4 日,苏联成功地发射了世界上第一颗人造地球卫星(人造卫星 1 号)。此后,美国、英国、加拿大、意大利、法国、澳大利亚分别于 1958 年 1 月 31 日、1962 年 4 月 26 日、1962 年 9 月 29 日、1964 年 12 月 15 日、1965 年 11 月 26 日和 1967 年 11 月 29 日成功地发射了自己的第一颗人造地球卫星。1970 年 4 月 24 日,我国成功地发射了我们自己的第一颗人造地球卫星(东方红一号),成为继苏联、美国、英国、加拿大、意大利、法国、澳大利亚之后第 8 个独立发射卫星的国家。目前我国在卫星的发射、遥测和返回等技术上已经处于世界领先水平。迄今全球已发射了 4000 多颗各类卫星、转发器和航天器,它们分别在通信、气象、导航、勘察和科研等领域发挥着巨大作用。我国于 2003 年 10 月 15 日成功发射了“神舟五号”载人航天器,并于 2003 年 10 月 16 日执行完任务顺利返回,这标志着我国的航天事业已达到了世界领先水平。

1) 人造地球卫星的发射与返回

卫星是由运载火箭发射后送入其预定轨道的,人造地球卫星的发射过程就是三级运载火箭的飞行过程,其发射后的大致飞行过程分为如图 3-22 所示的三个阶段。

第一阶段(即垂直起飞阶段):由于在地球表面附近有稠密的大气层,火箭在其中飞行时将受到极大的阻力,为使火箭尽快离开这稠密的大气层,通常采用垂直地面向上发射。发射后在极短的时间内火箭就被加速到极大的速度,直到第一子级火箭脱离箭体时,火箭已基本处于稠密大气层之外了,接着第二子级火箭点火使箭体继续加速,直到脱离箭体为止。

第二阶段(即转弯飞行阶段):在第二子级火箭脱离箭体时,火箭已具有了足够大的速度。此时第三子级火箭并没有及时点火,而是靠已经获得的巨大速度作惯性飞行;飞行过程中,在地面遥控站的操纵下火箭逐渐转弯,偏离原来的竖直方向,直到与地面平行的水平方向飞行为止。

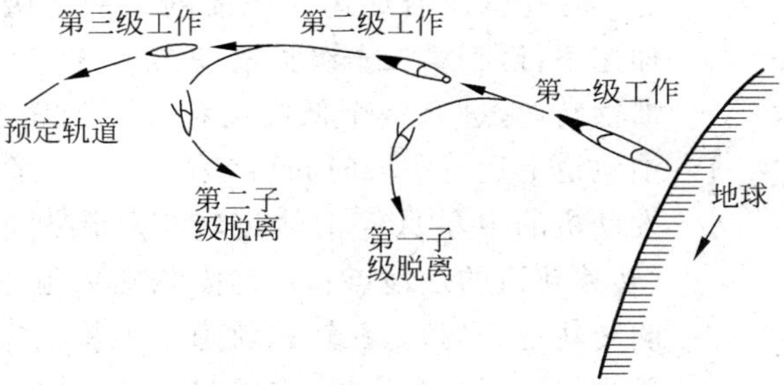

图 3-22　串接式三级火箭发射卫星的过程

第三阶段(即进入轨道阶段)：在火箭到达与卫星预定轨道相切的这一特殊位置时，第三子级火箭点火开始加速，使卫星达到在轨道上飞行所需要的速度而进入预定轨道，此后火箭完成了运载任务，将与卫星脱离，在稀薄空气阻力作用下与卫星拉开距离；而卫星由于特殊的形状将在预定轨道上单独飞行。

可以看出卫星的发射过程是一个加速上升，使卫星不断获得能量的过程；那么卫星的返回过程无疑将是一个与之相反的逆过程，即一个减速下降，使卫星不断减少其能量的过程，此过程可以依靠卫星上的变轨发动机及大气层的阻力，经过离轨、过渡、再入和着陆四个阶段来完成，如图 3-23 所示。

2）地球同步卫星。

地球同步卫星这一概念最早出自于 1945 年英国科学家克拉克的一篇科学幻想小说。他曾设想把卫星发射到 3600km 的高空中，使它相对于地面静止。如果在赤道上空每隔 120°放置一个这样的卫星，有三个这样的卫星就可实现全球 24 小时通信，如图 3-24 所示。这种卫星就是现在我们所说的地球同步卫星，事隔 19 年，这一设想终于实现了。1964 年 8 月 19 日，美国成功地发射了一颗定点在赤道上空的同步卫星。我国的同步通信卫星是在 1984 年 4 月 8 日 19 时 20 分发射，在 4 月 16 日 18 时 27 分 57 秒成功地定点于东经 125°的赤道上空。到目前为止，赤道上空已有很多这样的同步卫星在运行，全球的电视转播、无线通信和气象观测全是依靠这些同步卫星来实现的。

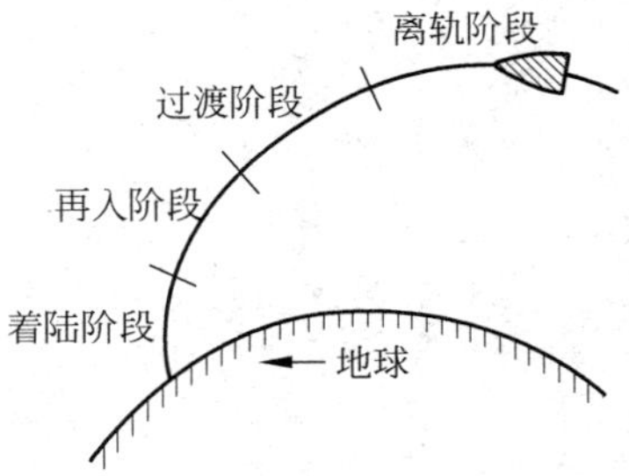

图 3-23　卫星的返回过程

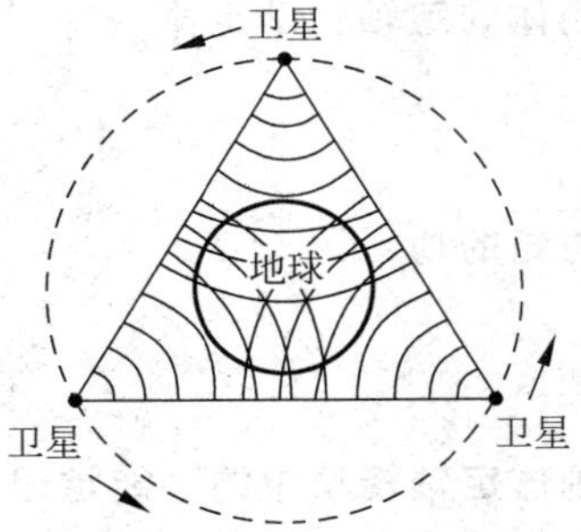

图 3-24　同步卫星

同步卫星的发射成功是近代尖端科学技术的伟大成就之一。同步卫星是利用运载火箭发射的。为了节省发射能量，在卫星进入同步轨道前总是使它先经过若干个中间轨道，最后进入同步轨道，其发射过程如图 3-25 所示。

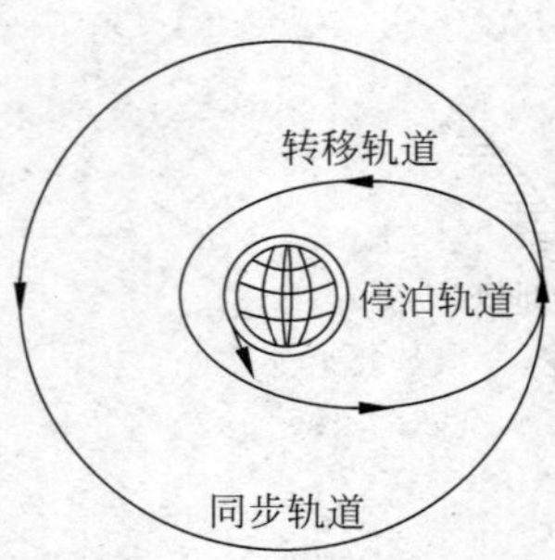

图 3-25　同步卫星发射轨道

首先依次启动运载火箭的第一子级和第二子级，使火箭加速飞行，到第二子级火箭脱落后，第三子级火箭带着卫星按惯性转弯，进入一个低高度称为停泊轨道的圆形轨道。在停泊轨道上运行一段时间后，第三子级火箭点火，使装有远地点发动机的卫星从停泊轨道转移到椭圆形的转移轨道上运行(转移轨道的远地点和近地点均在赤道平面上，并在远地点与同步轨道相切)。在转移轨道上卫星与第三子级火箭脱离，卫星靠惯性运行数周后，在经过远地点时，卫星上的远地点发动机点火，改变卫星的航向，同时增大速度，使之达到同步运行速度 $3.07\times10^3\,\mathrm{m/s}$。但是由于远地点发动机的各种工程参数的偏差，卫星不能马上就进入相对于地球静止的同步轨道，而是在同步轨道附近漂移。此后通过遥控装置进一步对其姿态进行调整，使之进入位于赤道平面内的同步轨道，并定点于赤道上空。

以上主要从物理角度对行星和人造地球卫星进行了介绍，技术上的问题可参阅其他相关资料。

本章要点

1. 刚体的转动惯量和转动动能

$$J=\sum_i \Delta m_i r_i^2$$

质量连续分布刚体的转动惯量

$$J=\int r^2\,\mathrm{d}m=\int r^2\rho\mathrm{d}V$$

转动动能

$$E_\mathrm{k}=\frac{1}{2}J\omega^2$$

2. 刚体的定轴转动定律

$$M=J\alpha=J\,\frac{\mathrm{d}\omega}{\mathrm{d}t}$$

3. 力矩的功

$$W=\int_{\theta_1}^{\theta_2}M\mathrm{d}\theta$$

4. 刚体定轴转动中的动能定理

$$W=\frac{1}{2}J\omega_2^2-\frac{1}{2}J\omega_1^2\quad 或\quad W=E_{\mathrm{k}2}-E_{\mathrm{k}1}$$

5. 刚体定轴转动的角动量定理

$$\int_{t_1}^{t_2}M\mathrm{d}t=J\omega_2-J\omega_1=L_2-L_1$$

6. **刚体定轴转动的角动量守恒定律**

当刚体受到的合外力矩为0时，刚体的角动量守恒。即若 $M_{外}=0$，则 $J\omega=$ 常数。

角动量守恒定律是物理学的基本定律之一。它不仅适用于宏观体系，也适用于微观体系，而且在高速、低速范围均适用。

习题 3

一、选择题

1. 关于刚体对轴的转动惯量，下列说法中正确的是(　　)。

A. 只取决于刚体的质量，与质量的空间分布和轴的位置无关

B. 取决于刚体的质量和质量的空间分布，与轴的位置无关

C. 取决于刚体的质量、质量的空间分布和轴的位置

D. 只取决于转轴的位置，与刚体的质量和质量的空间分布无关

2. 几个力同时作用在一个具有固定转轴的刚体上，如果这几个力的矢量和为零，则此刚体(　　)。

A. 必然不会转动　　B. 转速必然不变

C. 转速必然改变　　D. 转速可能不变，也可能改变

3. 一匀质圆环和匀质圆盘，它们的半径相同、质量相同，都绕通过各自的圆心垂直圆平面的固定轴匀速转动，角速度均为 ω。若某时刻它们同时受到相同的阻力矩作用，则(　　)。

A. 圆环先静止　　B. 圆盘先静止

C. 同时静止　　D. 无法确定

4. 花样滑冰运动员绕过自身的竖直轴转动，开始时两臂伸开，转动惯量为 J_0，角速度为 ω_0。然后她将两臂收回，使转动惯量减少为 $\frac{1}{3}J_0$。这时她转动的角速度变为(　　)。

A. $\frac{1}{3}\omega_0$　　B. $\frac{1}{\sqrt{3}}\omega_0$　　C. $3\omega_0$　　D. $\sqrt{3}\omega_0$

5. 如图 3-26 所示，一匀质细杆可绕通过上端与杆垂直的水平光滑固定轴 O 旋转，初始状态为静止悬挂。现有一个小球自左方水平打击细杆。设小球与细杆之间为非弹性碰撞，则在碰撞过程中对细杆与小球这一系统(　　)。

A. 只有机械能守恒

B. 只有动量守恒

C. 只有对转轴 O 的角动量守恒

D. 机械能、动量和角动量均守恒

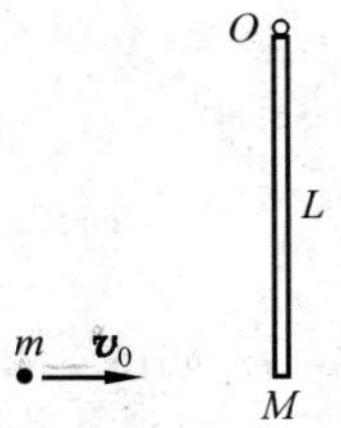

图 3-26

6. 将细绳绕在一个具有水平光滑轴的飞轮边缘上，如果在绳端挂一质量为 m 的重物，飞轮的角加速度为 α_1。如果以拉力 $2mg$ 代替重物拉绳时，飞轮的角加速度将(　　)。

A. 小于 α_1　　B. 大于 α_1，小于 $2\alpha_1$　　C. 大于 $2\alpha_1$　　D. 等于 $2\alpha_1$

7. 一匀质圆盘正在绕固定光滑轴自由转动，(　　)。

A. 它受热膨胀或遇冷收缩时，角速度不变

B. 它受热时角速度变大,遇冷时角速度变小

C. 它受热或遇冷时,角速度均变大

D. 它受热时角速度变小,遇冷时角速度变大

二、填空题

1. 刚体的转动惯量取决于________、________和________三个因素。

2. 一定滑轮质量为 M、半径为 R,对水平轴的转动惯量 $J=\frac{1}{2}MR^2$。在滑轮的边缘绕一细绳,绳的下端挂一物体。绳的质量可以忽略且不能伸长,滑轮与轴承间无摩擦。设物体下落的加速度为 a,则绳中的张力 $T=$________。

3. 一个能绕固定轴转动的轮子,除受到轴承的恒定摩擦力矩 M_r 外,还受到恒定外力矩 M 的作用。若 $M=20\text{N}\cdot\text{m}$,轮子对固定轴的转动惯量为 $J=15\text{kg}\cdot\text{m}^2$。在 $t=10\text{s}$ 内,轮子的角速度由 $\omega_0=0$ 增大 10rad/s,则 $M_r=$________。

4. 一杆长 $l=50\text{cm}$,可绕上端的光滑固定轴 O 在竖直平面内转动,相对于 O 轴的转动惯量 $J=5\text{kg}\cdot\text{m}^2$。原来杆静止并自然下垂。若在杆的下端水平射入质量 $m=0.01\text{kg}$、速率为 $v=400\text{m/s}$ 的子弹并陷入杆内,此时杆的角速度为 $\omega=$________。

5. 一飞轮以 300rad/min 的角速度转动,转动惯量为 $5\text{kg}\cdot\text{m}^2$,现施加一恒定的制动力矩,使飞轮在 2s 内停止转动,则该恒定制动力矩的大小为________。

三、计算题

1. 质量为 m 的细杆平放于桌面上,绕其一端转动,初始时的角速度为 ω_0,由于细杆与桌面的摩擦,经过时间 t 后杆静止,求摩擦力矩 $M_{阻}$。

2. 如图 3-27 所示,质量为 m_1 和 m_2 的两个物体跨在定滑轮上,m_2 放在光滑的桌面上,滑轮半径为 R,质量为 M。求 m_1 下落的加速度和绳子的张力 T_1、T_2。

3. 如图 3-28 所示的物体系中,劲度系数为 k 的弹簧开始时处在原长,定滑轮的半径为 R,转动惯量为 I。质量为 m 的物体从静止开始下落,求下落高度 h 时物体的速度 v。

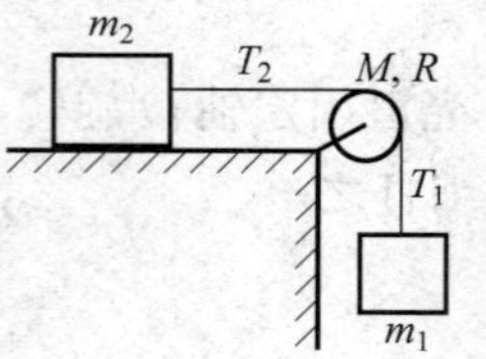

图 3-27

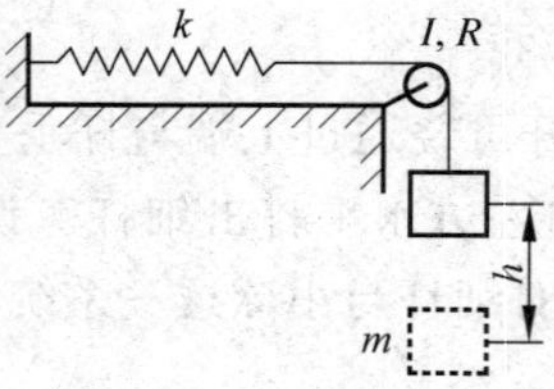

图 3-28

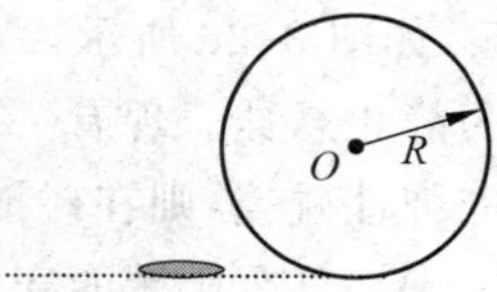

图 3-29

4. 如图 3-29 所示,一质量为 M、半径为 R 的圆柱可绕固定的水平轴 O 自由转动。今有一质量为 m、速度为 v_0 的子弹,水平射入静止的圆柱下部(近似看作在圆柱边缘),且停留在圆柱内(v_0 垂直于转轴)。求:

(1) 子弹与圆柱的角速度;

(2) 该系统的机械能的损失。

第4章

狭义相对论

经典力学是以牛顿力学为基础的，它是宏观物体在远小于光速的低速范围内运动规律的总结。牛顿力学假定时间、长度和质量这三个基本物理量都与物体的运动状态（速度）无关，或者说这些量与在哪一个参考系中进行测量无关，而这种假设并没有加以论证。进一步的研究和实验都表明，当物体的运动速度接近光速时，上述假设就不再成立。所以牛顿力学只是在低速范围内近似正确，对于高速运动问题必须建立新的力学，这就是爱因斯坦（Albert Einstein，1879—1955）建立的相对论力学。

相对论是20世纪初物理学取得的最伟大的成就之一，尽管它的一些概念和结论与人们的日常经验大相径庭，但它已被大量实验证明是正确的理论。现在相对论已经成为现代物理学以及现代工程技术中极为重要的理论基础。相对论分为适用于惯性参考系的狭义相对论和适用于一般参考系并包括引力场在内的广义相对论。本章只对狭义相对论的基本内容作简要介绍，主要有狭义相对论的基本原理、洛伦兹（Hendrik Antoon Lorentz，1853—1928）变换、狭义相对论的时空观以及相对论动力学的主要结论。

4.1 伽利略变换 经典力学的时空观

4.1.1 伽利略相对性原理 伽利略变换

物体的运动就是它的位置随时间的变化，为了定量研究这种变化，必须选定适当的参考系，速度、加速度等力学量以及力学定律都是对一定的参考系才有意义。早在1632年伽利略就研究发现，描述力学现象的规律不随观察者所选用的惯性系而变，或者说牛顿第二定律在一切惯性系中都具有相同的形式，这就是伽利略相对性原理或力学相对性原理。因此，一切彼此作匀速直线运动的惯性系对于描写运动的力学规律来说是完全等价的，并不存在任何一个比其他惯性系更为优越的惯性系。

为了从理论上证明伽利略相对性原理，我们先讨论经典力学中的时空变换关系。如图4-1所示，设有两个惯性系 S 和 S'，它们的 y、z 轴和 y'、z' 轴相互平行，x 轴和 x' 轴相互重合，且 S' 相对于 S 以速度 u 沿 x 轴正方向作匀速运动。以 r 表示在 S 系中观测到的某质点 P 的位置，r' 表示在 S' 系中观测到的某质点 P 的位置。

我们把质点在某一时刻处于某一位置 P 称做一个事件。为了简单而又不失普遍性,我们选择原点 O 和 O' 重合时作为计时起点(此时 $t=t'=0$),并用 t 和 t' 分别表示在 S 系和 S' 系观测同一事件发生的时刻,显然,同一事件在不同参考系有不同的时空坐标 (x,y,z,t) 和 (x',y',z',t')。在经典力学中,时间间隔和空间间隔的量度在惯性系 S 和 S' 中是一样的,不会因参考系的运动而变化,而且时空是相互独立的。故有

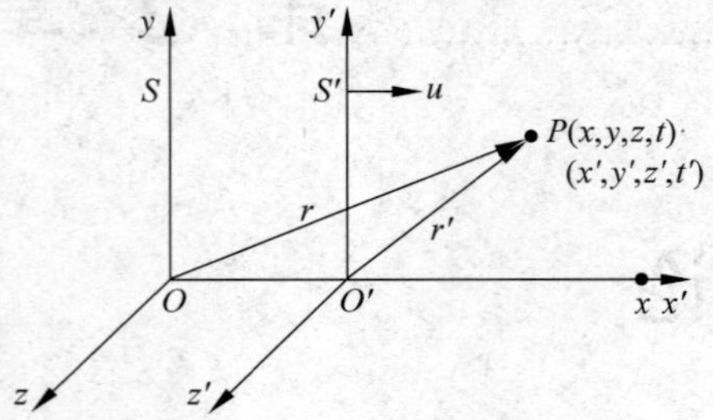

图 4-1　伽利略变换

$$\begin{cases} x' = x - ut \\ y' = y \\ z' = z \\ t' = t \end{cases} \tag{4-1}$$

上式就是伽利略变换。

将式(4-1)对时间 t 求导,就得到经典力学的速度变换关系

$$v'_x = v_x - u, \quad v'_y = v_y, \quad v'_z = v_z \tag{4-2}$$

这就是经典力学中两个惯性系中的速度变换式。

对式(4-2)关于 t 再求一次导,便得到加速度变换的关系式

$$a'_x = a_x, \quad a'_y = a_y, \quad a'_z = a_z \tag{4-3}$$

即在伽利略变换下,对不同惯性系而言,加速度是不变量。

牛顿力学中的质点质量与质点的运动速度没有关系,因而不受参考系的影响;牛顿力学的力只与质点的相对位置或相对运动有关,因而也与参考系无关。所以在所有作匀速直线运动的惯性系中,牛顿运动定律都采用同样的形式,即

$$F = ma, \quad F' = ma'$$

这表明,牛顿运动定律在伽利略变换下保持形式不变,即力学规律在所有惯性系中都是相同的,这正是力学相对性原理的数学表达式。

4.1.2　经典力学的时空观

我们注意到,导出伽利略变换有两个前提:一是长度的测量与参考系无关;二是时间的测量与参考系无关,并且时间与空间相互独立且与物质的运动无关。

牛顿在 1687 年出版的科学巨著《自然哲学的数学原理》中,对绝对时空进行了详细的描述。他的基本观点是:绝对的、真实的数学时间,就其本质而言,是永远均匀地流逝着的,与任何外界事物无关;绝对空间,就其本质而言,与外界任何事物无关,而永远是相同的和不动的。

可见,伽利略变换中蕴含着绝对时空观。在牛顿那个时代,绝对时间与绝对空间的概念与客观事实相符。选择经典力学的绝对时空观,既是人们对空间和时间概念的理论总结,又与牛顿力学体系相容。绝对时空观在低速宏观范围内相当精确地成立,于是被人们理所当然地绝对化了。

4.2 狭义相对论基本原理　洛伦兹变换

4.2.1 伽利略变换的失效

19 世纪末，作为电磁学基本规律的麦克斯韦方程组得到了确立，它的一个重要成果是预言了电磁波的存在，并证明了电磁波在真空中的传播速度等于真空中的光速 c，从而揭示了光的电磁本性。按麦克斯韦方程组，光沿各个方向的传播速率不仅与光源的运动无关，而且与参考系的选择及光的传播方向无关，即真空中的光速在所有惯性参考系中都是一个普适常量，这显然与伽利略速度变换相矛盾。例如，相对地面以速率 u 运动的飞船上向前发出一束激光，飞船上的观察者测得的速率为 c，按照伽利略速度变换，地面上的观察者测出的速率为 $c+u$。适用于所有力学规律的力学相对性原理在研究光的传播(电磁规律)时遇到了困难，即电磁学规律(麦克斯韦方程组)不是对所有的惯性系都成立，而是只对其中的一个惯性系成立；在这个独一无二的特殊惯性系中光速是 c，这个惯性系称为绝对(静止)参考系，也称为以太参考系。相对于以太参考系的运动称为绝对运动，寻找以太和确定地球相对于以太参考系的绝对速度成为 19 世纪末物理学的一个重要课题。

为了寻找以太参考系这种特殊惯性系，美国物理学家迈克耳孙和莫雷设计了一个精巧的实验，它通过测量光速沿不同方向的差异来寻找以太。实验的基本思路是：假如以太参考系是真实存在的，地球应该在以太中运动，那么这种运动应该影响光相对于地球的速度，并且应产生一些可观察的光学效应，使我们能确定地球相对于以太的运动。但是在不同地点、不同时间反复进行的实验都没有出现预期的实验结果，迈克耳孙-莫雷实验表明绝对参考系的以太并不存在。

迈克耳孙-莫雷实验的结果使我们看到，要解决伽利略变换和电磁理论的矛盾，出路只有一条：放弃伽利略变换。伽利略变换赖以存在的基础是经典时空观，因此，必须放弃经典时空观，建立新的时空观。

4.2.2 狭义相对论的基本原理

爱因斯坦相信，麦克斯韦理论像一切其他自然规律一样，也应服从相对性原理，麦克斯韦的预言在任何一个惯性参考系也应该是正确的。爱因斯坦将相对性原理提高到作为基本假定的地位。他在 1905 年提出了两条基本假设，并在此基础上建立了狭义相对论。这两条假设经过实践的检验被认为是正确的，所以称为狭义相对论的两条基本原理。

1. 相对性原理

在所有惯性系中，物理定律的表达形式都相同。

2. 光速不变原理

在所有惯性系中，真空中的光速具有相同的量值 c 而与参考系无关。也就是说，不管光源与观察者之间的运动速度如何，在任一个惯性系中的观察者所测到的真空中的光速都是相等的。

相对性原理显然是力学相对性原理的推广。爱因斯坦的这个推广具有深刻的意义。试想,倘若相对性原理仅局限于机械运动,那么光、电磁学的物理定律在不同惯性系中就具有不同的形式,虽然不能用力学的方法来判断本系统的绝对运动,但可用光学、电磁学的方法判断,这就意味着绝对参考系的存在显然与事实不符。

光速不变原理表明,光速与光源和观察者的运动状态无关,承认光速不变,就要更新伽利略变换,放弃经典力学中绝对空间和绝对时间的概念。光速不变原理是相对论时空观的基础。到目前为止的所有实验都指出:光速不依赖于观察者所在的参考系,而且与光源的运动无关。

4.2.3 洛伦兹变换

爱因斯坦提出的狭义相对论的两条基本原理表明,需要寻找一种新的变换式来代替经典力学的伽利略变换。

这种变换式应当满足以下条件:①通过这种变换,物理学定律都应该保持自己的数学表达式不变;②通过这种变换,真空中光速在一切惯性系中保持不变;③这种变换在低速运动条件下转化为伽利略变换。爱因斯坦根据狭义相对论的两条基本原理,建立了狭义相对论的坐标变换式,即所谓的洛伦兹变换。

如图 4-2 所示,为简明起见,我们假设参考系 S' 以速率 u 相对于惯性系 S 沿彼此重合的 $x(x')$ 轴正方向运动,而 y 轴和 y' 轴以及 z 轴和 z' 轴分别保持平行。当原点 O 和 O' 重合时,取时间零点 $t=t'=0$。在这种情况下,表示同一事件的时空坐标 (x,y,z,t) 和 (x',y',z',t') 之间遵从下述洛伦兹变换:

$$\begin{cases} x' = \dfrac{x-ut}{\sqrt{1-\left(\dfrac{u}{c}\right)^2}} \\ y' = y \\ z' = z \\ t' = \dfrac{t-\dfrac{u}{c^2}x}{\sqrt{1-\left(\dfrac{u}{c}\right)^2}} \end{cases} \tag{4-4}$$

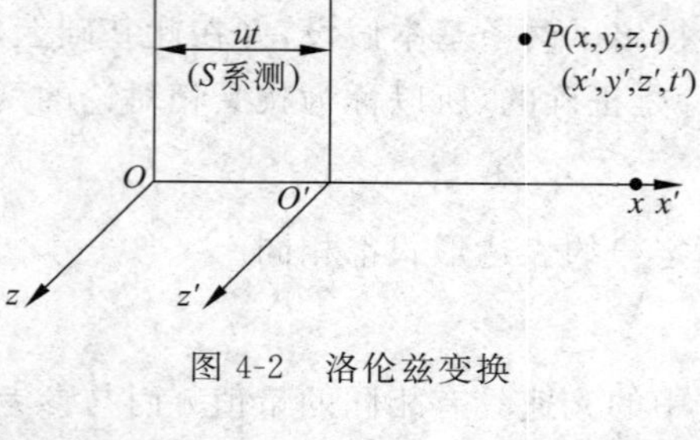

图 4-2 洛伦兹变换

根据相对性原理,S 和 S' 系的物理方程应有相同的表达形式。由于 S' 系相对于 S 系以速率 u 沿 x 轴运动,等价于 S 系相对于 S' 系以 $-u$ 沿 x' 轴运动,因此,将 $S \to S'$ 变换中的 u

改为$-u$，把带撇和不带撇的量作对应变换后，便得到由$S'\to S$的变换式为

$$\begin{cases} x=\dfrac{x'+ut'}{\sqrt{1-\left(\dfrac{u}{c}\right)^2}} \\ y=y' \\ z=z' \\ t=\dfrac{t'+\dfrac{u'}{c^2}x'}{\sqrt{1-\left(\dfrac{u}{c}\right)^2}} \end{cases} \tag{4-5}$$

上式又称为洛伦兹逆变换。

对于洛伦兹变换，应注意以下几点。

(1) 式(4-4)中不仅x'是x、t的函数，而且t'也是x、t的函数，反之亦然，并且还都与两个惯性系之间的相对速率u有关。与伽利略变换迥然不同，它集中反映了狭义相对论关于时间、空间和物质运动三者之间的紧密联系。

(2) 当两惯性系的相对运动速率u远小于光速c即$\dfrac{u}{c}\to 0$时，不难发现洛伦兹变换就转换为伽利略变换，或者说，经典的伽利略变换是洛伦兹变换在低速情形下的近似。

(3) 由洛伦兹变换可以看到，两惯性系间的相对速率必须满足$1-\dfrac{u^2}{c^2}>0$，或者$u<c$，否则洛伦兹变换就失去了意义。于是，我们得到了一个十分重要的结论：任何物体的运动速度均不会超过真空中的光速，或者说真空中的光速是物体运动的极限速度。现代物理实验中的大量事例都说明，高能粒子的速率是以光速为极限的。

4.2.4　洛伦兹速度变换

利用洛伦兹坐标变换可以得到洛伦兹速度变换式来替代伽利略速度变换式。

如图4-2所示，设有惯性参照系S'和S，且S'以速度u相对于S沿xx'轴运动。考虑一点P在空间运动，从S系看，P点的速度为$v(v_x,v_y,v_z)$；从S'系来看，其速度为$v'(v'_x,v'_y,v'_z)$，则其速度分量之间的关系为

$$\begin{cases} v'_x=\dfrac{v_x-u}{1-\dfrac{u}{c^2}v_x} \\ v'_y=\dfrac{v_y}{\gamma\left(1-\dfrac{u}{c^2}v_x\right)} \\ v'_z=\dfrac{v_z}{\gamma\left(1-\dfrac{u}{c^2}v_x\right)} \end{cases} \tag{4-6}$$

其中：$\gamma=\dfrac{1}{\sqrt{1-\left(\dfrac{u}{c}\right)^2}}$。

式(4-6)叫做洛伦兹速度变换式，仿照坐标变换，可得到洛伦兹速度逆变换式

$$\begin{cases} v_x = \dfrac{v'_x + u}{1 + \dfrac{u}{c^2}v'_x} \\ v_y = \dfrac{v'_y}{\gamma\left(1 + \dfrac{u}{c^2}v'_x\right)} \\ v_z = \dfrac{v'_z}{\gamma\left(1 + \dfrac{u}{c^2}v'_x\right)} \end{cases} \tag{4-7}$$

由洛伦兹速度变换式可知：相对论力学中速度变换与经典力学中的速度变换不同，不仅速度的 x 分量要变换，而且 y 分量和 z 分量也要变换。当 $u \ll c$ 时，洛伦兹速度变换转化为牛顿力学的伽利略速度变换。

例 4-1 设有甲乙两飞船，在地面上测得两飞船分别以 $+0.8c$ 和 $-0.8c$ 的速度向相反方向飞行。求甲飞船相对于乙飞船的速度为多大？

解 按照伽利略速度变换($v_x = v'_x + u$)，甲飞船相对于乙飞船的速度为 $1.6c$，为超光速，违背狭义相对论基本原理，此变换应用洛伦兹速度变换式计算。

取地球为 S 系，飞船 B 为 S' 系，则 S' 相对于 S 系的速度 $u = -0.8c$，飞船 A 相对于 S 系的速度 $v_x = 0.8c$。飞船 A 相对于 S' 系的速度为

由式(4-6)

$$v'_x = \frac{v_x - u}{1 - \dfrac{u}{c^2}v_x} = \frac{0.8c - (-0.8c)}{1 - \dfrac{(-0.8c)\cdot(0.8c)}{c^2}} = \frac{1.6c}{1.64} = 0.976c$$

用式(4-7)同样可以得到此结果，符合速度存在极限的狭义相对论原理。

讨论：经典力学和相对论力学是如何看待光在真空中的速度的。设一光束沿 xx' 轴运动，已知光对 S 系的速度是 c，即 $v_x = c$。根据洛伦兹速度变换式，光对 S' 系的速度为

$$v'_x = \frac{v_x - u}{1 - \dfrac{u}{c^2}v_x} = \frac{c - u}{1 - \dfrac{u}{c^2}c} = c$$

也就是说，光对于 S 系和对 S' 系的速度相等。这个结论显然与伽利略速度变换的结果不同，却符合爱因斯坦的光速不变原理。

4.3 狭义相对论时空观

通过洛伦兹变换可以得到狭义相对论中关于同时性的相对性、时间间隔和空间距离测量等一系列全新的结论，从而建立起狭义相对论的时空观。

4.3.1 同时性的相对性

在狭义相对论中，同时性是相对的。在某一个惯性系中同时发生的两事件，在另一相对它运动的惯性系中并不一定同时发生，这一结论叫做同时性的相对性。

同时性的相对性可以从洛伦兹变换得到证明。设 A、B 两事件在 S 系和 S' 系中的时空坐标分别为(x_1, t_1)、(x_2, t_2)，(x'_1, t'_1)、(x'_2, t'_2)。由洛伦兹变换式(4-4)有

$$t_1' = \frac{t_1 - \frac{u}{c^2}x_1}{\sqrt{1-\left(\frac{u}{c}\right)^2}}$$

$$t_2' = \frac{t_2 - \frac{u}{c^2}x_2}{\sqrt{1-\left(\frac{u}{c}\right)^2}}$$

将上述两式相减得

$$t_1' - t_2' = \frac{(t_1 - t_2) - \frac{u}{c^2}(x_1 - x_2)}{\sqrt{1-\left(\frac{u}{c}\right)^2}} \tag{4-8}$$

如果 A、B 是在 S 系不同地点同时发生的两个事件，即 $x_1 \neq x_2$，$t_1 = t_2$，则

$$t_1' - t_2' = -\frac{u}{c^2}\frac{(x_1 - x_2)}{\sqrt{1-\left(\frac{u}{c}\right)^2}} > 0$$

即 $t_1' > t_2'$。在 S' 系中的观察者看来，A、B 不是同时发生的，B 比 A 先发生。

同样地可以证明，在 S' 系中不同地点同时发生的事件，在 S 系中不是同时发生的。

综上所述可得：在一个惯性系中不同地点同时发生的事件在另一个与之作相对运动的惯性系中观察不会是同时发生的。因此，同时性是相对的，而不是绝对的。

需要特别注意的是，在一个惯性系中同一地点同时发生的事件，在另外任何一个惯性系中观察也一定是同时发生的。由式(4-8)可知，如果 $x_1 = x_2$，$t_1 = t_2$，则 $t_1' = t_2'$。

当两惯性系的相对运动速度 u 远小于光速 c，即 $\frac{u}{c} \to 0$ 时，由式(4-8)可以看到，如果 $t_1 = t_2$，那么一定有 $t_1' = t_2'$，也就是说，不管是否是同一地点同时发生的两个事件，在任何参考系中都是同时的。这就是经典力学中的同时性。

4.3.2 时间膨胀

在相对论中，两个事件之间的时间间隔也与参考系有关。下面从洛伦兹变换出发，推导在不同惯性系中测量的两个事件时间间隔之间的关系。设在 S' 系中同一地点 x' 处发生了两个事件，或者说事件发生地相对于参考系是静止的。第一个事件发生在 t_1' 时刻，第二个事件发生在 t_2' 时刻，则这两个事件的时间间隔为 $\Delta t' = t_2' - t_1'$。我们把在某一参考系中同一地点先后发生的两个事件之间的时间间隔称为固有时，一般用 τ_0 表示，它是由相对于事件发生地点静止的惯性系中的观察者所测出的时间间隔。

现在 S 系中来测量这两个事件，观察到第一个事件发生在 t_1 时刻，第二个事件发生在 t_2 时刻，两个事件之间的时间间隔为 $\Delta t = t_2 - t_1$，Δt 用 τ 表示。

由洛伦兹逆变换式(4-5)得

$$t_1 = \frac{t_1' + \frac{u}{c^2}x'}{\sqrt{1-\left(\frac{u}{c}\right)^2}}, \quad t_2 = \frac{t_2' + \frac{u}{c^2}x'}{\sqrt{1-\left(\frac{u}{c}\right)^2}}$$

两式相减,得到

$$\Delta t = t_2 - t_1 = \frac{t'_2 - t'_1}{\sqrt{1-\left(\frac{u}{c}\right)^2}} = \frac{\Delta t'}{\sqrt{1-\left(\frac{u}{c}\right)^2}}$$

我们可以将上式写成

$$\tau = \frac{\tau_0}{\sqrt{1-\left(\frac{u}{c}\right)^2}} \tag{4-9}$$

上式表明,在相对于事件发生地点运动的惯性系中所测出的事件之间的时间间隔 τ 要比与在相对于事件发生地点静止的惯性系中所测出的时间间隔 τ_0 长一些,这就是所谓的时间膨胀。

时间膨胀是一种相对效应。如果在 S 系中某一地点 x 处发生的两个事件的时间间隔为 Δt,此时固有时则是 $\tau_0=\Delta t$,在 S' 系中观察者测量,这两个事件之间的时间间隔为 $\Delta t'$,此时 $\tau=\Delta t'$。则根据洛伦兹变换式(4-4)同样可以证明:$\tau=\frac{\tau_0}{\sqrt{1-u^2/c^2}}>\tau_0$。

总之,在与事件发生的地点相对静止的惯性系中所测量出的时间间隔即固有时最短,而在与事件发生地点作相对运动的惯性系中测量出的时间间隔较长。

时间膨胀效应还可表述为运动的时钟变慢。设 S' 系中某一地点有一时钟,其两次读数形成了如前所述的发生在同一地点的两个事件,其时间间隔为 $\Delta t'$。同样的两次读数在 S 系中测量,其间隔是 Δt,Δt 大于 $\Delta t'$。则 S 系中的观察者把相对于他运动的那只 S' 中的钟和自己参考系中的钟比较,发现 S' 中的那只钟变慢了,因此他认为运动的时钟较慢;反之,S' 系中的观察者也会认为 S 系中的那只钟变慢了。

时间膨胀效应是一种相对论效应,与钟的种类和结构无关。时间膨胀效应已经得到了实验的证实。下面以不稳定粒子的平均寿命实验为例来说明。μ 子是带负电的不稳定粒子,它的电荷与电子电荷相等,质量约为电子质量的 207 倍。μ 子静止时的平均寿命约为 2.0×10^{-6}s,宇宙射线在距地球表面约 10^4m 的大气层中形成的 μ 子,如果没有时间膨胀效应,即使以光速运动也只能走 600m,在到达地面以前就消失在大气层中了。但是由于时间膨胀效应,地球上测量的 μ 子寿命变长,一个具有 10GeV 能量的 μ 子的速率 $v\approx0.999\,994\,5c$,按式(4-9)可算出地球参考系中测量出的 μ 子平均寿命膨胀为 μ 子静止时平均寿命的 95 倍,完全可以到达地面。类似的高速不稳定粒子平均寿命延长效应,在宇宙射线或加速器的现代实验中是十分平常的现象。

当两惯性系的相对运动速度 u 远小于光速 c 即 $\frac{u}{c}\to0$ 时,由式(4-9)可以看到,$\tau=\tau_0$,也就是说两个事件的时间间隔在任何参考系中测量都是一样的。

例 4-2 一飞船以 $u=9\times10^3$m/s 的速率相对于地面匀速飞行。飞船上的钟走了 5s,地面上的钟经过了多少时间?

解 飞船上的钟测量的时间间隔 5s 是固有时 τ_0,所以飞船上的这段时间用地面上的钟测量,根据式(4-9)得到

$$\tau = \frac{\tau_0}{\sqrt{1-\left(\frac{u}{c}\right)^2}} = \frac{5}{\sqrt{1-(9\times10^3)^2/(3\times10^8)^2}} = 5.000\,000\,002(\text{s})$$

这表明，对于飞船这样大的速率，其时间膨胀效应实际上很难测出。

例 4-3 在 6000m 的高空大气层中产生了一个 μ 介子，以速度 $u=0.998c$ 飞向地球。假定该介子在其自身的静止系中的寿命等于其平均寿命 2.0×10^{-6}s。试以地球为参考系来判断该 μ 介子能否到达地球。

解 考虑一个静止寿命 $\tau_0=2.0\times10^{-6}$s 的 μ 介子，若按经典理论计算，即使它以真空光速 $c=3\times10^8$m/s 运动，它一生也只能通过 $3\times10^8\times2\times10^{-6}=600$(m)，根本不可能到达地球。根据狭义相对论，可以对此给出合理的说明。

对于地球上的观察者，由于时间膨胀效应，其寿命延长了，衰变前经历的时间为

$$\tau=\frac{\tau_0}{\sqrt{1-\left(\frac{u}{c}\right)^2}}=\frac{2.0\times10^{-6}}{\sqrt{1-(0.998)^2}}=3.16\times10^{-5}(\mathrm{s})$$

μ 介子在这段时间内飞行的距离为 $d=u\tau=9480$(m)，因 $d>6000$m，故该 μ 介子能到达地球。

4.3.3 长度收缩

长度的测量是和同时性概念密切相关的。在某一参考系中测量棒的长度就是要测量它的两端在同一时刻的位置之间的距离。这一点在测量相对于参考系静止的棒的长度时并不明显地重要，因为它两端的位置不变，不管是否同时记录两端的位置，结果总是一样的。但在测量运动的棒的长度时，同时性的考虑就带有决定性的意义了。例如，要测量正在行进的汽车的长度 l，就必须在同一时刻记录车头的位置 x_2 和车尾的位置 x_1，然后算出 $l=x_2-x_1$。如果两个位置不是在同一时刻记录的，例如，在记录了 x_1 之后过一会再记录 x_2，则 x_2-x_1 就和两次记录的时间间隔有关系。它的数值不能代表汽车的长度。

在相对论中，物体的长度也与参考系有关。下面从洛伦兹变换出发来推导不同惯性系中测量的物体长度之间的关系。

设一细长棒沿水平方向固定在 S'系中，即细长棒相对于参考系 S'是静止的。测量到细长棒两端坐标分别为 x_2'、x_1'。我们把在与待测物体相对静止的惯性系中测得的物体长度称为固有长度，用 l_0 表示。因此，S'系中细长棒的长度即为固有长度 $l_0=x_2'-x_1'$。现在 S 系中 t 时刻同时测量该细长棒两端位置，得到两端坐标分别为 x_2、x_1，则 S 系中测量到的细长棒长度 $l=x_2-x_1$。我们可以把测量细长棒两个端点的坐标看作是两个事件，这两个事件在两个参考系的时空坐标满足洛伦兹变换式(4-4)，因此有

$$x_1'=\frac{x_1-ut}{\sqrt{1-\left(\frac{u}{c}\right)^2}},\quad x_2'=\frac{x_2-ut}{\sqrt{1-\left(\frac{u}{c}\right)^2}}$$

将以上两式相减得到

$$x_2'-x_1'=\frac{x_2-x_1}{\sqrt{1-\left(\frac{u}{c}\right)^2}}$$

我们可以将上式写成

$$l = l_0\sqrt{1-\left(\frac{u}{c}\right)^2} \tag{4-10}$$

式(4-10)表明,在与物体相对运动的惯性系中测得的物体长度 l,要比在与物体相对静止的惯性系中测得的固有长度 l_0 短,这称为长度收缩。

长度收缩也是一种相对效应。如果细长棒静止在 S 系中,它的固有长度则是 $l_0=x_2-x_1$。在 S'系中观察者同时测量它的两端坐标得到的长度,是在与细长棒相对运动的惯性系中测得的物体长度,此时 $l=x'_2-x'_1$,则根据洛伦兹逆变换式(4-5)同样可以证明:$l=l_0\sqrt{1-\left(\frac{u}{c}\right)^2}<l_0$。

总之,在与物体相对静止的惯性系中测得的固有长度 l_0 最长,而在与物体作相对运动的惯性系中测得的物体长度 l 要短一些。

注意两惯性系只有在作相对运动的方向才有相对论效应,由于 y、z 方向上无相对运动,所以无相对论长度收缩效应。

当两惯性系的相对运动速度 u 远小于光速 c 即 $\frac{u}{c}\to 0$ 时,由式(4-10)可以看到,$l=l_0$,也就是说两点之间的空间距离在任何参考系中测量都是一样的。

例 4-4 当原长为 5m 的飞船以 $u=9\times10^3$m/s 的速率相对于地面匀速飞行时,从地面上测量,它的长度是多少?

解 根据式(4-10),在地面上测量的飞船长度为

$$l=l_0\sqrt{1-\left(\frac{u}{c}\right)^2}=5\sqrt{1-(9\times10^3/3\times10^8)^2}\approx 4.999\,999\,998(\text{m})$$

这表明,对于飞船这样大的速率,其洛伦兹收缩效应实际上也很难测出。

4.3.4 狭义相对论时空观

根据洛伦兹变换可以看到,在一个惯性系中时间的差异,在另一个惯性系中可反映为空间位置的不同,反之亦然。这意味着空间不再是与时间无关的盛有宇宙万物的一个无形的永不运动的框架,时间亦不再是与空间无关的不断均匀流逝的长河。时间和空间是紧密联系在一起的。

同时性的相对性导致了时间和空间的量度也具有相对性,它们都与参考系的选择有关,即时间、空间的量度与运动具有不可分割的联系,并没有脱离运动的绝对时间和绝对空间,在谈到时空量度时一定要指明是在什么参考系中测量的。

总之,时间和空间是紧密联系的,且与运动有着密切的联系,这就是狭义相对论的时空观。

当参考系之间的运动速度远小于光速,即 $u\ll c$ 时,$t=t'$,$\tau=\tau_0$,$l=l_0$,狭义相对论时空观变成了伽利略变换,它反映的是绝对时空观。所以在低速运动情况下,绝对时空观仍然适用。这表明,绝对时空观是狭义相对论时空观在低速情况下的合理近似。

4.4　狭义相对论动力学基础

我们已经指出，经典力学的基本定律在伽利略变换下保持形式不变，然而，这些定律在洛伦兹变换下就不再能保持形式不变，也就是说，经洛伦兹变换后，这些定律在不同惯性系中具有不同的形式。但按相对论的基本假设，在不同惯性参考系中，力学规律应有同样的形式。因此，必须按相对论的要求，对经典的质量、动量、能量等概念作必要的修改，同时把质量守恒、动量守恒、能量守恒这些普遍规律保存下来，建立起狭义相对论动力学。

4.4.1　相对论质量

如果我们仍然定义质点的动量是 $p=mv$，要使动量守恒定律在洛伦兹变换下保持不变，则质点的质量 m 不能再认为是一个与其速率 v 无关的常量。从理论上可证明运动粒子的质量与运动粒子的速率 v 有如下关系：

$$m=\frac{m_0}{\sqrt{1-\left(\frac{v}{c}\right)^2}} \tag{4-11}$$

式中，m_0 是粒子在相对于参考系静止时的质量，称为静质量；m 是粒子相对于参考系以速率 v 运动时的质量，又称为相对论质量。注意：式(4-11)中的 v 不是两个参考系间的相对速率，而是某一粒子相对于某一参考系的运动速率。运动粒子的质量与运动粒子的速率 v 的关系，使我们认识到物质与运动是相互关联的。

如果 $\frac{v}{c}\ll 0$，则 $m\approx m_0$，这时可认为物体的质量与它的速率无关，等于其静止质量，这就是牛顿力学讨论的情况。牛顿力学是相对论力学在低速情况下的近似。

例如，当一火箭以 $v=11.2\text{km/s}$ 的速率运动时，$m=1.000\,000\,000\,9m_0$。而当微观粒子以接近光速的速率 $v=0.98c$ 运动时，$m=5.03m_0$。

如果 $v\to c$，则 $m\to\infty$，这说明当物体的速度接近光速时，其质量变得很大，在恒定力的作用下，使之再加速就很困难，这可以理解为一切物体的运动速度都不可能达到和超过光速的原因。

当 $v=c$ 时，若 $m_0\neq 0$，则 $m=\infty$，这是无意义的；若此时 $m_0=0$，则 m 可有一定量值。只有静止质量为零的粒子才能以光速运动。

4.4.2　相对论动量

根据动量的定义和式(4-11)，可得相对论动量的表示式为

$$p=mv=\frac{m_0}{\sqrt{1-\left(\frac{v}{c}\right)^2}}v \tag{4-12}$$

式(4-12)说明动量与速度之间不再成比例关系。当 $\frac{v}{c}\ll 0$ 时，由于 $m\approx m_0$，则有 $p=$

$m_0 v$,相对论动量与经典动量一致。

在相对论力学中,仍用动量随时间的变化率定义质点受到的作用力,即

$$F=\frac{\mathrm{d}p}{\mathrm{d}t}=\frac{\mathrm{d}}{\mathrm{d}t}(mv)=m\frac{\mathrm{d}v}{\mathrm{d}t}+v\frac{\mathrm{d}m}{\mathrm{d}t} \tag{4-13}$$

上式为相对论动力学的基本方程,它在形式上与牛顿第二定律 $F=\frac{\mathrm{d}p}{\mathrm{d}t}=\frac{\mathrm{d}(mv)}{\mathrm{d}t}$ 相同,但对质量、动量应有不同的认识。可以证明:相对论动力学的基本方程(4-13)在洛伦兹变换下形式保持不变。

式(4-13)说明:力既可改变物体的速度,又可改变物体的质量;力 F 与加速度 $\frac{\mathrm{d}v}{\mathrm{d}t}$ 的方向一般不会相同;只有在 $v\ll c$ 时 $\left(\text{此时}\frac{\mathrm{d}m}{\mathrm{d}t}=0\right)$,$F=ma$ 才有效;当 $v\to c$ 时,$m\to\infty$,在有限的力的作用下,加速度 $a=\frac{\mathrm{d}v}{\mathrm{d}t}\to 0$,因此,速度不能无限增加,物体速度以真空中的光速为极限。

4.4.3 相对论动能

设静止质量为 m_0 的自由质点作一维运动,外力 F 作用在这个质点上。用 E_k 表示粒子速率为 v 时的动能,根据质点的动能定理,力对粒子做的功等于粒子动能的增量:

$$\mathrm{d}E_k=F\mathrm{d}x=Fv\mathrm{d}t$$

从相对论力学的基本方程 $F=\frac{\mathrm{d}(mv)}{\mathrm{d}t}$ 得 $F\mathrm{d}t=\mathrm{d}(mv)$,因此

$$\mathrm{d}E_k=\mathrm{d}(mv)v=(\mathrm{d}m)vv+m(\mathrm{d}v)v$$

$$\mathrm{d}E_k=v^2\mathrm{d}m+mv\mathrm{d}v \tag{4-14}$$

再对相对论质量式(4-11)两边微分:

$$\mathrm{d}m=\frac{m_0 v\mathrm{d}v}{c^2(1-(v/c)^2)^{3/2}}=\frac{mv\mathrm{d}v}{c^2(1-(v/c)^2)}=\frac{mv\mathrm{d}v}{c^2-v^2}$$

得到

$$mv\mathrm{d}v=(c^2-v^2)\mathrm{d}m$$

将上式代入式(4-14),最后得到

$$\mathrm{d}E_k=c^2\mathrm{d}m$$

粒子静止(动能为零)时质量为 m_0,速度为 v(动能为 E_k)时质量为 m,对上式两边进行积分:

$$\int_0^{E_k}\mathrm{d}E_k=\int_{m_0}^{m}c^2\mathrm{d}m$$

得到

$$E_k=mc^2-m_0c^2 \tag{4-15}$$

这就是相对论动能公式。可以证明,这个公式一般成立。

当 $v\ll c$ 时,对式(4-15)作泰勒展开得

$$E_k=mc^2-m_0c^2=m_0c^2\left(\frac{1}{\sqrt{1-(v/c)^2}}-1\right)=\frac{1}{2}m_0v^2+\frac{3}{8}m_0\frac{v^4}{v^2}+\cdots\approx\frac{1}{2}m_0v^2$$

这表明，牛顿力学的动能公式就是相对论动能公式的低速极限。

根据式(4-11)和式(4-15)，可以得到粒子速率由动能表示的关系为

$$v^2 = c^2\left[1-\left(1+\frac{E_k}{m_0c^2}\right)^{-2}\right] \tag{4-16}$$

上式表明：当粒子的动能由于力对其做功而增大时，速率也增大，但速率的极限是 c。而按照牛顿定律，动能增大时，速率可以无限增大。

4.4.4 相对论能量　质能关系

我们将 mc^2 称为粒子以速率 v 运动时的总能量 E，m_0c^2 称为粒子的静止能量或静能，用 E_0 表示，即

$$E = mc^2 \tag{4-17}$$

$$E_0 = m_0c^2 \tag{4-18}$$

静止能量是一个全新的概念，宏观物体的静止能量实际上包括组成该物体的所有微观粒子的动能、势能等一切形式的能量，是物体热力学能的总和。虽然一般不知道这一切形式能量的详细情况，但狭义相对论给出了它与静质量成正比的关系。

式(4-17)表明，一定的质量相应于一定的能量，二者的数值只相差一个恒定的因子 c^2。式(4-17)是相对论的质能关系，这是狭义相对论的重要结论之一，它反映了物质的基本属性——质量与能量的不可分割的关系。但质量和能量不是同一概念：质量表征物体的惯性及其相互间的万有引力；能量表征物质系统的状态及其变化。

式(4-15)可写成

$$E_k = E - E_0 \tag{4-19}$$

即动能为总能量和静止能量之差。

放射性蜕变、原子核反应均证明了相对论的质能关系。

例 4-5　一个静止质量为 m_0 的粒子以速率 $v=0.8c$ 运动，问此时粒子的质量和动能分别是多少？

解　根据相对论质量公式(4-11)，当粒子的速率为 v 时的质量为

$$m = \frac{m_0}{\sqrt{1-(v/c)^2}} = \frac{m_0}{\sqrt{1-0.8^2}} = \frac{5}{3}m_0$$

根据相对论动能公式(4-15)，当粒子的速率为 v 时的动能为

$$E_k = mc^2 - m_0c^2 = \left(\frac{5m_0}{3} - m_0\right)c^2 = \frac{2}{3}m_0c^2$$

即粒子的动能是其静止能量的 2/3。

4.4.5 相对论的动量和能量关系

经典力学中动量和能量关系为 $E_k = \frac{p^2}{2m}$，它在洛伦兹变换下形式要发生变化。根据相对论的质能关系可推出相对论的动量和能量关系为

$$E=mc^2=\frac{m_0}{\sqrt{1-(v/c)^2}}c^2$$

$$\left(\frac{E}{c}\right)^2-p^2=\frac{m_0^2c^2}{1-(v/c)^2}-p^2=\frac{m_0^2c^2}{1-(v/c)^2}-m^2v^2=\frac{m_0^2c^2}{1-(v/c)^2}-\frac{m_0^2v^2}{1-(v/c)^2}=m_0^2c^2$$

即

$$E^2=c^2p^2+m_0^2c^4 \tag{4-20}$$

上式即为相对论动量能量关系式。

对于光子，其静止质量 $m_0=0$，根据式(4-20)可以得到如下关系：

$$p=\frac{E}{c} \tag{4-21}$$

这就是光子的动量和能量关系。

阅读材料4　广义相对论简介

1. 广义相对论

狭义相对性原理表明，对于一切物理过程规律的表述，一切惯性系都是等价的。然而在惯性系中物理规律的数学表达式在非惯性系就不再成立了。基于牛顿绝对空间建立的惯性系观念在当时就已经受到马赫等人的置疑、批判，况且在现实中要找到一个真正的惯性系又非常困难。是否可以把物理规律从对惯性系的依赖中解脱出来，建立一种对任何参考系都有效的物理学？爱因斯坦认为答案是肯定的，并大胆地假设：把狭义相对性原理推广为广义相对性原理。

引力和库仑力很像，都和距离平方成反比，而与相互作用的质点的乘积成正比或电荷电量的乘积成正比。

万有引力：
$$\boldsymbol{F}=G\frac{Mm}{r^3}\boldsymbol{r}$$

库仑力：
$$\boldsymbol{F}=\frac{1}{4\pi\varepsilon_0}\cdot\frac{q_1q_2}{r^3}\boldsymbol{r}$$

其实，它们之间存在重大的区别：库仑力可以相互吸引，也可以相互排斥，而引力只有引力没有斥力；电中性的物体没有库仑力，但引力是普遍存在的。正因为如此，狭义相对论没有涉及引力。爱因斯坦重新认识了引力，把引力和非惯性系中的惯性力联系起来，建立了概括性最强的新的引力理论。

为了建立广义相对论，爱因斯坦天才地运用了“理想实验”这样一种非常有用的思维模式。他设想了一个密封舱，舱内人观察不到舱对于外部世界的运动，被称为爱因斯坦升降机。舱内人想通过力学实验判断舱的运动状态，进而判别舱是惯性系还是非惯性系。当这个舱自由下落时，会看到舱内物体处于完全失重的状态，即没有重力的状态。但他不能根据这个实验结果肯定该舱是惯性系还是非惯性系。

在相对于地球为静止的惯性系中，若物体受引力作用，可以观察到上述现象，即

$$\boldsymbol{F}_{引}=-\frac{GMm_{引}}{r^3}\boldsymbol{r}=m_{惯}\boldsymbol{a}$$

由 $m_{引}=m_{惯}$ 可得 $\boldsymbol{a}=-\dfrac{GM}{r^3}\boldsymbol{r}$，即加速度 $\boldsymbol{a}$ 与质量 m 有关。

然而，对于远离恒星的直线加速参考系，虽无引力场，但在惯性力的作用下，也能发生上述现象。由 $\boldsymbol{F}_{惯}=-m_{惯}\boldsymbol{a}'=m_{惯}\boldsymbol{a}$ 可得 $\boldsymbol{a}=-\boldsymbol{a}'$。因此加速度 $\boldsymbol{a}$ 只取决于参考系的加速度 $\boldsymbol{a}'$，即 $\boldsymbol{a}$ 与质量 m 无关，它却是非惯性系。

惯性系和非惯性系都能对自由落体实验做出合理的解释，虽然是基于承认 $m_{引}=m_{惯}$，说明引力和惯性力效果完全一样。引力和惯性力不可区分意味着惯性系和非惯性系不可能用实验来区分。这样就把相对性原理由惯性系推广到非惯性系：对于描述各种物理规律来说所有的参考系都是等价的，称为广义相对性原理。当然，这要用新的数学语言来重新描述物理规律。

广义相对论的基本论点是：引力效应看成是背景时空发生了弯曲，而在引力场中物体的运动就是物体在弯曲的背景时空中的运动。爱因斯坦认为是物质使它附近的时空由平直变为弯曲，称为弯曲的黎曼空间。而物质的分布及运动影响弯曲时空的几何状态(例如曲率等)。形象地描述爱因斯坦的思想就是：省去引力概念而代之以时空的弯曲。想象在一张紧的橡皮膜上放置一个球，会使其附近的膜弯陷，而远处仍保持平直。质量较小的球在这弯曲的膜上运动，就像受到大球的吸引。在我们的宇宙中，可以认为物质是均匀分布的，平均密度很小，引力场很弱，所以空间是平缓的均匀弯曲的。某些天体(例如中子星、白矮星)物质密度很大，引力场很强，它附近的空间弯曲得就厉害。

物质分布如何决定时空性质的定量描述，被称为爱因斯坦引力场方程，它可以表示为

$$\boldsymbol{G}_{\mu\nu}=8\pi\boldsymbol{T}_{\mu\nu}$$

式中，$\boldsymbol{T}_{\mu\nu}$ 是依赖物质分布及运动的张量，称为动量能量张量；$\boldsymbol{G}_{\mu\nu}$ 是描述时空弯曲状况的张量，又称为爱因斯坦张量。1916 年施瓦西(K. Schwarzschild)求得了爱因斯坦引力场方程在特定条件(静止球对称质量分布，在质量分布以外的空间)下的严格解。太阳可以看作球对称质量分布，把行星、光子当作施瓦西场中的质点，推出的结论与观测值符合得很好。

用施瓦西解讨论密度很高的物质——某种恒星的归宿——周围的时空性质，可以得到黑洞概念。在其外部的光和其他物质都只能落向引力中心，而不可能停止或返回。这种特殊的时空区称为黑洞。远处外部的静止观测者 S 看到运动观测者 S′落向引力中心的过程中，它的时钟越走越慢，直至停止。此处距引力中心为 r_S，称为引力半径。由狭义相对论时空观，S′携带沿运动方向的尺会越来越短，直至为零(r_S 处)。S′发出的光的频率也越来越小，最终(r_S 处)“看不到了”。理论证明从运动观测者 S′自己观测并没有在 r_S 处停止，而是在有限时间内落到引力中心。以上是施瓦西黑洞。其他类型黑洞这里就不再介绍了。近二三十年中子星等致密星的发现促进了对黑洞数学性质、形成机制和存在的效应等方面的研究，科学家并以极大的兴趣搜寻宇宙中的黑洞。C_{yg}X-1(天鹅座 1)被许多天体物理学家看作是黑洞。大麦哲仑云中的 LMC-X_3 也很可能是黑洞。关于黑洞，无论是理论模型，还是实际观测都还在探索中。

由狭义相对论我们认识到时间、空间是不可分的。现在又了解到广义相对论把时空和物质联系在一起了。

2. 广义相对论的实验验证

以等效原理和广义相对性原理为基础，爱因斯坦创建了广义相对论，一并解决了引力和加速系的问题。广义相对论是关于引力、时空与物质分布关系的理论。下面简要介绍一下广义相对论的几个预言及实验验证。

1) 光线的引力偏折

由等效原理可直接推知:光线在引力场中会偏离直线向引力方向弯曲。如图 4-3 所示,一小舱在引力场中自由下落。由前述,小舱可视为一局惯系,在此系中狭义相对论成立,光线应沿直线从小舱左方向右方传播,如图中虚线所示。而若以引力场为参考系,由于小舱向引力方向加速运动,光线的轨迹应为曲线并向引力方向偏折,如图中实线所示。

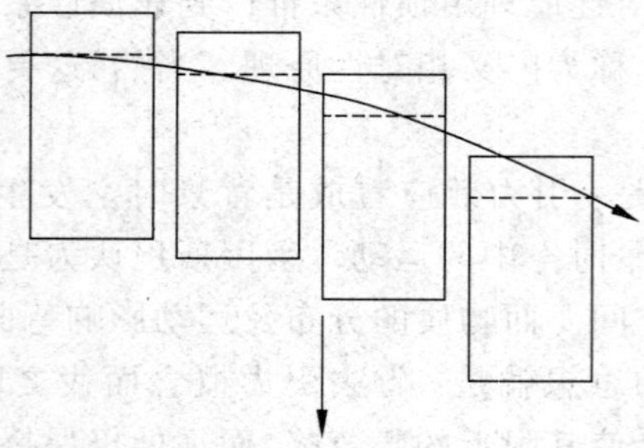

图 4-3　光线通过在引力场中自由降落的小舱

爱因斯坦提出等效原理后就预言光线在引力场偏折,并根据广义相对论计算出恒星星光掠过太阳表面时的偏折角应为 1. 75″。1919 年 5 月发生日全食时,英国天文学家爱丁顿(Eddington)率两组考察队在不同地点利用日全食现象进行观测。因为日食时可以拍到太阳附近的恒星,然后与平时拍的照片对比,就能看出恒星的"移位"。两个考察队拍照结果都偏于支持广义相对论的预言,误差在 10%以内。引起举世轰动,从而奠定了广义相对论的地位。至今,所有类似的观测,结果都与广义相对论相符合。

光线在引力场中偏折这一事实可解释为光线受引力作用,这仍是牛顿引力论的观点。爱因斯坦深入思考了引力的本性,提出引力场使时空发生弯曲的观点。他认为大质量的物体(如太阳)引起其周围时空的几何学性质发生了变化。牛顿力学的空间是平直的三维空间,此空间与时间及物质运动均无关;狭义相对论将三维空间与时间相联系构成了四维时空,因没有引力,此时空仍是平直的。在这两种空间中两点间长度取极值的连线(称短程线或测地线)为直线。按相对论的假设,仅受引力作用的光子沿时空的测地线运动。而光线在引力扬中偏折的事实说明,引力场中的测地线是弯曲的,这就好像球面(或任一空间曲面而不是平面)上两点间的测地线是曲线一样,说明引力使周围的时空发生了弯曲。并且观测事实还表明,时空的弯曲程度取决于引力场的强弱,即取决于物质质量的分布。质量越大,时空弯曲越甚。另一方面,时空的弯曲状况也影响着物体的运动。仅受引力作用的粒子(如以上所举的光子)总是沿测地线运动,而测地线完全由时空结构决定,因此粒子的运动就取决于时空的结构及性质。总之,广义相对论中关于物质与时空的关系可以简要地概括为物质的空间分布决定了时空的弯曲,弯曲的时空决定了物质的运动。

2) 引力红移

据广义相对论可以预言,星球发出的光从引力场强大处传至引力场强小处,其频率会变低;反之,频率增高。这种效应称为引力红移。红移量

$$Z=\frac{\Delta\nu}{\nu_0}=-\frac{Gm}{c^2R}$$

其中 $\Delta\nu$ 表示频率的减少量,ν_0 为所发光的固有频率,m 为发光星球的质量,R 为其半径。

20世纪60年代以来,科学家做了一系列实验观测引力红移现象。如观测太阳光谱中钠、钾谱线的引力红移等,实验观测结果均与理论预言值符合得较好。

3) 水星近日点的进动

按牛顿力学推算,行星轨道是以太阳为焦点的封闭椭圆。但天文观测发现,水星轨道并不严格闭合,每绕日一周,其长轴略有转动,称为水星的近日点进动,如图4-4所示。观测所得水星进动的速率为每百年5600.73″,而按牛顿力学计算应为每百年5557.62″,二者相差43.11″。这一问题自18世纪发现以来一直未得到令人满意的解释。爱因斯坦根据广义相对论分析是由于太阳附近的时空弯曲,并从理论上计算出水星近日点有每百年43.03″的附加进动,这与观测值符合得很好,因而被认为是广义相对论初期的重大验证之一。

4) 雷达回波延迟

当地球E、太阳S和行星P几乎排成一直线时(见图4-5),从地球表面向行星发射一束雷达波,测量雷达波掠过太阳表面到达行星并反射回地球所需的时间。按经典理论,雷达波往返时间 $t=2l/c$(l 为 E、P 间直线距离),而实际观测值 $t'>t$,$\Delta t=t'-t$ 为雷达回波延迟的时间。按广义相对论分析,由于太阳引力场使其附近的光速变慢且使光线弯曲,因此光在引力场中传播的时间要比无引力场的长。据理论计算,对于金星,$\Delta t=2.05\times10^2\,\mu s$,1971年夏皮罗(I. Shapiro)等人测量的结果与理论值偏离不到2%,再次成功验证了广义相对论的正确性。

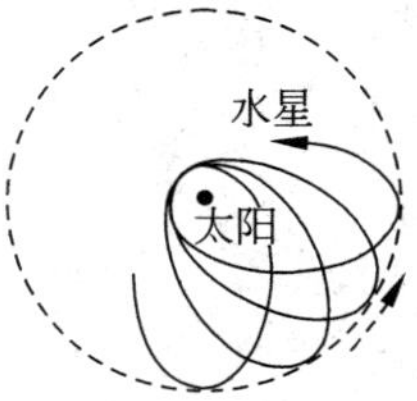

图4-4 水星近日点的进动

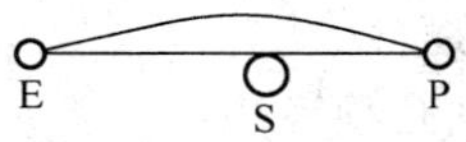

图4-5 雷达回波延迟

本章要点

1. 牛顿绝对时空观

长度和时间的测量与参考系无关。

伽利略变换:

$$x'=x-ut,\quad y'=y,\quad z'=z,\quad t'=t$$

2. 狭义相对论基本原理

相对性原理:物理定律在一切惯性系中都有相同的形式。

光速不变原理:在任何惯性系中,真空中的光速 c 都相等。

3. 洛伦兹变换

洛伦兹变换:

$$x'=\frac{x-ut}{\sqrt{1-u^2/c^2}},\quad y'=y,\quad z'=z,\quad t'=\frac{t-\frac{u}{c^2}x}{\sqrt{1-u^2/c^2}}$$

4. 狭义相对论时空观

时间、长度、物质的运动三者紧密相关。

(1) 同时的相对性：在某一惯性系中同时发生的两事件，在另一相对它运动的惯性系中并不一定同时发生。

(2) 时间膨胀：

$$\tau = \frac{\tau_0}{\sqrt{1-u^2/c^2}}$$

(3) 长度收缩：

$$l = l_0\sqrt{1-u^2/c^2}$$

5. 相对论质量

$$m=\frac{m_0}{\sqrt{1-v^2/c^2}}$$

6. 相对论能量

静能 $E_0=m_0c^2$， 动能 $E_k=mc^2-m_0c^2$， 总能量 $E=mc^2$

7. 相对论动量、能量关系

$$E^2=(cp)^2+E_0^2$$

习题 4

一、选择题

1. 有下列几种说法：

(1) 所有惯性系对物理基本规律都是等价的。

(2) 在真空中，光的速度与光的频率、光源的运动状态无关。

(3) 在任何惯性系中，光在真空中沿任何方向的传播速率都相同。

若问其中哪些说法是正确的，答案是(　　)。

A. 只有(1)、(2)是正确的　　B. 只有(1)、(3)是正确的

C. 只有(2)、(3)是正确的　　D. 三种说法都是正确的

2. (1) 对某观察者来说，发生在某惯性系中同一地点、同一时刻的两个事件，对于相对该惯性系作匀速直线运动的其他惯性系中的观察者来说，它们是否同时发生？

(2) 在某惯性系中发生于同一时刻、不同地点的两个事件，它们在其他惯性系中是否同时发生？

关于上述两个问题的正确答案是(　　)。

A. (1)同时，(2)不同时　　B. (1)不同时，(2)同时

C. (1)同时，(2)同时　　D. (1)不同时，(2)不同时

3. 某地发生两件事，静止位于该地的甲测得时间间隔为4s，若相对于甲作匀速直线运动的乙测得时间间隔为5s，则乙相对于甲的运动速度是(c表示真空中光速)(　　)。

A. $\frac{4}{5}c$　　B. $\frac{3}{5}c$　　C. $\frac{2}{5}c$　　D. $\frac{1}{5}c$

4. 一宇航员要到离地球为5光年的星球去旅行，如果宇航员希望把这路程缩短为3光年，则他所乘的火箭相对于地球的速度应是（c 表示真空中光速）（　　）。

A. $v=\frac{1}{2}c$　　B. $v=\frac{3}{5}c$　　C. $v=\frac{4}{5}c$　　D. $v=\frac{9}{10}c$

5. 一匀质矩形薄板，在它静止时测得其长为 a，宽为 b，质量为 m_0。由此可算出其面积密度为 m_0/ab。假定该薄板沿长度方向以接近光速的速度 v 作匀速直线运动，此时再测算该矩形薄板的面积密度则为（　　）。

A. $\frac{m_0\sqrt{1-(v/c)^2}}{ab}$　　B. $\frac{m_0}{ab\sqrt{1-(v/c)^2}}$

C. $\frac{m_0}{ab[1-(v/c)^2]}$　　D. $\frac{m_0}{ab[1-(v/c)^2]^{3/2}}$

6. 设某微观粒子的总能量是它的静止能量的 K 倍，则其运动速度的大小 v 为（　　）。

A. $\frac{c}{K-1}$　　B. $\frac{c}{K}\sqrt{1-K^2}$　　C. $\frac{c}{K}\sqrt{K^2-1}$　　D. $\frac{c}{K+1}\sqrt{K(K+2)}$

7. 根据相对论力学，动能为0.25MeV的电子，其运动速度约等于（c 表示真空中的光速，电子的静能 $m_0c^2=0.51\text{MeV}$）（　　）。

A. $0.1c$　　B. $0.5c$　　C. $0.75c$　　D. $0.85c$

8. 一个电子运动速度 $v=0.99c$，它的动能是（电子的静止能量为0.51MeV）（　　）。

A. 4.0MeV　　B. 3.5MeV　　C. 3.1MeV　　D. 2.5MeV

9. 质子在加速器中被加速，当其动能为静止能量的4倍时，其质量为静止质量的（　　）。

A. 4倍　　B. 5倍　　C. 6倍　　D. 8倍

10. α 粒子在加速器中被加速，当其质量为静止质量的3倍时，其动能为静止能量的（　　）。

A. 2倍　　B. 3倍　　C. 4倍　　D. 5倍

二、填空题

1. 有一速度为 u 的宇宙飞船沿 x 轴正方向飞行，飞船头尾各有一个脉冲光源在工作，处于船尾的观察者测得船头光源发出的光脉冲的传播速度大小为________；处于船头的观察者测得船尾光源发出的光脉冲的传播速度大小为________。

2. 宇宙飞船静止于地球上，将两根相同的米尺(1m)分别置于飞船和地球上，当飞船以 $0.6c$（c 为光速）的速率平行于米尺长边飞行时，地上人测飞船上米尺的长度为________m。而飞船上人测地球上米尺的长度为________m。

3. 静止时边长为50cm的立方体，当它沿着与它的一个棱边平行的方向相对于地面以速度 $2.4\times10^8\text{m/s}$ 运动时，在地面上测得它的体积是________。

4. 一观察者测得一沿米尺长度方向匀速运动着的米尺的长度为0.5m。则此米尺以速度 $v=$________m/s接近观察者。

5. (1) 在速度 $v=$________情况下粒子的动量等于非相对论动量的两倍。

(2) 在速度 $v=$________情况下粒子的动能等于它的静止能量。

6. 观察者甲以 $\frac{4}{5}c$ 的速度（c 表示真空中的光速）相对于静止的观察者乙运动，若甲携

带一长度为 l、截面积为 S、质量为 m 的棒,这根棒安放在运动方向上,则:

(1) 甲测得此棒的密度为________;(2) 乙测得此棒的密度为________。

7. 观察者甲以 $0.8c$ 的速度(c 表示真空中的光速)相对于静止的观察者乙运动,若甲携带一质量为 1kg 的物体,则:

(1) 甲测得此物体的总能量为________;(2) 乙测得此物体的总能量为________。

8. 匀质细棒静止时的质量为 m_0,长度为 l_0,当它沿棒长方向作高速的匀速直线运动时,测得它的长为 l,那么,该棒的运动速度 $v=$________,该棒所具有的动能 $E_k=$________。

9. 粒子的静止能量为 E_0,当它高速运动时,其总能量为 E,已知 $\frac{E_0}{E}=\frac{4}{5}$,那么此粒子运动的速率 v 与真空中光速 c 之比 $\frac{v}{c}=$________,其动能与总能量之比 $\frac{E_k}{E}=$________。

10. 已知一静止质量为 m_0 的粒子,其固有寿命为实验室测量到寿命的 $\frac{1}{n}$,则此粒子的动能是________。

第2篇

电　磁　场

第5章

静电场

任何电荷周围都存在着电场，当电荷相对于观察者静止时，其在周围空间激发的电场称为静电场。本章我们研究真空中静电场的基本性质和规律。主要内容有：静电场的基本定律——库仑定律；从处于电场中的电荷要受到电场力并且当电荷在电场中移动时电场力要对它做功两个方面，引出描述静电场的两个基本物理量——电场强度和电势；静电场的两条基本定理——高斯定理和环路定理。

5.1 电现象的基本概念

1. 电荷的量子化

根据原子理论，在每个原子里，电子环绕由中子和质子组成的原子核运动，这些电子的状况可视为电子云，原子核的线度比电子云的线度要小得多。一般来说，原子核的线度约为 5×10^{-15} m，电子云的线度(即原子的直径)约为 2×10^{-10} m，即原子的线度约为原子核线度的 10^5 倍。原子中的中子不带电，质子带正电，电子带负电，质子与电子所具有的电荷量(简称电荷)的绝对值是相等的。正常情况下，每个原子中的电子数与质子数相等，原子呈电中性，对外界不显电性。如果由于某种原因，使物体失去或得到电子，则物体分别带正电或负电。用摩擦的方法可使物体带电。规定用丝绸摩擦过的玻璃棒带正电荷，用毛皮摩擦过的橡胶棒带负电荷。物体所带电荷的多少叫做电量，常用 Q 或 q 表示。在国际单位制(SI)中，电量的单位为库，符号为 C。正电荷的电量取正值，负电荷的电量取负值。实验证明，自然界中只存在正负两种电荷，同种电荷相互排斥，异种电荷相互吸引。

实验表明，在自然界中，电荷总是以一个基本单元的整数倍出现，其他带电体的电量只能为基本单元电荷的整数倍。电荷的这种只能取离散的、不连续的量值性质叫做电荷的量子化。1913 年，美国物理学家密立根用油滴实验测定基本单元电荷的量值，即一个电子所带电量的绝对值，用符号 e 表示，$e=1.602\times10^{-19}$ C。迄今所知，电子带有最小的负电荷，质子带有最小的正电荷。

2. 电荷守恒定律

摩擦起电、感应起电等事实表明，电荷是物体固有的属性，一切起电过程都是使物体上的正负电荷转移或分离的过程。在这种过程中，电荷既不会被消灭，也不会被创造，只能从一个物体转移到另一个物体，或从物体的一部分转移到另一部分。而系统中所有电荷的代数和在任何物理过程中始终保持不变，这就是电荷守恒定律。电荷守恒定律就像能量守恒定律、动量守恒定律和角动量守恒定律一样，也是自然界的基本守恒定律之一，在微观和宏观领域中普遍适用。

3. **点电荷**

只带电荷而没有形状和大小的带电体称为点电荷。与力学中"质点"的概念相似，它是从实际带电体抽象出来的一种理想化模型，在实际问题中，当带电体本身的几何线度比起它到其他带电体的距离(或比所讨论的问题中涉及的距离)小得多时，其形状、大小和电荷在带电体中的分布已无关紧要，可以把它抽象成一个几何点，这样就可以准确地确定它在空间的位置，方便研究。

如果一个带电体不能被视为点电荷，可以把它分割成无穷多个可视为点电荷的电荷元来处理。

5.2 库仑定律　电场强度

5.2.1 库仑定律

1785 年法国物理学家库仑(C. A. Coulomb，1736—1806)通过扭秤实验，总结出真空中两个点电荷之间的相互作用力满足库仑定律，其表述如下：

在真空中，两个静止点电荷之间相互作用力的大小与它们电量的乘积成正比，与它们之间距离的平方成反比；作用力的方向沿着它们之间的连线，同号电荷相斥，异号电荷相吸。

其数学表达式为(以电荷 q_2 受到电荷 q_1 的作用力为例)

$$\boldsymbol{F}_{21}=k\frac{q_1q_2}{r_{12}^2}\boldsymbol{e}_{12} \tag{5-1a}$$

其中 q_1 和 q_2 分别表示两个点电荷的电量；$\boldsymbol{e}_{12}$ 表示从电荷 q_1 指向电荷 q_2 的矢量 $\boldsymbol{r}_{12}$ 的单位矢量(如图 5-1 所示)；k 为比例系数，在国际单位制中

$$k=9.0\times10^9\,\mathrm{N\cdot m^2/C}$$

引入另一常量 ε_0 来代替 k，使

$$k=\frac{1}{4\pi\varepsilon_0}$$

式中 ε_0 叫真空电容率，在国际单位制中

$$\varepsilon_0=\frac{1}{4\pi k}=8.85\times10^{-12}(\mathrm{C^2/N\cdot m^2})$$

图 5-1　库仑定律

从而，库仑定律可以写成

$$\boldsymbol{F}_{12}=\frac{1}{4\pi\varepsilon_0}\frac{q_1q_2}{r_{12}^2}\boldsymbol{e}_{12} \tag{5-1b}$$

为了准确、全面地表示库仑定律，表达式中点电荷的电量带有正负，当两个点电荷 q_1 和 q_2 同号时，$q_1q_2>0$，$\boldsymbol{F}_{21}$ 与 $\boldsymbol{e}_{12}$ 同方向，表示电荷 q_2 受 q_1 的斥力；当两个点电荷 q_1 和 q_2 异号时，$q_1q_2<0$，$\boldsymbol{F}_{21}$ 与 $\boldsymbol{e}_{12}$ 方向相反，表示电荷 q_2 受 q_1 的引力。q_2 受到 q_1 的作用力 $\boldsymbol{F}_{21}$ 与 q_1 受

到 q_2 的作用力 $\boldsymbol{F}_{12}$ 大小相等，方向相反，且作用在同一直线上，遵循牛顿第三定律，即

$$\boldsymbol{F}_{21} = -\boldsymbol{F}_{12}$$

如果有两个以上的点电荷，则式(5-1)对其中每一对电荷都成立，其中任一电荷所受其他电荷的作用力可以用矢量合成的方法求得。

5.2.2 电场

任何电荷在其周围都将激发出电场，电场最基本的性质是对位于其中的电荷施以力的作用，称为电场力，电荷间的相互作用力是通过电场来传递的。具体地说，点电荷 q_1 在其周围激发电场，而点电荷 q_2 处在 q_1 的电场中，受到这个电场的作用；同样，点电荷 q_1 处在 q_2 激发的电场中，q_1 也要受到点电荷 q_2 激发电场的作用，如图 5-2 所示。

图 5-2 两个点电荷的相互作用

这样引入的电场对电荷周围空间各点赋予一种局域性，即：如果知道了某一小区域的电场，无须更多的要求，我们就可以知道任意电荷在此区域内的受力情况，从而可以进一步知道它的运动。这时，不需要知道是些什么电荷产生了这个电场。

近代物理学理论和实践证实场是一种特殊形态的物质，它与实物一样具有质量、能量和动量。本章只讨论相对于观察者静止的电荷的电场，即静电场的性质及分布规律。

我们知道处于万有引力场中的物体要受到万有引力的作用，并且当物体移动时，引力要对它做功。同样，处于静电场中的电荷要受到电场力的作用，并且当电荷在电场中移动时，电场力也要对它做功。我们将从力和能量两个方面来研究静电场的性质，分别引出描述电场性质的两个重要物理量——电场强度和电势。首先从力的角度来研究电场。

5.2.3 电场强度

为了表述电场对处于其中的电荷施以力的性质，我们把一个试验电荷放在电场中的各点，观测电场对它的作用力情况。试验电荷必须满足两个条件：①它的“几何线度”必须足够小，小到可以看作点电荷，这样才能用它来确定空间各点的电场性质；②它所带的电量必须足够小，使它的引入不至于改变原有的电场分布。实验结果表明，同一试验电荷所受的电场力的大小和方向随着它在电场中位置的变化而变化。就电场中某固定点而言，试验电荷 q_0 变化时，其所受作用力 $\boldsymbol{F}$ 也随之改变，但 $\boldsymbol{F}$ 与 q_0 之比为一个与试验电荷无关的恒矢量，显然，这个不变的矢量只与该点的电场有关。我们把该矢量称为电场强度，简称场强，用 $\boldsymbol{E}$ 表示，有

$$\boldsymbol{E} = \frac{\boldsymbol{F}}{q_0} \tag{5-2}$$

上式表明电场中某点处的电场强度等于单位正电荷在该点所受的电场力。电场强度是空间位置的矢量函数，其方向与正试验电荷所受力方向相同。需要指出的是，电场强度是电场的属性，与试验电荷是否存在无关。

在国际单位制(SI)中，电场强度 $\boldsymbol{E}$ 的单位是牛顿每库仑(N/C)或伏特每米(V/m)。

表 5-1 给出了一些典型的电场强度的数值。

表 5-1　一些典型的电场强度的数值　　N/C

位置或场所	数值	位置或场所	数值
铀核表面	2×10^{21}	雷达发射器近旁	7×10^{3}
中子星表面	约 10^{14}	太阳光内(平均)	1×10^{3}
氢原子电子内轨道处	6×10^{11}	晴天大气中(地表面附近)	1×10^{2}
X 射线管内	5×10^{6}	小型激光器发射的激光束内(平均)	1×10^{2}
空气的电击穿强度	3×10^{6}	日光灯内	10
范德瓦拉夫静电加速器内	2×10^{6}	无线电波内	约 10^{-1}
电视机的电子枪内	10^{5}	家用电路线内	约 3×10^{-2}
电闪内	10^{4}	宇宙背景辐射内(平均)	3×10^{-6}

在已知电场强度分布的电场中,电荷 q 在电场中某点所受到的静电场力 $\boldsymbol{F}$ 可由式(5-2)求出:

$$\boldsymbol{F} = q\boldsymbol{E}$$

5.2.4　电场强度的计算

1. 点电荷的电场强度

由库仑定律和电场强度定义式,可求得真空中点电荷周围的电场强度。如图 5-3 所示,在真空中,点电荷 q 位于坐标系原点,P 点是电场中任一点,由原点指向 P 点的位矢为 $\boldsymbol{r}$。在 P 点引入一个试验电荷 q_0,根据库仑定律式(5-1b)和电场强度定义式(5-2),P 点的场强为

$$\boldsymbol{E} = \frac{\boldsymbol{F}}{q_0} = \frac{1}{4\pi\varepsilon_0}\cdot\frac{q}{r^2}\boldsymbol{e}_r \tag{5-3}$$

式中,$\boldsymbol{e}_r$ 是矢径 $\boldsymbol{r}$ 的单位矢量。

由于 P 点是任意选定的,所以上式是真空中点电荷 q 激发的电场中任一点的电场强度。如果点电荷为正电荷(即 $q>0$),场强 $\boldsymbol{E}$ 的方向与 $\boldsymbol{e}_r$ 的方向相同;如果点电荷为负电荷(即 $q<0$),场强 $\boldsymbol{E}$ 的方向与 $\boldsymbol{e}_r$ 的方向相反,如图 5-3 所示。场强 $\boldsymbol{E}$ 的大小与点电荷所带电量 q 成正比,与距离 r 的平方成反比,也就是说在以 q 为中心的任一个球面上,场强 $\boldsymbol{E}$ 大小都相等,方向均沿着矢径 $\boldsymbol{r}$,所以真空中点电荷的电场是具有球对称性的非均匀场。

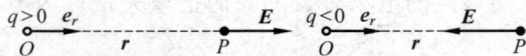

图 5-3　点电荷的电场强度

2. 点电荷系的电场强度

设真空中一个点电荷系由 $q_1, q_2, \cdots, q_n$ 组成,在场点 P 处放一试验电荷 q_0,由力的矢量叠加原理,q_0 所受的电场力等于各个电荷单独存在时 q_0 所受电场力的矢量和,即

$$\boldsymbol{F}=\boldsymbol{F}_1+\boldsymbol{F}_2+\cdots+\boldsymbol{F}_n$$

将上式等号两边同除以 q_0，得

$$\frac{\boldsymbol{F}}{q_0}=\frac{\boldsymbol{F}_1}{q_0}+\frac{\boldsymbol{F}_2}{q_0}+\cdots+\frac{\boldsymbol{F}_n}{q_0}$$

由电场强度的定义，有

$$\boldsymbol{E}=\boldsymbol{E}_1+\boldsymbol{E}_2+\cdots+\boldsymbol{E}_n=\sum_{i=1}^{n}\boldsymbol{E}_i \tag{5-4}$$

上式表明，点电荷系中任一点处的总电场强度等于各个点电荷单独存在时在该点产生电场强度的矢量和，这就是电场强度的叠加原理。

3. 连续分布电荷的电场强度

当带电体的电荷是连续分布时，可以设想将带电体上的电荷分成无穷多个极小的电荷元 $\mathrm{d}q$，每一个电荷元可视为一个点电荷。其中任一电荷元 $\mathrm{d}q$ 在电场中某点 P 处产生的场强 $\mathrm{d}\boldsymbol{E}$ 为

$$\mathrm{d}\boldsymbol{E}=\frac{\mathrm{d}q}{4\pi\varepsilon_0 r^2}\boldsymbol{e}_r$$

式中，r 为 $\mathrm{d}q$ 所在点到场点 P 的距离，$\boldsymbol{e}_r$ 为该方向上的单位矢量。P 点的总电场强度是所有电荷元在该点电场强度的矢量和，即

$$\boldsymbol{E}=\int\mathrm{d}\boldsymbol{E}=\int\frac{1}{4\pi\varepsilon_0}\cdot\frac{\boldsymbol{e}_r}{r^2}\mathrm{d}q \tag{5-5}$$

连续分布电荷产生电场的计算过程如下：

(1) 在连续分布带电体上取电荷元。

在实际应用过程中，$\mathrm{d}q$ 的选取通常根据电荷分布的特点而定。如果电荷分布在一条曲线或一个曲面或一定体积内，对应的就有电荷线密度 λ、电荷面密度 σ、电荷体密度 ρ，分别取其线元 $\mathrm{d}l$、面元 $\mathrm{d}S$ 和体元 $\mathrm{d}V$，则电荷元 $\mathrm{d}q$ 分别为

$$\mathrm{d}q=\lambda\mathrm{d}l \quad (\text{电荷线分布})$$
$$\mathrm{d}q=\sigma\mathrm{d}S \quad (\text{电荷面分布})$$
$$\mathrm{d}q=\rho\mathrm{d}V \quad (\text{电荷体分布})$$

(2) 选取适当的坐标系，写出 $\mathrm{d}\boldsymbol{E}=\dfrac{\mathrm{d}q}{4\pi\varepsilon_0 r^2}\boldsymbol{e}_r$ 在三个坐标轴上的分量 $\mathrm{d}E_x$、$\mathrm{d}E_y$、$\mathrm{d}E_z$，使矢量的积分转化成对标量的积分。

(3) 确定积分上、下限，进行积分计算。

计算时要注意根据对称性简化计算过程。

例 5-1 两个相距为 l 的等量异号点电荷 $+q$ 和 $-q$ 组成的点电荷系，当讨论的场点到两点电荷连线中点的距离远大于 l 时，称这一带电系统为电偶极子。取负电荷到正电荷的矢径为 $\boldsymbol{l}$，则 $q\boldsymbol{l}$ 称为电偶极矩 $\boldsymbol{p}$，简称电矩。求电偶极子连线上一点 A 和中垂线上一点 B 的电场强度。

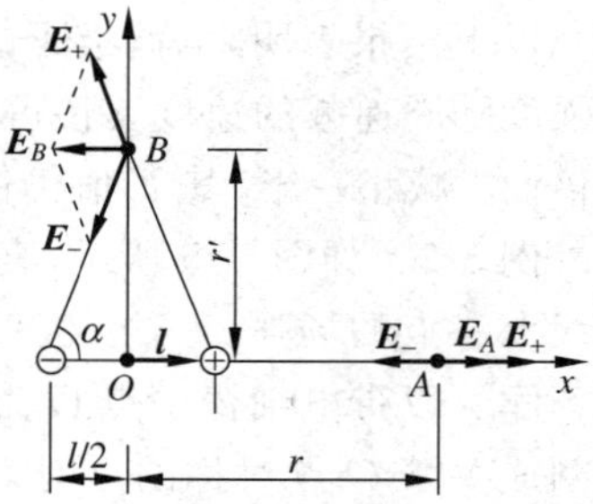

图 5-4 电偶极子的场强

解 如图 5-4 所示，取电偶极子轴线的中点为坐标原点 O，沿 $\boldsymbol{l}$ 的方向为 x 轴，中垂线为 y 轴。轴线上任意点 A 距原点的距离为 r，中垂线上任一点 B 到原点的距离为 r'。

(1) 求 $\boldsymbol{E}_A$。

$+q$ 和 $-q$ 在 A 点产生的电场强度分别为

$$\boldsymbol{E}_+=\frac{q}{4\pi\varepsilon_0\left(r-\frac{l}{2}\right)^2}\boldsymbol{i}$$

$$\boldsymbol{E}_-=\frac{-q}{4\pi\varepsilon_0\left(r+\frac{l}{2}\right)^2}\boldsymbol{i}$$

由电场强度叠加原理可得

$$\boldsymbol{E}_A=\boldsymbol{E}_++\boldsymbol{E}_-=\frac{q}{4\pi\varepsilon_0}\left[\frac{1}{\left(r-\frac{l}{2}\right)^2}-\frac{1}{\left(r+\frac{l}{2}\right)^2}\right]\boldsymbol{i}=\frac{q}{4\pi\varepsilon_0}\left[\frac{2rl}{\left(r^2-\frac{l^2}{4}\right)^2}\right]\boldsymbol{i}$$

对于电偶极子,有 $r\gg l$,则 $r^2-\frac{l^2}{4}\approx r^2$,并且考虑到电偶极矩 $\boldsymbol{p}=q\boldsymbol{l}=ql\boldsymbol{i}$,上式可写为

$$\boldsymbol{E}_A=\frac{1}{4\pi\varepsilon_0}\cdot\frac{2ql}{r^3}\boldsymbol{i}=\frac{1}{4\pi\varepsilon_0}\cdot\frac{2\boldsymbol{p}}{r^3}$$

(2) 求 $\boldsymbol{E}_B$。

$+q$ 和 $-q$ 在 B 点产生的电场强度的大小相等,均为

$$E_+=E_-=\frac{1}{4\pi\varepsilon_0}\cdot\frac{q}{r'^2+\left(\frac{l}{2}\right)^2}$$

将 E_+ 和 E_- 分别在 x 轴和 y 轴上分解,根据对称性,y 轴上的分量相互抵消,所以 B 点处总的电场强度为

$$\begin{aligned}\boldsymbol{E}_B&=-(E_+\cos\alpha+E_-\cos\alpha)\boldsymbol{i}\\&=-\frac{1}{4\pi\varepsilon_0}\cdot\frac{q}{r'^2+\left(\frac{l}{2}\right)^2}\cdot\frac{l}{\sqrt{r'^2+\left(\frac{l}{2}\right)^2}}\boldsymbol{i}\\&=\frac{-ql}{4\pi\varepsilon_0\left(r'^2+\frac{l^2}{4}\right)^{\frac{3}{2}}}\boldsymbol{i}\end{aligned}$$

对于电偶极子,有 $r'\gg l$,则 $r'^2+\frac{l^2}{4}\approx r'^2$,且 $\boldsymbol{p}=ql\boldsymbol{i}$,所以上式可写为

$$\boldsymbol{E}_B=-\frac{1}{4\pi\varepsilon_0}\cdot\frac{ql}{r'^3}\boldsymbol{i}=-\frac{\boldsymbol{p}}{4\pi\varepsilon_0 r'^3}$$

以上结果表明,电偶极子的电场强度与距离的三次方 r^3 或 r'^3 成反比,它比点电荷的电场强度随 r 递减的速度要快得多。同时,$\boldsymbol{E}$ 的大小与电偶极矩 ql 有关,也就是说,若 q 增大一倍而 l 减小一半,其 E 值仍保持不变。

例 5-2 如图 5-5 所示,真空中一长为 L 的均匀带正电细棒,电荷线密度为 λ,求细棒中垂线上一点的场强。

解 以带电细棒中点 O 为坐标原点,取坐标轴 Ox、Oy 如图 5-5 所示。整个细棒可以分割成关于 O 点对称的一对对的线元,其中每对线元 $\mathrm{d}y$ 和 $\mathrm{d}y'$ 关于中垂线 OP 是对称的,其电量为 $\mathrm{d}q=\lambda\mathrm{d}y$,这一对线电荷元在 P 点产生的场强分别为 $\mathrm{d}\boldsymbol{E}$ 和 $\mathrm{d}\boldsymbol{E}'$,两者也关于中垂

线对称，在 y 轴方向的分量相互抵消。因而，整个带电细棒在 P 点产生的总场强应沿 x 轴方向，并且

$$E=\int \mathrm{d}E_x$$

而

$$\mathrm{d}E_x=\mathrm{d}E\cos\alpha=\frac{\lambda x\,\mathrm{d}y}{4\pi\varepsilon_0 r^3}$$

考虑到 $r=\frac{x}{\cos\alpha}$，$y=x\tan\alpha$，从而 $\mathrm{d}y=\frac{x}{\cos^2\alpha}\mathrm{d}\alpha$，所以

$$\mathrm{d}E_x=\frac{\lambda\cos\alpha\mathrm{d}\alpha}{4\pi\varepsilon_0 x}$$

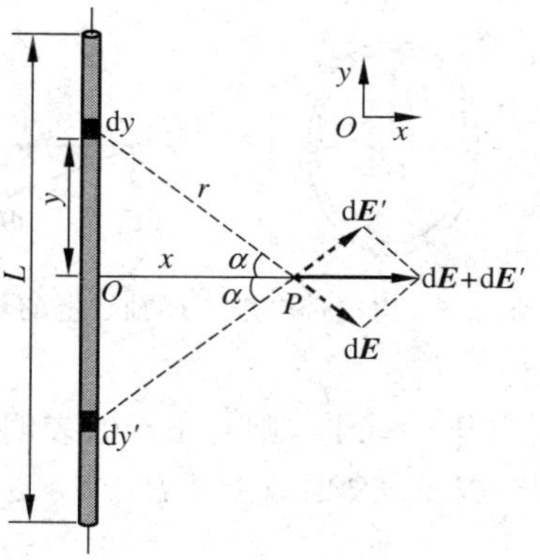

图 5-5 均匀带正电细棒中垂线上的电场强度

由于对整个带电细棒来说 α 的变化范围为 $-\theta\sim\theta$，所以

$$E=\int_{-\theta}^{\theta}\frac{\lambda\cos\alpha\mathrm{d}\alpha}{4\pi\varepsilon_0 x}=\frac{\lambda\sin\theta}{2\pi\varepsilon_0 x}$$

将 $\sin\theta=\frac{L/2}{\sqrt{(L/2)^2+x^2}}$ 代入，可得

$$E=\frac{\lambda L}{4\pi\varepsilon_0 x(x^2+L^2/4)^{1/2}}$$

方向垂直于带电细直棒而指向远离细棒的一方。

讨论：(1) 当 $x\ll L$ 时，细棒可视为无限长，此时，任何垂直于它的平面都可看做是中垂面。所以，无限长带电细棒周围任何地方的电场强度都垂直于棒。在上面结果中取 $L\to\infty$，即得到相应的电场强度为

$$\boldsymbol{E}=\frac{\lambda}{2\pi\varepsilon_0 x}\boldsymbol{i}$$

这是一个经常使用的结果，它表明，E 与 x 成反比。这个结果对于有限长细棒来说，在靠近其中部附近的区域($x\ll L$)也近似成立。

(2) 当 $x\gg L$ 时，即在远离带电细棒的区域内有

$$\boldsymbol{E}=\frac{\lambda L}{4\pi\varepsilon_0 x^2}\boldsymbol{i}=\frac{q}{4\pi\varepsilon_0 x^2}\boldsymbol{i}$$

其中，$q=\lambda L$ 为带电细棒所带的总电量。此结果显示，离带电细棒很远处，该带电细棒的电场相当于一个点电荷 q 的电场。

(3) 由本例可以看出，矢量叠加实际上可归结为各分量的叠加，而在计算时，关于对称性的分析是很重要的，它往往能使我们立即看出合成矢量的某些分量等于零，判断出合矢量的方向，从而使计算大大简化。

读者可以试着做此带电细棒延长线上任一点的场强。

例 5-3 电量 q 均匀地分别在半径为 R 的细圆环上，求圆环轴线上距环心为 x 处 P 点的场强。

解 如图 5-6 所示，以圆环中心 O 为坐标原点，过圆心垂直于环面的轴线为 x 轴，在圆环上任取一线元 $\mathrm{d}l$，带电量为 $\mathrm{d}q$。设 P 点与线元 $\mathrm{d}l$ 的距离为 r，电荷元 $\mathrm{d}q$ 在 P 点产生的场强为 $\mathrm{d}\boldsymbol{E}$，$\mathrm{d}\boldsymbol{E}$ 沿平行和垂直于轴线的两个方向的分量分别为 $\mathrm{d}\boldsymbol{E}_x$ 和 $\mathrm{d}\boldsymbol{E}_\perp$。由于圆环上电荷分布关于轴线对称，所以各电荷元电场强度的 $\mathrm{d}\boldsymbol{E}_\perp$ 分量相互抵消，对总场强有贡献的是 $\mathrm{d}\boldsymbol{E}_x$

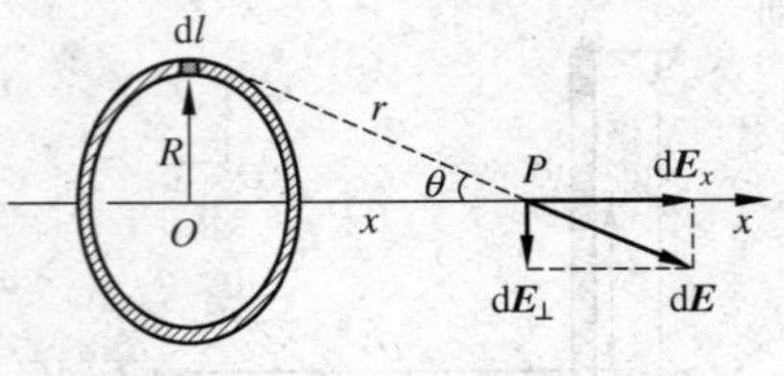

图 5-6　均匀带电细圆环轴线上的场强

分量，合场强 $\boldsymbol{E}$ 的大小为

$$E=\int \mathrm{d}E_x=\int \mathrm{d}E\cos\theta=\int \frac{\mathrm{d}q}{4\pi\varepsilon_0 r^2}\cdot\frac{x}{r}=\frac{x}{4\pi\varepsilon_0 r^3}\oint \mathrm{d}q$$

因为 $\oint \mathrm{d}q=q, r=\sqrt{x^2+R^2}$，所以

$$E=\frac{qx}{4\pi\varepsilon_0(x^2+R^2)^{3/2}}$$

场强的方向沿着 x 轴正方向。

当 $x\approx 0$ 时，则有 $E=0$，表明，圆环中心处的场强为零。

当 $x\gg R$ 时，$(x^2+R^2)^{3/2}\approx x^3$，则有

$$E=\frac{q}{4\pi\varepsilon_0 x^2}$$

上式表明，在远离环心的地方，带电圆环的电场强度可看作电荷全部集中在环心处所产生的电场强度，相当于一个点电荷 q 产生的电场。

例 5-4　利用例 5-3 的结果，取细圆环为积分元，计算半径为 R 的均匀带电(电荷面密度为 σ)圆盘中轴线上的场强或无限大均匀带电平面外一点的场强。

解　建立如图 5-7 所示的坐标系，在带电圆盘的中轴线上任取一点 P，P 点到原点的距离为 x。以 O 为圆心，r 为半径，作一宽度为 $\mathrm{d}r$ 的微圆环，环的面积为 $\mathrm{d}S=2\pi r\mathrm{d}r$，带电量为 $\mathrm{d}q=\sigma 2\pi r\mathrm{d}r$，根据例 5-3 的结果，该微圆环在 P 点产生的电场强度大小为

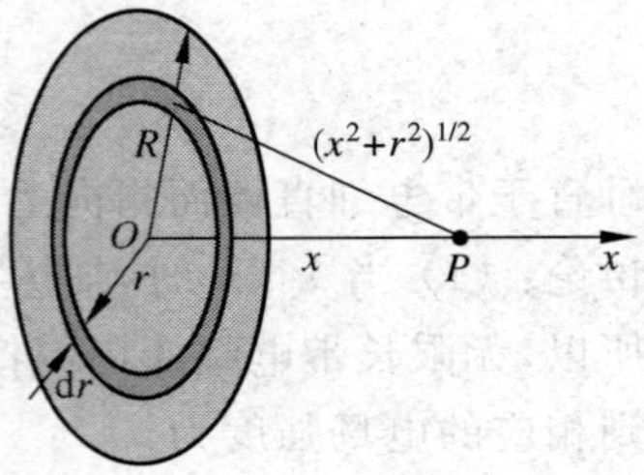

图 5-7　均匀带电圆盘中轴线上的场强

$$\mathrm{d}E=\frac{x\mathrm{d}q}{4\pi\varepsilon_0(x^2+r^2)^{3/2}}=\frac{\sigma}{2\varepsilon_0}\cdot\frac{xr\mathrm{d}r}{(x^2+r^2)^{3/2}}$$

方向沿 x 轴。

由于各微圆环在 P 点产生的场强方向都相同，所以整个带电圆盘在 P 点产生的场强大小为

$$\begin{aligned}E&=\int \mathrm{d}E=\frac{\sigma}{2\varepsilon_0}\int_0^R\frac{xr\mathrm{d}r}{(x^2+r^2)^{3/2}}\\&=\frac{\sigma x}{2\varepsilon_0}\left(\frac{1}{\sqrt{x^2}}-\frac{1}{\sqrt{x^2+R^2}}\right)\\&=\frac{\sigma}{2\varepsilon_0}\left(1-\frac{x}{\sqrt{x^2+R^2}}\right)\end{aligned}$$

方向沿 x 轴。

只要改变积分上下限，还可以计算出均匀带电有孔圆板、有圆孔无限大平板和无孔无限大平板在 x 轴任意一点的场强。试计算之。

如果 $x\ll R$，相对于 x，带电圆盘可看作是无限大均匀带电平板，这时有

$$E\approx\frac{\sigma}{2\varepsilon_0}$$

此结果表明，无限大带电平板外各点的电场强度与到平面的距离无关，是一个均匀场强，方

向垂直于平面。当 $\sigma>0$ 时，方向背离平面；当 $\sigma<0$ 时，方向指向平面。

此外，若有两个相互平行、彼此相隔很近的平面，它们的电荷面密度各为 $\pm\sigma$，利用上述结论及电场强度的叠加原理，很容易求得两平行带电平面中部的电场强度为 $E=\sigma/\varepsilon_0$。这是获得均匀电场的一种常用方法，均匀电场又称为匀强电场，在这种电场中 $\boldsymbol{E}$ 处处相等。

如果 $x\gg R$，根据

$$(x^2+R^2)^{-1/2}=\frac{1}{x}\frac{1}{\sqrt{\frac{R^2}{x^2}+1}}=\frac{1}{x}\left(1-\frac{R^2}{2x^2}+\cdots\right)\approx\frac{1}{x}\left(1-\frac{R^2}{2x^2}\right)$$

于是有

$$E\approx\frac{\sigma}{2\varepsilon_0}\cdot\frac{R^2}{2x^2}=\frac{\pi R^2\sigma}{4\pi\varepsilon_0 x^2}=\frac{q}{4\pi\varepsilon_0 x^2}$$

式中 $q=\pi R^2\sigma$ 为圆面所带的总电量，这一结果表明，远离圆面处的电场也相当于点电荷的电场。

5.3 电场强度通量 高斯定理

上一节我们研究了描述电场性质的一个重要物理量——电场强度，并从叠加原理出发讨论了点电荷系和电荷连续分布带电体的电场强度。为了更加形象地描述电场，本节将在介绍电场线的基础上，引入电场强度通量的概念，并导出静电场的重要定理——高斯定理。

5.3.1 电场线

为了形象地描绘电场在空间的分布，可画电场线。图 5-8 所示为几种带电系统的电场线。电场线是按照下述规定在电场中画出的假想的线：电场线上每一点的切线方向与该点的电场强度方向平行，电场线的疏密程度表示该点场强的大小。电场线的数密度大，该点 $\boldsymbol{E}$

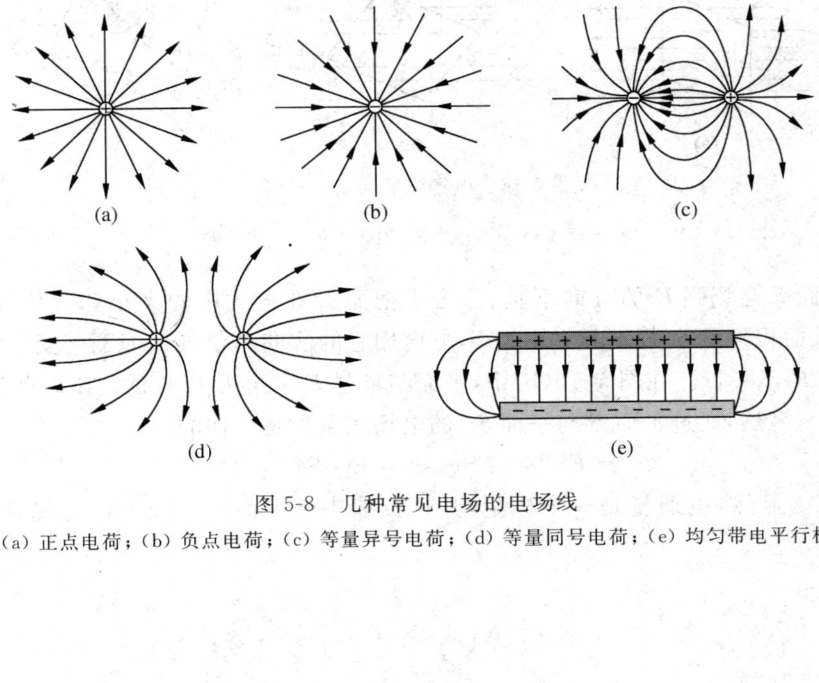

图 5-8 几种常见电场的电场线

(a) 正点电荷；(b) 负点电荷；(c) 等量异号电荷；(d) 等量同号电荷；(e) 均匀带电平行板

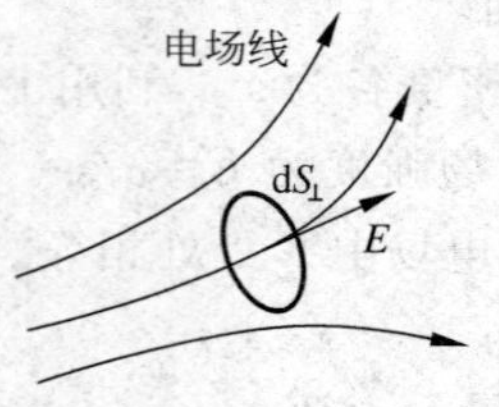

图 5-9 电场线数密度与场强的大小关系

较强;电场线的数密度小,该点的 $\boldsymbol{E}$ 较弱。定量地说,设想通过该点取一个垂直于电场方向的面积元 dS,如图 5-9 所示,由于 dS 很小,所以 dS 面上各点的场强可认为是相同的,则通过此面积元的电场线数 dN 与该点场强 $\boldsymbol{E}$ 的大小有如下关系:

$$\frac{\mathrm{d}N}{\mathrm{d}S} = E \tag{5-6}$$

这就是说,电场中某点处电场强度的大小等于该点处垂直于电场方向单位面积上通过的电场线条数,即等于该点处的电场线数密度。

静电场的电场线有以下一些性质:

(1) 电场线总是起于正电荷(或来自无穷远处),止于负电荷(或伸向无穷远处),在无电荷处不中断;

(2) 在没有电荷的空间,任何两条电场线都不能相交,因为电场中某点处的电场强度只能有一个方向;

(3) 静电场的电场线不形成闭合曲线。

5.3.2 电场强度通量

把通过电场中任意给定面积的电场线数叫做通过该面积的电场强度通量,简称电通量,用符号 Φ_e 表示。在国际单位制中,电通量的单位为 $\mathrm{N \cdot m^2/C}$。

对于均匀电场情况,当平面 S 与场强 $\boldsymbol{E}$ 的方向垂直时(图 5-10(a)),由于场强 $\boldsymbol{E}$ 处处相等,即电场线均匀分布,所以通过 S 面的电场线数目即电通量为

$$\Phi_e = ES \tag{5-7}$$

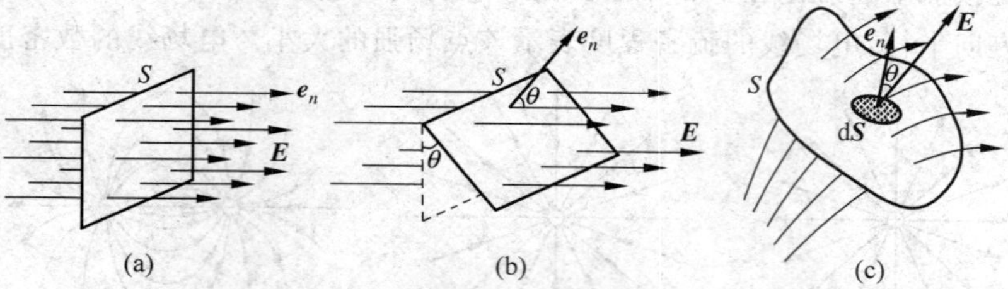

图 5-10 电场强度通量的计算

(a) $\Phi_e = ES$; (b) $\Phi_e = \boldsymbol{E} \cdot \boldsymbol{S}$; (c) $\Phi_e = \int_S \boldsymbol{E} \cdot \mathrm{d}\boldsymbol{S}$

如果平面 S 与场强 $\boldsymbol{E}$ 的方向不垂直,为了把面 S 在电场中的大小和方位同时表示出来,我们引入面积矢量 $\boldsymbol{S}$,规定其大小为 S,方向用它的法向单位矢量 $\boldsymbol{e}_n$ 来表示,即 $\boldsymbol{S} = S\boldsymbol{e}_n$。也就是 $\boldsymbol{e}_n$ 与 $\boldsymbol{E}$ 不平行。在图 5-10(b)中,平面与场强 $\boldsymbol{E}$ 夹角为 θ,平面 S 在垂直于场强方向的投影为 $S_\perp$,显然,通过平面 S 与平面 $S_\perp$ 的电场线条数是一样的,为

$$\Phi_e = ES_\perp = ES\cos\theta = \boldsymbol{E} \cdot S\boldsymbol{e}_n = \boldsymbol{E} \cdot \boldsymbol{S} \tag{5-8}$$

式中 $\boldsymbol{S} = S\boldsymbol{e}_n$。显然,电通量是一个标量,其正负取决于平面的法线方向与场强 $\boldsymbol{E}$ 之间的夹角。

如果电场是非均匀电场，并且 S 也不是平面，而是任意的曲面(如图 5-10(c)所示)，这时我们可以把曲面 S 分割成无穷多个小面积元 $\mathrm{d}\boldsymbol{S}$，其中任一个小面积元 $\mathrm{d}\boldsymbol{S}$ 都可以认为是平面，而且在面积元上的电场强度可认为处处相等，于是，通过这个小面积元 $\mathrm{d}\boldsymbol{S}$ 的电通量为

$$\mathrm{d}\Phi_{\mathrm{e}} = E\cos\theta \mathrm{d}S = \boldsymbol{E}\cdot\mathrm{d}\boldsymbol{S}$$

通过整个曲面 S 的电通量为通过所有面积元 $\mathrm{d}\boldsymbol{S}$ 电通量的积分：

$$\Phi_{\mathrm{e}} = \int \mathrm{d}\Phi_{\mathrm{e}} = \int_S \boldsymbol{E}\cdot\mathrm{d}\boldsymbol{S} \tag{5-9}$$

这样的积分在数学上叫面积分，积分号的下标表示此积分遍及整个曲面。

如果曲面是一个闭合曲面，则通过它的电通量可用下式求得

$$\Phi_{\mathrm{e}} = \oint_S \boldsymbol{E}\cdot\mathrm{d}\boldsymbol{S} \tag{5-10}$$

式中 $\oint_S$ 表示对整个闭合曲面进行面积分。

对于非闭合曲面，面上各处法向单位矢量的正方向可以任意取一侧；对于闭合曲面，电场线有穿入和穿出之分，一般规定从闭合曲面内侧指向外侧为法向单位矢量 $\boldsymbol{e}_n$ 的正方向。这样，当电场线穿出闭合曲面时，$0\leqslant\theta<\pi/2$，电场强度通量为正；当电场线穿入闭合曲面时，$\pi/2<\theta\leqslant\pi$，电场强度通量为负；如果穿出和穿入闭合曲面的电场线数目相等，则 $\Phi_{\mathrm{e}}=0$。穿过闭合曲面的电通量 Φ_{e} 正比于穿过该面的电场线的净条数。

5.3.3　高斯定理

既然静电场是由电荷所激发的，那么通过电场空间某一给定闭合曲面的电场强度通量与激发电场的场源电荷之间有没有确定的关系呢？德国物理学家、数学家高斯(C. F. Gauss，1777—1855)论证了通过任意闭合曲面的电通量与闭合曲面内部所包围电荷的关系，这就是高斯定理。

1. 真空中高斯定理的内容

真空中高斯定理的内容表述如下：在真空中的静电场中，通过任意一个闭合曲面 S 的电通量 Φ_{e} 等于该曲面所包围的所有电荷电量的代数和除以 ε_0，与闭合曲面外的电荷无关，其数学表达式为

$$\Phi_{\mathrm{e}} = \oint_S \boldsymbol{E}\cdot\mathrm{d}\boldsymbol{S} = \frac{1}{\varepsilon_0}\sum_{i=1}^{n} q_i^{\mathrm{in}} \tag{5-11}$$

一般把此闭合曲面称为高斯面。对高斯定理的理解应注意以下几点：

(1) 式(5-11)中的电场强度 $\boldsymbol{E}$ 是指曲面 S 上各点的电场强度，它是由全部电荷(既包括闭合曲面内又包括闭合曲面外的电荷)共同产生的合场强，并非只由闭合曲面内的电荷 $\sum_{i=1}^{n} q_i^{\mathrm{in}}$ 所产生；

(2) 通过闭合曲面的总电通量只取决于它所包围的电荷，即只有闭合曲面内部的电荷才对总电通量有贡献，闭合曲面外部的电荷对总电通量无贡献。

2. 真空中高斯定理的推导

下面利用电通量的概念，根据库仑定律和场强叠加原理导出高斯定理。

(1) 通过包围点电荷 q 的任意闭合曲面 S 的电通量为 q/ε_0。

以点电荷 q 为中心、r 为半径作一球面 S，如图 5-11(a)所示。由点电荷的场强公式(5-3)可知，球面上各点的场强大小都是 $E=\frac{q}{4\pi\varepsilon_0 r^2}$，当 $q>0$ 时，电场强度的方向沿矢径 $\boldsymbol{r}$ 向外，处处与球面正交，因此通过整个闭合球面的电通量为

$$\Phi_e=\oint_S \boldsymbol{E}\cdot d\boldsymbol{S}=\frac{q}{4\pi\varepsilon_0 r^2}\oint_S dS=\frac{q}{\varepsilon_0}$$

此结果与高斯球面半径无关，只与高斯面所包围的电荷的电量有关。这说明，对以 q 为中心的任意大小的闭合球面来说，通过球面的电通量都是相等的，从而得到电场线是不间断的，是连续的。

如图 5-11(a)所示，如果作任意曲面 S' 包围点电荷 q，在球面 S 与曲面 S' 之间无其他电荷存在时，由于电场线不会在没有电荷的地方中断，所以通过曲面 S' 的电场线必定全部通过球面 S，即通过球面 S 的电通量与通过曲面 S' 的电通量相等。因此，通过包围点电荷 q 的任意闭合曲面 S' 的电通量也是 q/ε_0。

(2) 通过不包围点电荷 q 的任意闭合曲面 S 的电通量必为零。

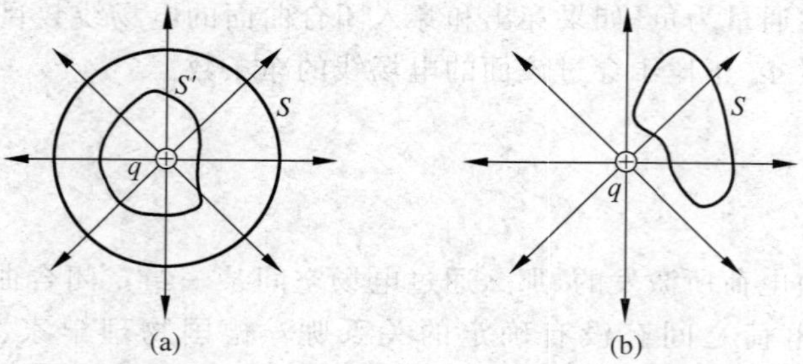

图 5-11　以点电荷为场源的高斯定理推导

如图 5-11(b)所示，点电荷 q 在闭合曲面 S 外时，由电场线的连续性可得出，由一侧穿入曲面 S 的电场线数一定等于从另一侧穿出曲面 S 的电场线数。因此，通过整个闭合曲面的电通量为零。由此不难推断，若在电场中所取的闭合曲面不含有电荷，或者所含电荷的代数和为零时，穿出此闭合曲面的电场强度通量必为零，即

$$\Phi_e=\oint_S \boldsymbol{E}\cdot d\boldsymbol{S}=0\quad(\text{闭合曲面不含净电荷})$$

基于上述分析可得以下结论：在一个点电荷电场中，通过任意一个闭合曲面 S 的电通量为 $\frac{q}{\varepsilon_0}$ 或为 0，即

$$\oint_S \boldsymbol{E}\cdot d\boldsymbol{S}=\begin{cases}\frac{q}{\varepsilon_0} & (\text{点电荷 } q \text{ 在曲面 } S \text{ 内})\\ 0 & (\text{点电荷在曲面 } S \text{ 外})\end{cases}\tag{5-12}$$

(3) 任意带电体系的电场

对于一个由多个点电荷 $q_1,q_2,\cdots,q_n$ 组成的电荷系来说，根据场强叠加原理，可得穿过该闭合曲面的电通量为

$$\oint_S \boldsymbol{E}\cdot d\boldsymbol{S}=\oint_S (\boldsymbol{E}_1+\boldsymbol{E}_2+\cdots+\boldsymbol{E}_n)\cdot d\boldsymbol{S}$$

$$= \oint_S \boldsymbol{E}_1 \cdot d\boldsymbol{S} + \oint_S \boldsymbol{E}_2 \cdot d\boldsymbol{S} + \cdots + \oint_S \boldsymbol{E}_n \cdot d\boldsymbol{S}$$
$$= \Phi_{e1} + \Phi_{e2} + \cdots + \Phi_{en}$$

式中 $\Phi_{e1}, \Phi_{e2}, \cdots, \Phi_{en}$ 分别是电荷 $q_1, q_2, \cdots, q_n$ 各自激发的电场 $\boldsymbol{E}_1, \boldsymbol{E}_2, \cdots, \boldsymbol{E}_n$ 穿过闭合曲面的电通量。由式(5-12)可得,穿过闭合曲面的电通量仅仅与此闭合曲面内的电荷有关,即

$$\Phi_e = \frac{1}{\varepsilon_0}\sum_{i=1}^{n} q_i^{\text{in}}$$

这就是高斯定理。

高斯定理反映了静电场最基本的性质之一:静电场是有源场,电场线起始于正电荷,终止于负电荷。

需要指出的是,虽然高斯定理是在库仑定律的基础上得出的,但库仑定律是从电荷间的作用反映静电场的性质,高斯定理是从场和场源电荷间的关系反映静电场的性质。从场的研究方面来看,高斯定理的应用范围比库仑定律更广泛。库仑定律只适用于静电场,对于静电学问题,库仑定律和高斯定理完全等效。高斯定理不但适用于静电场,对于变化电场也是适用的,它是电磁场理论的基本方程之一。关于这一点,我们将在后面电磁感应一章中论述。

3. 高斯定理的应用

高斯定理最重要的一个应用就是可以利用它来求解某些具有对称分布电荷的电场强度。如:

(1) 球对称性　如点电荷,均匀带电球面或球体;

(2) 轴对称性　如无限长均匀带电直线,无限长均匀带电圆柱体或圆柱面;

(3) 面对称性　如无限大均匀带电平板等。

此方法比应用电场强度叠加原理来计算电场强度更方便。

应用高斯定理求解电场强度的步骤如下:

(1) 根据电荷分布的对称性分析电场分布的对称性。

(2) 此步是求解的关键。过待求场强的点选取一个合适的闭合曲面,使这个闭合曲面上各点(或某一部分)的场强大小为一恒量,且场强的方向与高斯面处处相垂直,即 $\boldsymbol{E}$ 与 $d\boldsymbol{S}$ 的夹角为 $\theta=0$。这样积分 $\oint_S \boldsymbol{E} \cdot d\boldsymbol{S}$ 中的 $\boldsymbol{E}$ 能以标量形式从积分号内提出来,计算简化为

$$\oint_S \boldsymbol{E} \cdot d\boldsymbol{S} = E\oint_S dS$$

若高斯面某处 $\boldsymbol{E}$ 与 $d\boldsymbol{S}$ 夹角不为零,应使 $\theta=90°$,从而穿过这一部分曲面的电通量 $\int_S \boldsymbol{E} \cdot d\boldsymbol{S} = \int_S E\cos\theta dS = 0$。

(3) 计算出高斯面内的电荷,由高斯定律求出电场强度。

下面举例说明。

例 5-5　求均匀带电球壳内外的电场强度,设球壳带电量为 $Q(Q>0)$,半径为 R,如图 5-12(a)所示。

解　对称性分析。电荷分布是球对称的,不论 P 点是在球面内还是球面外,连接 OP,

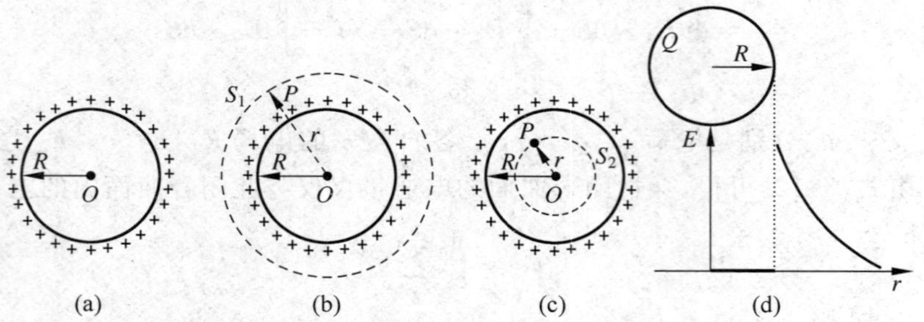

图 5-12 均匀带电球壳的场强分布

球面上的电荷可以看做是无数对关于 OP 对称的电荷元 $\mathrm{d}q$ 和 $\mathrm{d}q'$，每一对电荷元在 P 点处激发的垂直于 OP 的场强分量，因方向相反而相互抵消，所以 P 点的总场强 $\boldsymbol{E}$ 一定是沿着 OP 的连线(即沿半径的方向向外)，并且在与带电球面同心的球面上，各点场强大小相等，即电场分布也具有球对称性。

根据上述分析，取高斯面为通过 P 点和球壳同心的球面。在此球面上的场强大小处处相等，方向与球面上的外法线方向相同，$\theta=0°$。设球心为 O，高斯面的半径为 r，由高斯定理可得

$$\oint_S \boldsymbol{E}\cdot \mathrm{d}\boldsymbol{S}=\oint_S E\mathrm{d}S = E\oint_S \mathrm{d}S = 4\pi r^2 E$$

当 P 点在球壳外时，即 $r>R$，这时高斯面包围均匀带电球壳，如图 5-12(b)所示。根据高斯定理有

$$\oint_{S_1} \boldsymbol{E}\cdot \mathrm{d}\boldsymbol{S} = 4\pi r^2 E = \frac{Q}{\varepsilon_0}$$

由此得到 P 点的场强大小为

$$E=\frac{Q}{4\pi\varepsilon_0 r^2}$$

场强的方向沿着矢径 $\boldsymbol{r}$ 的方向。用矢量的形式表示 P 点的场强为

$$\boldsymbol{E}=\frac{Q}{4\pi\varepsilon_0 r^2}\boldsymbol{e}_r,\quad r>R$$

其中 $\boldsymbol{e}_r$ 为矢径 $\boldsymbol{r}$ 的单位矢量。上式表明，均匀带电球壳在外部空间产生的场强与把球壳上全部电荷集中于球心时所产生的场强相同。

当 P 点在球壳内部时，即 $0<r<R$，如图 5-12(c)所示，这时高斯面内不包含电荷，根据高斯定理有

$$\oint_{S_2} \boldsymbol{E}\cdot \mathrm{d}\boldsymbol{S} = 4\pi r^2 E = 0$$

由此得到 P 点的场强

$$\boldsymbol{E}=\boldsymbol{0},\quad 0<r<R$$

此式表明球壳内任一点的场强皆为零。根据上述结果，可画出场强大小随距离变化的曲线如图 5-12(d)所示，从 E-r 图可以看到，场强的值在球面处($r=R$)是不连续的。

当球壳上均匀分布的是负电荷时，场强大小的分布情况和上面分析的结果一样，只是球壳场强的方向和正电荷的方向相反，沿着半径方向指向球心。

例 5-6 求均匀带电球体的电场分布，设球的半径为 R，所带电量为 Q。

铀核可视为带有 $92e$ 电量的均匀带电球体，半径为 7.4×10^{-15} m，求其表面的电场强度。

解　解题思路同上。因为电荷分布具有球对称性，所以电场分布也具有球对称性，在与带电球同心、半径为 r 的球面上各点的电场强度大小相等，并垂直于球面沿径向。

(1) 球体内的电场强度

通过球内 P 点，作一半径为 $r(r<R)$ 的同心球面 S_1 作为高斯面(图 5-13(a))，该高斯面所包围的电荷量为 $\sum q=\dfrac{Q}{\frac{4}{3}\pi R^3}\cdot\dfrac{4}{3}\pi r^3=Q\dfrac{r^3}{R^3}$，设半径为 r 处的场强为 E_1，由高斯定理

$$\oint_{S_1}\boldsymbol{E}_1\cdot \mathrm{d}\boldsymbol{S}=4\pi r^2E_1=\frac{\sum q}{\varepsilon_0}$$

得

$$E_1=\frac{Qr}{4\pi\varepsilon_0R^3}$$

(2) 球体外的电场强度

过球外 P 点作半径为 $r(r>R)$ 的球形高斯面 S_2(图 5-13(a))，它包围的电荷量为 $\sum q=Q$，由高斯定理 $\oint_{S_2}\boldsymbol{E}_2\cdot \mathrm{d}\boldsymbol{S}=4\pi r^2E_2=\dfrac{\sum q}{\varepsilon_0}=\dfrac{Q}{\varepsilon_0}$ 得

$$E_2=\frac{Q}{4\pi\varepsilon_0r^2}$$

表明均匀带电球体外任一点的场强与全部电荷集中在球心的点电荷在该点产生的场强相同。根据以上结果可作场强分布曲线，如图 5-13(b)所示。注意到在 $r=R$ 处场强是连续的。

由此可得铀核表面的电场强度为

$$E=\frac{92e}{4\pi\varepsilon_0R^2}=\frac{92\times1.6\times10^{-19}}{4\pi\times8.85\times10^{-12}\times(7.4\times10^{-15})^2}=2.4\times10^{21}(\mathrm{N/C})$$

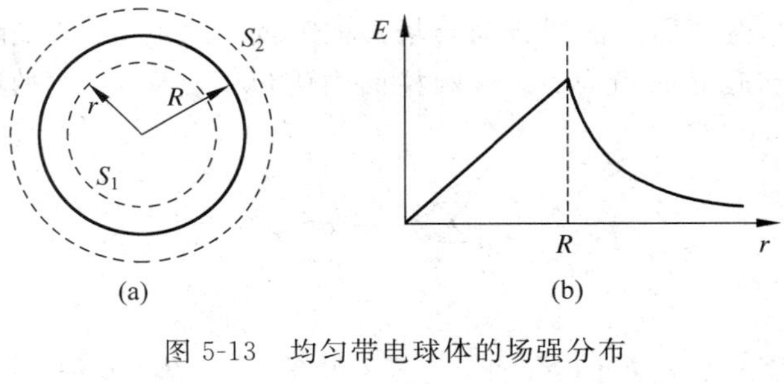

图 5-13　均匀带电球体的场强分布

例 5-7　求无限长均匀带正电直线外任意一点的场强。设直线上线电荷密度为 λ。

输电线上均匀带电，线电荷密度为 4.2nC/m，求距电线 0.50m 处的电场强度。

解　经分析不难发现，与带电直线垂直距离相等的各点的电场强度大小相等，方向都是垂直于细棒辐射向外。带电直线所产生的电场具有轴对称性。

因此，选取以直线为轴线的闭合圆柱面为高斯面，设其半径为 r，长度为 l，如图 5-14 所示。这样，就可以使圆柱面的上下底面 S_1 和 S_2 的法线方向和场强的方向垂直($\theta=90°$)，侧

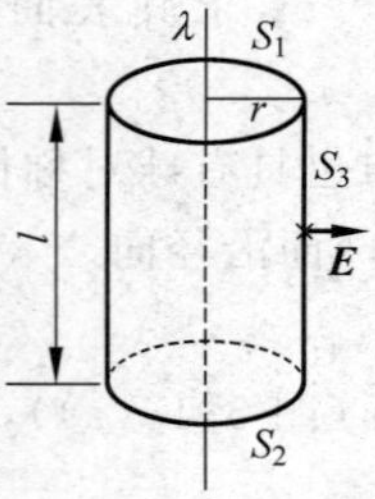

图 5-14 无限长均匀带电直线的场强

面 S_3 的法线方向和场强的方向一致(或平行,$\theta=0°$)。由高斯定理可得通过闭合圆柱高斯面的电通量为

$$\oint_S \boldsymbol{E}\cdot d\boldsymbol{S}=\int_{S_1}\boldsymbol{E}\cdot d\boldsymbol{S}+\int_{S_2}\boldsymbol{E}\cdot d\boldsymbol{S}+\int_{S_3}\boldsymbol{E}\cdot d\boldsymbol{S}$$

$$=0+0+E\int_{S_3}dS=2\pi rlE$$

由于该高斯面包围的电荷为 λl,故根据高斯定理有

$$2\pi rlE=\frac{\lambda l}{\varepsilon_0}$$

由此得场强的大小

$$E=\frac{\lambda}{2\pi\varepsilon_0 r}$$

场强的方向垂直于直线向外辐射。

考虑到方向,可得场强的矢量表达式为

$$\boldsymbol{E}=\frac{\lambda}{2\pi\varepsilon_0 r}\boldsymbol{e}_r$$

式中,$\boldsymbol{e}_r$ 为沿着以直线为轴的圆柱半径方向的单位矢量。

题中所求输电线周围 0.5m 处的电场强度为

$$E=\frac{\lambda}{2\pi\varepsilon_0 r}=\frac{4.2\times10^{-9}}{2\pi\times8.85\times10^{-12}\times0.5}=1.5\times10^2(\text{N/C})$$

例 5-8 求无限大均匀带正电平面的场强分布。已知带电平面上的电荷面密度为 σ。

解 如图 5-15 所示,由于均匀带电平面无限大,所以平面两侧附近的电场分布必然关于平面对称,平面两侧与平面等距离处场强大小相等,方向处处与平面垂直,并指向两侧。

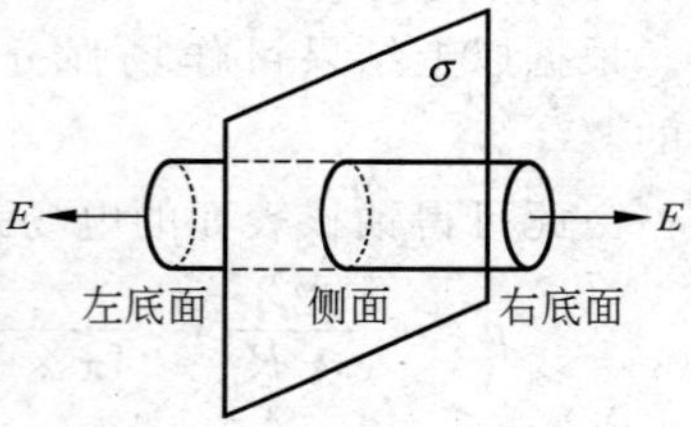

图 5-15 无限大均匀带正电平面的场强分布

根据上述分析,取一穿过平面且关于平面对称的圆柱面为高斯面,其轴线与平面正交,侧面的法线方向与场强方向垂直($\theta=90°$),两底面的法线方向与场强的方向一致(或平行,$\theta=0°$),且底面面积为 S。该圆柱面内所包围的电荷为

$$\sum_{i=1}^{n}q_i^{\text{in}}=\sigma S$$

根据高斯定理,有

$$\oint_S \boldsymbol{E}\cdot d\boldsymbol{S}=\int_{S_{侧面}}\boldsymbol{E}\cdot d\boldsymbol{S}+\int_{S_{左底面}}\boldsymbol{E}\cdot d\boldsymbol{S}+\int_{S_{右底面}}\boldsymbol{E}\cdot d\boldsymbol{S}=\int_{S_{底面}}EdS$$

$$=2E\int_{S_{底面}}dS=2ES=\frac{\sigma S}{\varepsilon_0}$$

由此得场强的大小

$$E=\frac{\sigma}{2\varepsilon_0}\tag{5-13}$$

此结果说明,无限大均匀带正电平面在空间激发的场强大小与距离无关,方向垂直于平面,

这个电场是匀强电场。

利用上述结果，可求得两个带等量异号电荷的无限大平行平面的电场强度。如图 5-16 所示，设两无限大平面 1 和 2 的电荷面密度分别为 $+\sigma$ 和 $-\sigma$。两平面激发的场强大小相等，在 Ⅰ、Ⅲ 区域场强方向相反，Ⅱ 区域场强方向一致。

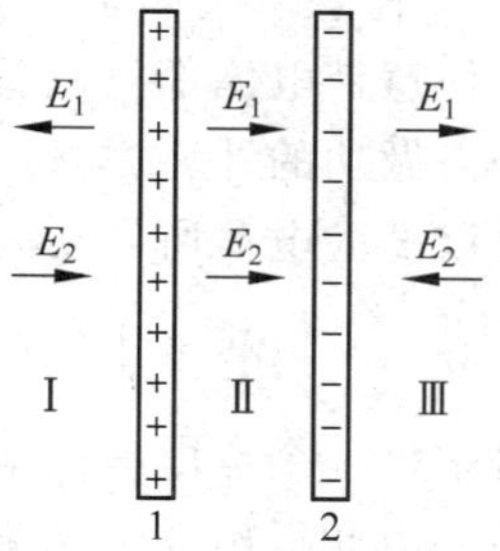

图 5-16　两无限大均匀带电平面的电场

根据场强叠加原理可得(取正方向向右)如下结果：

Ⅰ 区域

$$E = E_2 - E_1 = 0$$

Ⅱ 区域

$$E = E_1 + E_2 = \frac{\sigma}{\varepsilon_0}$$

Ⅲ 区域

$$E = E_1 - E_2 = 0$$

由上述结果可以看出，两个带等量异号电荷的无限大平行平面之间的电场是匀强电场。

5.4　静电场的环路定理　电势能

在牛顿力学中，我们曾论证了保守力——万有引力和弹性力对质点做的功只与起始和终了位置有关，而与路径无关这一重要特性，并由此引入相应的势能概念。那么静电场力——库仑力的情况怎样呢？是否也是保守力而能引入电势能的概念呢？本节我们将从静电场力做功的特点出发，研究静电场的另一个重要性质，并由此引入另一个描述电场性质的物理量——电势。

1. 静电场力是保守力

从库仑定律和场强叠加原理出发，可以证明静电场力所做的功与路径无关，即静电场力是保守力。证明过程分两个步骤，第一步先证明在单个点电荷产生的电场中，静电场力所做的功与路径无关；第二步再证明对任何带电体系产生的电场来说，也有相同的结论。

1）单个点电荷产生的电场

如图 5-17 所示，有一正点电荷 q 固定于原点，在其激发的电场中，把试验电荷 q_0 沿任意路径由 A 点运动到 B 点，其位矢分别为 $\boldsymbol{r}_A$ 和 $\boldsymbol{r}_B$，在路径上任取一位移元 $\mathrm{d}\boldsymbol{l}$，当试验电荷 q_0 在电场中移动 $\mathrm{d}\boldsymbol{l}$ 时，电场力 $\boldsymbol{F}$ 对 q_0 所做的元功为

$$\mathrm{d}W = \boldsymbol{F} \cdot \mathrm{d}\boldsymbol{l} = q_0 \boldsymbol{E} \cdot \mathrm{d}\boldsymbol{l} = q_0 E \mathrm{d}l \cos\theta$$

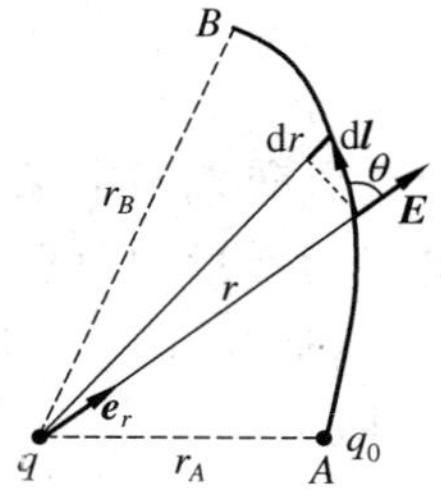

图 5-17　点电荷电场中电场力所做的功

因为 $\mathrm{d}l\cos\theta = \mathrm{d}r$，$E = \dfrac{q}{4\pi\varepsilon_0 r^2}$，所以

$$\mathrm{d}W = \frac{qq_0}{4\pi\varepsilon_0 r^2}\mathrm{d}r$$

于是得到试验电荷 q_0 由 A 点运动到 B 点，电场力所做的功为

$$W = \int_A^B \mathrm{d}W = \frac{qq_0}{4\pi\varepsilon_0}\int_{r_A}^{r_B}\frac{\mathrm{d}r}{r^2} = \frac{qq_0}{4\pi\varepsilon_0}\left(\frac{1}{r_A} - \frac{1}{r_B}\right) \tag{5-14}$$

式(5-14)表明,在点电荷的电场中,电场力对试验电荷所做的功只与试验电荷所带电量以及起点和终点位置有关,而与所经历的路径无关。

2) 任意带电体系产生的电场

任意带电体都可以看作是由无穷多个点电荷组成的点电荷系。根据电场的叠加原理以及合力做功的计算方法,当试验电荷在电场中移动时,电场力做的功等于各个点电荷的电场力对该试验电荷所做功的代数和,即

$$W=\int_l \boldsymbol{F}\cdot \mathrm{d}\boldsymbol{l}=q_0\int_l \boldsymbol{E}\cdot \mathrm{d}\boldsymbol{l}=q_0\int_l \Big(\sum_i \boldsymbol{E}_i\Big)\cdot \mathrm{d}\boldsymbol{l}=\sum_i q_0\int_l \boldsymbol{E}_i\cdot \mathrm{d}\boldsymbol{l} \tag{5-15}$$

上式中每一个点电荷的电场力所做的功都与路径无关,所以合电场力做的功也必然与路径无关。由此得出如下结论:当试验电荷在任何静电场中移动时,电场力所做的功只与试验电荷的电量以及起点和终点的位置有关,而与路径无关。静电场的这一性质称为静电场的保守性,即静电场是保守场,静电力是保守力。

2. 静电场的环路定律

静电场力所做的功与路径无关这一结论还可以表述成另一种等价的形式。如图 5-18 所示,当试验电荷 q_0 在静电场中从同一起点沿不同的路径 ABC 和 ADC 到达同一终点时,电场力所做的功相等,即

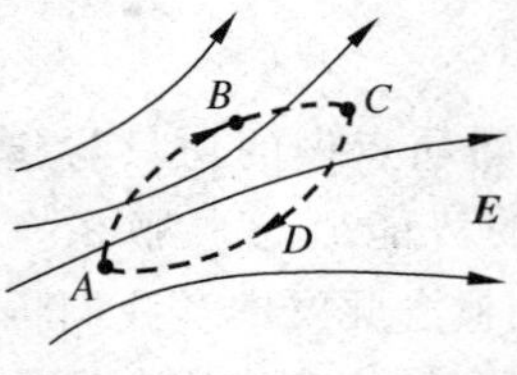

图 5-18 静电场的环路定律

$$q_0\int_{ABC} \boldsymbol{E}\cdot \mathrm{d}\boldsymbol{l}=q_0\int_{ADC} \boldsymbol{E}\cdot \mathrm{d}\boldsymbol{l}$$

上式可写为

$$q_0\Big(\int_{ABC} \boldsymbol{E}\cdot \mathrm{d}\boldsymbol{l}+\int_{CDA} \boldsymbol{E}\cdot \mathrm{d}\boldsymbol{l}\Big)=0$$

ABC 和 CDA 正好形成一个闭合回路,所以

$$\oint_l \boldsymbol{E}\cdot \mathrm{d}\boldsymbol{l}=0 \tag{5-16}$$

此式表明,在静电场中,电场强度 $\boldsymbol{E}$ 沿任意闭合回路的线积分等于零。$\boldsymbol{E}$ 沿任意闭合路径的线积分也叫做 $\boldsymbol{E}$ 的环流,故上式也可表述为:在静电场中电场强度的环流为零,这个结论称为静电场的环路定理,是静电场为保守力场的另一种说法。它与高斯定理一样,也是表述静电场性质的一个重要定理。

3. 电势能

根据静电场是保守力场,我们可以引入“电势能”的概念。由于在保守力场中保守力所做的功等于相应势能增量的负值,所以静电场力所做的功也等于电势能增量的负值。设试验电荷 q_0 在静电场中任意两点 A、B 的电势能分别为 E_{pA} 和 E_{pB},当试验电荷 q_0 从 A 点沿任意路径移到 B 点时,电场力所做的功应等于相应势能增量的负值,即

$$W_{A\to B}=\int_{AB} q_0\boldsymbol{E}\cdot \mathrm{d}\boldsymbol{l}=-\Delta E_{\mathrm{p}}=-(E_{pB}-E_{pA}) \tag{5-17}$$

电势能与重力势能及弹性势能相似,是一个相对量。为了确定电荷在电场中某一点电势能的大小,必须选定一个参考点作为零势能点。当带电体系局限在有限大小的空间时,通常选择无穷远处的电势能为零。在式(5-17)中,如果令 $E_{pB}=0$,即选取 B 点为零势能点,则 q_0 在 A 点的电势能为

$$E_{pA}=\int_A^{\infty} q_0 \boldsymbol{E}\cdot \mathrm{d}\boldsymbol{l} \tag{5-18}$$

式(5-18)表明,电荷 q_0 在电场中某点处的电势能在数值上等于把它从该点经任意路径移到无穷远处电场力所做的功。在国际单位制中,电势能的单位是 J,还有一种常用单位为 eV。1eV 表示 1 个电子通过 1 伏特电势差时所获得的能量,$1\mathrm{eV}=1.602\times10^{-19}\mathrm{J}$。

5.5 电势 等势面

5.5.1 电势 电势差

在式(5-18)中,$E_{pA}/q_0=\int_A^{\infty}\boldsymbol{E}\cdot \mathrm{d}\boldsymbol{l}$ 与电荷 q_0 无关,只取决于电场强度和给定点的位置。因此,把电荷在电场中某点的电势能与其电量的比值称为该点的电势,用符号 V 表示,即

$$V_A=\frac{E_{pA}}{q_0}=\int_A^{\infty}\boldsymbol{E}\cdot \mathrm{d}\boldsymbol{l} \tag{5-19}$$

式(5-19)表明,电场中某点的电势在量值上等于单位正电荷放在该点时的电势能,或者说,等于单位正电荷从该点沿任意路径到无穷远处电场力所做的功。电势是标量。

在静电场中,任意两点 A 和 B 的电势之差称为电势差,用符号 U 表示,A、B 两点的电势差表示为

$$U_{AB}=V_A-V_B=\int_A^{\infty}\boldsymbol{E}\cdot \mathrm{d}\boldsymbol{l}-\int_B^{\infty}\boldsymbol{E}\cdot \mathrm{d}\boldsymbol{l}=\int_{AB}\boldsymbol{E}\cdot \mathrm{d}\boldsymbol{l} \tag{5-20}$$

上式表明,静电场中任意两点 A 和 B 之间的电势差在数值上等于把单位正电荷从 A 点经任意路径移到 B 点时,电场力所做的功。

电势和电势差具有相同的单位,在国际单位制中,电势和电势差的单位是伏特,用 V 表示。1V=1J/C。

由上述结论可知,当点电荷 q_0 在电场中从 A 点移到 B 点时,电场力所做的功可用电势差表示为

$$W_{AB}=q_0\int_{AB}\boldsymbol{E}\cdot \mathrm{d}\boldsymbol{l}=q_0U_{AB}=q_0(V_A-V_B) \tag{5-21}$$

值得注意的是,电势和电势能都是标量,但有正负之分,它们的数值具有相对意义,与零点的选择有关。通常当场源为有限带电体时,规定无穷远处为零点,此时在某点 A 的电势能和电势分别根据式(5-18)和式(5-19)计算。当电荷的分布延伸到无限远时(如无限大带电平面或无限长带电直线),则零点不能再选在无穷远处,只能在有限的范围内选取电场中某点为零点,按 $E_{pA}=\int_A^{\text{零势能点}} q_0\boldsymbol{E}\cdot \mathrm{d}\boldsymbol{l}$ 计算电势能,$V_A=\int_A^{\text{零势能点}}\boldsymbol{E}\cdot \mathrm{d}\boldsymbol{l}$ 计算电势。

5.5.2 电势的计算

1. 点电荷引起的电势

真空中在点电荷 q 的电场中,距 q 为 r 处一点 A 的电场强度为 $\boldsymbol{E}=\frac{q}{4\pi\varepsilon_0 r^2}\boldsymbol{e}_r$。由于电场

力所做的功与路径无关,因此选取最便于计算的沿矢径 $\boldsymbol{r}$ 的直线为积分路径,如图 5-19 所示,根据电势的定义式,得 A 点的电势为

$$V_A=\int_A^{\infty}\boldsymbol{E}\cdot\mathrm{d}\boldsymbol{l}=\int_A^{\infty}\boldsymbol{E}\cdot\mathrm{d}\boldsymbol{r}=\int_r^{\infty}\frac{q}{4\pi\varepsilon_0 r^2}\boldsymbol{e}_r\cdot\mathrm{d}\boldsymbol{r}$$

$$=\int_r^{\infty}\frac{q\,\mathrm{d}r}{4\pi\varepsilon_0 r^2}=\frac{q}{4\pi\varepsilon_0 r} \tag{5-22}$$

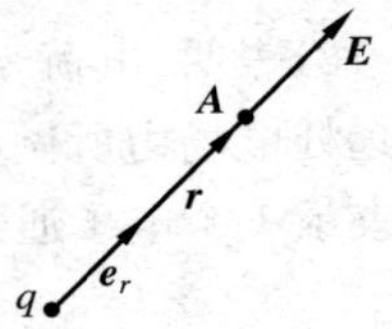

图 5-19 点电荷电场中任一点 A 的电势

2. **点电荷系引起的电势**

在由 n 个点电荷 $q_1,q_2,\cdots,q_n$ 组成的点电荷系共同激发的电场中,由电势定义式(5-19),电场中任意一点 A 的电势为

$$V_A=\int_A^{\infty}\boldsymbol{E}\cdot\mathrm{d}\boldsymbol{l}=\int_A^{\infty}\sum_{i=1}^{n}\boldsymbol{E}_i\cdot\mathrm{d}\boldsymbol{l}=\sum_{i=1}^{n}\int_A^{\infty}\boldsymbol{E}_i\cdot\mathrm{d}\boldsymbol{l}=\sum_{i=1}^{n}V_{Ai} \tag{5-23}$$

式中,$V_{Ai}=\int_A^{\infty}\boldsymbol{E}_i\cdot\mathrm{d}\boldsymbol{l}$,为第 i 个点电荷单独存在时在 A 点的电势。

式(5-23)表明在点电荷系的电场中任意一点的电势等于各个点电荷单独存在时在该点所建立电势的代数和,这就是静电场的电势叠加原理。

3. **由连续分布电荷引起的电势**

如果产生电场的带电体电荷是连续分布的,我们可以把电荷连续分布的带电体分割成无穷多个电荷元 $\mathrm{d}q$,由于每一电荷元很小,可以把它视为点电荷。其中任一电荷元在电场中 A 点产生的电势,根据式(5-22)为

$$\mathrm{d}V=\frac{\mathrm{d}q}{4\pi\varepsilon_0 r}$$

式中 r 为该电荷元 $\mathrm{d}q$ 到 A 点的距离。则所有电荷元(即整个带电体)在 A 点产生的电势为

$$V_A=\frac{1}{4\pi\varepsilon_0}\int\frac{\mathrm{d}q}{r} \tag{5-24}$$

因为电势是标量,这里的积分是对标量积分,所以电势的计算比电场强度的计算往往要简便一些。

当带电体的电荷分布已知时,计算电势分布的方法有两种。

(1) 当电场强度分布已知,或因带电体具有一定的对称性,因而场强分布易用高斯定理求出时,可以利用电势的定义 $V_A=\int_A^{\infty}\boldsymbol{E}\cdot\mathrm{d}\boldsymbol{l}$ 求得电势;

(2) 当带电体的电荷分布已知,且带电体的对称性又不强时,宜用电势叠加原理(5-23)或(5-24)计算电势。

例 5-9 求均匀带电细圆环轴线上任一点的电势分布。已知环的半径为 R,总电量为 q。

解 如图 5-20(a)所示,取轴线为 x 轴,圆心为原点 O,在轴线上任取一点 P,其坐标为 x。

方法 1 用电势的定义

由例 5-3 知,圆环在轴线上任一点产生的场强为

$$E=\frac{qx}{4\pi\varepsilon_0(x^2+R^2)^{3/2}}\quad(\text{方向与 } x \text{ 轴平行})$$

又因为 $V_P=\int_P^{\infty}\boldsymbol{E}\cdot\mathrm{d}\boldsymbol{l}$,由于积分与路径无关,所以选取沿 x 轴到无穷远处为积分路径,有

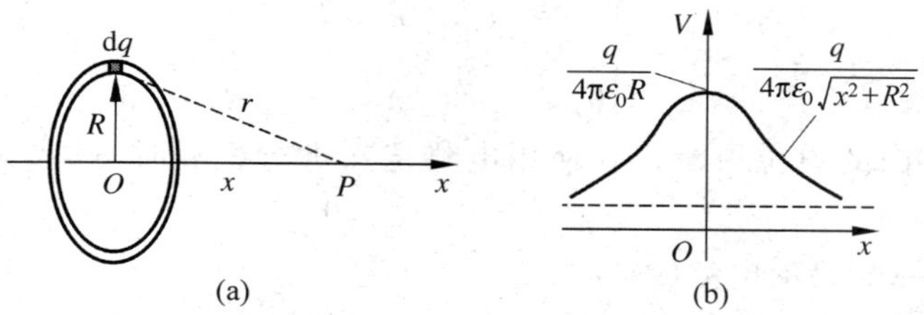

图 5-20 均匀带电细圆环轴线上的电势分布

$$V_P=\int_x^\infty \frac{qx}{4\pi\varepsilon_0(x^2+R^2)^{3/2}}\mathrm{d}x=\frac{q}{4\pi\varepsilon_0}\cdot\frac{1}{2}\int_x^\infty\frac{\mathrm{d}(x^2+R^2)}{(x^2+R^2)^{3/2}}=\frac{q}{4\pi\varepsilon_0(x^2+R^2)^{1/2}}$$

方法 2 用电势叠加法

把圆环分成无穷多个电荷元 $\mathrm{d}q$，每个电荷元可视为点电荷，它到 P 点的距离都为 $r=(x^2+R^2)^{1/2}$，任一电荷元 $\mathrm{d}q$ 在 P 点产生的电势为

$$\mathrm{d}V_P=\frac{1}{4\pi\varepsilon_0}\cdot\frac{\mathrm{d}q}{r}$$

整个圆环在 P 点产生的电势为

$$V_P=\frac{1}{4\pi\varepsilon_0 r}\int\mathrm{d}q=\frac{q}{4\pi\varepsilon_0 r}=\frac{q}{4\pi\varepsilon_0(x^2+R^2)^{1/2}}$$

若点 P 在环心，则 $x=0$，所以

$$V_0=\frac{q}{4\pi\varepsilon_0 R}$$

上式表明，虽然环心的电场强度 $E=0$，但该点的电势却不为零。

若点 P 远离环心，即 $x\gg R$，则

$$V_P=\frac{q}{4\pi\varepsilon_0 x}$$

可见，圆环轴线上远离环心处的电势与电荷全部集中在环心的点电荷的电势相同。

利用上述结果，取细圆环为积分元，很容易计算出通过一均匀带电圆平面中心且垂直圆平面的轴线上任意点的电势。试计算之。

例 5-10 求均匀带电球面内外的电势分布，设球面电量为 Q，半径为 R。

解 画出带电球面的示意图，如图 5-21(a)所示。

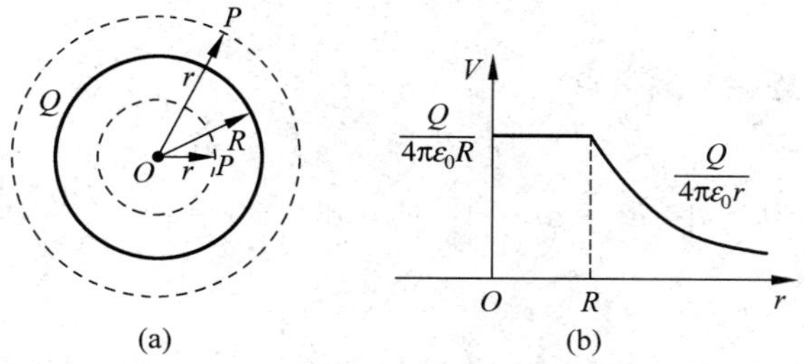

图 5-21 均匀带电球面的电势分布

由例 5-5 得到均匀带电球面内外的场强分布如下：

$$E=\begin{cases}\dfrac{Q}{4\pi\varepsilon_0 r^2}\boldsymbol{e}_r, & r>R\\ \boldsymbol{0}, & 0<r<R\end{cases}$$

其中 $\boldsymbol{e}_r$ 为沿矢径方向的单位矢量。在使用电势定义进行积分时,选取矢径方向作为积分路径。

(1) 球面内任一点 P 的电势($0<r<R$)

根据电势定义式(5-19)得

$$V_P=\int_P^{\infty}\boldsymbol{E}\cdot d\boldsymbol{l}=\int_r^R\boldsymbol{E}\cdot d\boldsymbol{r}+\int_R^{\infty}\boldsymbol{E}\cdot d\boldsymbol{r}=0+\int_R^{\infty}\frac{Q\,dr}{4\pi\varepsilon_0 r^2}=\frac{Q}{4\pi\varepsilon_0 R}$$

这表明,均匀带电球面内各点的电势相等,均匀带电球面内的空间是等势的。

(2) 球面外任一点 P 的电势($r>R$)

按照同样的方法,有

$$V_P=\int_P^{\infty}\boldsymbol{E}\cdot d\boldsymbol{l}=\int_r^{\infty}\frac{Q}{4\pi\varepsilon_0 r^2}\boldsymbol{e}_r\cdot d\boldsymbol{r}=\int_r^{\infty}\frac{Q\,dr}{4\pi\varepsilon_0 r^2}=\frac{Q}{4\pi\varepsilon_0 r}$$

上式表明:均匀带电球面外各点的电势与球上电荷全部集中于球心作为一个点电荷在该点产生的电势相同。根据以上结果,可作出 V-r 曲线如图 5-21(b)所示。

例 5-11 一对无限长共轴直圆筒(圆柱面),半径分别为 R_1 和 R_2($R_2>R_1$),内筒带正电,外筒带负电,线密度沿轴线方向分别为 λ 和 $-\lambda$,试求下列情况下的电势分布及两直圆筒的电势差:

(1) 设圆柱面 R_2 处为势能零参考点;

(2) 设圆柱轴线($r=0$)处为势能零参考点。

解 先由高斯定理求场强:

$$\oint_S\boldsymbol{E}\cdot d\boldsymbol{S}=\frac{\sum\limits_i \boldsymbol{q}_i}{\varepsilon_0}$$

求场强分布:作同轴圆柱面为高斯面,半径为 r,高度为 h,当 $r<R_1$ 时,$E_1=0$;当 $r>R_2$ 时,$E_2=0$;只有当 $R_1<r<R_2$ 时,

$$\oint_S\boldsymbol{E}\cdot d\boldsymbol{S}=E_3 2\pi rh,\quad \sum_i\boldsymbol{q}_i=\lambda h$$

$$E_3=\frac{\lambda}{2\pi\varepsilon_0 r}$$

再求电势分布:

(1) 设 R_2 处为电势能零参考点

当 $r<R_1$ 时,

$$V_1=\int_r^{R_2}\boldsymbol{E}\cdot d\boldsymbol{l}=\int_r^{R_1}E_1\cdot dr+\int_{R_1}^{R_2}E_2\cdot dr=0+\int_{R_1}^{R_2}\frac{\lambda dr}{2\pi\varepsilon_0 r}=\frac{\lambda}{2\pi\varepsilon_0}\ln\frac{R_2}{R_1}$$

当 $R_1<r<R_2$ 时,

$$V_2=\int_r^{R_2}\boldsymbol{E}\cdot d\boldsymbol{l}=\int_r^{R_2}E_2\cdot dr=\int_r^{R_2}\frac{\lambda\,dr}{2\pi\varepsilon_0 r}=\frac{\lambda}{2\pi\varepsilon_0}\ln\frac{R_2}{r}$$

当 $r>R_2$ 时,

$$V_3=\int_r^{R_2}\boldsymbol{E}\cdot d\boldsymbol{l}=\int_r^{R_2}E_3\cdot dr=0$$

两直圆筒电势差：

$$U=V_1-V_3=\frac{\lambda}{2\pi\varepsilon_0}\ln\frac{R_2}{R_1}$$

(2) 设圆柱轴线($r=0$)处为势能零参考点，如图 5-22 所示。

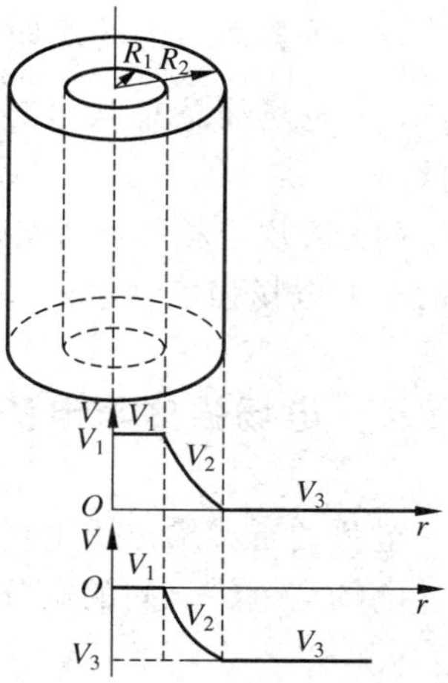

图 5-22　例 5-11 图

当 $r<R_1$ 时，

$$V_1=\int_r^0 \boldsymbol{E}\cdot d\boldsymbol{l}=\int_r^0 E_1\cdot dr=0$$

当 $R_1<r<R_2$ 时，

$$V_2=\int_r^0 \boldsymbol{E}\cdot d\boldsymbol{l}=\int_r^{R_1} E_2\cdot dr+\int_{R_1}^0 E_1\cdot dr$$

$$=\int_r^{R_1}\frac{\lambda\,dr}{2\pi\varepsilon_0 r}+0=\frac{\lambda}{2\pi\varepsilon_0}\ln\frac{R_1}{r}$$

当 $r>R_2$ 时，

$$V_3=\int_r^0 \boldsymbol{E}\cdot d\boldsymbol{l}=\int_r^{R_2} E_3\cdot dr+\int_{R_2}^{R_1} E_2\cdot dr+\int_{R_1}^0 E_1\cdot dr$$

$$=\frac{\lambda}{2\pi\varepsilon_0}\ln\frac{R_1}{R_2}$$

两直圆筒电势差

$$U=V_1-V_3=-V_3=\frac{\lambda}{2\pi\varepsilon_0}\ln\frac{R_2}{R_1}$$

对于不同的零势能点，V-r 曲线发生平移，而任意两点的电势差与零势能参考点的选择无关。

5.5.3　等势面

电场强度和电势是描述静电场性质的两个基本物理量。电场强度的分布可以用电场线形象地表示，同样，电势的分布也可以用等势面来形象地描述。在电场中，由电势相等的点组成的面叫做等势面。图 5-23 给出了几种电场的等势面分布图。其中不带箭头的虚线为等势面与纸面的交线，带有箭头的线是电场线。

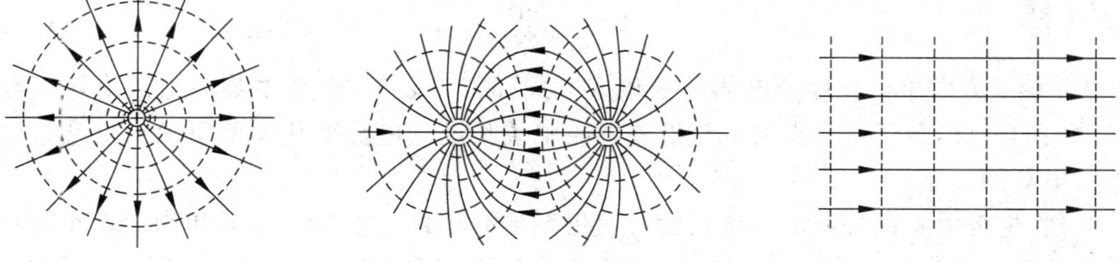

图 5-23　电场线和等势面

(a) 点电荷的电场线和等势面；(b) 一对等量异号点电荷的电场线和等势面；(c) 匀强电场的电场线和等势面

根据等势面的定义可知它有下述性质。

(1) 在等势面上移动电荷时,电场力不做功。(因为等势面上任意两点 A 与 B 的电势相等,$V_A=V_B$,所以 $W_{AB}=q(V_A-V_B)=0$。)

(2) 等势面与电场线处处垂直。$\left(\text{因为 } W_{AB}=\int_a^b q\boldsymbol{E}\cdot \mathrm{d}\boldsymbol{l}=0,\ \text{所以 } \boldsymbol{E}\perp \mathrm{d}\boldsymbol{l}\right)$

(3) 电场线总是从电势高的等势面指向电势低的等势面,即沿着电场线的方向电势降低。

(4) 若规定相邻两等势面的电势差相等,则等势面越密的地方电场强度越大,等势面越稀的地方电场强度越小。(证明见下面式(5-25))

5.5.4 电场强度与电势梯度

电势的定义给出了电场强度与电势之间的关系,即电势等于电场强度的线积分。下面推导电场与电势之间的微分关系。

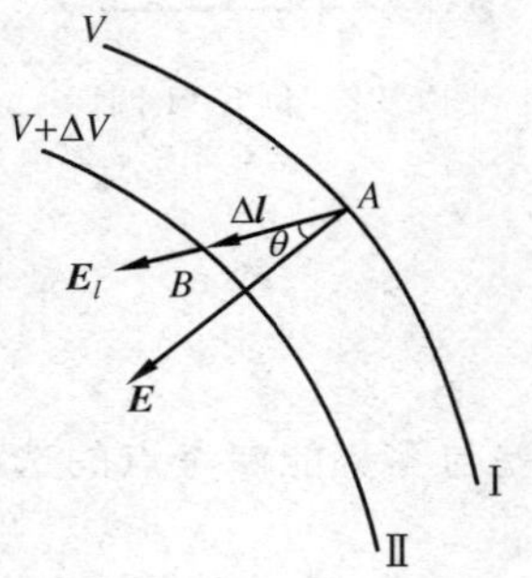

图 5-24 E 和 V 的关系

如图 5-24 所示,设想在静电场中有两个靠得很近的等势面Ⅰ和Ⅱ,它们的电势分别为 V 和 $V+\Delta V$,在两等势面上分别取点 A 和点 B,这两点非常靠近,间距为 Δl,因此它们之间的电场强度 $\boldsymbol{E}$ 可以认为是不变的。设 $\Delta\boldsymbol{l}$ 与 $\boldsymbol{E}$ 之间的夹角为 θ,则将单位正电荷由 A 点移到 B 点,电场力所做的功由式(5-20)得

$$-\Delta V=\boldsymbol{E}\cdot\Delta\boldsymbol{l}=E\Delta l\cos\theta$$

而电场强度 $\boldsymbol{E}$ 在 $\Delta\boldsymbol{l}$ 上的分量为 $E\cos\theta=E_l$,所以有

$$E_l=-\frac{\Delta V}{\Delta l}\tag{5-25}$$

式中 $\Delta V/\Delta l$ 为电势沿 $\Delta\boldsymbol{l}$ 方向单位长度上的变化率。

从式(5-25)可以看出,等势面密集处的电场强度大,等势面稀疏处的电场强度小。所以从等势面的分布可以定性地看出电场强度的强弱分布情况。

若把 Δl 取得极小,则 $\Delta V/\Delta l$ 的极限值可写作

$$\lim_{\Delta l\to 0}\frac{\Delta V}{\Delta l}=\frac{\mathrm{d}V}{\mathrm{d}l}$$

于是,式(5-25)为

$$E_l=-\frac{\mathrm{d}V}{\mathrm{d}l}\tag{5-26}$$

$\mathrm{d}V/\mathrm{d}l$ 是沿 l 方向单位长度上电势的变化率。式(5-26)表明,电场中某一点的电场强度沿任一方向的分量,等于这一点的电势沿该方向单位长度的电势变化率的负值。这就是电场强度与电势的关系。

显然,电势沿不同方向上单位长度的变化率是不同的。这里,只讨论电势沿两个有代表性方向的单位长度的变化率。我们知道,等势面上各点的电势是相等的。因此,电场中某一点的电势在沿等势面内任一方向的 $\mathrm{d}V/\mathrm{d}l_\tau=0$。这说明,等势面上任一点电场强度的切向分量为零,即 $E_t=0$。此外,如图 5-25 所示,由于两等势面相距很近,且两等势面法线方向的单位法线矢量为 $\boldsymbol{e}_n$,它的方向通常规定由低电势指向高电势。于是由式(5-26)可知,电

场强度沿法线的分量 E_n 为

$$E_n = -\frac{dV}{dl_n}$$

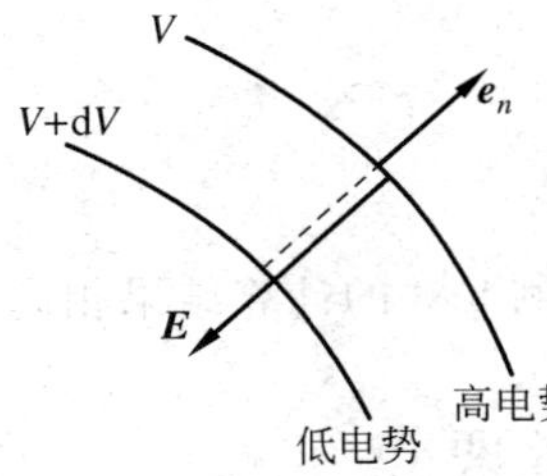

图 5-25 电场中一点场强方向

式中 dV/dl_n 是沿法线方向单位长度上电势的变化率；而且不难明白，它比任何方向上的空间变化率都大，是电势空间变化率的最大值。此外，因为等势面上任一点电场强度的切向分量为零，所以，电场中任意点 $\boldsymbol{E}$ 的大小就是该点 $\boldsymbol{E}$ 的法向分量 E_n。于是，有

$$E_n = -\frac{dV}{dl_n}$$

式中负号表示当 $\frac{dV}{dl_n}<0$ 时，$E>0$，即 $\boldsymbol{E}$ 的方向总是由高电势指向低电势，$\boldsymbol{E}$ 方向与 $\boldsymbol{e}_n$ 的方向相反。写成矢量式，则有

$$\boldsymbol{E} = -\frac{dV}{dl_n}\boldsymbol{e}_n \tag{5-27}$$

上式表明，电场中任一点的电场强度 $\boldsymbol{E}$，等于该点电势沿等势面法线方向单位长度变化率的负值。这也就是说，电场中任一点 $\boldsymbol{E}$ 的大小，等于该点电势沿等势面法线方向的空间变化率，$\boldsymbol{E}$ 的方向与法线方向相反。式(5-27)是电场强度与电势关系的矢量表达式，较式(5-26)更具普遍性。式(5-27)也是电场强度常用 V/m(伏每米)作为其单位名称的缘由。

一般来说，在直角坐标系中，电势 V 是坐标 x、y 和 z 的函数。因此，如果把 x 轴、y 轴和 z 轴正方向分别取作 Δl 的方向，由式(5-26)可得，电场强度在这三个方向上的分量分别为

$$E_x = -\frac{\partial V}{\partial x},\quad E_y = -\frac{\partial V}{\partial y},\quad E_z = -\frac{\partial V}{\partial z} \tag{5-28}$$

于是电场强度与电势关系的矢量表达式可写成

$$\boldsymbol{E} = -\left(\frac{\partial V}{\partial x}\boldsymbol{i} + \frac{\partial V}{\partial y}\boldsymbol{j} + \frac{\partial V}{\partial z}\boldsymbol{k}\right) = -\frac{dV}{dl_n}\boldsymbol{e}_n \tag{5-29}$$

应当指出，电势 V 是标量，与矢量 $\boldsymbol{E}$ 相比，V 比较容易计算，所以，在实际计算时，常是先计算电势 V，然后再用式(5-29)求出电场强度 $\boldsymbol{E}$。

在数学上，常把标量函数 $f(x,y,z)$ 的梯度 $\mathrm{grad}f$ 定义为

$$\mathrm{grad}f = \frac{\partial f}{\partial x}\boldsymbol{i} + \frac{\partial f}{\partial y}\boldsymbol{j} + \frac{\partial f}{\partial z}\boldsymbol{k}$$

$\mathrm{grad}f$ 是坐标 x、y、z 的矢量函数，也可以写成 ∇f，所以式(5-29)可写为

$$\boldsymbol{E} = -\mathrm{grad}V = -\nabla V$$

即电场强度 $\boldsymbol{E}$ 等于电势梯度的负值。

例 5-12 用电场强度与电势的关系，求均匀带电细圆环轴线上一点的电场强度。

解 在例 5-9 中，我们已求得在 x 轴上点 P 的电势为

$$V_P = \frac{q}{4\pi\varepsilon_0(x^2+R^2)^{1/2}}$$

式中 R 为圆环的半径。由式(5-28)可得点 P 的电场强度为

$$E = E_x = -\frac{\partial V}{\partial x} = -\frac{\partial}{\partial x}\left[\frac{q}{4\pi\varepsilon_0(x^2+R^2)^{1/2}}\right]$$
$$= \frac{qx}{4\pi\varepsilon_0(x^2+R^2)^{3/2}}$$

这与例 5-3 的计算结果相同。

本章要点

1. 静电场的描述

描述静电场有两个物理量：电场强度和电势。电场强度是矢量点函数，电势是标量点函数。如果能求出带电系统的电场强度和电势分布的具体情况，这个静电场即知。

(1) 电场强度 $\boldsymbol{E}=\frac{\boldsymbol{F}}{q_0}$，点电荷的电场强度公式 $\boldsymbol{E}=\frac{q}{4\pi\varepsilon_0 r^2}\boldsymbol{e}_r$。

(2) q_0 在 A 点电势能 $E_{pA}=q_0\int_A^{“0”}\boldsymbol{E}\cdot d\boldsymbol{l}$。

(3) A 点电势 V_A：$V_A=\int_A^{“0”}\boldsymbol{E}\cdot d\boldsymbol{l}$（$\boldsymbol{E}$ 分段时，积分也要分段，“0”代表电势为零的点）。

(4) A、B 两点的电势差：$U_{AB}=V_A-V_B=\int_A^{\infty}\boldsymbol{E}\cdot d\boldsymbol{l}-\int_B^{\infty}\boldsymbol{E}\cdot d\boldsymbol{l}=\int_{AB}\boldsymbol{E}\cdot d\boldsymbol{l}$。

(5) 电场力做功，与路径无关：$W_{AB}=q_0\int_{AB}\boldsymbol{E}\cdot d\boldsymbol{l}=q_0U_{AB}=q_0(V_A-V_B)$。

电场力对电荷做正功，电荷的电势能减少；电场力对电荷做负功，电荷的电势能增加。

(6) 如果无穷远处电势为零，点电荷的电势公式：$V_A=\frac{q}{4\pi\varepsilon_0 r}$。

2. 表征静电场特性的定理

(1) 真空中静电场的高斯定理：$\Phi_e=\oint_S\boldsymbol{E}\cdot d\boldsymbol{S}=\frac{1}{\varepsilon_0}\sum_{i=1}^{n}q_i^{in}$。

高斯定理表明静电场是个有源场，注意电场强度通量只与闭合曲面内的电荷有关，而闭合面上的场强与空间所有电荷有关。

(2) 静电场的环路定理。

静电场中电场强度沿任意闭合曲线的线积分为零，即 $\oint_l\boldsymbol{E}\cdot d\boldsymbol{l}=0$。

表明静电场是一种保守场，静电场力是保守力，在静电场中可以引入电势的概念。

3. 电场强度计算

(1) 叠加法：利用点电荷的场强公式和叠加原理。

点电荷系的场强：$\boldsymbol{E}=\sum_i\boldsymbol{E}_i$；

连续分布电荷的场强 $\boldsymbol{E}=\int_q\frac{\boldsymbol{e}_r}{4\pi\varepsilon_0 r^2}dq$。

① 线状分布：$\boldsymbol{E}=\int_l\frac{\boldsymbol{e}_r}{4\pi\varepsilon_0 r^2}\lambda dl$；

② 面状分布：$\boldsymbol{E}=\int_S \frac{\boldsymbol{e}_r}{4\pi\varepsilon_0 r^2}\sigma \mathrm{d}S$；

③ 体状分布：$\boldsymbol{E}=\int_V \frac{\boldsymbol{e}_r}{4\pi\varepsilon_0 r^2}\rho \mathrm{d}V$。

(2) 高斯定理法：$\oint_S \boldsymbol{E}\cdot \mathrm{d}\boldsymbol{S}=\frac{1}{\varepsilon_0}\sum_{i=1}^{n} q_i^{\text{in}}$（可求对称分布电荷产生的场）。

高斯定理只能求某些对称分布带电体的电场强度，如：

① 均匀带电球面、均匀带电球体以及它们的组合体；

② 无穷大均匀带电平面；

③ 无限长均匀带电直线、无限长均匀带电圆柱面或圆柱体以及它们的组合体。

关键是做出一个合适的高斯面，使面上的电场强度大小相等，方向与 $\boldsymbol{E}$ 一致或者穿过某一部分高斯面的电通量为零。

4. **电势计算**

(1) 定义，即场强积分法：$V_A=\int_A^{“0”}\boldsymbol{E}\cdot \mathrm{d}\boldsymbol{l}$（$\boldsymbol{E}$ 分段时，积分也要分段，“0”为电势为零的点）。

(2) 叠加法，利用点电荷的电势公式和电势叠加原理：

$$V_A=\sum_i V_{Ai}=\sum_i \frac{q_i}{4\pi\varepsilon_0 r_i}\text{（电势零点要相同）},\quad V_A=\int \frac{\mathrm{d}q}{4\pi\varepsilon_0 r}$$

5. **几种典型电荷分布的场强和电势**

(1) 点电荷的电场强度和电势：$E=\frac{q}{4\pi\varepsilon_0 r^2}$，$V=\frac{q}{4\pi\varepsilon_0 r}$。

(2) 均匀带电球面(R,q)：

$$\text{内 } r<R,\quad E=0,\quad V=\frac{q}{4\pi\varepsilon_0 R}$$

$$\text{外 } r>R,\quad E=\frac{q}{4\pi\varepsilon_0 r^2},\quad V=\frac{q}{4\pi\varepsilon_0 r}$$

(3) 均匀带电球体(R,q)：

$$\text{内 } r<R,\quad E=\frac{qr}{4\pi\varepsilon_0 R^3},\quad V=\frac{q(3R^2-r^2)}{8\pi\varepsilon_0 R^3}$$

$$\text{外 } r>R,\quad E=\frac{q}{4\pi\varepsilon_0 r^2},\quad V=\frac{q}{4\pi\varepsilon_0 r}$$

(4) 无限大均匀带电平面(σ)：$E=\frac{\sigma}{2\varepsilon_0}$，$V_A=\int_A^{“0”}\boldsymbol{E}\cdot \mathrm{d}\boldsymbol{l}$。

(5) 无限长均匀带电直线(λ)：$E=\frac{\lambda}{2\pi\varepsilon_0 r}$，$V_A=\int_A^{“0”}\boldsymbol{E}\cdot \mathrm{d}\boldsymbol{l}$。

(6) 无限长均匀带电圆柱面(λ)：

$$\text{内 } r<R,\quad E=0$$

$$\text{外 } r>R,\quad E=\frac{\lambda}{2\pi\varepsilon_0 r}$$

(7) 无限长均匀带电圆柱体(λ)：

$$\text{内 } r<R,\quad E=\frac{\lambda r}{2\pi\varepsilon_0 R^2}$$

$$\text{外}\ r > R,\quad E = \frac{\lambda}{2\pi\varepsilon_0 r}$$

习题 5

一、选择题

1. 真空中有两个点电荷 M、N,相互间作用力为 $\boldsymbol{F}$,当另一点电荷 Q 移近这两个点电荷时,M、N 两个点电荷之间的作用力 $\boldsymbol{F}$(   )。

A. 大小不变,方向改变　　B. 大小改变,方向不变

C. 大小和方向都不变　　D. 大小和方向都改变

2. 正方形的两对角上,各置电荷 Q,在其余两对角上各置电荷 q,若 Q 所受合力为零,则 Q 和 q 的大小关系为(   )。

A. $Q=-2\sqrt{2}q$　　B. $Q=-\sqrt{2}q$　　C. $Q=-4q$　　D. $Q=-2q$

3. 一电荷面密度恒为 σ 的大带电平板,置于电场强度为 $\boldsymbol{E}_0$ 的均匀外电场中,如图 5-26 所示,且使板面垂直于 $\boldsymbol{E}_0$ 的方向。设外电场不因带电平板的引入而受干扰,则板的左、右两侧的场强为(   )。

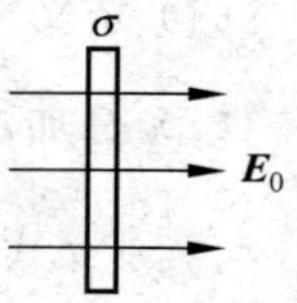

图 5-26

A. $E_0-\frac{\sigma}{2\varepsilon_0}, E_0+\frac{\sigma}{2\varepsilon_0}$　　B. $E_0+\frac{\sigma}{2\varepsilon_0}, E_0+\frac{\sigma}{2\varepsilon_0}$

C. $E_0+\frac{\sigma}{2\varepsilon_0}, E_0-\frac{\sigma}{2\varepsilon_0}$　　D. $E_0-\frac{\sigma}{2\varepsilon_0}, E_0-\frac{\sigma}{2\varepsilon_0}$

4. 面积为 S 的空气平行板电容器,两极板上分别带电量为 $\pm q$,若不考虑边缘效应,则两极板间的相互作用力为(   )。

A. $\frac{q^2}{\varepsilon_0 S}$　　B. $\frac{q^2}{2\varepsilon_0 S}$　　C. $\frac{q^2}{2\varepsilon_0 S^2}$　　D. $\frac{q^2}{\varepsilon_0 S^2}$

5. 一个带负电荷的质点,在电场力作用下从 A 点经 C 点运动到 B 点,其运动轨迹如图 5-27 所示。已知质点运动的速率是递减的,图中关于 C 点场强方向的四个图示中正确的是(   )。

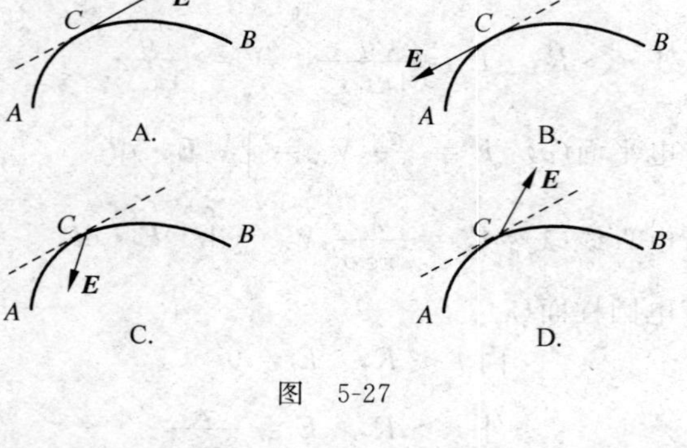

图 5-27

6. 点电荷 Q 被曲面 S 所包围,从无穷远处引入另一点电荷 q 至曲面外一点,则引入前后(   )。

A. 曲面 S 的电场强度通量不变,曲面上各点场强不变

B. 曲面 S 的电场强度通量变化，曲面上各点场强不变

C. 曲面 S 的电场强度通量变化，曲面上各点场强变化

D. 曲面 S 的电场强度通量不变，曲面上各点场强变化

7. 已知一高斯面所包围的体积内电荷代数和 $\sum q=0$，则可以肯定（　　）。

A. 高斯面上各点场强均为零

B. 穿过高斯面上每一面元的电场强度通量均为零

C. 通过整个高斯面的电场强度通量为零

D. 以上说法都不对

8. 根据高斯定理的数学表达式 $\oint_S \boldsymbol{E}\cdot \mathrm{d}\boldsymbol{S}=\sum q/\varepsilon_0$，可知下述各种说法中正确的是（　　）。

A. 闭合面内的电荷代数和为零时，闭合面上各点场强一定为零

B. 闭合面内的电荷代数和不为零时，闭合面上各点场强一定处处不为零

C. 闭合面内的电荷代数和为零时，闭合面上各点场强不一定处处为零

D. 闭合面上各点场强均为零时，闭合面内一定处处无电荷

9. 关于高斯定理的理解有下面几种说法，其中正确的是（　　）。

A. 如果高斯面上 $\boldsymbol{E}$ 处处为零，则该面内必无电荷

B. 如果高斯面内无电荷，则高斯面上 $\boldsymbol{E}$ 处处为零

C. 如果高斯面上 $\boldsymbol{E}$ 处处不为零，则高斯面内必有电荷

D. 如果高斯面内有净电荷，则通过高斯面的电场强度通量必不为零

10. 如图 5-28 所示，电量为 q 的点电荷位于立方体的一个顶点 A 上，则通过上表面 $ABCD$ 的电场强度通量为（　　）。

A. 0　　B. $\dfrac{q}{24\varepsilon_0}$　　C. $\dfrac{q}{6\varepsilon_0}$　　D. $\dfrac{q}{\varepsilon_0}$

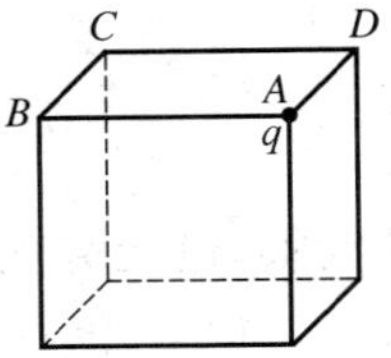

图　5-28

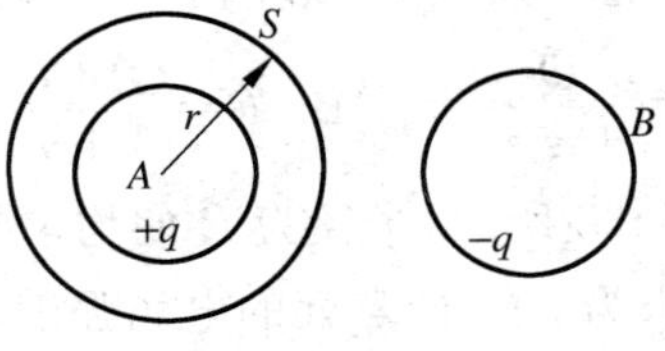

图　5-29

11. A 和 B 为两个均匀带电球体，A 带电荷 $+q$，B 带电荷 $-q$，作一与 A 同心的球面 S 为高斯面，如图 5-29 所示。则（　　）。

A. 通过 S 面的电场强度通量为零，S 面上各点的场强为零

B. 通过 S 面的电场强度通量为 q/ε_0，S 面上场强的大小为 $E=\dfrac{q}{4\pi\varepsilon_0 r^2}$

C. 通过 S 面的电场强度通量为 $-q/\varepsilon_0$，S 面上场强的大小为 $E=\dfrac{q}{4\pi\varepsilon_0 r^2}$

D. 通过 S 面的电场强度通量为 q/ε_0，但 S 面上各点的场强不能直接由高斯定理

求出

12. 图 5-30 中所示曲线表示某种球对称性静电场的场强大小 E 随径向距离 r 变化的关系,请指出该电场是由下列哪一种带电体产生的。(　　)

A. 半径为 R 的均匀带电球面

B. 半径为 R 的均匀带电球体

C. 点电荷

D. 外半径为 R,内半径为 $\frac{R}{2}$ 的均匀带电球壳体

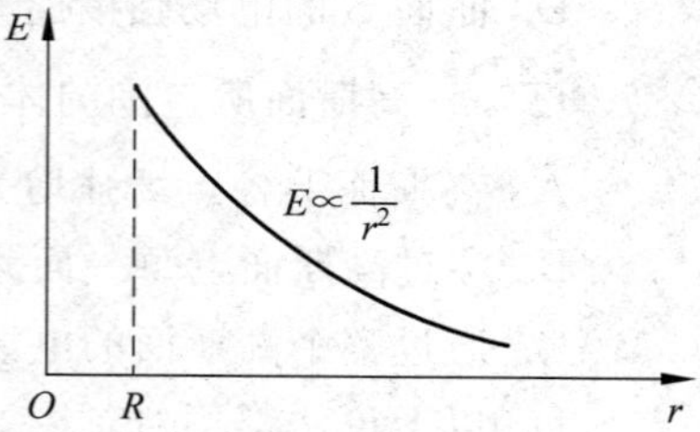

图　5-30

13. 图 5-31 为一具有球对称分布的静电场的 E-r 关系曲线,试指出该静电场是由下列哪种带电体产生的。(　　)

A. 半径为 R 的均匀带电球面

B. 半径为 R 的均匀带电球体

C. 半径为 R、电荷体密度 $\rho=Ar$(A 为常数)的非均匀带电球体

D. 半径为 R、电荷体密度 $\rho=A/r$(A 为常数)的非均匀带电球体

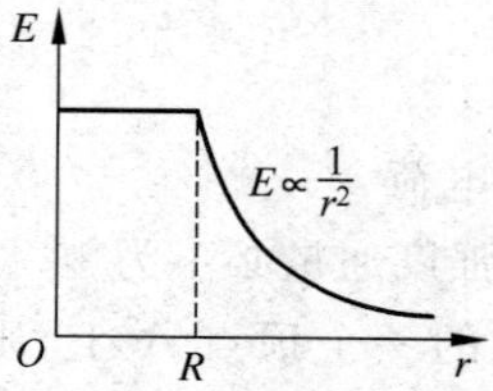

图　5-31

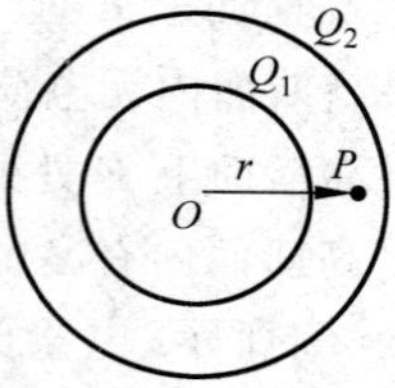

图　5-32

14. 如图 5-32 所示,两个同心的均匀带点球面,内球面带电荷 Q_1,外球面带电荷 Q_2,则在两球面之间、距离球心为 r 处的 P 点的场强大小 E 为(　　)。

A. $E=\frac{Q_1}{4\pi\varepsilon_0 r^2}$　　B. $E=\frac{Q_1+Q_2}{4\pi\varepsilon_0 r^2}$　　C. $E=\frac{Q_2}{4\pi\varepsilon_0 r^2}$　　D. $E=\frac{Q_2-Q_1}{4\pi\varepsilon_0 r^2}$

15. 如图 5-33 所示,半径为 R 的均匀带电球面,总电荷为 Q,设无穷远处的电势为零,则球内距离球心为 r 的 P 点处的电场强度的大小和电势为(　　)。

A. $E=0,V=\frac{Q}{4\pi\varepsilon_0 r}$

B. $E=0,V=\frac{Q}{4\pi\varepsilon_0 R}$

C. $E=\frac{Q}{4\pi\varepsilon_0 r^2},V=\frac{Q}{4\pi\varepsilon_0 r}$

D. $E=\frac{Q}{4\pi\varepsilon_0 r^2},V=\frac{Q}{4\pi\varepsilon_0 R}$

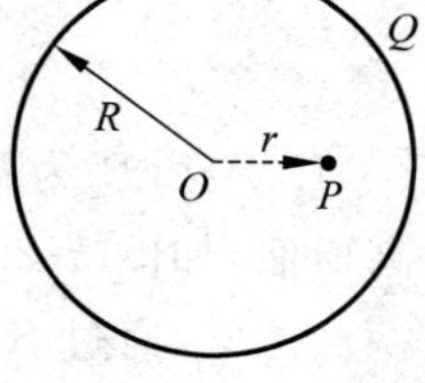

图　5-33

16. 半径为 R 的均匀带电球面,总电量为 Q,设无穷远处电势为零,则该带电体所产生电场的电势 V,随离球心的距离 r 变化的分布曲线为(　　)。

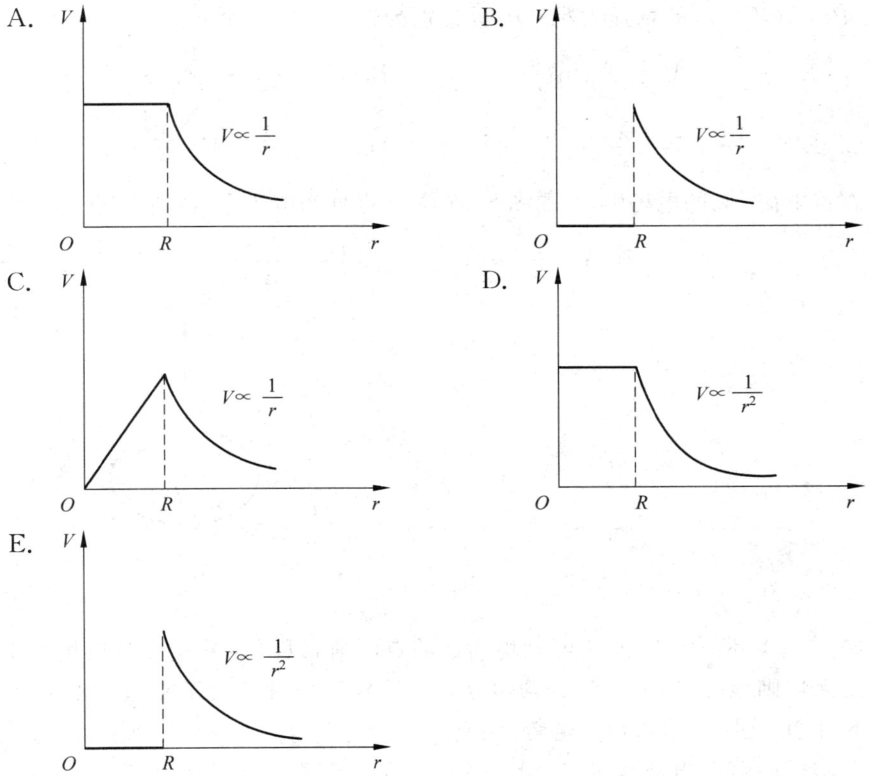

图 5-34

17. 如图 5-35 所示，两个同心球壳，内球壳半径为 R_1，均匀带有电量 Q。外球壳半径为 R_2，壳的厚度忽略，原先不带电，但与地相连接。设地为电势零点，则在两球之间、距离球心为 r 的 P 点处电场强度的大小与电势分别为(　　)。

A. $E=\frac{Q}{4\pi\varepsilon_0 r^2}, V=\frac{Q}{4\pi\varepsilon_0 r}$

B. $E=\frac{Q}{4\pi\varepsilon_0 r^2}, V=\frac{Q}{4\pi\varepsilon_0}\left(\frac{1}{R_1}-\frac{1}{r}\right)$

C. $E=\frac{Q}{4\pi\varepsilon_0 r^2}, V=\frac{Q}{4\pi\varepsilon_0}\left(\frac{1}{r}-\frac{1}{R_2}\right)$

D. $E=0, V=\frac{Q}{4\pi\varepsilon_0 R_2}$

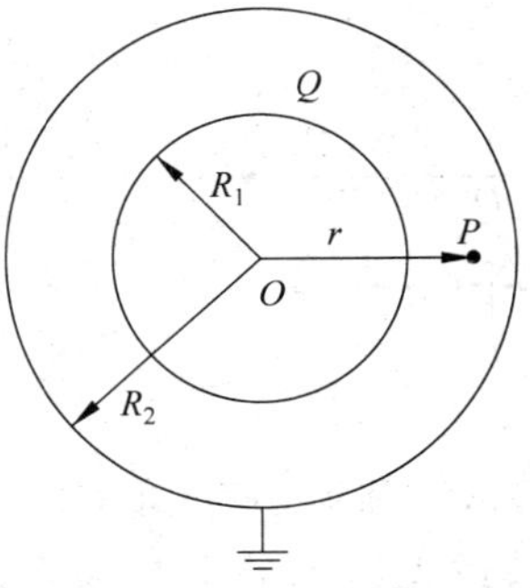

图 5-35

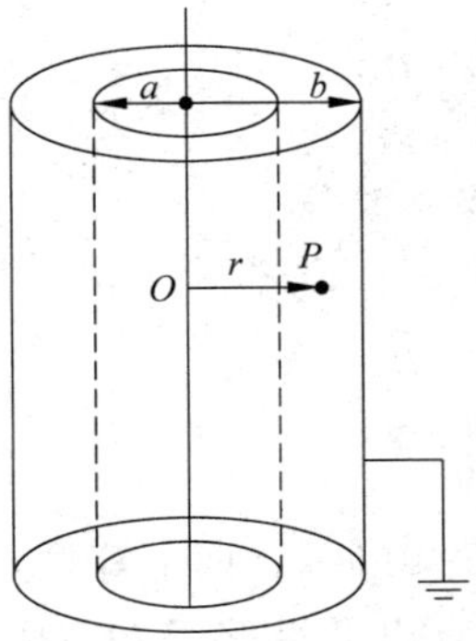

图 5-36

18. 一长直导线横截面半径为 a，导线外同轴地套一半径为 b 的薄圆筒，两者互相绝缘，并且外筒接地，如图 5-36 所示，设导线单位长度的带电量为 $+\lambda$，并设地的电势为零，则两导

体之间的 P 点($OP=r$)的场强大小和电势分别为(　　)。

A. $E=\dfrac{\lambda}{4\pi\varepsilon_0 r^2}, V=\dfrac{\lambda}{2\pi\varepsilon_0}\ln\dfrac{b}{a}$　　B. $E=\dfrac{\lambda}{4\pi\varepsilon_0 r^2}, V=\dfrac{\lambda}{2\pi\varepsilon_0}\ln\dfrac{b}{r}$

C. $E=\dfrac{\lambda}{2\pi\varepsilon_0 r}, V=\dfrac{\lambda}{2\pi\varepsilon_0}\ln\dfrac{a}{r}$　　D. $E=\dfrac{\lambda}{2\pi\varepsilon_0 r}, V=\dfrac{\lambda}{2\pi\varepsilon_0}\ln\dfrac{b}{r}$

19. 在点电荷 $+q$ 的电场中,若取图 5-37 中 P 点处为电势零点,则 M 点的电势为(　　)。

A. $V=\dfrac{q}{4\pi\varepsilon_0 a}$　　B. $V=\dfrac{q}{8\pi\varepsilon_0 a}$　　C. $V=\dfrac{-q}{4\pi\varepsilon_0 a}$　　D. $V=\dfrac{-q}{8\pi\varepsilon_0 a}$

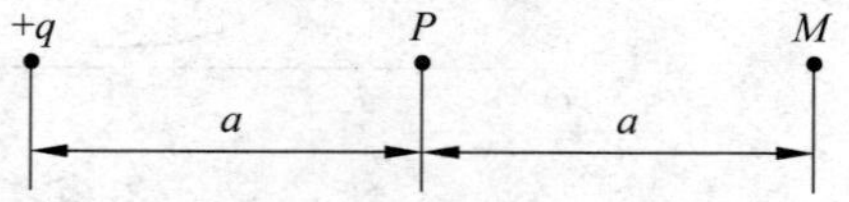

图 5-37

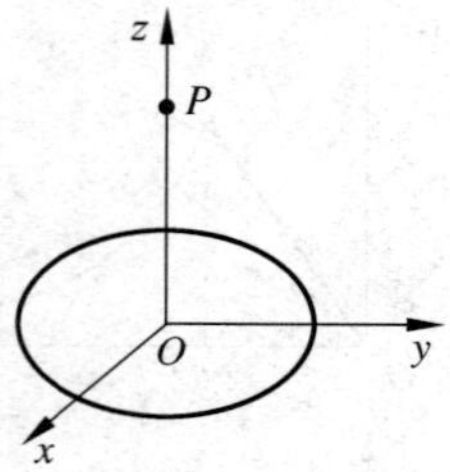

图 5-38

20. 如图 5-38 所示,有 N 个电量均为 q 的点电荷,以两种方式分布在相同半径的圆周上:一种是无规则地分布,另一种是均匀分布。比较这两种情况下在过圆心 O 并垂直于圆平面的 z 轴上任一点 P 的场强与电势,则有(　　)。

A. 场强相等,电势相等　　B. 场强不等,电势不等

C. 场强分量 E_z 相等,电势相等　　D. 场强分量 E_z 相等,电势不等

21. 一电量为 $-q$ 的点电荷位于圆心 O 处,A、B、C、D 为同一圆周上的四点,如图 5-39 所示。现将一试验电荷从 A 点分别移动到 B、C、D 各点,则(　　)。

A. 从 A 到 B,电场力做功最大　　B. 从 A 到 C,电场力做功最大

C. 从 A 到 D,电场力做功最大　　D. 从 A 到各点,电场力做功相等

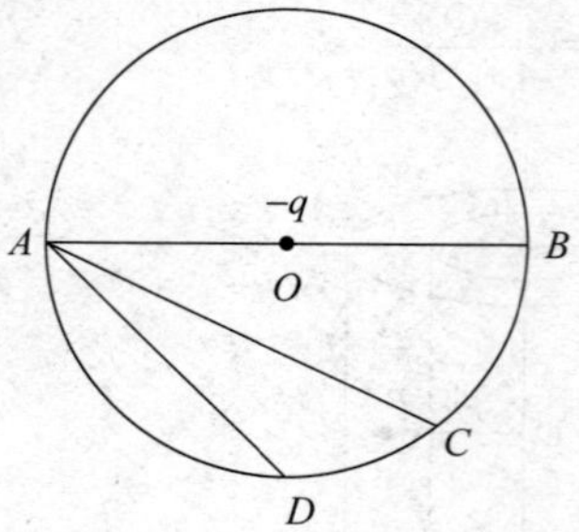

图 5-39

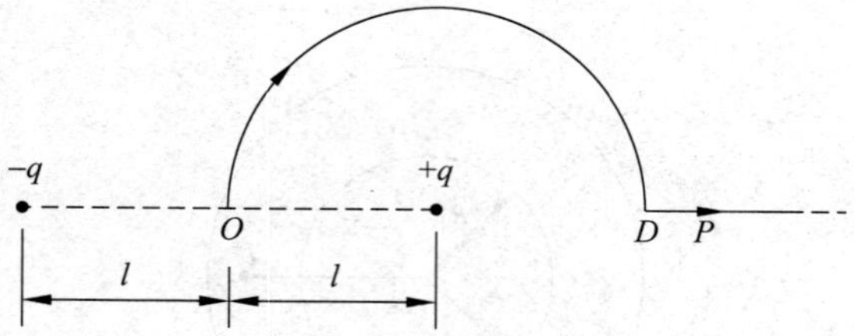

图 5-40

22. 如图 5-40 所示,两个等量异号点电荷相距 $2l$,半圆弧 OCD 半径为 l。今将一试验电荷 $+q_0$ 从 O 点出发沿路径 $OCDP$ 移到无穷远处,设无穷远处电势为零,则电场力做功(　　)。

A. $W<0$,且为有限常量　　B. $W>0$,且为有限常量

C. $W=\infty$　　D. $W=0$

23. 如图 5-41 所示，实线为某电场中的电场线，虚线表示等势面，由图可以看出：(　　)。

A. $E_A>E_B>E_C$，$V_A>V_B>V_C$

B. $E_A<E_B<E_C$，$V_A<V_B<V_C$

C. $E_A>E_B>E_C$，$V_A<V_B<V_C$

D. $E_A<E_B<E_C$，$V_A>V_B>V_C$

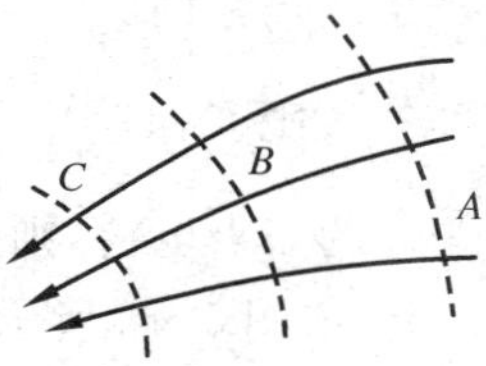

图　5-41

二、填空题

1. 一半径为 R 的带有一缺口的细圆环，缺口长度为 $d(d\ll R)$。环上均匀带正电，电荷线密度为 λ，如图 5-42 所示。则圆心 O 处的场强大小 $E=$________，场强方向为________。

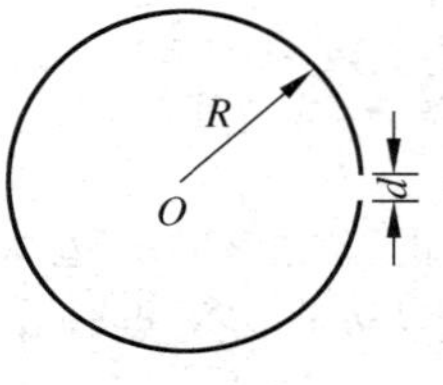

图　5-42

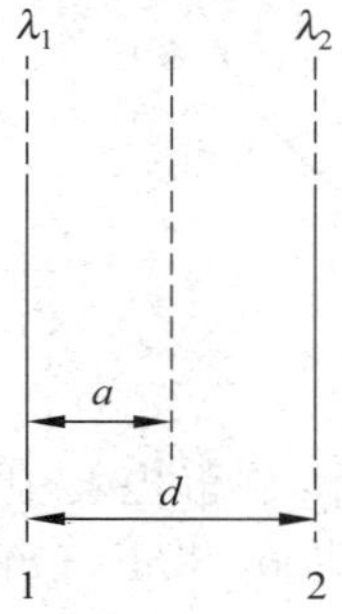

图　5-43

2. 如图 5-43 所示，两根相互平行的"无限长"均匀带正电直线 1、2，相距为 d，其电荷线密度分别为 λ_1 和 λ_2，则场强等于零的点与直线 1 的距离为________。

3. 三个平行的"无限大"均匀带电平面，其电荷面密度都是 $+\sigma$，如图 5-44 所示，则四个区域的电场强度分别为：

$E_A=$________，$E_B=$________，

$E_C=$________，$E_D=$________(设向右为正方向)。

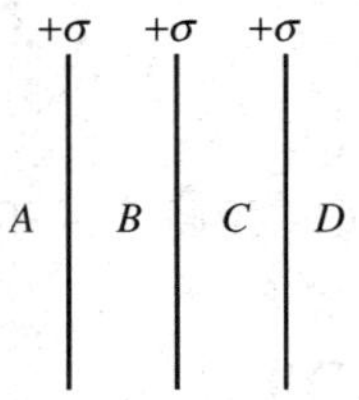

图　5-44

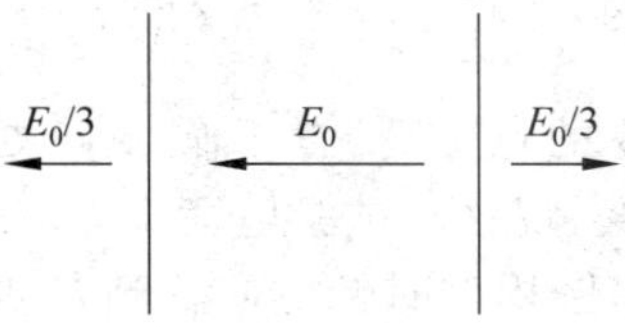

图　5-45

4. A、B 为两块无限大均匀带电平行薄平板，已知两板间的场强大小为 E_0，两板外的场强均为 $\frac{1}{3}E_0$，方向如图 5-45 所示。则 A、B 两板所带电荷面密度分别为 $\sigma_A=$________，$\sigma_B=$________。

5. 点电荷 q_1、q_2、q_3 和 q_4 在真空中的分布如图 5-46 所示。图中 S 为闭合曲面，则通过该闭合曲面的电通量 $\oint_S \boldsymbol{E}\cdot d\boldsymbol{S}=$________，式中的 $\boldsymbol{E}$ 是点电荷________在闭合曲面上任一

点产生的场强的矢量和。

6. 如图 5-47 所示,在边长为 a 的正方形平面的中垂线上,距中心 O 点$\frac{1}{2}a$ 处,有一电量为 q 的正点电荷,则通过该平面的电场强度通量为________。

7. 如图 5-48 所示,均匀电场的电场强度 $\boldsymbol{E}$ 与半径为 R 的半球面的对称轴平行,则通过此半球面的电场强度通量为________。

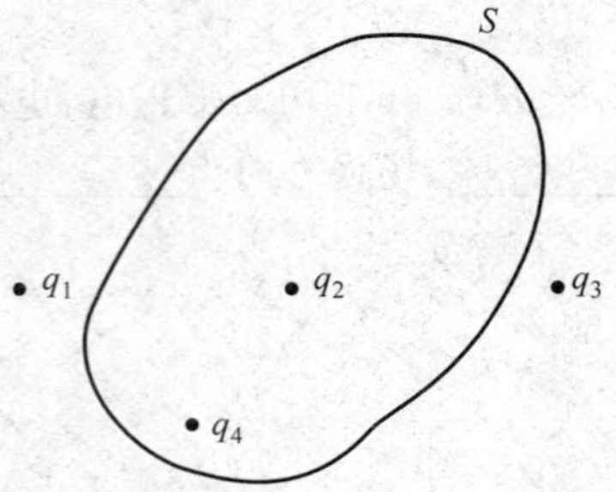

图 5-46

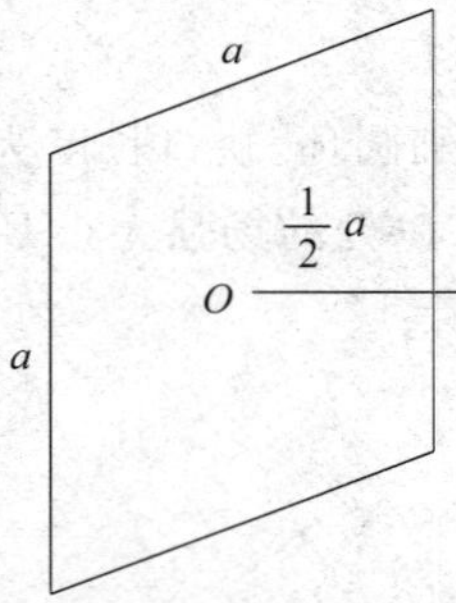

图 5-47

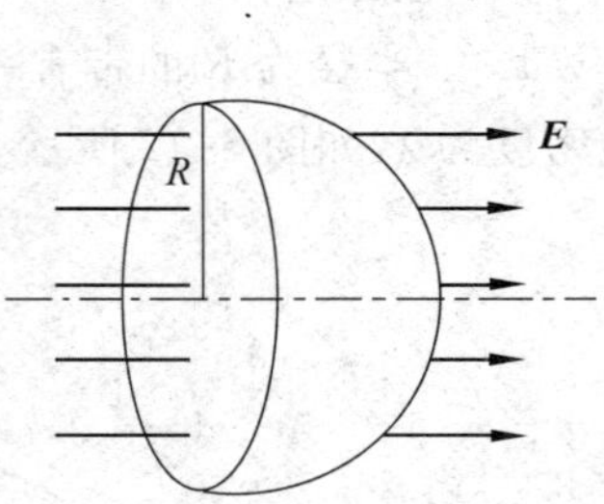

图 5-48

8. 如图 5-49 所示,在静电场中,一电荷 q_0 沿正三角形的一边从 a 点移动到 b 点,电场力做功为 W_0,当该电荷 q_0 沿正三角形的另两条边从 b 点经 c 点到 a 点的过程中,电场力做功 $W=$________。

9. 真空中有一半径为 R 的半圆细环,均匀带电 Q,如图 5-50 所示。设无穷远处为电势零点,则圆心 O 点处的电势 $V_O=$________;若将一带电量为 q 的点电荷从无穷远处移到圆心 O 点,则电场力做功 $A=$________。

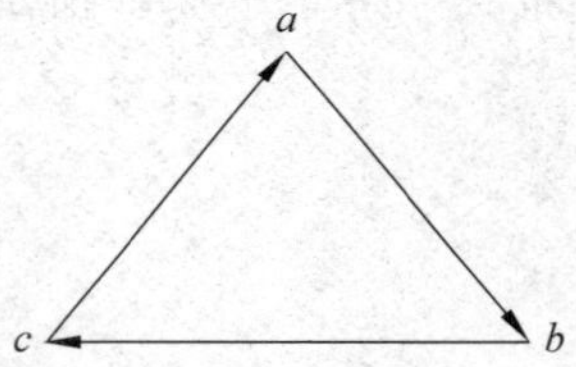

图 5-49

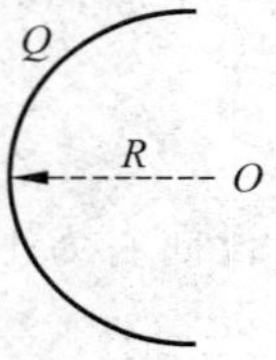

图 5-50

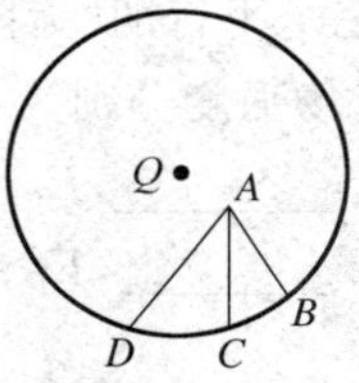

图 5-51

10. 电量为 Q 的点电荷,置于圆心 O 处,B、C、D 为同一圆周上的不同点,圆周半径为 R,如图 5-51 所示。现移动试验电荷 $+q_0$。

(1) 从 B 点沿圆周顺时针方向移到 C 点,则电场力做功$W_{BC}=$________。

(2) 从 A 点分别沿 AB、AC、AD 路径移到相应的 B、C、D 各点,设移动过程中电场力做功分别用 W_1、W_2、W_3 表示,则 W_1、W_2、W_3 三者大小的关系是 W_1 ________ W_2 ________ W_3。(填“>”、“<”或“=”)

11. 如图 5-52 所示,点电荷 $+Q$ 置于 3/4 圆弧轨道 ad 的圆心处,$+Q$ 的电场中有一试验电荷 q。设无穷远处为电势零点,则 q 沿半径为 R 的 3/4 圆弧轨道由 a 点移到 d 点的过程中电场力做功为________;q 从 a 点移到无穷远处的过程中电场力做功为________。

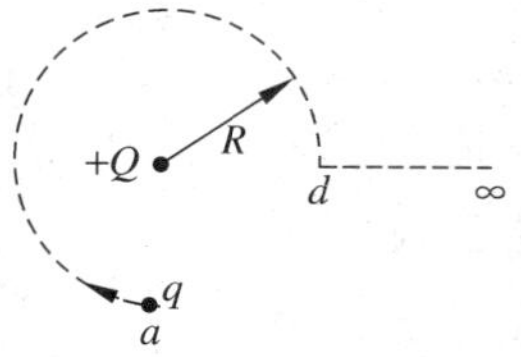

图 5-52

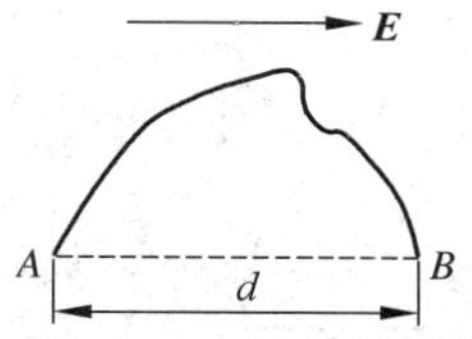

图 5-53

12. 如图 5-53 所示，在场强为 $\boldsymbol{E}$ 的均匀电场中，A、B 两点距离为 d，AB 连线方向与 $\boldsymbol{E}$ 方向一致，从 A 点经任意路径到 B 点的场强线积分 $\int_{AB} \boldsymbol{E} \cdot \mathrm{d}\boldsymbol{l} =$ ________。

13. 一个半径为 R 的均匀带电球面，带电量为 Q。若规定该球面上电势为零，则球面外距球心 r 处的 P 点的电势 $V_P=$ ________。

14. 如图 5-54 所示，两个点电荷 $+q$ 和 $-3q$，相距为 d，若选无穷远处电势为零，则两点电荷之间电势 $V=0$ 的点与电荷为 $+q$ 的点电荷相距多远？ ________

15. 一均匀静电场，电场强度 $\boldsymbol{E}=(400\boldsymbol{i}+600\boldsymbol{j})\,\mathrm{V\cdot m^{-1}}$，则点 $a(3,2)$ 和点 $b(1,0)$ 之间的电势差 $U_{ab}=$ ________。(点的坐标 x，y 以 m 计)

16. 有一个球形的橡皮膜气球，电荷 q 均匀地分布在表面上，在此气球被吹大的过程(气球半径由 r_1 吹到 r_2)中，被气球表面掠过的点(该点与球中心距离为 r)，其电场强度的大小将由________变为________；电势由________变为________。

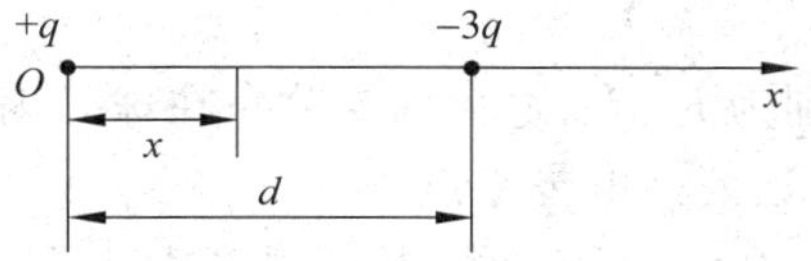

图 5-54

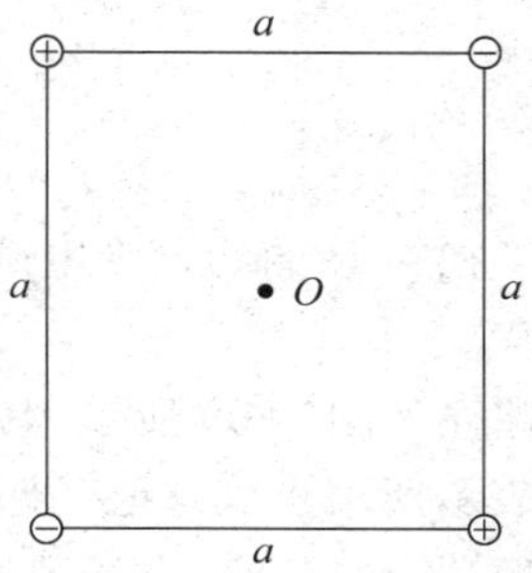

图 5-55

17. 电量相等的四个点电荷两正两负分别置于边长为 a 正方形的四个角上，如图 5-55 所示。以无穷远处为电势零点，正方形中心 O 处的电势和场强大小分别为 $V_O=$ ________，$E_O=$ ________。

三、计算题

1. 如图 5-56 所示，一长为 L 的均匀带电细棒 AB，电荷线密度为 $+\lambda$，求(1)棒的延长线上与 A 端相距为 d 的 P 点的电场强度。(2)若 P 点放一带电量为 $q(q>0)$ 的点电荷，求带电细棒对该点电荷的静电力。(3)P 点电势(以 P 为坐标原点 O，沿细棒 AB 为 x 轴建立坐标系，设无穷远处电势为零)。

2. 求均匀带电半圆环圆心处的 $\boldsymbol{E}$，已知半圆环的半径为 R、电荷线密度为 $+\lambda$，如图 5-57 所示。

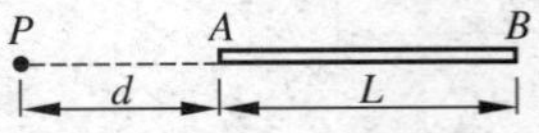

图 5-56

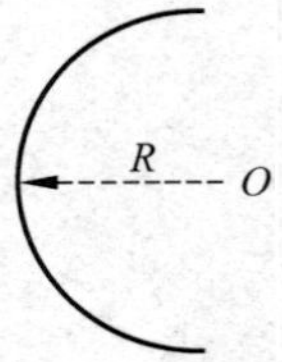

图 5-57

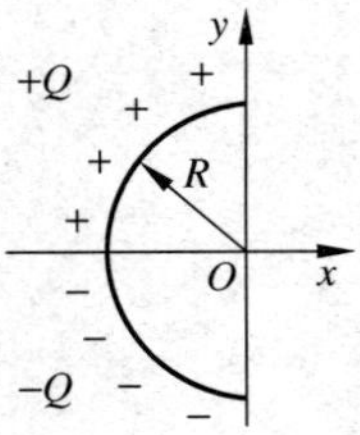

图 5-58

3. 一个细玻璃棒被弯成半径为 R 的半圆形,沿其上半部分均匀分布有电量 $+Q$,沿其下半部分均匀分布有电量 $-Q$,如图 5-58 所示,试求圆心 O 处的电场强度。

4. 一段半径为 a 的细圆弧,对圆心的张角为 θ_0,其上均匀分布有正电荷 q,如图 5-59 所示,试以 a、q、θ_0 表示出圆心 O 处的电场强度。

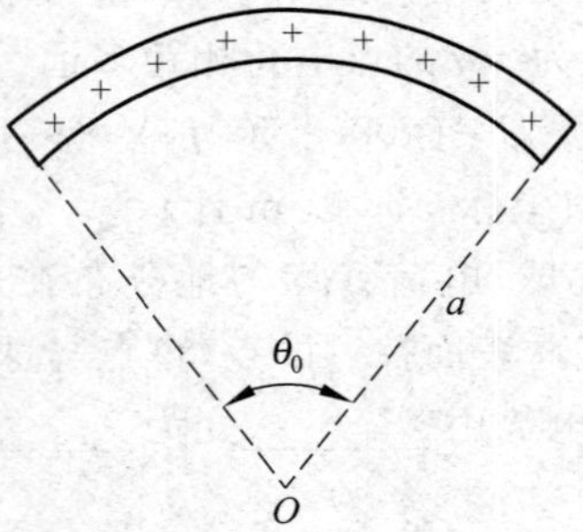

图 5-59

5. 一半径为 R 的均匀带电圆盘,电荷面密度为 σ,设无穷远处为电势零点,计算圆盘中心 O 点电势。

6. 一球壳如图 5-60 所示,其内外半径分别为 R、R_1,电荷均匀分布在球壳内,总带电量为 Q,设 r 表示所求点到球心的距离,并选无穷远处为电势零点。

求:(1) 当 $r<R$ 时,电场强度大小 E_1;当 $R<r<R_1$ 时,电场强度大小 E_2;当 $r>R_1$ 时,电场强度大小 E_3。

(2) 球外 a 点(距球心为 r_a)的电势 V_a。

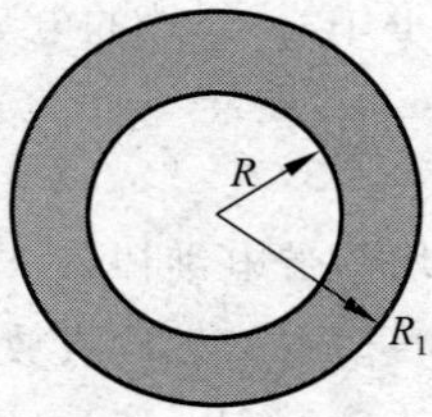

图 5-60

第6章

静电场中的导体和电介质

导体和电介质放于电场中时，其上的电荷分布将发生改变，这种改变了的电荷分布反过来又会影响电场分布。本章将讨论静电场与导体和电介质的相互作用的规律。主要内容有：导体的静电平衡条件，静电场中导体的电学性质，电介质的极化现象，有电介质时的高斯定理，电容器及其连接，电场的能量。

6.1 静电场中的导体

6.1.1 导体的静电平衡

金属导体由大量带负电的自由电子和带正电的晶体点阵构成，当导体不受外电场影响时，自由电子在导体内部作无规则的热运动。若把一个不带电的导体放在匀强电场 $\boldsymbol{E}_0$ 中，如图 6-1 所示，导体内部的自由电子在作无规则热运动的同时，还将在电场力作用下逆着电场线向左运动，从而使得导体左侧带负电，右侧带正电，于是导体两侧所积累的电荷在导体内部产生一个附加电场，其电场强度为 $\boldsymbol{E}'$，方向与外场强方向相反。这样导体内部各点的合场弫是外场强和附加场强的叠加，其大小为 $E=E_0-E'$。开始时 $E'<E_0$，导体内部的合场强不为零，自由电子不断向左运动，从而使 E'增大，这个过程一直延续到导体内部的合场强为零，此时，导体内部的自由电子不再作定向移动，导体两侧的正负电荷不再增加，这种导体内部和导体表面都没有电荷定向运动的现象称为静电平衡。

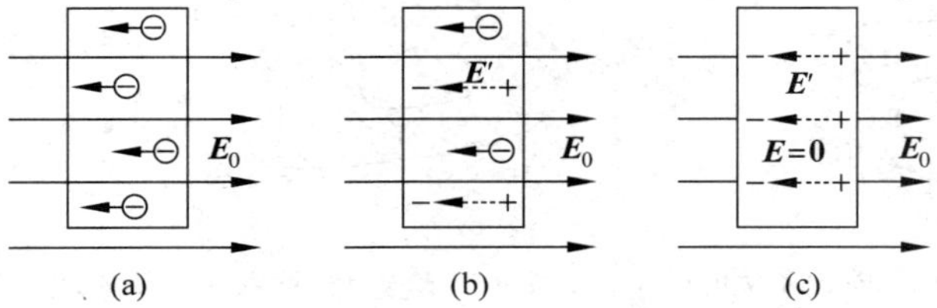

图 6-1 导体的静电平衡

(a) 导体刚放入电场；(b) 导体中的电子作定向运动；(c) 导体中的电子无定向运动

当导体处于静电平衡状态时,必须满足以下条件。

用电场表述:

(1) 导体内部场强处处为零,否则导体内部的自由电子在电场力的作用下将发生定向移动;

(2) 导体表面附近的场强方向处处与它的表面垂直,否则,电场强度的表面切向分量将使表面的自由电子作宏观运动,这样导体就不处于静电平衡状态了。

用电势表述:

(1) 导体是等势体。由于导体处于静电平衡状态时,导体内部场强处处为零,在导体内取任意两点 A 和 B,它们之间的电势差为

$$U_{AB}=\int_{AB}\boldsymbol{E}\cdot \mathrm{d}\boldsymbol{l}=0$$

因此导体内部所有点的电势都相等,导体是等势体。

(2) 导体表面是等势面。由于导体处于静电平衡状态时,导体表面附近的场强方向处处与它的表面垂直,其切向分量为零,导体表面任意两点 A 和 B 之间的电势差为

$$U_{AB}=\int_{AB}\boldsymbol{E}\cdot \mathrm{d}\boldsymbol{l}=\int_{AB}E\cos\frac{\pi}{2}\mathrm{d}l=0$$

所以导体表面上任意两点的电势相等,导体表面是等势面。

由于将导体放入电场中到建立静电平衡的时间是极短的,所以通常我们在处理静电场中的导体问题时,若非特别说明,总是把它当做已达到静电平衡的状态来处理。

6.1.2 静电平衡时导体上的电荷分布

导体处于静电平衡时,其内部没有未抵消的净电荷,电荷只分布在导体的表面。这个结论可以利用高斯定理证明,如图 6-2 所示,在导体内部作任意闭合高斯面 S,由于静电平衡时导体内部场强处处为零,所以通过导体内任意闭合高斯面的电通量为零,即

$$\oint_S\boldsymbol{E}\cdot \mathrm{d}\boldsymbol{S}=0=\frac{\sum_{i=1}^{n}q_i^{\mathrm{in}}}{\varepsilon_0}$$

于是,此高斯面内所包围电荷的代数和必为零。因为此高斯面是任意作出的,所以导体处于静电平衡时,其内部没有未抵消的净电荷,电荷只分布在导体的表面。

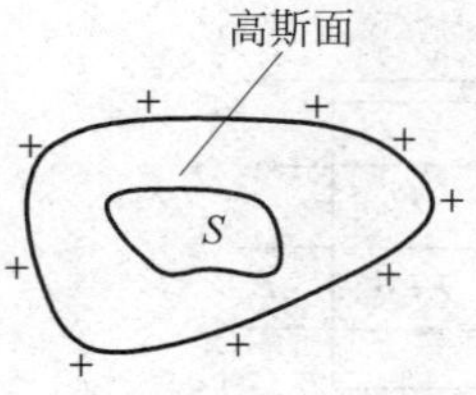

图 6-2 带电导体的电荷分布在导体表面上

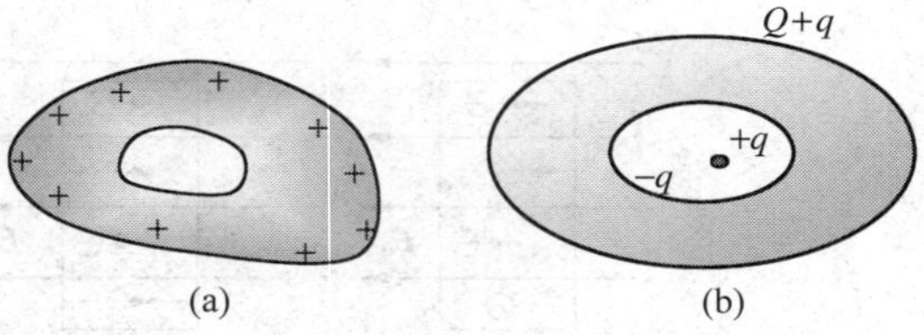

图 6-3 带电空腔导体的电荷分布

(a) 腔内无电荷;(b) 腔内有电荷

如果带电导体是空心的,且空腔内无电荷,如图 6-3(a)所示,在静电平衡时,未被抵消的净电荷只能分布在空腔导体的外表面上,内表面无净电荷,腔内无电场。如果带电量 Q

的空腔导体内有电荷$+q$，如图 6-3(b)所示，内表面将由于静电感应出现等值异号的电荷$-q$，外表面将有感应电荷$+q$分布。试证明之。

下面讨论带电导体表面的电荷密度与其附近空间电场强度大小的关系。如图 6-4 所示，P 点是导体表面之外紧邻处的一点，在 P 点附近的导体表面上取一面积元 ΔS，当 ΔS 足够小时，其上的面电荷密度 σ 可认为是均匀的，则 ΔS 上的电荷为 $\Delta q=\sigma\Delta S$。以面积元 ΔS 为底面积作一微小扁圆柱形高斯面，圆柱垂直于导体表面，上底面通过点 P，下底面处于导体内部，两底面都与 ΔS 平行，并无限靠近它，因此它们的面积都是 ΔS。由于导体内电场强度为零，所以通过下底面的电通量为零；在侧面上，电场强度要么为零，要么与侧面的法线垂直，所以通过侧面的电通量也为零；由于圆柱形高斯面上底面的法线方向与场强 E 方向一致，所以通过上底面的电通量为 $E\Delta S$，这也是通过扁圆柱形高斯面的电场强度通量。根据高斯定理有

$$\oint_S \boldsymbol{E}\cdot \mathrm{d}\boldsymbol{S} = E\Delta S = \sigma\Delta S/\varepsilon_0$$

得

$$E = \sigma/\varepsilon_0 \tag{6-1}$$

式(6-1)表明，当带电导体处于静电平衡时，导体表面之外非常邻近表面处的场强的大小与该处导体的面电荷密度成正比，面电荷密度大的地方场强大，面电荷密度小的地方场强小。场强 $\boldsymbol{E}$ 的方向垂直于导体表面，当表面带正电时，$\boldsymbol{E}$ 的方向垂直表面向外；当表面带负电时，$\boldsymbol{E}$ 的方向垂直表面指向导体。

利用式(6-1)可以由导体表面某处的面电荷密度 σ 求出该处表面紧邻处的场强 $\boldsymbol{E}$。这样做时，很容易误解为导体表面紧邻处的电场仅仅是由该处导体表面上的电荷产生的，其实不然。比处电场实际上是所有电荷(包括该导体上的全部电荷以及导体外现有的其他电荷)产生的，而 $\boldsymbol{E}$ 是这些电荷的合场强。只要回顾一下在式(6-1)的推导过程中利用了高斯定理就可以明白这一点。当导体外的电荷位置发生变化时，导体上的电荷分布也会发生变化，而导体外面的合场强分布也要发生变化。这种变化一直持续到它们满足式(6-1)的关系使导体又处于静电平衡为止。

导体处于静电平衡时，其表面上电荷分布的定量研究是比较复杂的，这不仅与导体本身的形状有关，还与它附近存在什么样的其他带电体有关。实验表明，一个孤立导体上面电荷密度的大小与导体表面的曲率有关。如图 6-5 所示，导体表面凸出而尖锐的地方(曲率较小)，电荷比较密集，即面电荷密度 σ 和电场强度 $\boldsymbol{E}$ 的值较大；表面较平坦的地方(曲率较大)，σ 和 $\boldsymbol{E}$ 较小；表面凹进去的地方(曲率为负)，σ 更小。

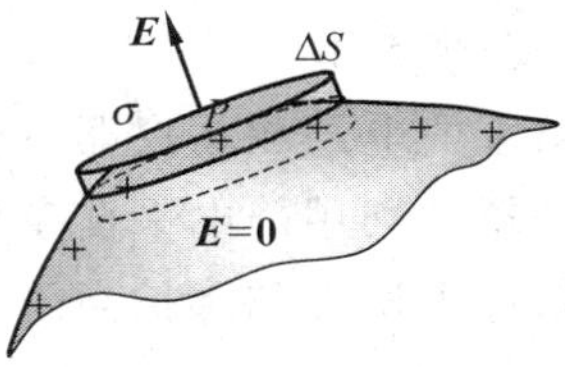

图 6-4　导体表面附近场强与面密度的关系

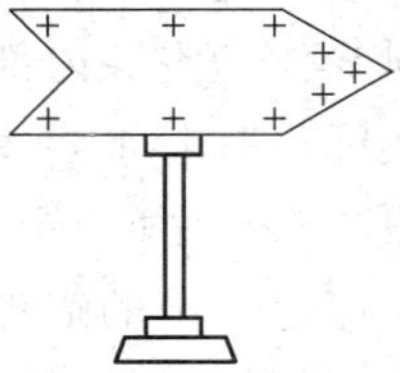

图 6-5　导体表面曲率对电荷分布的影响

带电尖端附近的场强特别大,空气中残留的离子在强电场作用下作加速运动,而获得足够大的能量,以至于它们和空气分子相碰时,会使空气分子离解成电子和离子。这些新的电子和离子与其他空气分子相碰,又能产生新的带电粒子。与尖端上电荷异号的带电粒子受尖端电荷的吸引,飞向尖端,使尖端上的电荷被中和掉;与尖端上电荷同号的带电粒子受到排斥而从尖端附近飞出。图 6-6 从外表上看,就好像尖端上的电荷被“喷射”出来放掉一样,所以叫尖端放电现象。

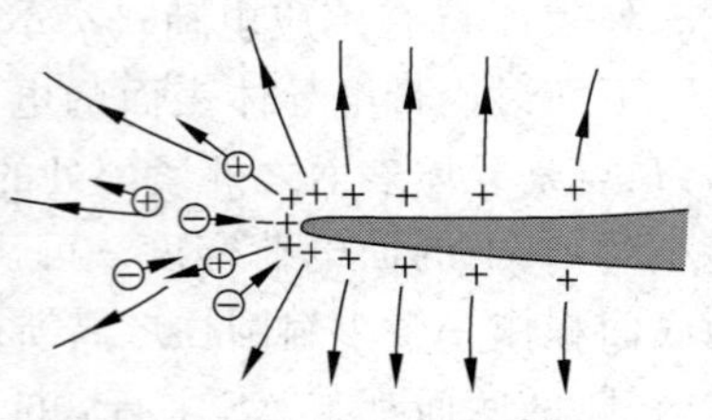

图 6-6　尖端放电示意图

尖端放电时,周围往往隐隐地笼罩着一层光晕,叫做电晕。例如,阴雨潮湿天气常常在高压输电线附近看到淡蓝色辉光,这是一种平稳的尖端放电现象,是由于输电线附近的离子与空气分子碰撞时使分子处于激发状态,从而产生光辐射,形成电晕。

尖端放电浪费了很多电能,还会干扰精密测量和通信,应尽量避免,因此,高压电器设备中的金属元件都应避免带有尖棱,最好做成球形,并尽量使导体表面光滑而平坦。尖端放电也有可利用的一面,最典型的就是避雷针。当带电云层接近地面时,由于静电感应使地上物体带异号电荷,这些电荷比较集中地分布在凸出的物体(如高大的建筑物、烟囱、大树)上。当电荷积累到一定程度,就会在云层和这些物体之间发生强大的火花放电,巨大的电能将转化成热、光等能量,这就是雷击现象。为了避免雷击,可在建筑物上安装尖端导体(避雷针),用粗铜缆将避雷针通地,通地的一端埋在几尺深的潮湿泥土里或接地埋在地下的金属板(或金属管)上,以确保避雷针与大地电接触良好。当带电云层接近时,放电就通过避雷针和通地粗铜缆这条最易于导电的通路局部持续和缓地进行,而使得建筑物免遭雷击的破坏。从这个意义上说,避雷针实际上是一个“引雷”针。

6.1.3　静电屏蔽

在静电场中,因导体的存在使某些特定的区域不受电场影响的现象称为“静电屏蔽”。

1. 空腔导体屏蔽外电场

在如图 6-7(a)所示的静电场中,放置一个腔内无其他带电体的空腔导体壳,由前面的讨论可知,达到静电平衡时,由静电感应产生的感应电荷只分布在导体的外表面上,导体内部和空腔中都没有电场。这就说明空腔内的整个区域都将不受外电场的影响。如图 6-7(b)所示,当电击金属笼产生强烈放电时,尽管笼内的小兔子惊恐万分,但却不会受到强电场的伤害。这时导体和空腔内部的电势处处相等,构成一个等势体。

该原理在实际中有着重要的应用,例如为了使一些精密的电磁测量仪器不受外界电场的干扰,通常在仪器外面加上金属外壳或金属网做成的外罩。利用静电平衡条件下空腔导体是等势体以及静电屏蔽的道理,可以实现在不停电的条件下检修和维护高压输电线路和设备。读者可参考阅读材料“等电势与高压带电作业”。

2. 接地空腔导体屏蔽腔内电荷对外界的影响

上面讲的是用空腔导体来屏蔽外电场,使空腔内的物体不受外电场的影响,工作中有时需要使一个带电体激发的电场不影响外界，可以把带电体放在接地的金属壳或金属网内（如图 6-7(c)所示）。有了金属外壳之后，其内表面出现等量异号电荷 $-q$，由于接地空腔导体外表面所产生的感应正电荷与从地上来的负电荷中和了，内部带电体发出的电场线就会全部终止在空腔内表面的负电荷上，使电场线不能穿出空腔。但是若空腔的外表面不接地，在它外表面还有与内表面等量异号的感应电荷，它的电场会对外界产生影响。

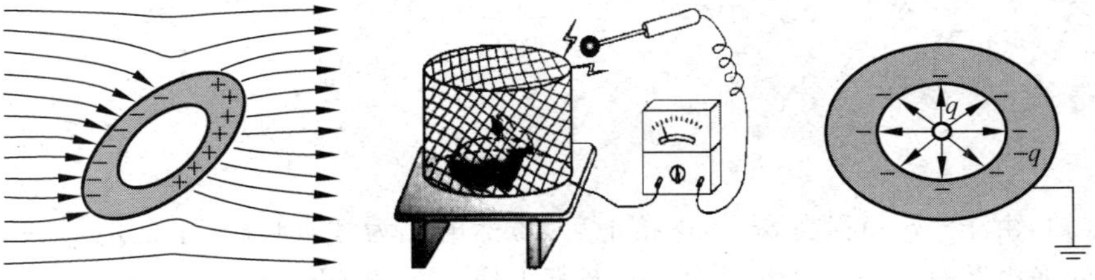

图 6-7 静电屏蔽

(a) 用空腔导体屏蔽外电场；(b) 金属笼屏蔽强外电场；(c) 接地空腔导体屏蔽内电场

例 6-1 如图 6-8 所示，一半径为 R 的不带电导体球附近有一电荷为 $+q$ 的点电荷，它与球心 O 相距 d，试求：

(1) 导体球上感应电荷在球心处所产生的电场强度及此时球心处的电势；

(2) 若将导体球接地，球上的净电荷为多少？

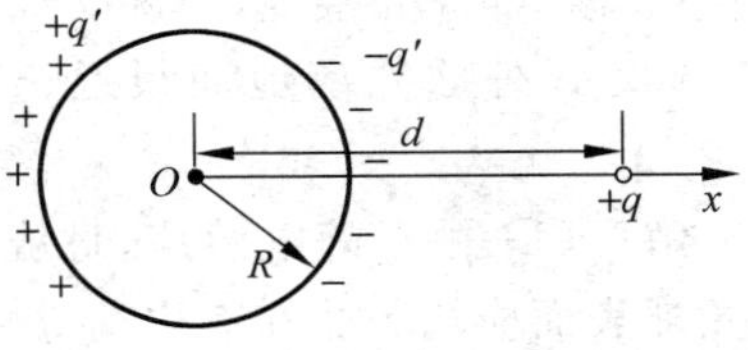

图 6-8 例 6-1 图

解 (1) 电荷 $+q$ 的存在使导体球面感应出电荷 $\pm q'$，如图 6-8 所示。因此，球心 O 处的电场强度应为感应电荷 $\pm q'$ 的电场 $\boldsymbol{E}'$ 和点电荷 q 的电场 $\boldsymbol{E}$ 的叠加，即

$$\boldsymbol{E}_O = \boldsymbol{E} + \boldsymbol{E}' \tag{1}$$

由静电平衡条件可知，导体内电场强度应处处为零，所以 O 点场强 $\boldsymbol{E}_O=\boldsymbol{0}$。建立如图 6-8 所示的坐标系，则

$$\boldsymbol{E}' = -\boldsymbol{E} = -\left[\frac{q}{4\pi\varepsilon_0 d^2}(-\boldsymbol{i})\right] = \frac{q}{4\pi\varepsilon_0 d^2}\boldsymbol{i} \tag{2}$$

因为 $\pm q'$ 分布在金属球表面上，它们距球心 O 的距离均为 R。在球面上任取感应电荷元 $\mathrm{d}q'$，则 $\mathrm{d}q'$ 在点 O 处的电势为

$$\mathrm{d}V' = \frac{\mathrm{d}q'}{4\pi\varepsilon_0 R}$$

于是，所有的感应电荷在 O 处的电势为

$$V' = \int_{\pm q'} \frac{\mathrm{d}q'}{4\pi\varepsilon_0 R} = 0 \tag{3}$$

而 q 在 O 处的电势为

$$V = \frac{q}{4\pi\varepsilon_0 d} \tag{4}$$

根据电势叠加原理，球心 O 处的电势 V_O 应为两者的叠加，即

$$V_O = V' + V = \frac{q}{4\pi\varepsilon_0 d} \tag{5}$$

(2) 将导体球接地后,其与地球等电势,且 $V_{球}=0$。由于导体球为等势体,因而,球心 O 处的电势也应为零,即 $V_O=0$。但是,因为有 $+q$ 的存在,它在 O 处产生的电势 $V=q/4\pi\varepsilon_0 d$ 并不为零,表明还有其他电荷也在 O 处产生电势 V',且与 $+q$ 的电势等值反号,叠加后使 O 处的电势为零。不难看出,这个电荷只能是球面上感应电荷中的一部分 q'_O。所以,O 处的电势为

$$V_O = V + V' = \frac{q}{4\pi\varepsilon_0 d} + \frac{q'_O}{4\pi\varepsilon_0 R} = 0 \tag{6}$$

解得

$$q'_O = -\frac{R}{d}q \tag{7}$$

由式(7)可知,由于 $+q$ 的存在,导体球接地后,虽然电势为零,但球面上的电荷并不为零,而是存在负的净电荷 q'_O。同时,由于 $R<d$,球面上净电荷的绝对值 $|q'_O|<q$。

例 6-2 如图 6-9 所示,半径为 r_1 的导体球带有电荷 $+q$,球外有一个同心导体球壳,内外半径分别为 r_2、r_3,壳上带有电荷 $+Q$。

(1) 求电场分布,球和球壳的电势 V_1 和 V_2 及它们的电势差 U。

(2) 若用导线将球和球壳连接,情况如何?

(3) 若外球壳接地,情况又如何?

(4) 设外球壳离地面很远,若内球接地,电荷如何分布,V_2 为多少?

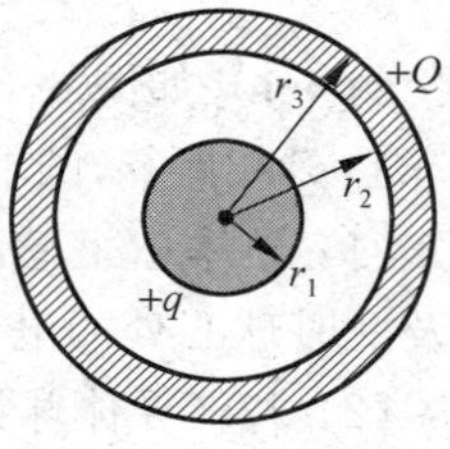

图 6-9 例 6-2 图

解 (1) 由于静电感应,球壳内表面上应均匀分布有电荷 $-q$,球壳外表面应均匀分布有电荷 $q+Q$。以同心球面作为高斯面,由高斯定理可得电场强度分布为

$$\begin{aligned}
&\boldsymbol{E}_1 = \boldsymbol{0}, && r<r_1\\
&\boldsymbol{E}_2 = \frac{q}{4\pi\varepsilon_0 r^2}\boldsymbol{e}_r, && r_1<r<r_2\\
&\boldsymbol{E}_3 = \boldsymbol{0}, && r_2<r<r_3\\
&\boldsymbol{E}_4 = \frac{q+Q}{4\pi\varepsilon_0 r^2}\boldsymbol{e}_r, && r>r_3
\end{aligned}$$

球的电势为

$$\begin{aligned}
V_1 &= \int_{r_1}^{\infty}\boldsymbol{E}\cdot \mathrm{d}\boldsymbol{r} = \int_{r_1}^{r_2}\boldsymbol{E}_2\cdot \mathrm{d}\boldsymbol{r} + \int_{r_2}^{r_3}\boldsymbol{E}_3\cdot \mathrm{d}\boldsymbol{r} + \int_{r_3}^{\infty}\boldsymbol{E}_4\cdot \mathrm{d}\boldsymbol{r}\\
&= \int_{r_1}^{r_2}\frac{q}{4\pi\varepsilon_0 r^2}\mathrm{d}r + 0 + \int_{r_3}^{\infty}\frac{q+Q}{4\pi\varepsilon_0 r^2}\mathrm{d}r = \frac{1}{4\pi\varepsilon_0}\left(\frac{q}{r_1} - \frac{q}{r_2} + \frac{q+Q}{r_3}\right)
\end{aligned}$$

球壳的电势为

$$V_2 = \int_{r_3}^{\infty}\boldsymbol{E}\cdot \mathrm{d}\boldsymbol{r} = \int_{r_3}^{\infty}\boldsymbol{E}_4\cdot \mathrm{d}\boldsymbol{r} = \int_{r_3}^{\infty}\frac{q+Q}{4\pi\varepsilon_0 r^2}\cdot \mathrm{d}r = \frac{q+Q}{4\pi\varepsilon_0 r_3}$$

球与球壳间的电势差为

$$U = V_1 - V_2 = \frac{q}{4\pi\varepsilon_0}\left(\frac{1}{r_1} - \frac{1}{r_2}\right)$$

(2) 用导线连接球和球壳时,球表面上的电荷与壳内表面上的电荷中和,使两表面都不再带电,它们之间的电场强度变为零,两者之间的电势差也为零。所以,有

$$\boldsymbol{E}_1 = \boldsymbol{0}, \qquad r < r_3$$

$$\boldsymbol{E}_2 = \frac{q+Q}{4\pi\varepsilon_0 r^2}\boldsymbol{e}_r, \quad r > r_3$$

$$V_1 = V_2 = \int_{r_3}^{\infty} \boldsymbol{E} \cdot \mathrm{d}\boldsymbol{r} = \int_{r_3}^{\infty} \boldsymbol{E}_2 \cdot \mathrm{d}\boldsymbol{r} = \int_{r_3}^{\infty} \frac{q+Q}{4\pi\varepsilon_0 r^2}\mathrm{d}r = \frac{q+Q}{4\pi\varepsilon_0 r_3}$$

(3) 外球壳接地时，其电势 $V_2=0$，球壳外表面上电荷也为零。此时导体球表面和球壳内表面上的电荷分布不变，所以两者间的电场分布不变，由高斯定理知

$$\boldsymbol{E}_1 = \boldsymbol{0}, \qquad r < r_1$$

$$\boldsymbol{E}_2 = \frac{q}{4\pi\varepsilon_0 r^2}\boldsymbol{e}_r, \quad r_1 < r < r_2$$

$$\boldsymbol{E}_3 = \boldsymbol{0}, \qquad r > r_2$$

球的电势为

$$V_1 = \int_{r_1}^{r_2} \boldsymbol{E} \cdot \mathrm{d}\boldsymbol{r} = \int_{r_1}^{r_2} \boldsymbol{E}_2 \cdot \mathrm{d}\boldsymbol{r} = \int_{r_1}^{r_2} \frac{q}{4\pi\varepsilon_0 r^2} \cdot \mathrm{d}r = \frac{q}{4\pi\varepsilon_0}\left(\frac{1}{r_1} - \frac{1}{r_2}\right)$$

球与球壳间的电势差为

$$U = V_1 - V_2 = V_1 = \frac{q}{4\pi\varepsilon_0}\left(\frac{1}{r_1} - \frac{1}{r_2}\right)$$

(4) 内球接地时，其电势 $V_1=0$，此时，球和球壳表面上的电荷会重新分布，设内球表面带荷 q'，则球壳内表面带电荷 $-q'$，球壳外表面带电荷 $Q+q'$。

3 个面上的电荷在内球心产生的电势叠加使 $V_1=0$，即

$$V_1 = \frac{q'}{4\pi\varepsilon_0 r_1} - \frac{q'}{4\pi\varepsilon_0 r_2} + \frac{q'+Q}{4\pi\varepsilon_0 r_3} = 0$$

可以解得

$$q' = \frac{r_2 r_1}{r_3 r_1 - r_3 r_2 - r_2 r_1}Q$$

由于 $r_3 r_1 < r_3 r_2$，所以 $q'<0$，即内球表面带有负电荷。这再一次表明，带电体接地后，其电势必为零，但其上的电荷并不一定为零，要按具体情况而定。此时，球壳的电势为

$$V_2 = \frac{q'+Q}{4\pi\varepsilon_0 r_3} = \frac{Q(r_2 - r_1)}{4\pi\varepsilon_0(r_1 r_2 + r_2 r_3 - r_1 r_3)}$$

例 6-3 有一块大金属平板，面积为 S，总电量为 Q。今在其近旁平行地放置第二块大金属平板，此板原来不带电。

(1) 求静电平衡时，金属板上的电荷分布及周围空间的电场的分布。

(2) 如果把第二金属板接地，最后情况又如何(忽略金属板的边缘效应)?

解 (1) 研究电荷的分布。由于静电平衡时，导体内部无净电荷，电荷只能分布在导体的表面。设 4 个表面上的面电荷密度分别为 σ_1、σ_2、σ_3 和 σ_4；空间分别为Ⅰ、Ⅱ和Ⅲ，如图 6-10 所示。

由电荷守恒定律可知：

$$\sigma_1 + \sigma_2 = \frac{Q}{S} \tag{1}$$

$$\sigma_3 + \sigma_4 = 0 \tag{2}$$

选一个两底分别在两个金属板内而侧面垂直于板面的封闭曲面作为高斯面。由于板间

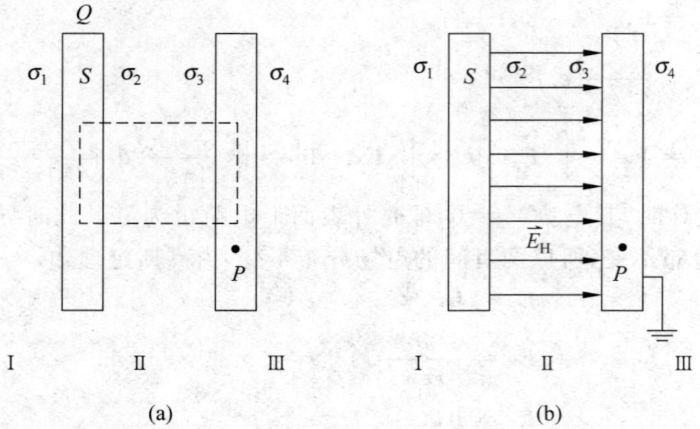

图 6-10 例 6-3 图

电场与板面垂直,板内场强为零,所以通过此高斯面的电通量为零,根据高斯定理,

$$\oint_S \boldsymbol{E} \cdot d\boldsymbol{S} = \frac{\sum_i q_i}{\varepsilon_0} = 0$$

所以

$$\sigma_2 + \sigma_3 = 0 \tag{3}$$

在金属板内的任一点 P 处的场强是 4 个带电面的电场的叠加,而且为零,即

$$E_P = \frac{\sigma_1}{2\varepsilon_0} + \frac{\sigma_2}{2\varepsilon_0} + \frac{\sigma_3}{2\varepsilon_0} - \frac{\sigma_4}{2\varepsilon_0} = 0 \tag{4}$$

联立式(1)、式(2)、式(3)和式(4),解得

$$\sigma_1 = \frac{Q}{2S}, \quad \sigma_2 = \frac{Q}{2S}, \quad \sigma_3 = \frac{-Q}{2S}, \quad \sigma_4 = \frac{Q}{2S}$$

由场强叠加原理,求各区域的场强,如图 6-10(a)所示。

第Ⅰ区,$E_1 = -2\,\frac{\sigma_1}{2\varepsilon_0} = -\frac{Q}{2\varepsilon_0 S}$,负号表示方向向左;

第Ⅱ区,$E_2 = 2\,\frac{\sigma_1}{2\varepsilon_0} = \frac{Q}{2\varepsilon_0 S}$,方向向右;

第Ⅲ区,$E_3 = 2\,\frac{\sigma_1}{2\varepsilon_0} = \frac{Q}{2\varepsilon_0 S}$,方向向右。

(2) 如果把第二金属板接地,如图 6-10(b)所示,其右表面上的电荷就会分散到地球表面上,所以

$$\sigma_4 = 0$$

由第一块金属板上的电荷守恒,得

$$\sigma_1 + \sigma_2 = \frac{Q}{S}$$

由高斯定理仍可得

$$\sigma_2 + \sigma_3 = 0$$

金属板内 P 点的场强为零,所以

$$\sigma_1 + \sigma_2 + \sigma_3 = 0$$

联立求解可得

$$\sigma_1 = 0,\quad \sigma_2 = \frac{Q}{S},\quad \sigma_3 = -\frac{Q}{S},\quad \sigma_4 = 0$$

电场的分布为

$$E_1 = 0,\quad E_2 = \frac{Q}{\varepsilon_0 S},\quad E_3 = 0$$

此题告诉我们，接地意味着导体电势为零，并不意味着电荷全跑光。

6.2　静电场中的电介质　有电介质时的高斯定理

电介质就是通常所说的绝缘体，实际上并没有完全电绝缘的材料。本节只讨论一种典型的情况，即理想的电介质。理想的电介质内部并没有可以自由移动的电荷，因而完全不能导电。但把一块电介质放到电场中，它也要受电场的影响，即发生电极化现象，处于电极化状态的电介质也会影响原有电场的分布。本节讨论这种相互影响的规律，所涉及的电介质只限于各向同性的材料。

6.2.1　电介质的分类

电介质就是绝缘介质，它是不导电的，分子中正负电荷束缚得较紧密，几乎不存在可自由移动的电荷。在无外电场时，有些电介质（如氢气、甲烷、石蜡等）分子正负电荷的中心是重合的，这类电介质称为无极分子电介质；有些电介质（如水、有机玻璃、聚氯乙烯等）在无外电场时，分子正负电荷中心不重合，构成一等效的电偶极子，这类电介质称为有极分子电介质。

6.2.2　电介质的极化

1. 无极分子电介质的位移极化

在没有外电场作用时，由于分子作杂乱无章的热运动，电介质整体呈中性。无极分子电介质处在外电场中，分子的正负电荷中心将发生相对位移，形成电偶极子，这些电偶极子的电偶极矩 $\boldsymbol{p}=q\boldsymbol{l}$（$\boldsymbol{l}$ 表示从负电荷中心指向正电荷中心的矢量距离）的方向与外电场 $\boldsymbol{E}_0$ 的方向一致，在垂直 $\boldsymbol{E}_0$ 方向的介质两端表面上分别出现正负电荷（如图 6-11 所示），这种极化机制称为位移极化。

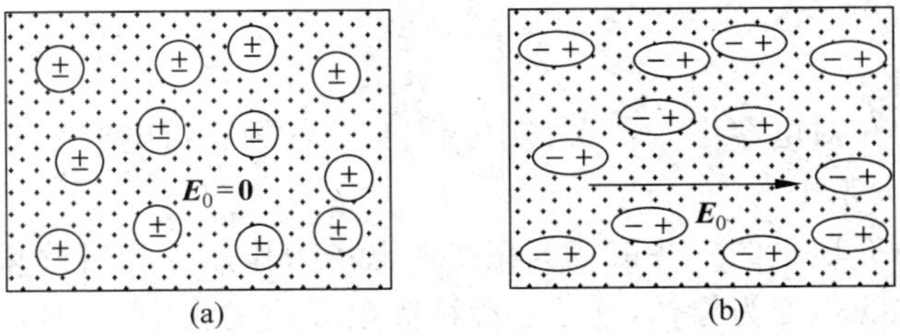

图 6-11　无极分子电介质的位移极化

（a）无外电场，无极分子正负电荷中心重合；（b）外电场作用下，正负电荷中心分离

2. 有极分子电介质的取向极化

有极分子电介质在正常情况下具有固有电矩,如图 6-12 所示,当外电场存在时,介质中的分子电偶极子将受到外电场的力矩作用而转动,此力矩力图使分子电偶极矩 $\boldsymbol{p}$ 的取向与外电场 $\boldsymbol{E}_0$ 的方向趋于一致,这将是一个强烈的极化,由于分子热运动的存在,所以 $\boldsymbol{p}$ 不可能转到与外电场方向一致,其程度与外电场有关。这样,在垂直 $\boldsymbol{E}_0$ 方向的介质两端表面上也会出现正负电荷(如图 6-12 所示),这种极化机制称为取向极化。

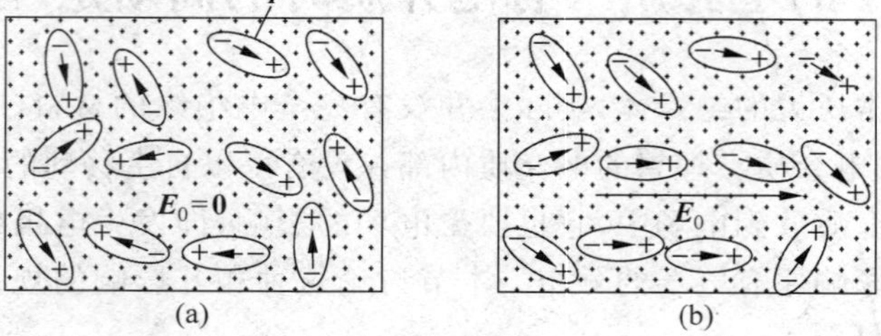

图 6-12 有极分子电介质的取向极化
(a) 无外电场,有极分子混乱取向;(b) 外电场作用下,有极分子发生取向

6.2.3 电介质对电场的影响

虽然两种电介质受到外电场作用所发生变化的微观机制不同,但其宏观效果是一样的。在电介质内部的宏观微小区域内,正负电荷的电量仍相等,仍表现为电中性,但在电介质表面上却出现了只有正电荷或只有负电荷的电荷层,这种出现在电介质表面上的电荷叫做极化电荷,也叫束缚电荷,因为它不像导体中的自由电荷那样能用传导方法引走。如图 6-13 所示,极化电荷 q' 在电介质内产生极化电场 $\boldsymbol{E}'$,$\boldsymbol{E}'$ 的方向与 $\boldsymbol{E}_0$ 的方向相反。电介质中的合场强 $\boldsymbol{E}$ 是 $\boldsymbol{E}_0$ 和 $\boldsymbol{E}'$ 的矢量和,即

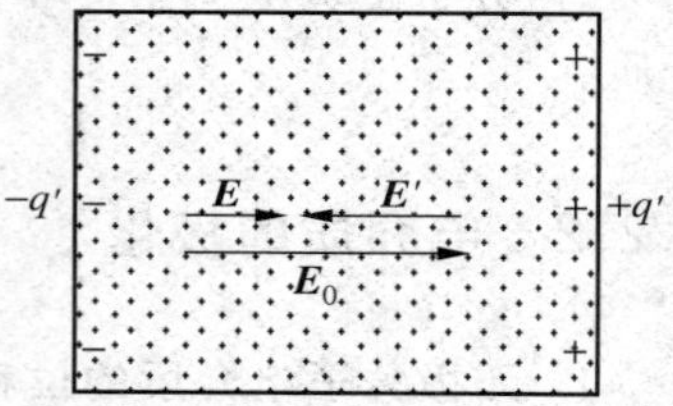

图 6-13 电介质的极化

$$\boldsymbol{E} = \boldsymbol{E}_0 + \boldsymbol{E}' \tag{6-2}$$

其大小为

$$E = E_0 - E'$$

实验表明,总电场强度 $\boldsymbol{E}$ 和外电场 $\boldsymbol{E}_0$ 之间的关系为

$$\boldsymbol{E} = \frac{\boldsymbol{E}_0}{\varepsilon_r} \tag{6-3}$$

式中,ε_r 为电介质的相对电容率。在真空中 $\varepsilon_r=1$,空气的相对电容率近似等于 1,其他电介质的相对电容率均大于 1。

在强电场中,电介质中的一些束缚电荷在强电场力作用下会解除束缚变成自由移动的电荷,电介质丧失绝缘性变为导体,这种过程称为电介质的击穿,一种电介质所能承受的最大电场强度称为该介质的击穿场强(也称绝缘强度)。表 6-1 给出了一些常见电介质的相对电容率和击穿场强。

表 6-1　几种常见电介质的相对电容率和击穿场强

电介质	相对电容率	击穿场强 /(10^3 V/mm)(室温)	电介质	相对电容率	击穿场强 /(10^3 V/mm)(室温)
真空	1		氯丁橡胶	6.6	10～20
空气(20℃)	1.000 59	3	硼硅酸玻璃	5～10	10～50
水(20℃)	80.2		云母	3.0～8.0	160
变压器油(20℃)	2.2～2.5	12	陶瓷	6～8	4.25
纸	2.5	5～14	二氧化钛	173	
聚四氟乙烯	2.0～2.1	60	钛酸锶	约 250	8
聚乙烯	2.2～2.4	50	钛酸钡锶	10^4	

6.2.4　电介质中的高斯定理

电介质放在电场中会受电场的作用而极化，产生极化电荷，极化电荷又会反过来影响电场的分布。有电介质存在时的电场应该由电介质上的极化电荷和自由电荷共同决定。

下面以平行板电容器中充满各向同性的电介质为例来讨论。如图 6-14 所示，取一闭合的圆柱面作为高斯面，高斯面的两底面与极板平行，其中下底面在电介质内，底面的面积为 S。计算总电场强度 $\boldsymbol{E}$ 时，应计算高斯面内所包含的自由电荷和极化电荷，即

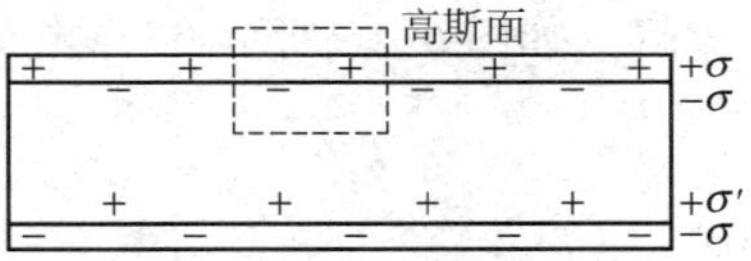

图 6-14　电介质中的场强分析

$$\oint_S \boldsymbol{E} \cdot \mathrm{d}\boldsymbol{S} = \frac{1}{\varepsilon_0}(Q_0 - Q') \tag{6-4}$$

式中，Q_0 和 Q'分别为高斯面内所包含的自由电荷和极化电荷。

设极板上自由电荷的面密度为 σ_0，极化电荷的面密度为 σ'。自由电荷和极化电荷在两平板间激发的电场强度和极化电场强度分别为 $E_0=\frac{\sigma_0}{\varepsilon_0}$ 和 $E'=\frac{\sigma'}{\varepsilon_0}$，将此 E_0 和 E'及式(6-3)代入式(6-2)得

$$\frac{\sigma_0}{\varepsilon_0} - \frac{\sigma'}{\varepsilon_0} = \frac{\sigma_0}{\varepsilon_0\varepsilon_r}$$

从而可得

$$\sigma' = \frac{\varepsilon_r - 1}{\varepsilon_r}\sigma_0$$

由于 $Q_0=\sigma_0 S$，$Q'=\sigma' S$，上式也可写成

$$Q' = \frac{\varepsilon_r - 1}{\varepsilon_r}Q_0 \tag{6-5}$$

式(6-5)为电介质中极化电荷面密度与自由电荷面密度和电介质的相对电容率之间的关系。

将式(6-5)代入式(6-4)有

$$\oint_S \boldsymbol{E} \cdot \mathrm{d}\boldsymbol{S} = \frac{Q_0}{\varepsilon_0\varepsilon_r}$$

或

$$\oint_S \varepsilon_0 \varepsilon_r \boldsymbol{E} \cdot d\boldsymbol{S} = Q_0$$

令

$$\boldsymbol{D} = \varepsilon_0 \varepsilon_r \boldsymbol{E} = \varepsilon \boldsymbol{E} \tag{6-6}$$

$\boldsymbol{D}$ 叫做电位移矢量,其单位为 C/m^2;相对电容率 ε_r 与真空电容率 ε_0 的乘积叫做电容率 ε,即 $\varepsilon=\varepsilon_0\varepsilon_r$。上式可写成

$$\oint_S \boldsymbol{D} \cdot d\boldsymbol{S} = Q_0 \tag{6-7}$$

式中,$\oint_S \boldsymbol{D} \cdot d\boldsymbol{S}$ 是通过闭合曲面 S 的电位移矢量通量。式(6-7)虽然是从平行板电容器特例中得出的,但可以证明在一般情况下也是正确的。

有电介质时的高斯定理表述如下:在静电场中,通过任意闭合曲面的电位移矢量通量等于该闭合曲面所包围的自由电荷的代数和,与束缚电荷无关。其数学表达式为

$$\oint_S \boldsymbol{D} \cdot d\boldsymbol{S} = \sum_{i=1}^{n} Q_{0i} \tag{6-8}$$

式中,$\sum_{i=1}^{n} Q_{0i}$ 为高斯面内包围的自由电荷的代数和,电位移矢量通量只与自由电荷有关。

例 6-4 设一带电量为 Q 的点电荷周围充满相对电容率为 ε_r 的均匀介质,求场强分布。

解 如图 6-15 所示,以点电荷为中心作半径为 r 的高斯面 S。根据介质中的高斯定理有

$$\oint_S \boldsymbol{D} \cdot d\boldsymbol{S} = D4\pi r^2 = Q$$

所以

$$D = \frac{Q}{4\pi r^2}$$

由 $E=\dfrac{D}{\varepsilon_0\varepsilon_r}$ 得

$$E = \frac{D}{\varepsilon} = \frac{Q}{4\pi\varepsilon_0\varepsilon_r r^2}$$

真空中电荷 q 周围的电场为 $E_0=\dfrac{Q}{4\pi\varepsilon_0 r^2}$,可见,当电荷周围充满电介质时,场强减弱到真空时的 ε_r 分之一。减弱的原因是在贴近金属球表面的介质表面出现了束缚电荷。

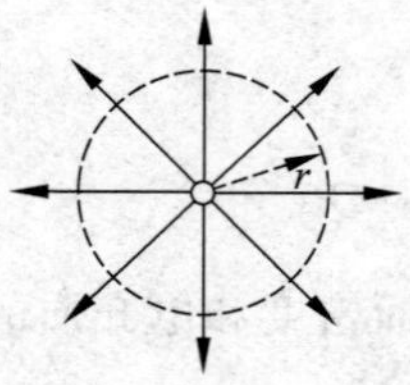

图 6-15 均匀无限电介质中点电荷的场强

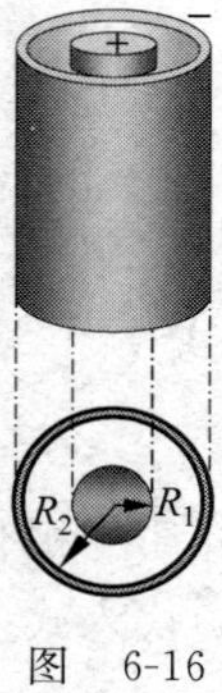

图 6-16

例 6-5 图 6-16 所示的结构由半径为 R_1 的长直圆柱导体和同轴的半径为 R_2 的薄导

体圆筒组成,其间充以相对电容率为 ε_r 的电介质。设直导体和圆筒单位长度上的电荷分别为 $+\lambda$ 和 $-\lambda$。求电介质中的电场强度、电位移。

解 由于电荷分布是均匀对称的,所以电介质中的电场也是轴对称的,电场强度的方向沿柱面的矢径方向。作一与圆柱导体同轴的柱形高斯面,其半径为 r ($R_1<r<R_2$),长为 l。因为电介质中的电位移 $\boldsymbol{D}$ 与柱形高斯面的两底面平行,所以通过这两个底面的电位移通量为零。根据电介质中的高斯定理,有 $\oint_S \boldsymbol{D}\cdot \mathrm{d}\boldsymbol{S}=\lambda l$,即 $D2\pi rl=\lambda l$,得

$$D=\frac{\lambda}{2\pi r}$$

由 $E=\frac{D}{\varepsilon_0\varepsilon_r}$得电介质中的电场强度为

$$E=\frac{\lambda}{2\pi\varepsilon_0\varepsilon_r r},\quad R_1<r<R_2$$

6.3 电容 电容器

电容是电学中一个重要的物理量,它反映了电容器储存电荷及电能的能力。本节首先介绍孤立导体的电容,然后讨论几种典型电容器的电容。

6.3.1 孤立导体的电容

真空中,一半径为 R、带电量为 Q 的孤立导体金属球,其电势为 $V=\frac{Q}{4\pi\varepsilon_0 R}$(取无穷远处为电势零点),由理论和实验可以证明,该导体的电势与它所带的电量成正比,还与导体的形状和尺寸有关。因此,给出定义:孤立导体所带电量 Q 与其电势 V 的比值为该导体的电容,用符号 C 表示,即

$$C=\frac{Q}{V} \tag{6-9}$$

真空中孤立导体金属球的电容为 $C=4\pi\varepsilon_0 R$,它是反映导体自身性质的物理量,只与导体的大小和形状有关,与导体是否带电无关,就像导体的电阻与导体是否通有电流无关一样。

在国际单位制中,电容的单位是法拉,符号为 F,1F=1C/V。实际上,1F 是非常大的,常用微法(μF)、皮法(pF)等较小的单位,它们之间的关系为

$$1\mathrm{F}=10^6\mu\mathrm{F}=10^{12}\mathrm{pF}$$

6.3.2 电容器的电容

电容器是组成电路的基本元件之一,它由被电介质分隔开的两个导体组成,两个导体为它的极板。如图 6-17 所示,当电容器的两个极板 A 和 B 分别带有等量异号电荷 $+Q$ 和 $-Q$ 时,两个极板间的电势差 $U=V_A-V_B$,电容

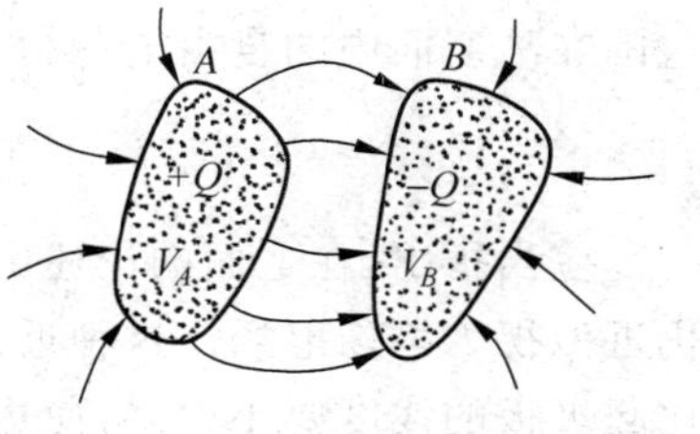

图 6-17 电容器

器的电容定义为：一个极板所带电量的绝对值 Q 与两个极板间电势的比值，即

$$C=\frac{Q}{U} \tag{6-10}$$

电容器的电容取决于电容器本身的结构，即两导体的形状、相对位置以及两导体间电介质的种类等，而与它所带的电量无关。

6.3.3 电容的计算

下面分别讨论几种常见电容器的电容。在这里，我们的任务是在知道电容器的几何结构之后计算它的电容，步骤如下：

(1) 假定在两极板上分别带有等量异号电荷 $+Q$ 和 $-Q$；

(2) 根据此电荷，应用高斯定理计算两极板之间的电场 $\boldsymbol{E}$；

(3) 利用公式 $U=\int_{+}^{-}\boldsymbol{E}\cdot\mathrm{d}\boldsymbol{l}$ 计算两极板之间的电势差 U，其中 $+$ 和 $-$ 表示积分路径起始于正极板并终止于负极板；

(4) 根据电容定义式 $C=Q/U$ 计算电容 C，注意电容 C 与 Q 无关，只与电容器本身的结构有关。

例 6-6 求平行板电容器的电容。

如图 6-18 所示，平行板电容器由两块彼此靠得很近的平行极板组成，两个极板的面积为 S，内表面间的距离为 d，两个极板间充满了相对电容率为 ε_r 的电介质。求此电容器的电容。

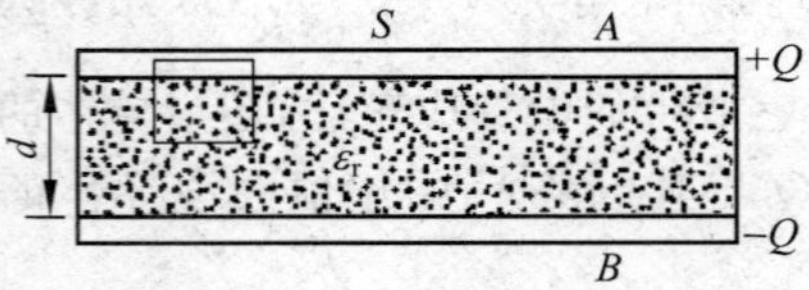

图 6-18 平行板电容器

解 设两极板 A 和 B 分别带有等量异号电荷 $+Q$ 和 $-Q$，于是每块极板上的电荷面密度分别为 $\pm\sigma=\pm Q/S$，两个极板之间的电场为均匀电场，方向垂直于板面。首先由电介质中的高斯定理计算极板间的电位移和电场强度。为此，作一底面积为 ΔS 的封闭柱面为高斯面，其轴线与板面垂直，两底面与金属板平行，而且上底面在金属板内，通过这一封闭面的电位移通量为

$$\oint_{\Delta S}\boldsymbol{D}\cdot\mathrm{d}\boldsymbol{S}=\int_{\Delta S_{\text{下底面}}}\boldsymbol{D}_1\cdot\mathrm{d}\boldsymbol{S}+\int_{\Delta S_{\text{上底面}}}\boldsymbol{D}_2\cdot\mathrm{d}\boldsymbol{S}+\int_{\Delta S_{\text{侧面}}}\boldsymbol{D}_3\cdot\mathrm{d}\boldsymbol{S}$$

上底面在金属板内，电场强度为 0，$\boldsymbol{D}$ 也为零；侧面上 $\boldsymbol{D}$ 与 $\mathrm{d}\boldsymbol{S}$ 垂直，所以，通过上底面和侧面的 $\boldsymbol{D}$ 通量均为零。通过整个高斯面的 $\boldsymbol{D}$ 通量就是通过下底面的 $\boldsymbol{D}$ 通量，即

$$\oint_{\Delta S}\boldsymbol{D}\cdot\mathrm{d}\boldsymbol{S}=\int_{\Delta S_{\text{下底面}}}\boldsymbol{D}\cdot\mathrm{d}\boldsymbol{S}=D\Delta S$$

包围在高斯面内的自由电荷为 $\sigma\Delta S$，由 $\boldsymbol{D}$ 的高斯定理可得

$$D=\sigma,\quad E=\frac{\sigma}{\varepsilon_0\varepsilon_r}=\frac{Q}{\varepsilon_0\varepsilon_r S}$$

应当指出，在上面的论述中，我们略去了极板的边缘效应，即把两极板边缘附近的电场仍近似视为均匀电场。这种近似处理的方法是可行的，因为实用的电容器极板间的距离 d 比起极板的线度要小得多，使边缘附近不均匀电场所导致的误差完全可以略去，于是两极板

A、B 间的电势差为

$$U=\int_A^B \boldsymbol{E}\cdot\mathrm{d}\boldsymbol{l}=Ed=\frac{Qd}{\varepsilon_0\varepsilon_r S}$$

由电容器的电容定义式(6-10)可得

$$C=\frac{Q}{U}=\frac{\varepsilon_0\varepsilon_r S}{d}=\frac{\varepsilon S}{d} \tag{6-11}$$

式(6-11)表明,平行板电容器的电容 C 与极板的面积 S 和电介质的电容率 ε 成正比,与极板间距离 d 成反比。电容只与电容器本身的结构有关,而与电容器是否带电无关。

当平行板电容器两极板为真空时($\varepsilon_r=1$),根据式(6-11)可得平行板电容器的电容为 $C'=\varepsilon_0 S/d$。与极板间有电介质时相比较,可得:$C=\varepsilon_r C'$。

例 6-7　如图 6-19 所示,平行板电容器两极板的面积为 S,两板间有两层平行放置的电介质,它们的电容率分别为 ε_1 和 ε_2,厚度分别为 d_1 和 d_2,两极板上的电荷面密度分别为 $\pm\sigma$。求:

(1) 在电介质内的电位移和电场强度;

(2) 电容器的电容。

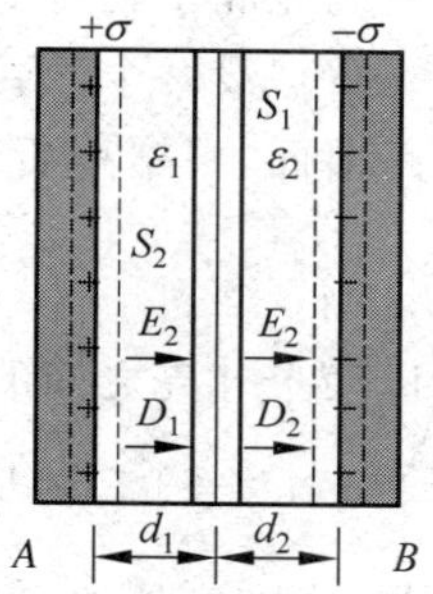

图 6-19　例 6-7 图

解　设两层电介质中的场强分别为 E_1 和 E_2,电位移分别为 D_1 和 D_2;根据场强、电位移的定义和它们之间的关系,应用电介质中的高斯定理进行求解。

(1) 穿过两介质作圆柱形高斯面 S_1(两底面分别处在两层介质中且平行于两介质的接触面,图 6-19 穿过两介质的实线所示),底面积为 S,D_1 进入此高斯面,电位移通量为负,D_2 穿出此高斯面,电位移通量为正,在此高斯面内的自由电荷为零。

① 应用电介质中的高斯定理得

$$\oint_{S_1}\boldsymbol{D}\cdot\mathrm{d}\boldsymbol{S}=-D_1S+D_2S=0,\quad D_1=D_2$$

即在两种电介质内,电位移相等。又因为

$$D_1=\varepsilon_1E_1,\quad D_2=\varepsilon_2E_2$$

所以

$$\frac{E_1}{E_2}=\frac{\varepsilon_2}{\varepsilon_1}$$

即场强与电容率成反比。

② 为了求出电介质中的电位移和场强的大小,还需利用已知条件(面电荷密度)。因此,在板内和介质中作一高斯面 S_2,底面积也为 S,如图中左边虚线所示,这一闭合面内的自由电荷等于正极板上的电荷,由电介质中高斯定理得

$$\oint_{S_2}\boldsymbol{D}\cdot\mathrm{d}\boldsymbol{S}=D_1S=\sigma S$$

所以 $D_1=\sigma$。

③ 再利用 D 求 E:

$$E_1=\frac{\sigma}{\varepsilon_1},\quad E_2=\frac{\sigma}{\varepsilon_2}$$

(2) 由电容的定义,求其值。

正、负两板间的电势差为

$$U = V_A - V_B = E_1 d_1 + E_2 d_2 = \sigma\left(\frac{d_1}{\varepsilon_1} + \frac{d_2}{\varepsilon_2}\right) = \frac{Q}{S}\left(\frac{d_1}{\varepsilon_1} + \frac{d_2}{\varepsilon_2}\right)$$

式中,$Q=\sigma S$ 是每一板上的电荷,电容器的电容为

$$C = \frac{Q}{U} = \frac{S}{\dfrac{d_1}{\varepsilon_1} + \dfrac{d_2}{\varepsilon_2}}$$

可见电容与电介质的放置次序无关。上述结果可以推广到两极板间有任意多层电介质的情况(每层的厚度可以不同,但其相互叠合的两表面必须都与电容器的两极板表面平行)。

例 6-8 求球形电容器的电容。

如图 6-20 所示,球形电容器是由两个内外半径分别为 R_1 和 R_2 的同心导体球壳组成,球壳间充满了相对电容率为 ε_r 的电介质。

解 设两个球壳所带电量分别为 $\pm Q$,在两个球壳之间作球状高斯面,根据高斯定理可求得两个球壳之间的场强为

$$E = \frac{Q}{4\pi\varepsilon_0\varepsilon_r r^2}\boldsymbol{e}_r, \quad R_1 < r < R_2$$

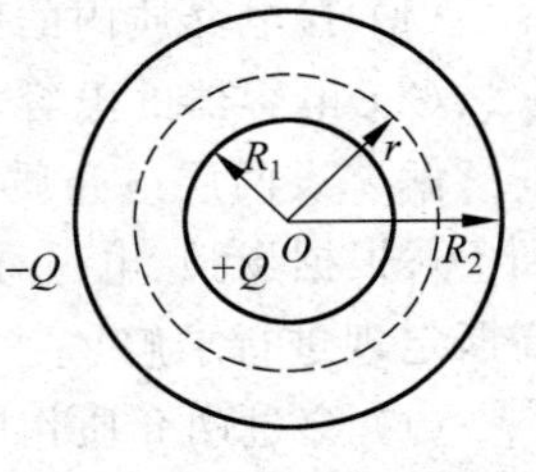

图 6-20　球形电容器

所以两个球壳之间的电势差为

$$U = \int_l \boldsymbol{E} \cdot \mathrm{d}\boldsymbol{l} = \frac{Q}{4\pi\varepsilon_0\varepsilon_r}\int_{R_1}^{R_2} \frac{\mathrm{d}r}{r^2} = \frac{Q}{4\pi\varepsilon_0\varepsilon_r}\left(\frac{1}{R_1} - \frac{1}{R_2}\right)$$

于是,由电容器的电容定义式(6-10),可得球形电容器的电容为

$$C = \frac{Q}{U} = 4\pi\varepsilon_0\varepsilon_r \frac{R_1 R_2}{R_2 - R_1} \tag{6-12}$$

例 6-9 求圆柱形电容器的电容。

如图 6-21(a)所示,圆柱形电容器是由两个内外半径分别为 R_A 和 R_B 的同轴圆柱导体面组成的,圆柱面长度为 L,且 $L \gg R_B$,两个圆柱面之间充满了相对电容率为 ε_r 的电介质。求此圆柱形电容器的电容。

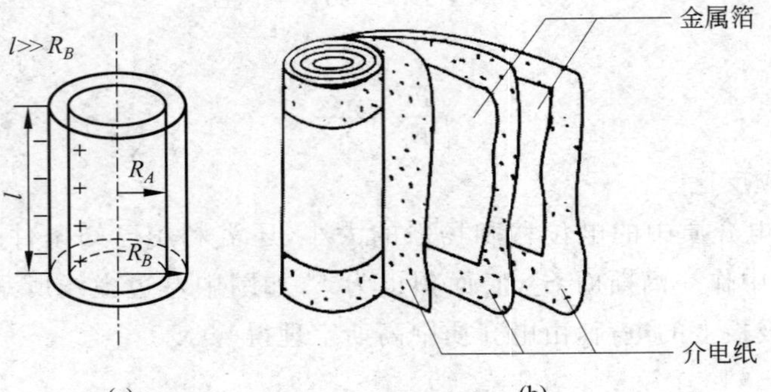

图 6-21　圆柱形电容器

解 因为 $L \gg R_B$,所以可把两圆柱面间的电场看做是无限长圆柱面的电场。设两个圆柱面所带电量分别为 $\pm Q$,则单位长度上的电荷密度 $\lambda = Q/L$。由例 6-5 可得两圆柱面之间

距圆柱的轴线为 r 处的电场强度 $\boldsymbol{E}$ 的大小为

$$E=\frac{\lambda}{2\pi\varepsilon_0\varepsilon_r r}=\frac{Q}{2\pi\varepsilon_0\varepsilon_r L}\cdot\frac{1}{r},\quad R_A<r<R_B$$

电场强度的方向垂直于圆柱轴线。于是，两圆柱面间的电势差为

$$U=\int_l \boldsymbol{E}\cdot \mathrm{d}\boldsymbol{l}=\int_{R_A}^{R_B}\frac{Q}{2\pi\varepsilon_0\varepsilon_r L}\cdot\frac{\mathrm{d}r}{r}=\frac{Q}{2\pi\varepsilon_0\varepsilon_r L}\ln\frac{R_B}{R_A}$$

根据电容器的电容定义式(6-10)，可得圆柱形电容器的电容为

$$C=\frac{Q}{U}=\frac{2\pi\varepsilon_0\varepsilon_r L}{\ln\dfrac{R_B}{R_A}} \tag{6-13}$$

由此可见，圆柱越长，电容 C 越大；两圆柱面间的间隙越小，电容 C 越大。如果以 d 表示两圆柱体面间的间隙，当 $d=R_B-R_A\ll R_A$ 时，有

$$\ln\frac{R_B}{R_A}=\ln\frac{R_A+d}{R_A}\approx\frac{d}{R_A}$$

于是式(6-13)可写成

$$C\approx\frac{2\pi\varepsilon_0\varepsilon_r LR_A}{d}$$

式中 $2\pi R_A L$ 为圆柱体的侧面积 S，则上式又可写成

$$C=\frac{\varepsilon_0\varepsilon_r S}{d} \tag{6-14}$$

此即例 6-6 平板电容器的电容。因此，当两圆柱面之间的间隙小于圆柱体的半径，即 $d\ll R_A$ 时，圆柱形电容器可当作平板电容器。

有的电容器就是在两层金属箔之间夹上绝缘材料，引出两个抽头，卷制而成，如图 6-20(b)所示。

例 6-10 设有两根半径都为 R 的平行长直导线，它们中心之间相距为 d，且 $d\gg R$。求单位长度的电容。

解 如图 6-22 所示，设导线 A、B 间的电势差为 U，它们的电荷线密度分别为 $+\lambda$ 和 $-\lambda$。由高斯定理和场的叠加原理，可求出两导线所在平面内任一点 P 处电场强度的大小为

$$E=E_A+E_B=\frac{1}{2\pi\varepsilon_0}\left(\frac{\lambda}{x}+\frac{\lambda}{d-x}\right)$$

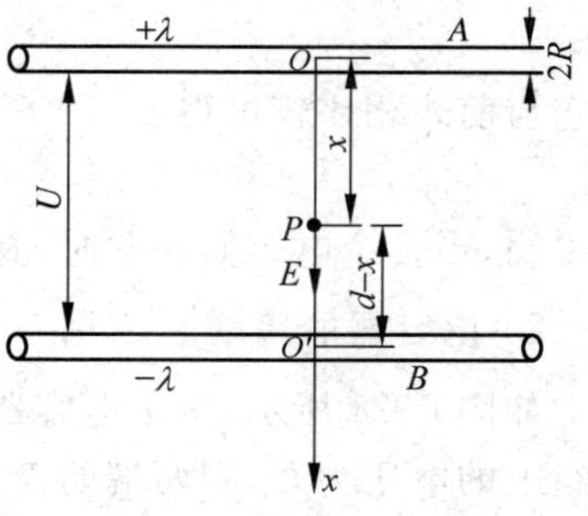

图 6-22 例 6-10 图

E 的方向沿 x 轴正向。两导线之间的电势差为

$$U=\int_A^B \boldsymbol{E}\cdot\mathrm{d}\boldsymbol{l}=\int_R^{d-R}E\,\mathrm{d}x=\frac{\lambda}{2\pi\varepsilon_0}\int_R^{d-R}\left(\frac{1}{x}+\frac{1}{d-x}\right)\mathrm{d}x$$

上式积分后为

$$U=\frac{\lambda}{\pi\varepsilon_0}\ln\frac{d-R}{R}$$

考虑到 $d\gg R$，上式近似为

$$U\approx\frac{\lambda}{\pi\varepsilon_0}\ln\frac{d}{R}$$

于是，两长直导线单位长度的电容为

$$C=\frac{\lambda}{U}\approx\frac{\pi\varepsilon_0}{\ln\dfrac{d}{R}}$$

两条输电线间、电子线路中两段导线间等都存在电容，这种电容实际上反映两部分导体间通过电场的相互作用和影响，有时叫做“杂散电容”或“分布电容”。在有些情况下(如高频电路)，它会对电路的性质产生明显的影响。

6.3.4 电容的串、并联

电容器根据功能可分为可变电容器、半可变电容器和固定电容器。

衡量一个实际电容器的性质有两个重要的指标：一是电容器的电容量大小；二是它的耐电压的能力。所谓电容器的耐压能力，是由电容器两极板间电介质的电容率决定的。一旦两板间的电压超过一定限度，其电场将击穿两板间的电介质，两极板就不再能绝缘了，电容器就被毁坏了。在实际的电路设计和使用中，当单独一个电容器的耐压不够时，可以采用电容器的串联来增加耐压达到要求。下面讨论电容器并联或串联的等效电容的计算方法。

1. 电容器的并联

如图 6-23 所示，将两个电容器 C_1、C_2 的极板一一对应地连接起来，这种连接叫做并联。设加在并联电容器组上的电压为 U，则 C_1、C_2 的电荷分别为 Q_1 和 Q_2。根据式(6-10)有

$$Q_1=C_1U,\quad Q_2=C_2U$$

两电容器上总电荷 Q 为

$$Q=Q_1+Q_2=(C_1+C_2)U$$

若用一个电容器来等效地代替这两个电容器，使它在电压为 U 时所带电荷也为 Q，那么这个等效电容器的电容 C 为

$$C=\frac{Q}{U}$$

把它与前式相比较可得

$$C=C_1+C_2 \tag{6-15}$$

这说明，当几个电容器并联时，其等效电容等于这几个电容器电容之和。

2. 电容器的串联

如图 6-24 所示，两个电容器的极板首尾相连接，这种连接叫做串联。设加在串联电容器组上的电压为 U，则两端的极板分别带有 $+Q$ 和 $-Q$ 的电荷。由于静电感应使虚线框内的两块极板所带的电荷分别为 $-Q$ 和 $+Q$。这就是说，串联电容器组中每个电容器极板上所带的电荷是相等的。根据式(6-10)可得每个电容器的电压为

$$U_1=\frac{Q}{C_1},\quad U_2=\frac{Q}{C_2}$$

而总电压 U 则为各个电容器上的电压 U_1 和 U_2 之和，即

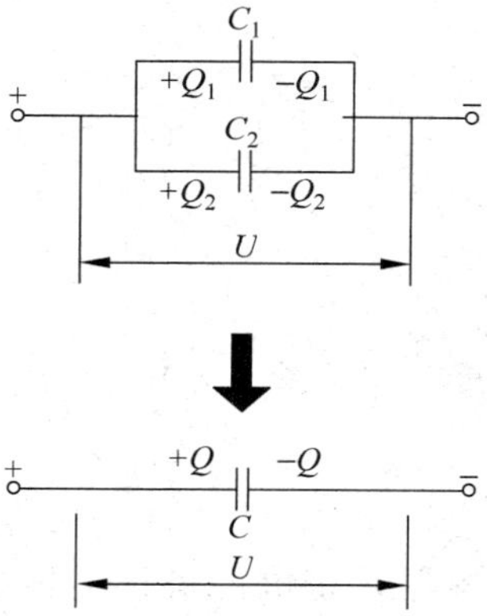

图 6-23　C_1 和 C_2 两个电容器并联，C 为它们的等效电容

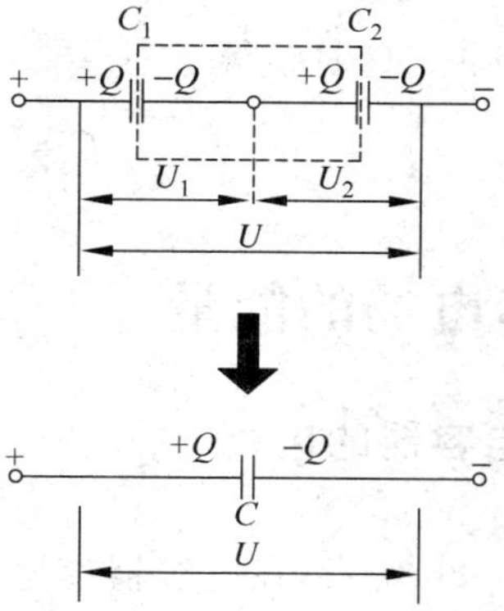

图 6-24　C_1 和 C_2 两个电容器串联，C 为它们的等效电容

$$U=U_1+U_2=\left(\frac{1}{C_1}+\frac{1}{C_2}\right)Q$$

如果用一个电容为 C 的电容器来等效地代替串联电容器组，使它两端的电压为 U 时，它所带的电荷也为 Q，则有

$$U=\frac{Q}{C}$$

把它与前式相比，可得

$$\frac{1}{C}=\frac{1}{C_1}+\frac{1}{C_2} \tag{6-16}$$

这说明，串联电容器组等效电容的倒数等于电容器组中各电容倒数之和。

可见，并联时等效电容等于各电容器的电容之和，因此利用并联可获得较大的电容。串联时等效电容的倒数等于各电容器的倒数之和，因此，等效电容比每一电容器的电容都小，但由于总电压分配到了各个电容器上，所以，串联时电容器组的耐压能力得到提高。对照式(6-11)不难理解，电容器并联相当于增大了极板的面积 S，所以总电容 C 增大了；而串联时，相当于增大了极板的距离 d，故总电容减小了。至于充以电介质使电场强度 E 减小，导致极板间电压减小，故使电容增大。弄清了这些概念，对分析解答具体问题会有很大的帮助。

例 6-11　如图 6-25 所示，一平行板电容器的极板面积为 S，板间由两层相对电容率分别为 ε_{r1} 和 ε_{r2} 的电介质充满，二者厚度都是板间距离 d 的一半。求此电容器的电容。

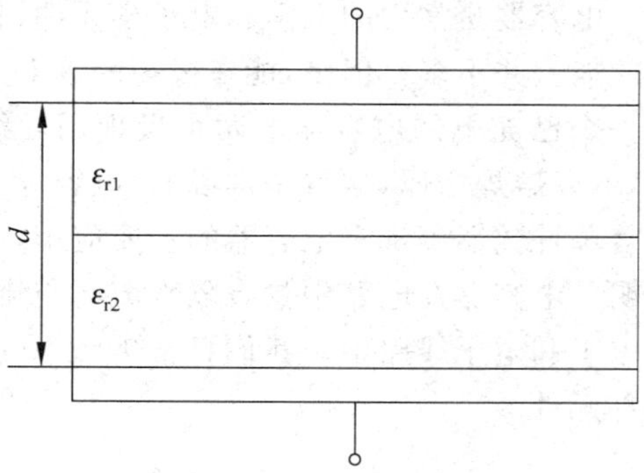

图 6-25　例 6-11 图

解　由于两介质的分界面与板间电场强度垂直，所以该面为一等势面。因此可以设想两电介质在此面上以一薄金属板隔开，这样图示电容器就可以看作是两个电容器串联而成。两个电容器的电容分别为

$$C_1=\frac{\varepsilon_0\varepsilon_{r1}S}{d/2}=\frac{2\varepsilon_0\varepsilon_{r1}S}{d}$$

$$C_2 = \frac{\varepsilon_0 \varepsilon_{r2} S}{d/2} = \frac{2\varepsilon_0 \varepsilon_{r2} S}{d}$$

由电容器串联式(6-16)得

$$C = \frac{C_1 C_2}{C_1 + C_2} = \frac{2\varepsilon_0 \varepsilon_{r1} \varepsilon_{r2}}{d(\varepsilon_{r1} + \varepsilon_{r2})}$$

6.4 静电场的能量

6.4.1 电容器的电能

如图 6-26 所示,在电容器充电过程中,电子从电容器带正电的极板上被拉到电源,并被电源推到带负电的极板上去。完成这个过程要靠电源做功,从而消耗了电源的能量(如化学能),使之转化为电容器储存的电能。设充电过程的某一瞬间,两极板之间的电势差为 U,极板所带电量的绝对值为 q,此时若把电荷 $-\mathrm{d}q$ 从带正电的极板移到带负电的极板上,外力克服静电力所做的功为

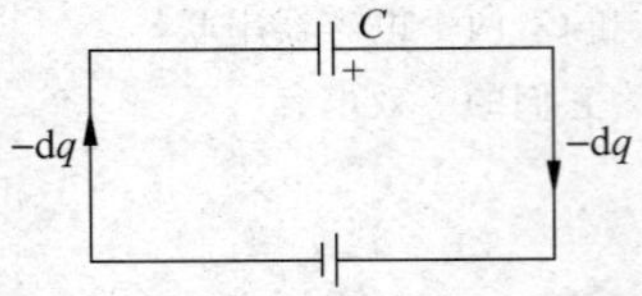

图 6-26　电容器充电

$$\mathrm{d}W = U\mathrm{d}q = \frac{q}{C}\mathrm{d}q$$

从两极板不带电到两极板分别带 $\pm Q$ 电量的过程中,外力所做的总功(这些功将使电容器的电容增加)也就是电容器储存的电能为

$$W_e = \frac{1}{C}\int_0^Q q\mathrm{d}q = \frac{Q^2}{2C} = \frac{1}{2}QU = \frac{1}{2}CU^2 \tag{6-17}$$

例 6-12　某电容器标明“10μF、400V”,求该电容器最多能储存多少电荷和静电能?

解　根据电容器电容的定义式和静电场的能量公式(6-17),可解此题。由电容器电容的定义式得

$$Q = CU = 10 \times 10^{-6} \times 400 = 4 \times 10^{-3}\,(\mathrm{C})$$

由静电场的能量公式得

$$W_e = \frac{1}{2}CU^2 = \frac{1}{2} \times 10 \times 10^{-6} \times 400^2 = 8 \times 10^{-1}\,(\mathrm{J})$$

电容器是常用的电学和电子学元件,具有储能的本领,由例 6-12 可见,一般的电容器储存的能量并不多。但是,能在极短的放电过程中释放所储存的能量,获得较大的功率。如果把一个已充电的电容器的两个极板用导线短路,则可以看到放电火花,利用放电火花的热能,可以熔焊金属,这就是常说的“电容焊”。在工业上,激光打印、受控热核反应、用于科研的盖革计数器等都有电容器的重要应用,照相机的闪光灯也是利用电容器瞬时放电而闪光照明。电容器在电路中具有隔直流通交流,对高频短路,稳定电流、电压的作用,被广泛应用在电工和电子线路中。我们日常生活中的收音机、电视机及各种电子仪器都要用到电容器这种元件。

6.4.2　静电场的能量　能量密度

在恒定状态下，电荷和电场总是同时存在相伴而生的，使我们无法分辨电能是与电荷还是与电场相关联，然而电磁波可以在空间传播，电场可以脱离电荷而传播，因此电能是定域在电场中的。既然电能分布在电场中，电能一定与描述电场性质的特征量有某种联系。下面从平行板电容器这个特例来寻求这种联系。

设平行板电容器两个极板的面积为 S，分别带有等量异号电荷 $+Q$ 和 $-Q$，内表面间的距离为 d，两个极板间充满了相对电容率为 ε_r 的电介质。根据式(6-11)、式(6-17)和关系式 $U=Ed$，可得电容器中储存的电能为

$$W_e=\frac{1}{2}CU^2=\frac{1}{2}\cdot\frac{\varepsilon_0\varepsilon_r S}{d}(Ed)^2=\frac{1}{2}\varepsilon_0\varepsilon_r E^2 Sd=\frac{1}{2}\varepsilon_0\varepsilon_r E^2 V$$

式中 $V=Sd$ 为极板间电场所占空间的体积，因为平行板电容器极板间电场是均匀的，所以平行板电容器的电场能量均匀地分布在它的电场中，因此，单位体积内的电场能量为

$$w_e=\frac{1}{2}\varepsilon_0\varepsilon_r E^2=\frac{1}{2}ED \tag{6-18}$$

叫做电场的能量密度，式(6-18)的结论虽然是通过平行板电容器推导出来的，但它却是普遍成立的。它表明电场的能量密度与 E 的二次方成正比，电场强度越大的区域，电场的能量密度也越大，此式是用场量 E 来表示的，它进一步说明了电场能量的确分布在电场中。当电场不均匀时，总能量 W_e 应该是能量密度的体积分：

$$W_e=\int_V w_e \mathrm{d}V=\int_V \frac{1}{2}\varepsilon_0\varepsilon_r E^2\mathrm{d}V \tag{6-19}$$

式中的积分遍及电场分布的空间。

例 6-13　如图 6-27 所示，球形电容器的导体球壳内外半径分别为 R_1 和 R_2，球壳间充满了相对电容率为 ε_r 的电介质。求当两个球壳所带电量分别为 $\pm Q$ 时，电容器所储存的电场能量。

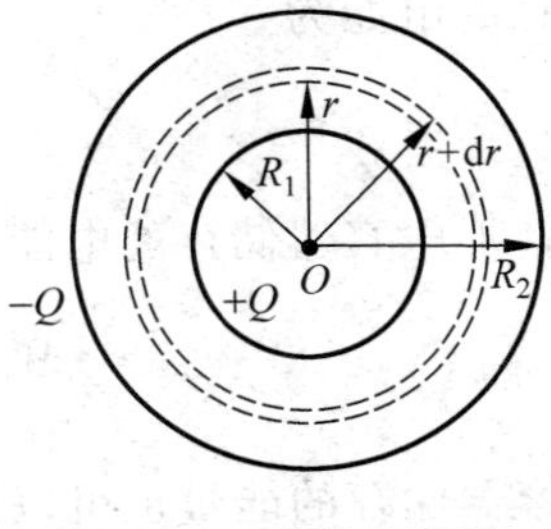

图 6-27　球形电容器

解　由高斯定理可得两个球壳之间的场强大小为

$$E=\frac{Q}{4\pi\varepsilon_0\varepsilon_r r^2}\boldsymbol{e}_r,\quad R_1<r<R_2$$

故球壳内的电场能量密度为

$$w_e=\frac{1}{2}\varepsilon_0\varepsilon_r E^2=\frac{Q^2}{32\pi^2\varepsilon_0\varepsilon_r r^4}$$

取半径为 r、厚度为 $\mathrm{d}r$ 的球壳为体积微元，微元体积 $\mathrm{d}V=4\pi r^2\mathrm{d}r$。所以在此体积元内电场的能量为

$$\mathrm{d}W_e=w_e\mathrm{d}V=\frac{Q^2}{8\pi\varepsilon_0\varepsilon_r r^2}\mathrm{d}r$$

根据式(6-19)，电场总能量为

$$W_e=\int\mathrm{d}W_e=\frac{Q^2}{8\pi\varepsilon_0\varepsilon_r}\int_{R_1}^{R_2}\frac{\mathrm{d}r}{r^2}=\frac{Q^2}{8\pi\varepsilon_0\varepsilon_r}\left(\frac{1}{R_1}-\frac{1}{R_2}\right)$$

此外，利用电容器储存电能公式 $W=\dfrac{Q^2}{2C}$ 和球形电容器电容公式(6-12)同样也可得到上

述结论，即

$$W_e=\frac{Q^2}{2C}=\frac{1}{2}\cdot\frac{Q^2}{4\pi\varepsilon_0\varepsilon_r\dfrac{R_2R_1}{R_2-R_1}}=\frac{Q^2}{8\pi\varepsilon_0\varepsilon_r}\left(\frac{1}{R_1}-\frac{1}{R_2}\right)$$

例 6-14 如图 6-28 所示，圆柱形电容器的金属圆筒内外半径分别为 R_1 和 R_2，两圆筒间充满了相对电容率为 ε_r 的均匀电介质。求当电容器带有电量为 Q 时，所储存的电场能量。

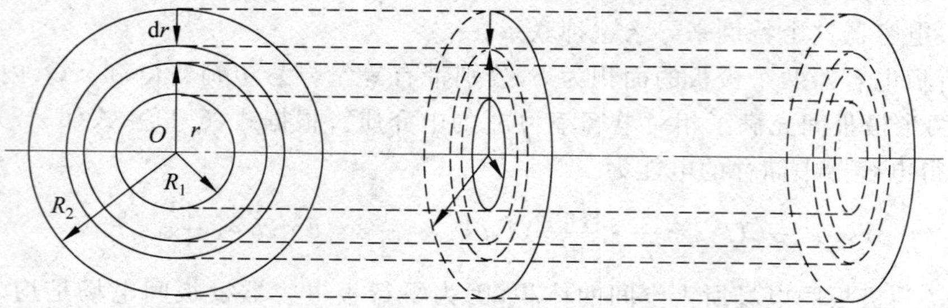

图 6-28 圆柱形电容器

解 电容器内、外圆筒带电量为 Q 和 $-Q$。根据高斯定理可知，内圆筒内部和外圆筒外部的电场为零。两圆柱筒间的电场为

$$E=\frac{\lambda}{2\pi\varepsilon_0\varepsilon_r r}=\frac{Q}{2\pi\varepsilon_0\varepsilon_r lr}\quad(R_1<r<R_2)$$

在两圆柱筒间，距轴线 r 处，作一半径为 r，厚度为 $\mathrm{d}r$，长度为 l 的薄圆柱壳，如图 6-28 所示，薄圆柱壳的体积为

$$\mathrm{d}V=2\pi rl\,\mathrm{d}r$$

带电圆柱形电容器中的电场呈轴对称分布，薄圆柱壳处的电场值可看作相等。薄圆柱壳内储存的电能为

$$\mathrm{d}W_e=w_e\mathrm{d}V=\frac{1}{2}\varepsilon_0\varepsilon_r E^2\mathrm{d}V=\frac{Q^2\mathrm{d}r}{4\pi\varepsilon_0\varepsilon_r lr}$$

圆柱形电容器储存的电能为

$$W_e=\int_V\mathrm{d}W_e=\int_{R_1}^{R_2}\frac{Q^2\mathrm{d}r}{4\pi\varepsilon_0\varepsilon_r lr}=\frac{Q^2}{4\pi\varepsilon_0\varepsilon_r l}\ln\frac{R_2}{R_1}$$

电容器储存的能量也可以用式 $W=\dfrac{Q^2}{2C}$ 表示，上两式比较可得圆柱形电容器的电容为

$$C=\frac{Q}{U}=\frac{2\pi\varepsilon_0\varepsilon_r L}{\ln\dfrac{R_2}{R_1}}$$

与式(6-13)相同，因此可用能量的方法计算电容器的电容。

阅读材料 5　等电势与高压带电作业

人们利用静电平衡下导体表面是等电势和静电屏蔽等原理，在高压输电线路和设备的维护和检修工作中，创造了高压带电自由作业的新技术。

当检修人员登上数十米高的铁塔，接近高压电线时，由于人体与铁塔都和地相通，因此

高压线与人体间有很高的电势差，它们之间存在很强的电场，能使周围的空气电离而放电，从而危及人身安全。为解决这个困难，通常运用高绝缘性的梯架，作为人从铁塔走向导线的过道，这样，人在架梯上就完全与地绝缘，当与高压电线接触时，就会和高压电线等电势，不会有电荷通过人体流向大地。

但是问题还没有解决，因为输电线上通的是交流电，在电线周围有很强的随时间变化的电场，因此只要人靠近电线，人体上感应的正负电荷也在不断地改变符号，从而在人体中就有较强的感应电流危及生命。对此利用静电屏蔽的原理，用细铜丝(或导电纤维)和纤维编织在一起制成导电性能良好的工作服，通常称为屏蔽服，它把手套、帽子、衣裤和鞋袜连成一体，构成一导体网壳，工作时穿上它，就相当于把人体用导体网屏蔽起来，使人体各处电势相等，这样电场不能深入到人体内，感应电流的绝大部分在屏蔽服上流通，从而避免感应电流对人体的危害。即使在戴着手套的手接近电线的瞬间，放电也只是在手套与电线之间发生，手套与电线之间发生火花放电以后，人体与电线有相等的电势，检修人员就可以在不停电的情况下，安全、自由地在几十万伏的高压输电线上工作。图 6-29 所示的是人与几十万伏的高压球体等电势时的情景。

图 6-29 “怒发冲冠”

阅读材料 6 心脏除颤器

心脏除颤器是一种应用电击来抢救和治疗心律失常的电子医疗设备，其核心元件为电容器。如果把一个已充电的电容器在极短的时间内放电，可得到较大的功率。除颤器的工作原理是首先采用电池或低压直流电源给电容器充电，充电过程不到一分钟，然后利用电容器的瞬间放电，产生较强的脉冲电流对心脏进行电击，也可描述为先积蓄定量的电能，然后通过电极释放到人体。除颤器工作时，电击板被放置在患者的胸膛上，控制开关闭合，电容器通过患者从一个电极到另一个电极释放它储存的一部分能量。例如除颤器中一个 $70\mu F$ 的电容器被充电到 5000V，电容器中储存能量为

$$W=\frac{1}{2}CU^2=\frac{1}{2}\times(70\times10^{-6})\times5000^2=875(\mathrm{J})$$

这个能量中约 200J 在 2ms 的脉冲期间被发送给患者，该脉冲的功率为 100kW，它远大于电池或低压直流电源本身的功率，完全可以满足救护患者的需要。这种利用电池或低压直流电源给电容器缓慢充电，然后在高得多的功率下使它放电的技术通常也被用于闪光照相术和频闪照相术。

本章要点

1. 导体静电平衡条件

电场表述：①导体内部场强处处为零，即 $E_{in}=0$；②导体表面附近的场强方向处处与它的表面垂直，且 $E_{out}=\sigma/\varepsilon_0$。

电势表述：①导体是一个等势体；②导体表面是等势面。

2. 电介质中的高斯定理

$$\oint_S \boldsymbol{D} \cdot \mathrm{d}\boldsymbol{S} = \sum_{i=1}^{n} Q_{0i}$$

各向同性电介质：$\boldsymbol{D}=\varepsilon_0\varepsilon_r\boldsymbol{E}=\varepsilon\boldsymbol{E}$。

3. 电容器的电容

$$C = \frac{Q}{U}$$

特例：平行板电容器的电容

$$C = \frac{\varepsilon S}{d} = \frac{\varepsilon_0\varepsilon_r S}{d}$$

电容器的储能为

$$W_e = \frac{Q^2}{2C} = \frac{1}{2}CU^2 = \frac{1}{2}QU$$

4. 电场的能量密度

$$w_e = \frac{1}{2}\varepsilon E^2 = \frac{1}{2}\varepsilon_0\varepsilon_r E^2$$

电场能量为

$$W_e = \int_V w_e \mathrm{d}V$$

5. 解题的思路和方法

静电场中放置导体，应先根据静电平衡条件求出电荷分布，而后根据电荷分布求场强分布。

静电场中放置电介质，应先根据电荷分布，求电位移矢量 $\boldsymbol{D}$，而后根据 $\boldsymbol{D}$ 和 $\boldsymbol{E}$ 的关系求 $\boldsymbol{E}$，由 $\boldsymbol{E}$ 分布求电势或电势差。

习题 6

一、选择题

1. 当一个带电导体达到静电平衡时：(　　)。

A. 表面上电荷密度较大处电势较高

B. 导体内部的电势比导体表面的电势高

C. 表面上电荷密度较小处电势较高

D. 导体内任一点与其表面上任一点的电势差等于零

2. 有一接地的金属球，用一弹簧吊起，金属球原来不带电。若在它的下方放置一电量为 q 的点电荷，如图 6-30 所示，则(　　)。

A. 只有当 $q>0$ 时，金属球才下移　　B. 只有当 $q<0$ 时，金属球才下移

C. 无论 q 是正是负金属球都下移　　D. 无论 q 是正是负金属球都不动

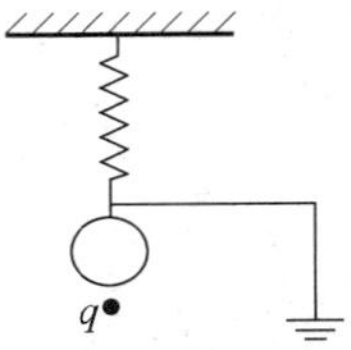

图 6-30

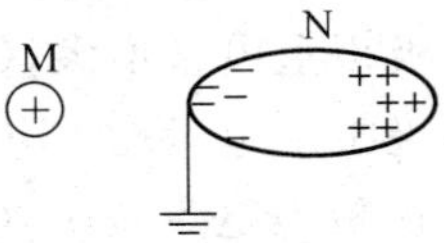

图 6-31

3. 一带正电荷的物体M,靠近一不带电的金属导体N,N的左端感应出负电荷,右端感应出正电荷。若将N的左端接地,如图6-31所示,则(　　)。

A. N上的负电荷入地　　B. N上的正电荷入地

C. N上的电荷不动　　D. N上的所有电荷都入地

4. 在一点电荷产生的静电场中,一块电介质如图6-32放置,以点电荷所在处为球心作一球形闭合面,则对此球形闭合面:(　　)。

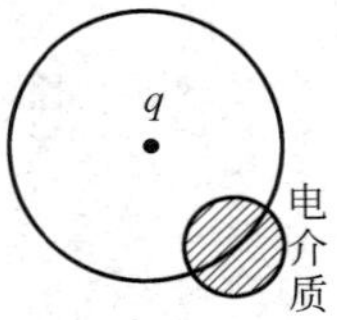

图 6-32

A. 高斯定理成立,且可用它求出闭合面上各点的场强

B. 高斯定理成立,但不能用它求出闭合面上各点的场强

C. 由于电介质不对称分布,高斯定理不成立

D. 即使电介质对称分布,高斯定理也不成立

5. 一导体球外充满相对电容率为ε_r的均匀电介质,若测得导体表面附近场强为E,则导体球面上的自由电荷面密度σ为(　　)。

A. $\varepsilon_0 E$　　B. $\varepsilon_0\varepsilon_r E$　　C. $\varepsilon_r E$　　D. $(\varepsilon_0\varepsilon_r-\varepsilon_0)E$

6. 在电容器中充以电介质,则电容量(　　)。

A. 增大　　B. 减小

C. 不变　　D. 条件不够,不能判断

7. 一个大平行板电容器水平放置,两极板间的一半空间充有各向同性均匀电介质,另一半为空气,如图6-33所示。当两极板带上恒定的等量异号电荷时,有一个质量为m、带电量为$+q$的质点平衡在极板间的空气区域中。此后,若把电介质抽去,则该质点(　　)。

A. 保持不动　　B. 向上运动

C. 向下运动　　D. 是否运动不能确定

8. 一平板电容器充电后切断电源,若改变两极板间的距离,则下述物理量中保持不变的是(　　)。

A. 电容器的电容量　　B. 两极板间的场强

C. 两极板间的电势差　　D. 电容器储存的能量

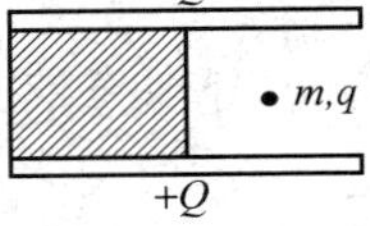

图 6-33

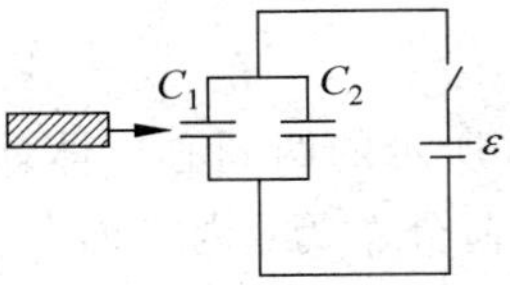

图 6-34

9. 如图6-34所示,C_1和C_2两空气电容器并联起来接上电源充电,然后将电源断开,

再把电介质插入 C_1 中,则(　　)。

A. C_1 和 C_2 极板上电量都不变

B. C_1 极板上电量增大,C_2 极板上电量不变

C. C_1 极板上电量增大,C_2 极板上电量减少

D. C_1 极板上电量减少,C_2 极板上电量增大

10. C_1 和 C_2 两空气电容器并联以后接电源充电。在电源保持连接的情况下,在 C_1 中插入一电介质板,如图 6-35 所示,则(　　)。

A. C_1 极板上电荷增加,C_2 极板上电荷减少

B. C_1 极板上电荷减少,C_2 极板上电荷增加

C. C_1 极板上电荷增加,C_2 极板上电荷不变

D. C_1 极板上电荷减少,C_2 极板上电荷不变

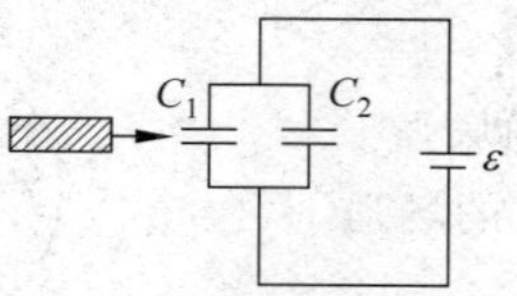

图 6-35

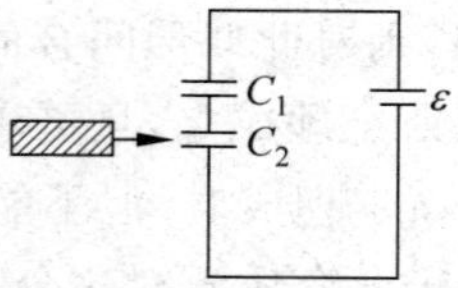

图 6-36

11. C_1 和 C_2 两空气电容器串联以后接电源充电。在电源保持连接的情况下,在 C_2 中插入一电介质板,如图 6-36 所示,则(　　)。

A. C_1 极板上电荷增加,C_2 极板上电荷增加

B. C_1 极板上电荷减少,C_2 极板上电荷增加

C. C_1 极板上电荷增加,C_2 极板上电荷减少

D. C_1 极板上电荷减少,C_2 极板上电荷减少

12. C_1 和 C_2 两空气电容器串联起来接上电源充电,然后将电源断开,再把电介质插入 C_1 中,如图 6-37 所示,则(　　)。

A. C_1 极板上电势差减少,C_2 极板上电势差增大

B. C_1 极板上电势差减少,C_2 极板上电势差不变

C. C_1 极板上电势差增大,C_2 极板上电势差减少

D. C_1 极板上电势差增大,C_2 极板上电势差不变

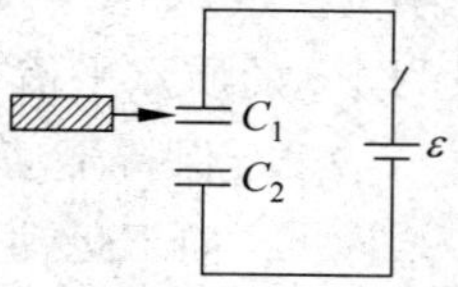

图 6-37

13. 某电场中各点的电场强度都变为原来的 2 倍,则电场的能量变为原来的(　　)。

A. 2 倍　　B. 4 倍　　C. $\frac{1}{2}$倍　　D. $\frac{1}{4}$倍

二、填空题

1. 如图 6-38 所示的两同心导体球壳,内球壳带电荷 $+q$,外球壳带电荷 $-2q$。静电平衡时,外球壳的电荷分布为:内表面________;外表面________。

2. 如图 6-39 所示,在静电场中有一立方体均匀导体,边长为 a。已知立方导体中心 O 处的电势为 V_0,则立方体顶点 A 的电势为________。

3. 一均匀电场 E 中,沿电场线的方向平行放一长为 l 的导体铜棒,则铜棒两端的电势

差 $U=$________。

4. 一带电量为 q、半径为 r_A 的金属球 A，与一原先不带电、内外半径分别为 r_B 和 r_C 的金属球壳 B 同心放置，如图 6-40 所示，则图中 P 点的电场强度大小为________，如果用导线将 A 和 B 连接起来，则 A 球的电势 $V=$________。（设无穷远处电势为零）

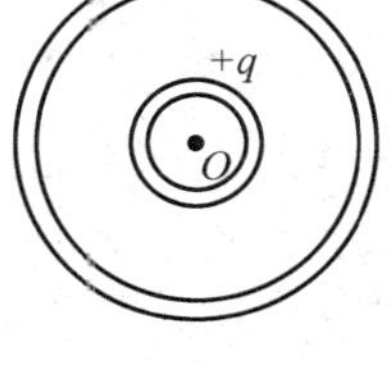

图　6-38

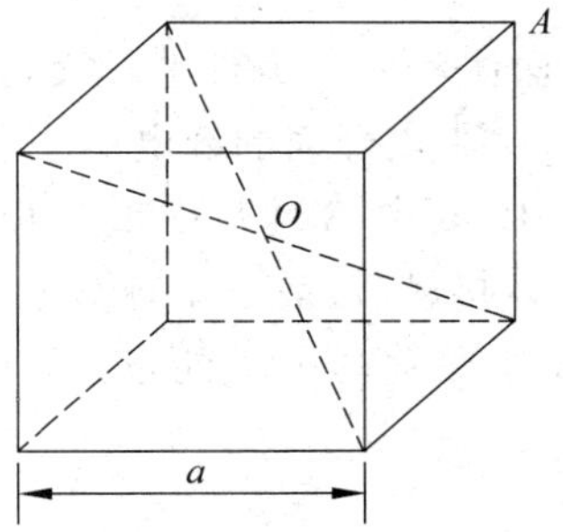

图　6-39

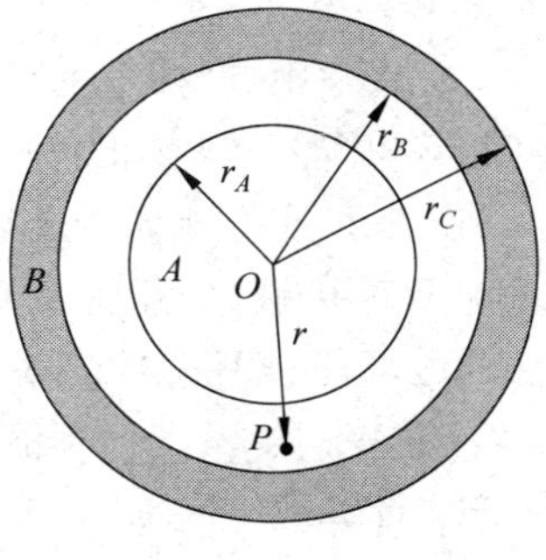

图　6-40

5. 地球表面附近的电场强度为 100N/C。如果把地球看作半径为 6.4×10^6m 的导体球，则地球表面的带电量 $Q=$________。$\left(\dfrac{1}{4\pi\varepsilon_0}=9\times10^9\,\mathrm{N\cdot m^2/C^2}\right)$

6. 在相对电容率为 ε_r 的各向同性的电介质中，电位移矢量与场强之间的关系是：________。

7. 一带电 q、半径为 R 的金属球壳，壳内充满介电常数为 ε 的各向同性均匀电介质，壳外是真空，则此球壳的电势 $V=$________。

8. 两个半径相同的孤立导体球，其中一个是实心的，电容为 C_1，另一个是空心的，电容为 C_2，则 C_1 ________ C_2。（填＞、＝、＜）

9. 如图 6-41 所示，平行板电容器中充有各向同性均匀电介质，图中画出两组带有箭头的线分别表示电场线、电位移线。则其中：(1)为________；(2)为________。

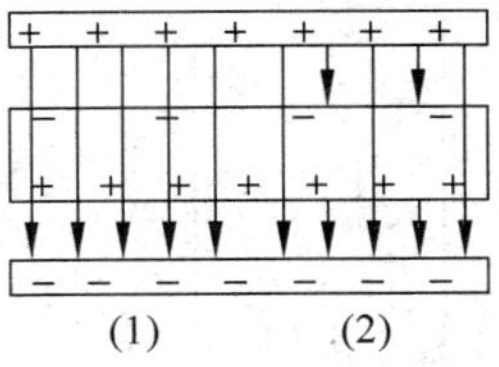

图　6-41

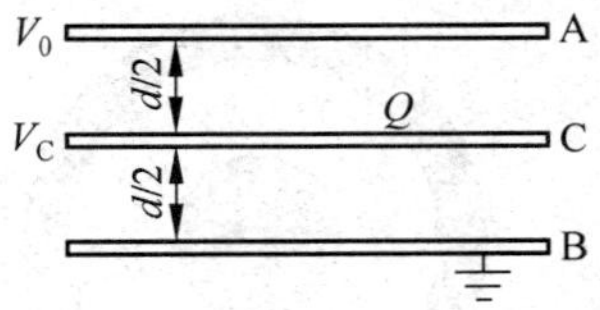

图　6-42

10. 如图 6-42 所示，一平行板电容器，极板面积为 S，相距为 d，若 B 板接地，且保持 A 板的电势 $V_A=V_0$ 不变。如图所示，把一块面积相同的带有电荷 Q 的导体薄板 C 平行地插入两板中间，则导体薄板 C 的电势 $V_C=$________。

11. 一平行板电容器电容为 C，两板间距为 d。充电后，两板间作用力为 F，则两板电势差为________。

12. 一空气电容器充电后切断电源，电容器储能 W_0，若此时在极板间灌入相对电容率为 ε_r 的煤油，则电容器储能变为 W_0 的________倍。若灌煤油时电容器一直与电源相连接，则电容器储能将是 W_0 的________倍。

13. 一平行板电容器,充电后与电源保持连接,然后使两极板间充满相对电容率为 ε_r 的各向同性均匀电介质,这时两极板上的电量是原来的________倍;电场强度是原来的________倍;电场能量是原来的________倍。

14. 空气中有一半径为 R 的孤立导体球,设无穷远为电势零点。若球上所带电量为 Q,则能量 $W=$________。

15. 真空中有"孤立的"均匀带电球体和一均匀带电球面,如果它们的半径和所带的电荷都相等,则带电球体的静电能________带电球面的静电能。(填"大于"、"小于"和"等于")

16. 三个完全相同的金属球 A、B、C,其中 A 球带电量为 Q,而 B、C 球均不带电。先使 A 球同 B 球接触,分开后 A 球再和 C 球接触,最后三个球分别孤立的放置,则 A、B 两球所储存的电场能量 W_A、W_B 与 A 球原先所储存的电场能量 W_0 比较,W_A 是 W_0 的________倍,W_B 是 W_0 的________倍。

三、计算题

1. 导体球 A 的半径为 R,带电量为 $+q$,外罩一个内、外半径分别为 R_1 和 R_2,带电量为 $+Q$ 的导体球壳 B,导体球与球壳间充满均匀电介质,相对电容率为 ε_r,B 球外为真空,如图 6-43 所示。

(1) 求空间各区域场强的大小分布。

(2) 导体球 A 的电势 $V_A=$?

(3) 导体球壳 B 的电势 $V_B=$?

(4) A 与 B 间的电势差 $U_{AB}=$?

2. 无限大的均匀带电平面(其电荷面密度为 σ)的场中平行放置一无限大的金属平板,求:金属板两面的电荷面密度。

3. 将带电面 A 与平板导体平行放置,如图 6-44 所示。已知 A、B 所带电量分别为 Q_A、Q_B,则达到静电平衡后,平板导体 B 左表面 S 上所带电量是多少?

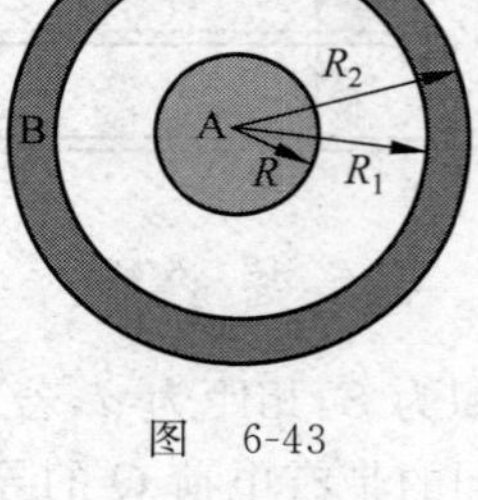

图 6-43

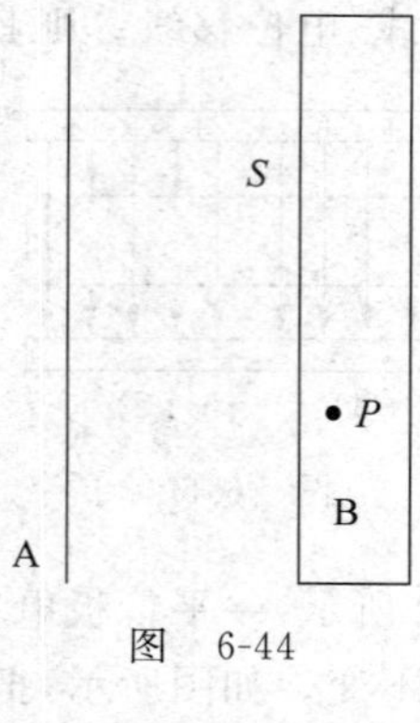

图 6-44

4. A、B 为两导体大平板,面积均为 S,平行放置,A 板带电荷 $+Q_1$,B 板带电荷 $+Q_2$,如果使 B 板接地,求 AB 间电场强度的大小。

5. 用两面夹有铝箔的厚为 5×10^{-2} mm、相对电容率为 2.3 的聚乙烯膜做一个电容器,如果电容为 3.0μF,则膜的面积需要多大?

6. 空气的击穿场强为 3×10^3 kV/m。当一个平行板电容器两极板间是空气而电势差为 50kV 时,每平方米的电容最大是多少?

7. 范德格拉夫静电加速器的电容的球形半径为 18cm。

(1) 这个球的电容多大？

(2) 为了使它的电势升到 2.0×10^5 V，需给它带多少电量？

8. 盖革计数管由一根细金属丝和包围它的同轴导电圆筒组成。丝直径为 2.5×10^{-2} mm，圆筒内直径为 25mm，管长 100mm。设导体间为真空，计算盖革计数管的电容（可用无限长导体圆筒的场强公式计算电场）。

9. 图 6-45 所示为用于调谐收音机的一种可变空气电容器。这里奇数极板和偶数极板分别连在一起，其中一组的位置是固定的，另一组是可以转动的。假设极板的总数为 n，每块极板的面积为 S，相邻两极板之间的距离为 d。证明这个电容器的最大电容为 $(n-1)\dfrac{\varepsilon_0 S}{d}$。

10. 为了测量电介质材料的相对电容量，将一块厚为 1.5cm 的平板材料慢慢地插进一电容器的距离为 2.0cm 的两平行板之间。在插入过程中，电容器的电荷保持不变。插入之后，两板间的电势差减小为原来的 60%，求电介质的相对电容量是多少？

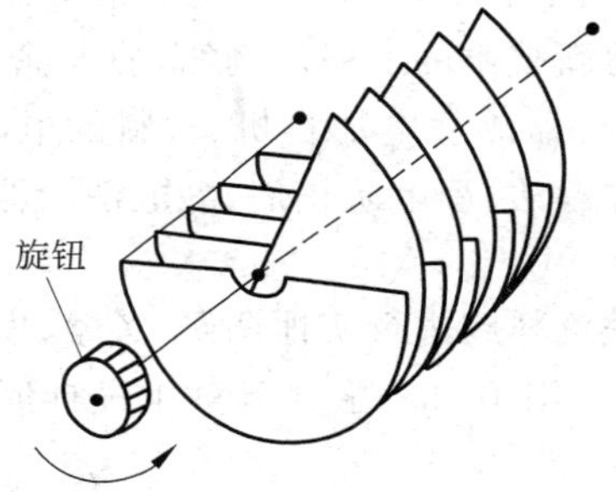

图　6-45

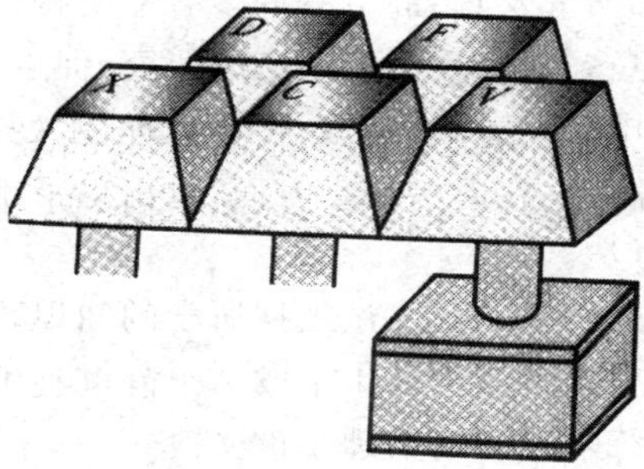

图　6-46

11. 电容式计算机键盘的每一个键下面连接一小块金属片，金属片与底板上的另一块金属片间保持一定空气间隙，构成一小电容器（如图 6-46）。当按下按键时电容发生变化，通过与之相连的电子线路向计算机发出该键相应的代码信号。假设金属片面积为 50.0mm^2 时，两金属片之间的距离为 0.600mm。如果电路能检测出的电容变化量是 0.250pF，试问按键需要按下多大的距离才能给出必要的信号？

12. 有一电容为 0.50μF 的平行平板电容器，两极板间被厚度为 0.01mm 的聚四氟乙烯薄膜所隔开。求：(1)该电容器的额定电压；(2)电容器存储的最大能量。

13. 一空气平板电容器，空气层厚 1.5cm，两级间电压为 40kV，这电容器会被击穿吗？现将一厚度为 0.30cm 的玻璃板插入此电容器，并与两板平行，若该玻璃的相对电容率 $\varepsilon_r=7.0$，击穿电场强度为 $10\text{MV}\cdot\text{m}^{-1}$，这时电容器会被击穿吗？

14. 某介质的相对电容率为 $\varepsilon_r=2.8$，击穿电场强度为 $18\text{MV}\cdot\text{m}^{-1}$，如果用它来做平板电容器的电介质，要获得电容为 0.047μF 而耐压为 4000V 的电容器，它的极板面积至少要多大？

15. 大型造纸厂在生产纸张过程中，为了实时检测纸张的厚度，常在生产流水线上安装一个电容传感装置，即让已成型的纸先通过一平行板电容器两极板间（距离为 a），也就是把纸张看成是平行板电容器的介质，随后再进入转筒包装。试说明其检测原理，并导出待测纸

张的厚度 d 与电容 C 之间的函数关系。

16. 一平行板空气电容器，极板面积为 S，极板间距为 d，充电至带电 Q 后与电源断开，然后用外力缓缓地把两极间距拉开到 $2d$，求：(1)电容器能量的改变；(2)在此过程中，外力所做的功，并讨论在此过程中的功能转换关系。

17. 一次闪电的放电电压大约是 1.0×10^9 V，中和的电量约是 30C。

(1) 一次放电所释放的能量多大？如果释放出来的能量都用来使 0℃的冰融化成 0℃的水，则可融化多少冰？(冰的熔化热为 $L=3.34\times10^5$ J/kg)

(2) 一所希望小学每天消耗电能 20kW·h。上述一次放电所释放的电能够该小学用多长时间？

18. 自然界是一个静电的海洋，我们整天都生活在这个广阔的静电海洋中。从一粒灰尘的飘荡沉浮，到震撼天地的雷鸣电闪，无不包含有电的作用。我们居住的地球更是一个巨大的电场，地面电场的平均强度达到 130V/m。人体也是由成万亿个微型电池——细胞所组成，我们所呼吸的空气，平均每立方厘米含有 100～500 个带电粒子。长期以来人们通过对静电的研究发现，静电有许多有益的特性可供利用，同时，又有极大的危害需要防治。正是对静电这种正、反两面效应的研究，促进了许多工业新技术的发展。例如，静电除尘、静电植绒、静电分离、离子电镀、种子处理、水处理、空间飞行器的静电加料机、材料的电防腐、静电加速器等。在防治技术方面，也出现了用接地法、加湿法、静电防止剂、静电消除器等消除静电的方法。

静电有利亦有害，试根据所学的知识，并查阅有关资料或进行实地调研、考察，发挥自己的发明创造才能，设计 1 个或 2 个静电利用或防治的应用项目。主要侧重于设计原理和设计思路，练习写一篇物理小论文。

第7章

稳恒磁场

我们已经知道，在静止电荷的周围存在着电场。当电荷运动时，在其周围不仅有电场，而且还存在磁场。若作宏观运动的电荷在空间的分布不随时间变化（即形成恒定电流），在其周围空间激发的磁场也不随时间变化，称为稳恒磁场。

本章将讨论运动电荷（电流）产生磁场的基本规律以及磁场对运动电荷（电流）的作用。主要内容有描述磁场的物理量——磁感应强度 $\boldsymbol{B}$；电流激发磁场的规律——毕奥-萨伐尔定律；反映磁场性质的基本定理——磁场的高斯定理和安培环路定理；磁场对运动电荷的作用力——洛伦兹力；磁场对电流的作用力——安培力；磁场中的磁介质等。

虽然稳恒磁场与静电场的性质、规律不同，但在探讨思路和研究方法上却有许多类似之处。在学习时随时与第 5 章的有关内容进行类比和借鉴，将有助于掌握本章内容。

7.1 磁场 磁感应强度

7.1.1 磁场

实验表明，运动电荷、传导电流和永久磁铁，不论是同类还是不同类，彼此间都存在相互作用，这种相互作用力称为磁力，与磁力有关的现象称为磁现象。人们对磁现象的认识与研究有着悠久的历史。早在春秋和战国时期（约公元前 3 世纪），我们的祖先就已有"慈石"、"司南"等记载；北宋（11 世纪）时期，科学家沈括发明了航海用的指南针，并发现了地磁偏角。我国古代对磁学的建立和发展做出了很大的贡献。

早期对磁现象的认识局限于磁铁磁极之间的相互作用，当时人们认为磁和电是两类截然分开的现象，直到 1819—1820 年奥斯特（Hans Christian Oersted，1777—1851）发现电流的磁效应后，人们才认识到磁与电是不可分割地联系在一起的。1820 年安培（André-Marie Ampère，1775—1836）相继发现了磁体对电流的作用和电流与电流之间的作用，进一步提出了分子电流假设，即一切磁现象都起源于电流，任何物质的分子都存在着环形电流，天然磁性的产生也是由于磁体内部有环形电流流动，这种环形电流称为分子电流（见图 7-1(a)）。组成磁体的分子电流有规则地排列，在宏观上就会显示出磁性（见图 7-1(b)、(c)），磁铁的磁性就是这些分子电流磁效应的总和。安培的分子电流假设与近代关于原子和分子结构的认识相吻合。

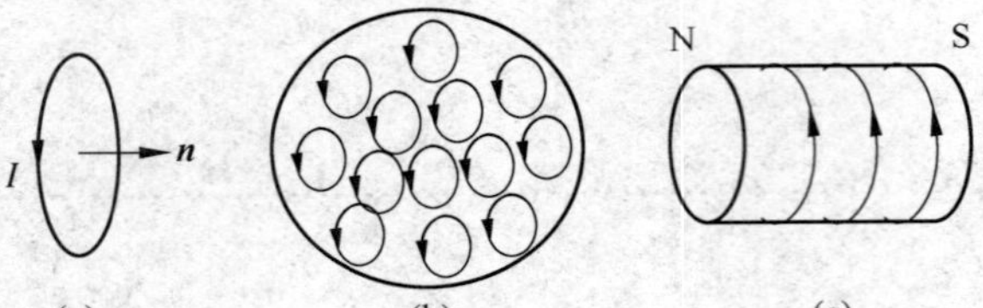

图 7-1 分子电流

与电荷之间的相互作用是靠电场来传递的类似,磁相互作用力是通过磁场来进行的。一切运动电荷(电流)都会在周围空间产生磁场,而这磁场又会对处于其中的运动电荷(电流)产生磁力作用,其关系可表示为

运动电荷(电流)⇔磁场⇔运动电荷(电流)

磁场和电场一样,也是客观存在的,它是一种特殊的物质。

7.1.2 磁感应强度

在静电场中,我们曾根据试验电荷在电场中的受力情况引入电场强度 $\boldsymbol{E}$ 来描述电场的性质,磁场的重要特性之一就是对处于其中的运动电荷施加作用力。我们也能根据这一特性来定义一个矢量来描述磁场的性质。作为检验用的运动电荷,其本身产生的磁场足够弱,不至于影响被检验的磁场分布。

实验表明,磁场作用在运动电荷上的力 $\boldsymbol{F}$ 不仅与运动电荷所带的电量有关,还与运动电荷的速度 $\boldsymbol{v}$ 有关。当运动电荷 q 的速度 $\boldsymbol{v}$ 的方向与该点小磁针 N 极的指向平行时,运动电荷所受磁场力为零。当运动电荷 q 的速度 $\boldsymbol{v}$ 的方向与该点小磁针 N 极的指向垂直时,运动电荷所受磁场力最大,用 $F_{\max}$ 表示。$F_{\max}$ 正比于运动电荷电量 q 与速率 v 的乘积,方向垂直于电荷运动方向和小磁针 N 极的指向所组成的平面。当运动电荷 q 的速度 $\boldsymbol{v}$ 方向与该点小磁针 N 极的指向既不平行也不垂直时,运动电荷将受磁场力,其大小为 $0<F<F_{\max}$,方向总是垂直于电荷运动方向和该点小磁针 N 极的指向组成的平面;改变 q 的符号,则 $\boldsymbol{F}$ 的方向反向。

精确的实验测定表明,具有不同电量 $q(q>0)$、不同速率 v 的电荷,沿垂直于磁场方向运动,在通过磁场中某点 P 时,它所受到的最大磁场力 $F_{\max}$ 的大小是不同的,但比值 $\frac{F_{\max}}{qv}$ 却都相同。在磁场中的不同场点,这一比值一般不同。可见,比值 $\frac{F_{\max}}{qv}$ 与 q 和 v 无关,它只是磁场中场点位置的函数,是一个反映该点磁场强弱性质的物理量。我们定义磁感应强度 $\boldsymbol{B}$ 的大小为

$$B=\frac{F_{\max}}{qv} \tag{7-1}$$

磁感应强度 $\boldsymbol{B}$ 的方向为该点小磁针静止时 N 极的指向。

在国际单位制中,磁感应强度的单位为特斯拉(T)(Nikola Tesla,1856—1943)。有时也采用高斯单位制的单位——高斯(G),换算关系为

$$1\text{G}=1.0\times10^{-4}\ \text{T}$$

7.2　毕奥-萨伐尔定律

7.2.1　磁场叠加原理

计算恒定电流的磁场的基本方法与在静电场中计算电荷连续分布的带电体在某点的电场强度的方法相似。如图 7-2 所示，为了求恒定电流 I 在真空中某点 P 处产生的磁场，我们在载流导线上沿电流流向取一段长度为 $\mathrm{d}l$ 的小线元，把 $I\mathrm{d}\boldsymbol{l}$ 称为电流元，电流元的方向沿着线元中的电流流向。电流元可作为计算电流磁场的基本单元。

实验表明，在由 n 个电流共同激发的磁场中，某点的磁感应强度 $\boldsymbol{B}$ 等于各个电流单独存在时在该点产生磁感应强度的矢量和，这就是磁场叠加原理，可表示为

$$\boldsymbol{B}=\sum_{i=1}^{n}\boldsymbol{B}_i \tag{7-2}$$

根据磁场叠加原理，整个载流导线 L 在空间某点 P 激发的磁感应强度等于导线上每个电流元 $I\mathrm{d}\boldsymbol{l}$ 在该点激发的磁感应强度 $\mathrm{d}\boldsymbol{B}$ 的矢量叠加。即

$$\boldsymbol{B}=\int_L \mathrm{d}\boldsymbol{B} \tag{7-3}$$

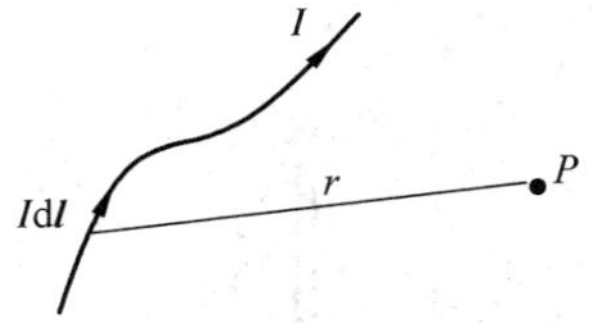

图 7-2　磁场叠加原理

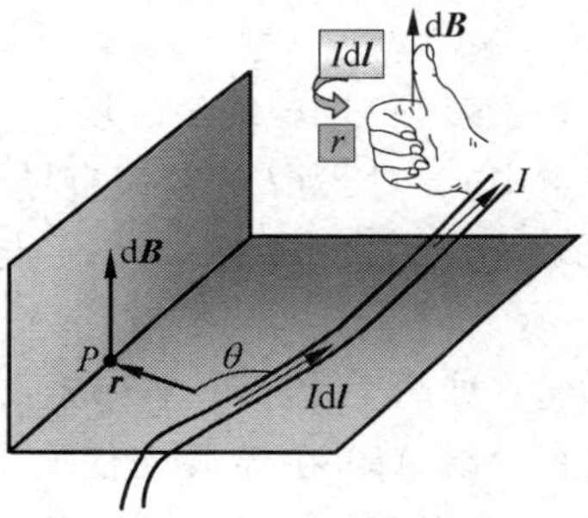

图 7-3　毕奥-萨伐尔定律

7.2.2　毕奥-萨伐尔定律

载流导线上任一电流元 $I\mathrm{d}\boldsymbol{l}$ 在真空中任一点产生的磁感应强度 $\mathrm{d}\boldsymbol{B}$ 所遵循的规律，称为毕奥-萨伐尔定律，此定律以毕奥(Jean-Baptute Biot，1774—1862)和萨伐尔(Felix Savart，1791—1841)的实验为基础，经拉普拉斯研究分析得到，因此又称为毕奥-萨伐尔-拉普拉斯定律。该定律不能由实验直接验证，但由这个定律出发得出的结果与实验符合得很好。

如图 7-3 所示，在载流导线上任取一电流元 $I\mathrm{d}\boldsymbol{l}$，$I\mathrm{d}\boldsymbol{l}$ 到真空中任一场点 P 的矢径为 $\boldsymbol{r}=r\boldsymbol{e}_r$，其中 $\boldsymbol{e}_r$ 为 $I\mathrm{d}\boldsymbol{l}$ 到 P 点的单位矢量。毕奥等人的分析表明，电流元 $I\mathrm{d}\boldsymbol{l}$ 在 P 点产生的磁感应强度 $\mathrm{d}\boldsymbol{B}$ 的大小，与电流元的大小 $|I\mathrm{d}\boldsymbol{l}|$ 成正比，与电流元到 P 点的距离 r 的平方成反比，还与 $I\mathrm{d}\boldsymbol{l}$ 与 $\boldsymbol{e}_r$ 的夹角 θ 的正弦 $\sin\theta$ 成正比，即

$$dB \propto \frac{Idl\sin\theta}{r^2}$$

通常写为

$$dB = \frac{\mu_0}{4\pi} \cdot \frac{Idl\sin\theta}{r^2}$$

式中,$\mu_0 = 4\pi \times 10^{-7}\,\text{T}\cdot\text{m/A}$,称为真空的磁导率。

分析还表明,d$\boldsymbol{B}$ 的方向总垂直于 d$\boldsymbol{l}$ 与 $\boldsymbol{r}$ 决定的平面,并沿 d$\boldsymbol{l} \times \boldsymbol{r}$ 的方向。因此 d$\boldsymbol{B}$ 可表述为

$$d\boldsymbol{B} = \frac{\mu_0}{4\pi} \cdot \frac{Id\boldsymbol{l} \times \boldsymbol{e}_r}{r^2} \tag{7-4}$$

上式称为毕奥-萨伐尔定律。

由磁场叠加原理,整个载流导线在真空中 P 点处的总磁感应强度为

$$\boldsymbol{B} = \int_L d\boldsymbol{B} = \int_L \frac{\mu_0}{4\pi} \cdot \frac{Id\boldsymbol{l} \times \boldsymbol{e}_r}{r^2} \tag{7-5}$$

毕奥-萨伐尔定律和磁场叠加原理是我们计算任意电流分布磁场的基础,式(7-5)是这二者的具体结合。但该式是一个矢量积分公式,在具体计算时,一般用它的分量式。下面我们将应用这个定律计算不同的电流分布所激发的磁场。

7.2.3 毕奥-萨伐尔定律应用举例

例 7-1 载流长直导线的磁场。

在真空中有一长为 l 的载流直导线,导线中电流强度为 I,如图 7-4 所示,求此导线附近一点 P 的磁感应强度 $\boldsymbol{B}$。已知点 P 与长直导线间的垂直距离为 r_0。

解 建立如图 7-4 所示坐标系,其中 Oy 轴通过点 P,Oz 轴沿载流直导线 AB,在导线上任取一电流元 Idz,根据毕奥-萨伐尔定律,此电流元在 P 点产生的 d$\boldsymbol{B}$ 的大小为

$$dB = \frac{\mu_0}{4\pi} \cdot \frac{Idz\sin\theta}{r^2}$$

d$\boldsymbol{B}$ 的方向垂直于电流元 Idz 与矢径 $\boldsymbol{r}$ 所决定的平面(即 yOz 平面),沿 Ox 轴负轴,图中用⊗表示。由于该直线上的每一电流元在 P 点产生的 d$\boldsymbol{B}$ 的方向都相同,因此总磁感应强度 $\boldsymbol{B}$ 的大小为

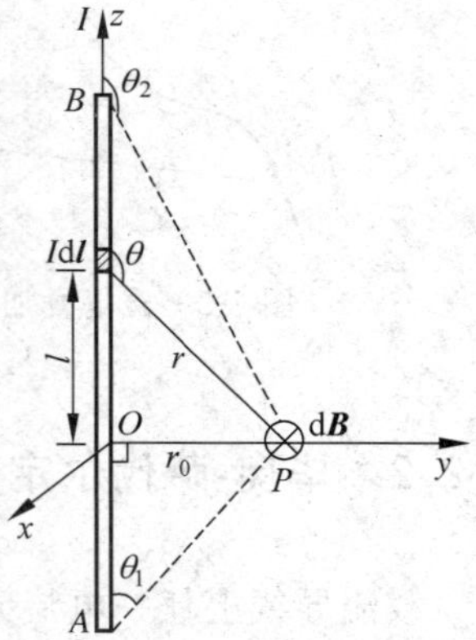

图 7-4 长直导线的磁场

$$B = \int_l d\boldsymbol{B} = \frac{\mu_0}{4\pi}\int_l \frac{Idz\sin\theta}{r^2}$$

由图 7-4 可知 $z = -r_0\cot\theta$,$r = r_0/\sin\theta$,于是 $dz = r_0 d\theta/\sin^2\theta$,统一积分变量到 θ,积分上下限分别为 θ_1 和 θ_2,将这些关系式代入上式,可得

$$B = \frac{\mu_0 I}{4\pi r_0}\int_{\theta_1}^{\theta_2} \sin\theta d\theta = \frac{\mu_0 I}{4\pi r_0}(\cos\theta_1 - \cos\theta_2) \tag{7-6}$$

$\boldsymbol{B}$ 的方向与电流 I 的方向构成右手螺旋(见图 7-4)。在以直导线为中心的同一圆周

上，$\boldsymbol{B}$ 的大小均相等，方向均与直电流构成右手螺旋。不同圆周上 $\boldsymbol{B}$ 的大小不同。

在使用式(7-6)时需注意以下几点。

(1) r_0 是直线电流外一点 P 到直线电流的垂直距离。

(2) θ_1 和 θ_2 分别是直线电流的首端和终端至 P 点的连线与电流正方向的夹角。

(3) 对于无限长直导线，$\theta_1 \to 0$，$\theta_2 \to \pi$，可得

$$B = \frac{\mu_0 I}{2\pi r_0} \tag{7-7}$$

(4) 当场点 P 在直线电流延长线或反向延长线上时，由式(7-6)不能直接得出结果。但根据式(7-4)可得到 P 处 $B=0$，即在直电流延长线或反向延长线上各点，磁感应强度为零。

例 7-2 圆形载流导线轴线上的磁场。

一圆形载流线圈(称为圆环电流)，其半径为 R，电流为 I，计算它在轴线上任意一点 P 的磁感应强度。

解 建立如图 7-5 所示的坐标系，其中 Ox 轴通过圆心 O，并垂直圆形导线的平面。在圆形电流上任取一电流元 $I\mathrm{d}\boldsymbol{l}$，根据毕奥-萨伐尔定律，此电流元在点 P 产生的 $\mathrm{d}\boldsymbol{B}$ 的大小为

$$\mathrm{d}B = \frac{\mu_0}{4\pi} \cdot \frac{I\mathrm{d}l\sin\theta}{r^2}$$

上式中，因为 $I\mathrm{d}\boldsymbol{l}$ 与 $\boldsymbol{r}$ 的夹角 $\theta = \frac{\pi}{2}$，所以

$$\mathrm{d}B = \frac{\mu_0}{4\pi} \cdot \frac{I\mathrm{d}l}{r^2}$$

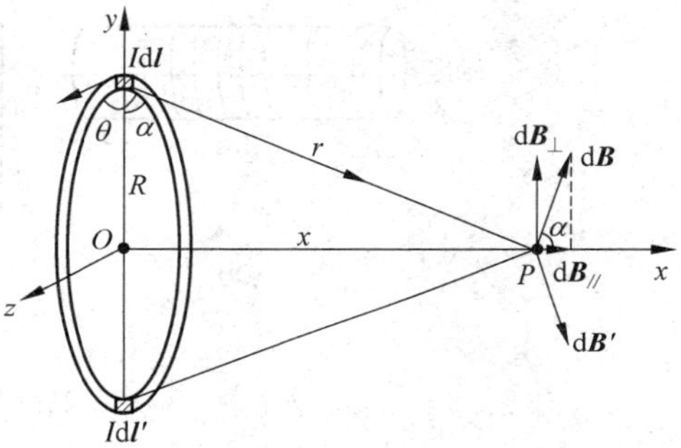

图 7-5 圆形载流导线轴线上的磁场

由于各 $I\mathrm{d}l$ 产生的 $\mathrm{d}\boldsymbol{B}$ 构成一圆锥面，方向都不相同，因此要把 $\mathrm{d}\boldsymbol{B}$ 矢量分解，才能积分。将 $\mathrm{d}\boldsymbol{B}$ 分解成平行于轴线的分量 $\mathrm{d}B_{/\!/}$ 和垂直于轴线的分量 $\mathrm{d}B_{\perp}$，由于圆形电流具有对称性，各垂直分量相互抵消。即

$$B_{\perp} = \int \mathrm{d}B_{\perp} = 0$$

在与 x 轴平行的方向上，

$$B_{/\!/} = \int \mathrm{d}B_{/\!/} = \int \mathrm{d}B\cos\alpha$$

由于 $\cos\alpha = \frac{R}{r}$，且对给定点 P，r、R 和 I 都是常量，所以有

$$B_{/\!/} = \frac{\mu_0 IR}{4\pi r^3}\int_0^{2\pi R}\mathrm{d}l = \frac{\mu_0 IR^2}{2(R^2+x^2)^{3/2}}$$

总磁感应强度

$$\boldsymbol{B} = \boldsymbol{B}_{/\!/} + \boldsymbol{B}_{\perp} = \frac{\mu_0 IR^2}{2(R^2+x^2)^{3/2}}\boldsymbol{i} \tag{7-8}$$

即 $\boldsymbol{B}$ 的方向与圆电流环绕方向呈右手螺旋关系(见图 7-5)。

在圆形电流的圆心 O 处，$x=0$，则磁感应强度 $\boldsymbol{B}$ 的大小为

$$B = \frac{\mu_0 I}{2R} \tag{7-9}$$

$\boldsymbol{B}$ 的方向可由右手螺旋定则确定。

一段圆弧电流在其中心产生的磁感应强度是由组成圆弧电流的所有电流元在其中心产生的磁感应强度的矢量和。圆心角为 θ 的一段圆弧电流在其圆心处激发的磁感应强度大小为

$$B=\frac{\mu_0 I}{2R}\cdot\frac{\theta}{2\pi} \tag{7-10}$$

方向仍由右手螺旋定则确定。

例 7-3 螺线管电流轴线上的磁场。

密绕在圆柱面上的螺旋线圈称为螺线管,如图 7-6(a)所示。有一半径为 R 的载流密绕直螺线管,通有电流 I,沿管长方向单位长度的匝数为 n,每匝线圈可近似看作平面线圈。下面求管内轴线上任一点 P 处的磁感应强度。

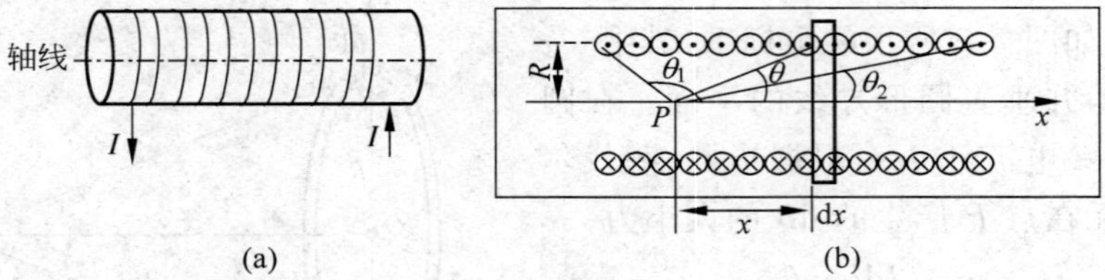

图 7-6
(a) 螺线管;(b) 螺线管电流的磁场

解 如图 7-6(b)所示,取场点 P 为坐标原点,x 轴与管轴重合,则在 $x+\mathrm{d}x$ 的间隔中共有 $n\mathrm{d}x$ 匝线圈,对应电流 $\mathrm{d}I=nI\mathrm{d}x$,可近似看作圆环电流。由式(7-8)知 $\mathrm{d}I$ 在 P 处的磁感应强度大小为 $\mathrm{d}B=\dfrac{\mu_0 nIR^2\mathrm{d}x}{2(R^2+x^2)^{3/2}}$,方向与 $\mathrm{d}I$ 构成右手螺旋,即沿 x 轴正向。从而 P 处的总磁感应强度大小为

$$B=\int_{\text{螺线管}}\mathrm{d}B=\int_{\text{螺线管}}\frac{\mu_0 nIR^2\mathrm{d}x}{2(R^2+x^2)^{3/2}}$$

令 $x=R\cot\theta$,得

$$B=\frac{\mu_0 nI}{2}(\cos\theta_2-\cos\theta_1) \tag{7-11}$$

下面讨论两种特殊情况:

(1) 长度远大于横截面线度的直螺线管称为"无限长"螺线管,简称长直螺线管。对于无限长直密绕载流螺线管,$\theta_1=\pi,\theta_2=0$,所以其轴线上的磁感应强度大小为

$$B=\mu_0 nI \tag{7-12}$$

即管内中央部分的磁场是均匀的,方向与电流 I 构成右手螺旋且与螺线管的轴线平行。在管的外侧磁场很弱,可以忽略不计。

(2) 对于半无限长直密绕载流螺线管,$\theta_1=\pi/2,\theta_2=0$,其轴线上的磁感应强度大小为

$$B=\frac{1}{2}\mu_0 nI \tag{7-13}$$

恰为式(7-12)中磁感应强度大小的一半。

例 7-4　电流为 I 的无限长载流导线 $abcde$ 被弯曲成如图 7-7 所示的形状。圆弧半径为 R，$\theta_1=\frac{\pi}{4}$，$\theta_2=\frac{3\pi}{4}$。求该电流在 O 点处产生的磁感应强度。

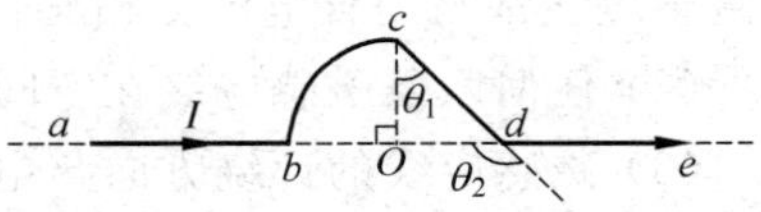

图　7-7

解　将载流导线分为 ab、bc、cd 及 de 四段，它们在 O 点产生的磁感应强度的矢量和即为整个导线在 O 点产生的磁感应强度。由于 O 点在 ab 及 de 的延长线及反向延长线上，因此

$$B_{ab}=B_{de}=0$$

由图 7-7 知，bc 弧段对 O 的张角为 $\frac{\pi}{2}$，由式(7-10)得

$$B_{bc}=\frac{\mu_0 I}{2R}\cdot\frac{\pi/2}{2\pi}=\frac{\mu_0 I}{8R}$$

其方向垂直纸面向里。由式(7-6)得电流在 cd 段所产生的磁感应强度为

$$B_{cd}=\frac{\mu_0 I}{4\pi r_0}(\cos\theta_1-\cos\theta_2)=\frac{\mu_0 I}{4\pi R\sin\frac{\pi}{4}}\left(\cos\frac{\pi}{4}-\cos\frac{3\pi}{4}\right)=\frac{\mu_0 I}{2\pi R}$$

其方向亦垂直纸面向里。故 O 点处的总磁感应强度的大小为

$$B=\frac{\mu_0 I}{8R}\left(1+\frac{4}{\pi}\right)$$

方向垂直纸面向里。

7.3　磁场的高斯定理

7.3.1　磁感应线

为了形象地描述磁场的分布情况，与静电场中电场线类似，也可用磁感应线来表示磁场的分布。在磁场中作一系列曲线，使曲线上每一点的切线方向都和该点的磁场方向一致，同时，为了用磁感应线的疏密来表示所在空间各点磁场的强弱，还规定：通过磁场中某点处垂直于磁感应矢量的单位面积的磁感应线条数，等于该点磁感应强度矢量的量值。这样，磁场较强的地方，磁感应线较密；反之，磁感应线较疏。图 7-8 所示为几种不同形状电流所产生的磁场的磁感应线。磁感应线具有以下性质：

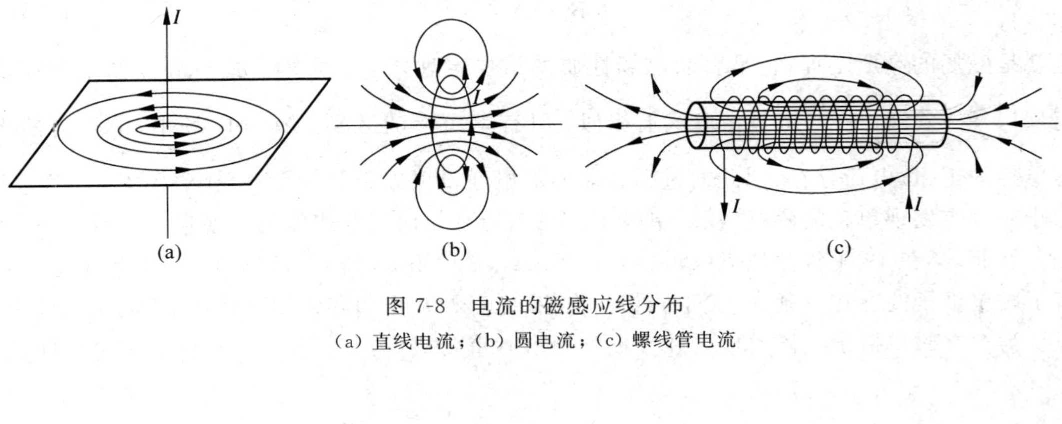

图 7-8　电流的磁感应线分布

(a) 直线电流；(b) 圆电流；(c) 螺线管电流

(1) 磁场中每一条磁感应线都是环绕电流的闭合曲线,没有起点和终点。而且每条闭合磁感应线都与闭合电流互相套合。

(2) 任何两条磁感应线在空间不相交。

(3) 磁感应线的环绕方向与电流方向构成右手螺旋。若拇指指向电流方向,则四指方向即为磁感应线方向(如图 7-8(a)所示);若四指方向为电流方向,则拇指方向为磁感应线方向(如图 7-8(c)所示)。

由图 7-8(b)可以看出,一个圆形电流产生的磁场的磁感应线是以其轴线为轴对称分布的,这与条形磁铁或磁针的情形相似,且其行为也与条形磁铁或磁针相似。于是我们引入磁矩这一概念来描述圆形电流或载流平面线圈的磁行为。圆电流的磁矩 $\boldsymbol{m}$ 定义为

$$\boldsymbol{m} = IS\boldsymbol{n} \tag{7-14}$$

式中 S 是圆形电流所包围的平面面积,$\boldsymbol{n}$ 是该平面的法向单位矢量,其指向与电流的方向满足右手螺旋关系。对于多匝平面线圈,式中的电流 I 应以线圈的总匝数与每匝线圈电流的乘积代替。

7.3.2 磁通量　磁场的高斯定理

穿过磁场中某一曲面的磁感应线的总数,称为穿过该曲面的磁通量,用符号 Φ_{m} 表示。

如图 7-9 所示,在非均匀磁场 $\boldsymbol{B}$ 中,通过曲面 S 上任一面积元 $\mathrm{d}\boldsymbol{S}$ 的磁通量定义为

$$\mathrm{d}\Phi_{\mathrm{m}} = \boldsymbol{B}\cdot\mathrm{d}\boldsymbol{S} = B\mathrm{d}S\cos\theta$$

其中 $\boldsymbol{B}$ 为面积元 $\mathrm{d}\boldsymbol{S}$ 处的磁感应强度。通过曲面 S 的总磁通量为

$$\Phi_{\mathrm{m}} = \int_S \boldsymbol{B}\cdot\mathrm{d}\boldsymbol{S} = \int_S B\mathrm{d}S\cos\theta \tag{7-15}$$

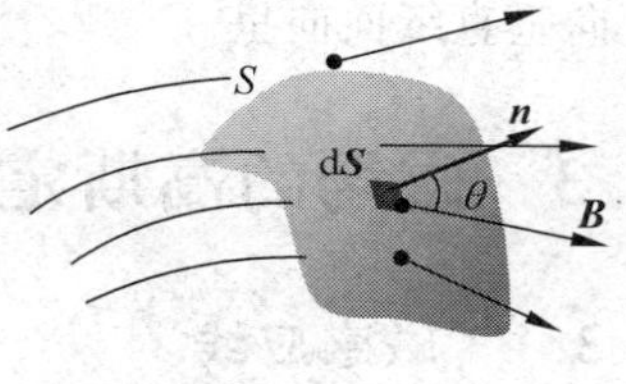

图 7-9　磁通量

在国际单位制中,磁通量的单位是韦伯(Wb)。

对于闭合曲面,像在电场中一样,一般取由曲面内指向曲面外的外法线方向为正方向。因此从闭合面穿出的磁通量为正,穿入的磁通量为负。

由于磁感应线是环绕电流的无头无尾的闭合曲线,穿过任意闭合曲面的总磁通量必为零,即

$$\oint_S \boldsymbol{B}\cdot\mathrm{d}\boldsymbol{S} = 0 \tag{7-16}$$

这就是磁场的高斯定理,它是表明磁场性质的重要定理之一。虽然上式与静电场中的高斯定理$\left(\oint_S \boldsymbol{E}\cdot\mathrm{d}\boldsymbol{S} = \frac{1}{\varepsilon_0}\sum_{i=1}^{n} q_i^{\mathrm{in}}\right)$在形式上相似,但有本质上的区别。在静电场中,由于自然界有单独的正、负电荷存在,因此通过闭合曲面的电通量可以不等于零;而在磁场中,由于迄今为止还没有发现单独的磁极(或磁单极子),所以通过任何闭合曲面的磁通量一定等于零。

然而,早在 1931 年狄拉克(Paul Adrien Maurice Dirac,1902—1984)就根据量子理论预言了磁单极子的存在。现在,关于弱相互作用、电磁相互作用和强相互作用的"大统一理论"也认为存在磁单极子。磁单极子在宇宙学中占有重要地位,它有利于大爆炸宇宙论的印证。

显然，如果在实验中找到了磁单极子，磁场的高斯定理以致整个电磁理论就要做重大的修改，因此寻找磁单极子的实验研究有着重要的理论意义。尽管 1975 年和 1982 年分别有实验室宣称他们探测到了磁单极子，但都还没有得到科学界的公认。

虽然磁单极子到现在为止还没有能在实验上得到最后的证实，但它仍将是当代物理学中十分引人注目的重要课题之一。

7.4 安培环路定理

7.4.1 安培环路定理

由毕奥-萨伐尔定律表示的电流和它的磁场的关系，可以导出稳恒磁场的一条基本规律——安培环路定理。其内容为：在稳恒电流的磁场中，磁感应强度 $\boldsymbol{B}$ 沿任何闭合路径 l 的线积分（即 $\boldsymbol{B}$ 沿闭合路径 l 的环流）等于路径 l 所包围的所有传导电流强度代数和的 μ_0 倍，它的数学表达式为

$$\oint_l \boldsymbol{B} \cdot \mathrm{d}\boldsymbol{l} = \mu_0 \sum_{i=1}^{n} I_i \tag{7-17}$$

对式(7-17)安培环路定理的理解应注意以下几点。

(1) 闭合路径 l 包围的电流的含义是指与 l 所链环的传导电流，对闭合稳恒电流的一部分(即一段稳恒电流)安培环路定理不成立。

(2) 表达式右边的 $\sum\limits_{i=1}^{n} I_i$ 是闭合路径 l 所包围的电流的代数和。但定理式左边的磁感应强度 $\boldsymbol{B}$ 却是空间所有传导电流产生的磁感应强度的矢量和，其中也包括不穿过 l 的传导电流产生的磁场。

(3) 电流 I 的正负规定如下：当穿过回路 l 的电流方向与回路的环绕方向满足右手螺旋关系时，电流取正，反之取负。若电流不穿过回路，则对上式右侧无贡献。如图 7-10 所示，根据上面规定，这时

$$\oint_l \boldsymbol{B} \cdot \mathrm{d}\boldsymbol{l} = \mu_0 (I_1 - I_2)$$

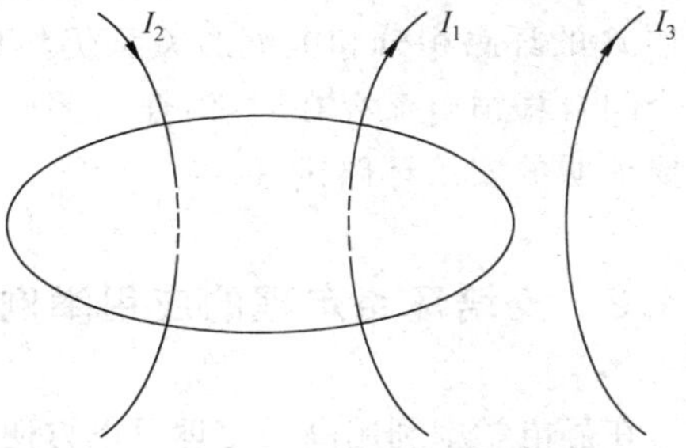

图 7-10

由安培环路定理可以看出，由于磁场 $\boldsymbol{B}$ 的环流一般不为零，所以磁场的基本性质与静电场不同，磁场是非保守场。

下面以长直稳恒电流的磁场为例简单说明安培环路定理。设长直电流的电流强度为 I，根据式(7-7)知，它在以电流为对称轴、半径为 r 的圆周上的磁感应强度大小为 $B=\dfrac{\mu_0 I}{2\pi r}$，方向沿圆周切向，与电流方向构成右手螺旋关系。

(1) 在上述平面内围绕导线作一任意形状的闭合路径 l（如图 7-11 所示），沿 l 计算 $\boldsymbol{B}$ 的环流。在路径 l 上任一点 P 处，任取线元 $\mathrm{d}\boldsymbol{l}$，$\mathrm{d}\boldsymbol{l}$ 与 $\boldsymbol{B}$ 的夹角为 θ。由于 $\boldsymbol{B}$ 垂直于矢径 $\boldsymbol{r}$，因而

$$\mathrm{d}l\cos\theta = r\mathrm{d}\alpha$$

所以有

$$\oint_l \boldsymbol{B}\cdot \mathrm{d}\boldsymbol{l}=\oint_l B\mathrm{d}l\cos\theta=\oint_l Br\mathrm{d}\alpha=\oint_l \frac{\mu_0 I}{2\pi r}r\mathrm{d}\alpha=\mu_0 I \tag{7-18}$$

此式说明,当闭合路径 l 包围电流 I 时,这个电流对该环路上 $\boldsymbol{B}$ 的环路积分为 $\mu_0 I$。

(2) 若电流的方向相反,仍按图 7-10 所示的路径 l 的方向进行积分时,由于 $\boldsymbol{B}$ 的方向与图示方向相反,所以应该得

$$\oint_l \boldsymbol{B}\cdot \mathrm{d}\boldsymbol{l}=-\mu_0 I$$

可见积分的结果与电流的方向有关。如果对电流的正负作如下规定,即电流的方向与 l 的绕行方向符合右手螺旋关系时,此电流为正,否则为负,则 $\boldsymbol{B}$ 的环路积分的值可以统一用式(7-18)表示。

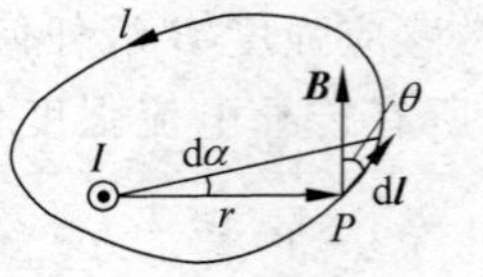

图 7-11

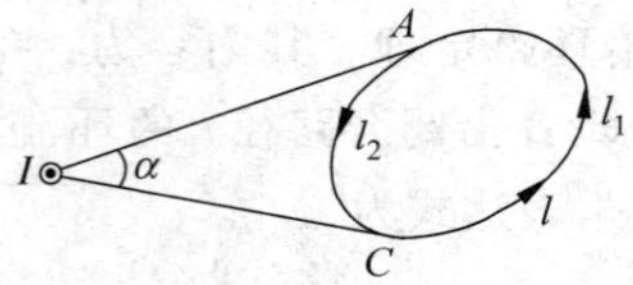

图 7-12

(3) 若闭合路径不包围电流,如图 7-12 所示,l 为在垂直于载流导线平面内的任一不围绕电流的闭合路径。过电流通过点作 l 的两条切线,将 l 分为 l_1 和 l_2 两部分,沿图示方向计算 $\boldsymbol{B}$ 的环流为

$$\oint_l \boldsymbol{B}\cdot \mathrm{d}\boldsymbol{l}=\oint_{l_1} \boldsymbol{B}\cdot \mathrm{d}\boldsymbol{l}+\oint_{l_2} \boldsymbol{B}\cdot \mathrm{d}\boldsymbol{l}=\frac{\mu_0 I}{2\pi}\left(\int_{l_1}\mathrm{d}\alpha+\int_{l_2}\mathrm{d}\alpha\right)=\frac{\mu_0 I}{2\pi}[\alpha+(-\alpha)]=0$$

可见,闭合路径 l 不包围电流时,该电流对沿这一闭合路径的 $\boldsymbol{B}$ 的环路积分无贡献。

上面的讨论只涉及在垂直于长直电流的平面内的闭合路径。容易证明,在长直电流的情况下,对非平面闭合路径,上述讨论也适用。还可进一步证明,对于任意的闭合稳恒电流,上述 $\boldsymbol{B}$ 的环路积分和电流的关系仍然成立。这样,再根据磁场的叠加原理可得到,当有若干个闭合稳恒电流存在时,沿任一闭合路径 l,合磁场的环路积分即为式(7-17),这就是我们要证明的安培环路定理。

7.4.2 安培环路定理的应用举例

在静电学中利用高斯定理可以方便地计算出某些具有高度对称性的带电体的电场分布,同样,利用安培环路定理也可以方便地计算出某些具有一定对称性的载流导线的磁场分布。

利用安培环路定理求解对称性电流磁场的一般思路为:首先根据电流的对称性分析磁场分布的对称性,然后再应用安培环路定理计算磁感应强度的大小。此方法的关键是选取合适的闭合回路 l,以便使积分 $\oint_l \boldsymbol{B}\cdot \mathrm{d}\boldsymbol{l}$ 中的 $\boldsymbol{B}$ 能以标量形式从积分号内提出来。下面举几个例子来说明怎样利用安培环路定理计算磁场分布。

例 7-5 "无限长"均匀载流圆柱体的磁场分布。设圆柱半径为 R,总电流 I 在横截面上均匀分布。

解 画出其磁场分布，如图 7-13 所示。

对称性分析：由于无限长载流圆柱体的磁场分布具有轴对称性，磁感应强度 $\boldsymbol{B}$ 的大小只与场点 P 到载流圆柱轴线的垂直距离 r 有关，故可取垂直于圆柱轴且以柱轴上一点 O 为圆心、r 为半径的圆周作为闭合路径 L，在 L 上各点的磁感应强度 $\boldsymbol{B}$ 大小相等，方向沿圆周的切线方向。对所选的闭合圆周 L，根据安培环路定理有

$$\oint_L \boldsymbol{B} \cdot \mathrm{d}\boldsymbol{l} = B \cdot 2\pi r = \mu_0 \sum_{i=1}^{n} I_i$$

当点 P 在圆柱导体内部时，如图 7-13(a)所示，导线中电流只有一部分通过圆周 L，穿过 L 的电流 $\sum_{i=1}^{n} I_i = J \cdot \pi r^2$，其中 $J = \dfrac{I}{\pi R^2}$ 为柱体电流的面密度。代入上式可得

$$B = \frac{\mu_0 I r}{2\pi R^2}, \quad 0 < r < R$$

当点 P 在圆柱导体外部时，如图 7-13(b)所示，$\sum_{i=1}^{n} I_i = I$，于是有

$$B = \frac{\mu_0 I}{2\pi r}, \quad r > R$$

方向均与圆周相切。

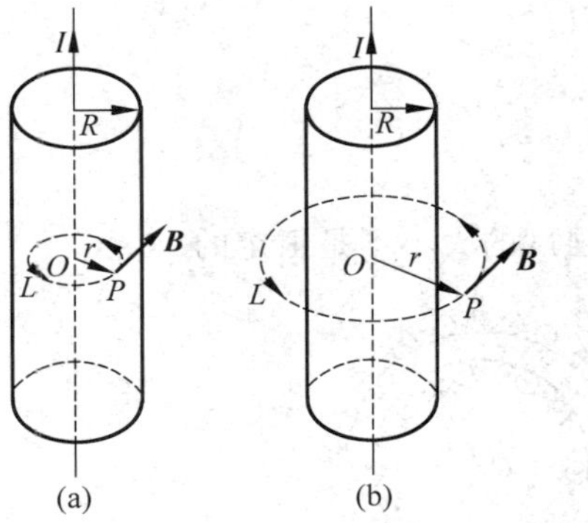

图 7-13 无限长载流圆柱体的磁场分布

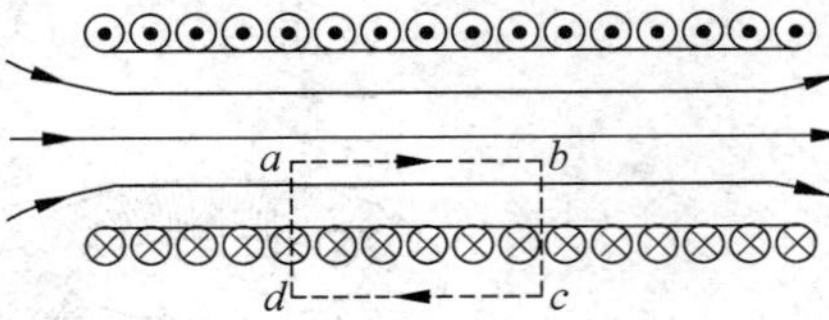

图 7-14 长直螺线管内的磁场

例 7-6 载流长直螺线管内的磁场。

前面例 7-3 用微积分的方法求出了载流长直螺线管内的磁场，见式(7-12)。用安培环路定理可以得到相同的结论。

解 在图 7-14 中作一矩形回路 $abcd$，$\boldsymbol{B}$ 沿此闭合回路的线积分可以分成四段，即

$$\oint_l \boldsymbol{B} \cdot \mathrm{d}\boldsymbol{l} = \int_a^b \boldsymbol{B} \cdot \mathrm{d}\boldsymbol{l} + \int_b^c \boldsymbol{B} \cdot \mathrm{d}\boldsymbol{l} + \int_c^d \boldsymbol{B} \cdot \mathrm{d}\boldsymbol{l} + \int_d^a \boldsymbol{B} \cdot \mathrm{d}\boldsymbol{l}$$

ab 段在管内，$\boldsymbol{B}$ 的大小相等，方向与 $\mathrm{d}\boldsymbol{l}$ 相同，所以 $\int_a^b \boldsymbol{B} \cdot \mathrm{d}\boldsymbol{l} = B\overline{ab}$；$bc$ 段和 da 段，一部分在管内，一部分在管外，虽然管内部分 $B \neq 0$，但 $\boldsymbol{B}$ 与 $\mathrm{d}\boldsymbol{l}$ 相互垂直，管外部分 $B=0$，所以 $\int_b^c \boldsymbol{B} \cdot \mathrm{d}\boldsymbol{l} = \int_d^a \boldsymbol{B} \cdot \mathrm{d}\boldsymbol{l} = 0$；$cd$ 段在管外，$B = 0$，所以 $\int_c^d \boldsymbol{B} \cdot \mathrm{d}\boldsymbol{l} = 0$。这样，上式可写为

$$\oint_l \boldsymbol{B} \cdot \mathrm{d}\boldsymbol{l} = \int_a^b \boldsymbol{B} \cdot \mathrm{d}\boldsymbol{l} = B \cdot \overline{ab}$$

闭合回路 $abcd$ 所包围的总的电流强度为 $n\,\overline{ab}I$，根据右手螺旋关系，总的电流强度应为正值，于是根据安培环路定理有

$$\oint_l \boldsymbol{B}\cdot \mathrm{d}\boldsymbol{l} = B\cdot \overline{ab} = \mu_0 n\cdot \overline{ab}\cdot I$$

所以

$$B = \mu_0 nI \tag{7-19}$$

即式(7-19)与例 7-3 通过微积分的方法得到的结论完全一致。

例 7-7 求载流螺绕环内的磁感应强度。如图 7-15(a)所示，环形螺线管也叫螺绕环，环上密绕 N 匝线圈，线圈中通有电流 I。

解 根据电流分布的对称性，在螺绕环内部，磁感线形成同心圆，方向如图 7-15(b)所示。以 O 点为圆心、$r(r_1<r<r_2)$为半径的同心圆作为安培回路，方向沿逆时针方向。由安培环路定理得

$$\oint_l \boldsymbol{B}\cdot \mathrm{d}\boldsymbol{l} = \oint_l B\cos\theta \mathrm{d}l = B\oint_l \mathrm{d}l = B\cdot 2\pi r = \mu_0 \sum_{i=1}^{n} I_i$$

该回路所包围的电流强度的代数和为 $\sum_{i=1}^{N} I_i = NI$，由右手螺旋关系，电流强度应为正值，于是有

$$B\cdot 2\pi r = \mu_0 NI$$

所以

$$B = \frac{\mu_0 NI}{2\pi r} \tag{7-20}$$

与螺线管的情况不同，在螺绕环的横截面上，磁感应强度的大小不是恒定的。

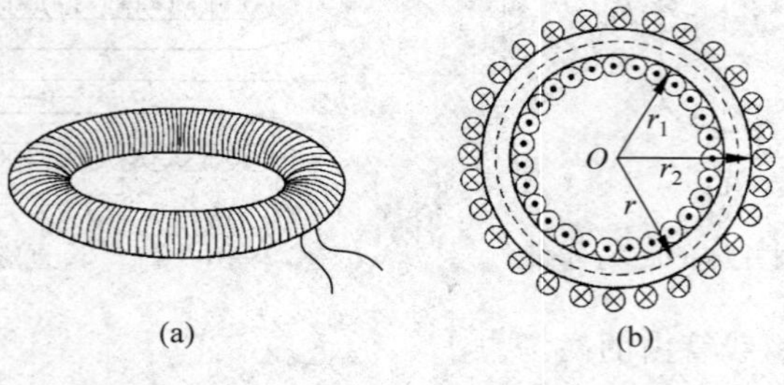

图 7-15 载流螺绕环内的磁场

(a) 螺绕环；(b) 螺绕环内的磁场

7.5 磁场对运动电荷的作用

7.5.1 洛伦兹力 带电粒子在磁场中的运动

运动电荷在均匀磁场中受到的力称为洛伦兹力。当一带电量为 q、质量为 m 的粒子以速度 $\boldsymbol{v}$ 进入磁感应强度为 $\boldsymbol{B}$ 的均匀磁场时，它所受的洛伦兹力为

$$\boldsymbol{F} = q\boldsymbol{v}\times \boldsymbol{B} \tag{7-21}$$

若$\boldsymbol{v}$与$\boldsymbol{B}$之间的夹角为θ,则$\boldsymbol{F}$的大小为$F=qvB\sin\theta$,$\boldsymbol{F}$的方向垂直于$\boldsymbol{v}$与$\boldsymbol{B}$组成的平面。当带电粒子带正电时,洛伦兹力与$\boldsymbol{v}\times\boldsymbol{B}$方向一致;当带电粒子带负电时,洛伦兹力与$\boldsymbol{v}\times\boldsymbol{B}$方向相反。

由于洛伦兹力的方向总是与运动电荷速度的方向垂直,所以洛伦兹力永远不对电荷做功。它只改变电荷运动的方向,而不改变它的速率和动能。

若带电粒子在同时存在电场和磁场的空间运动,其所受合力为

$$\boldsymbol{F}=q\boldsymbol{E}+q\boldsymbol{v}\times\boldsymbol{B} \tag{7-22}$$

上式称为洛伦兹关系式。

下面分三种情况讨论粒子在磁场中的运动。

(1) $\boldsymbol{v}/\!/\boldsymbol{B}$,磁场对带电粒子的作用力为零,粒子仍将以原来的速度$\boldsymbol{v}$作匀速直线运动。

(2) $\boldsymbol{v}\perp\boldsymbol{B}$,带电粒子在大小不变的向心力$F=qvB$作用下,在垂直于$\boldsymbol{B}$的平面内作匀速圆周运动。如图7-16所示,利用圆周运动的向心力公式

$$qvB=m\frac{v^2}{R}$$

可得带电粒子在磁场中作圆周运动的回旋半径为

$$R=\frac{mv}{qB} \tag{7-23}$$

粒子运动一周所需要的时间,即回旋周期为

$$T=\frac{2\pi R}{v}=\frac{2\pi m}{qB} \tag{7-24}$$

单位时间内粒子所转动的圈数,即回旋频率为

$$f=\frac{1}{T}=\frac{qB}{2\pi m} \tag{7-25}$$

由式(7-24)和式(7-25)可以看出回旋周期或回旋频率与带电粒子的速率及回旋半径无关。

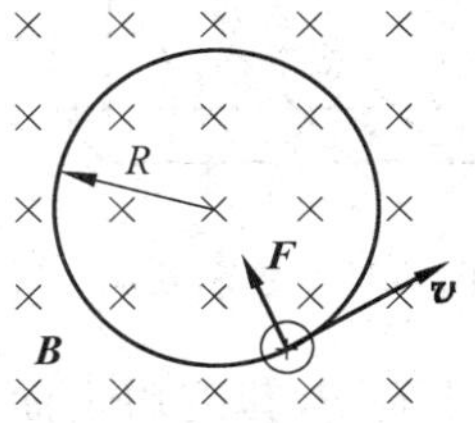

图7-16 回旋运动

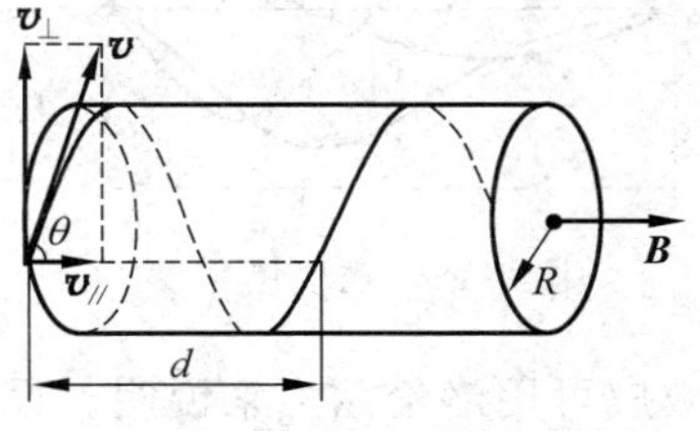

图7-17 螺旋运动

(3) $\boldsymbol{v}$与$\boldsymbol{B}$之间的夹角为任意角θ时,如图7-17所示,将$\boldsymbol{v}$分解为$\boldsymbol{v}_{/\!/}=\boldsymbol{v}\cos\theta$和$\boldsymbol{v}_{\perp}=\boldsymbol{v}\sin\theta$两个分量,它们分别平行和垂直于$\boldsymbol{B}$。若只有$\boldsymbol{v}_{/\!/}$分量,带电粒子将沿$\boldsymbol{B}$的方向或其反方向作匀速直线运动;若只有$\boldsymbol{v}_{\perp}$分量,带电粒子将在垂直于$\boldsymbol{B}$的平面内作匀速圆周运动。当两个分量同时存在时,带电粒子同时参与这两个运动,它将沿螺旋线向前运动,螺旋线的半径为

$$R=\frac{mv_{\perp}}{qB}$$

回旋周期为

$$T=\frac{2\pi m}{qB} \tag{7-26}$$

粒子回转一周所前进的距离叫做螺距,其值为

$$d=v_{/\!/}T=\frac{2\pi m v_{/\!/}}{qB} \tag{7-27}$$

上式表明,螺距 d 与 $v_{\perp}$ 无关,只与 $v_{/\!/}$ 成正比。

7.5.2 带电粒子在磁场和电场中运动举例

1. 磁聚焦

如图 7-18 所示,若从磁场中某点 O 发射一束很窄的带电粒子流,它们的速率 v 都很相近,且与 $\boldsymbol{B}$ 的夹角 θ 都很小,尽管 $v_{\perp}=v\sin\theta\approx v\theta$ 会使各个粒子沿不同半径的螺旋线运动,但是 $v_{/\!/}=v\cos\theta\approx v$ 却近似相等,由式(7-27)决定的螺距 d 也近似相等,所以各个粒子经过距离 d 后又会重新会聚在一起,称为磁聚焦。磁聚焦在电子光学中有着广泛的应用。

2. 霍尔效应

如图 7-19 所示,将一导电板放在垂直于它的磁场中,当有电流通过时,在导电板的 A、A' 两侧会产生一个电势差 $U_{AA'}$,这种现象叫做霍尔(E. H. Hall,1855—1938)效应。实验表明,在磁场不太强时,电势差 $U_{AA'}$ 与电流强度 I 和磁感应强度 B 成正比,与板的厚度 d 成反比,即

$$U_{AA'}=K\frac{IB}{d} \tag{7-28}$$

式中的比例系数 K 叫做霍尔系数。

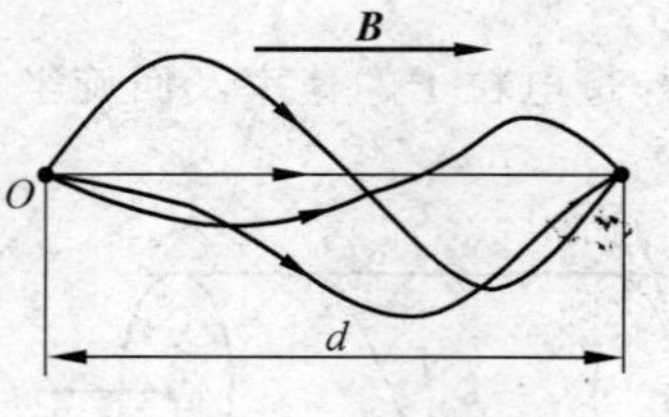

图 7-18 磁聚焦

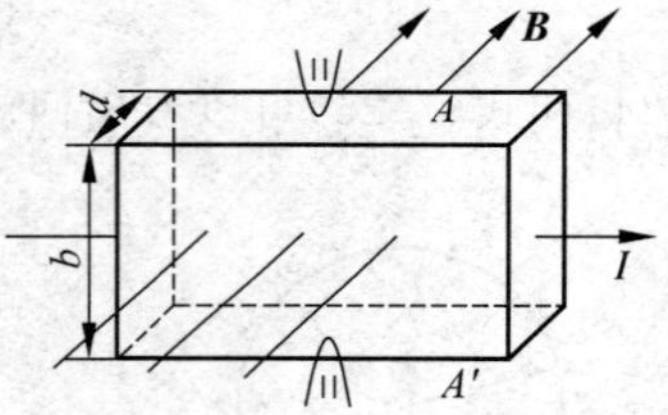

图 7-19 霍尔效应

霍尔效应可用洛伦兹力来说明。设导体板中的载流子为电荷 q,其平均定向速率为 u,它们在磁场中受到的洛伦兹力为 quB。该力使导体内移动的电荷发生偏转,结果在 A、A' 两侧分别聚集了正、负电荷,从而形成电势差。于是,载流子又受到了一个与洛伦兹力方向相反的静电力 $qE=qU_{AA'}/b$,其中 E 为电场强度,b 为导体板的宽度,最后达到稳恒状态时,这两个力平衡,即

$$q\frac{U_{AA'}}{b}=quB$$

此外,设载流子的浓度为 n,则电流强度 I 可以表示为

$$I=bdnqu$$

于是

$$U_{AA'}=\frac{IB}{nqd}$$

此式与式(7-28)比较,可得霍尔系数为

$$K=\frac{1}{nq} \tag{7-29}$$

上式表明,K 与载流子的浓度 n 成反比。在金属导体中,由于自由电子数密度很大,因而其霍尔系数很小,相应的霍尔电势差也很弱。在半导体中,载流子数密度很小,因而其霍尔系数比金属导体大得多,所以半导体能产生很强的霍尔效应。

利用霍尔效应的电势差 $U_{AA'}$ 可以判断载流子电荷的正负号。如图 7-20(a)所示,若 $q>0$,载流子定向速度 u 的方向与电流方向一致,洛伦兹力使它向上偏转,从而 $U_{AA'}>0$;反之,如图 7-20(b)所示,若 $q<0$,载流子定向速度 u 的方向与电流方向相反,洛伦兹力使它向上偏转,从而 $U_{AA'}<0$ 。半导体有电子型(N 型)和空穴型(P 型)两种,N 型半导体的载流子为电子,带负电,P 型半导体的载流子为"空穴",相当于带正电的粒子。根据霍尔电势差的正负号可以判断半导体的导电类型。

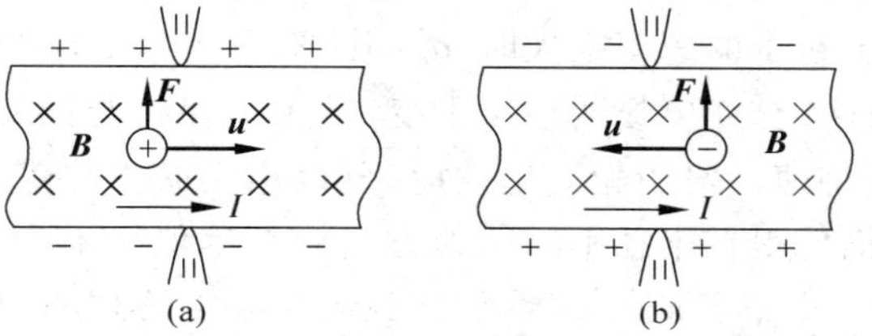

图 7-20 霍尔效应与载流子电荷正负的关系

应该指出,有些金属(如 Be、Zn、Cd、Fe 等)载流子是电子,但其霍尔电势差的极性与载流子为正电荷的情况相同,好像这些金属中的载流子带正电似的,这种现象称为反常霍尔效应。1980 年,德国物理学家克利青(Klaus von Klitzing,1943—)发现在低温、强磁场条件下的量子霍尔效应,他因此获得 1985 年诺贝尔物理学奖。1982 年,崔琦(Daniel Chee Tsui,1939—)等人发现在极低温和更强磁场条件下分数量子霍尔效应,他们因此获得 1998 年诺贝尔物理学奖。这些现象用经典电子理论无法解释,只能用量子理论加以说明。

3. 回旋加速器

回旋加速器是获得高速粒子的一种装置,第一台回旋加速器是美国物理学家劳伦斯于 1732 年研制成功的,他因此获得 1737 年诺贝尔物理学奖。下面简述回旋加速器的工作原理。

回旋加速器的基本原理就是利用回旋频率与粒子速度无关的性质。如图 7-21 所示,其核心部分是两个 D 形盒,它们是密封在真空中的两个半圆形金属空盒,放在电磁铁两极之间的强大磁场中,磁场的方向垂直于 D 形盒的底面。两个 D 形盒之间接有交流电源,它在缝隙里形成一个交变电场用以加速带电离子。假设正当 D_2 电极的电势高于 D_1 时,从粒子源发出一个带正电离子,它在缝隙中被加速,以速率 v_1 进入 D_1 内部。由于电屏蔽效应,离子绕过回旋半径为 $R_1=mv_1/qB$ 的半个圆周后又回到缝隙。如果这时电场恰好反向,即交变电场的周期恰好为 $T=$

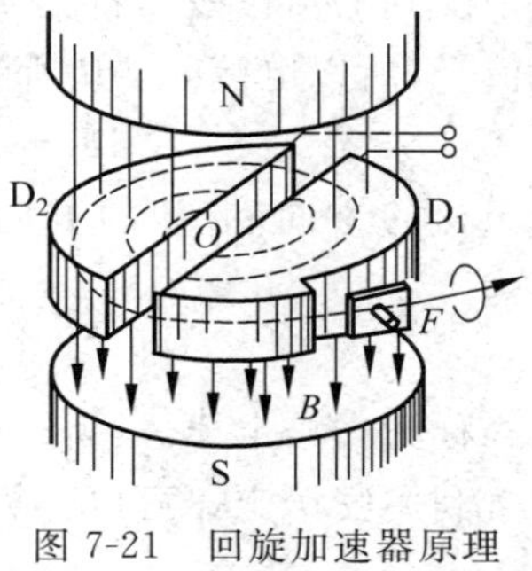

图 7-21 回旋加速器原理

$2\pi m/qB$,则正离子又将被加速,以更大的速率 v_2 进入 D_2 盒内,绕过回旋半径为 $R_2=mv_2/qB$ 的半个圆周后又再次回到缝隙。虽然 $R_2>R_1$,但绕过半个圆周所用的时间却都是一样的,所以,尽管离子的速率和回旋半径一次比一次增大,只要缝隙中的交变电场以不变的回旋周期往复变化,则不断被加速的离子就会沿着螺旋轨迹逐渐趋近 D 形盒的边缘,用致偏电极 F 可将已达到预期速率的离子引出,供实验用。高能粒子在科学技术中有广泛的应用领域,如核工业、医学、农业、考古学等。

如果 D 形盒的半径为 R,根据式(7-23),离子所获得的最终速率为

$$v=\frac{qBR}{m} \tag{7-30}$$

离子的动能为

$$E_k=\frac{1}{2}mv^2=\frac{q^2B^2R^2}{2m}$$

上式表明,要使离子获得很高的能量,就要建造巨型的强大的电磁铁和增加 D 形盒的直径。

由于相对论效应,当粒子的速率很大时,q/m 已不再是常量,从而回旋周期 T 将随粒子速率而增大,这时若仍保持交变电场的周期不变,就不能保持与回旋运动同步,粒子经过缝隙时也就不能始终得到加速。对于相对论效应,可以用实验方法进行补偿。一种方法是使磁场具有某种分布,从而使得在半径不同的地方回旋频率保持不变,称为同步加速器;另一种方法是保持磁场不变,改变施加在 D 形电极上交变电压的频率,从而使粒子的运动与所施加的电压在每一时刻都保持共振,称为同步回旋加速器。

7.6 磁场对载流导线的作用

7.6.1 安培定律

导线中的电流是由载流子的定向运动形成的,当把载流导线置于磁场中时,运动的载流子就要受到洛伦兹力的作用而侧向漂移,与晶格上的正离子碰撞把力传递给了导线,所以载流导线在磁场中也要受到磁力的作用,通常把这个力称为安培力。

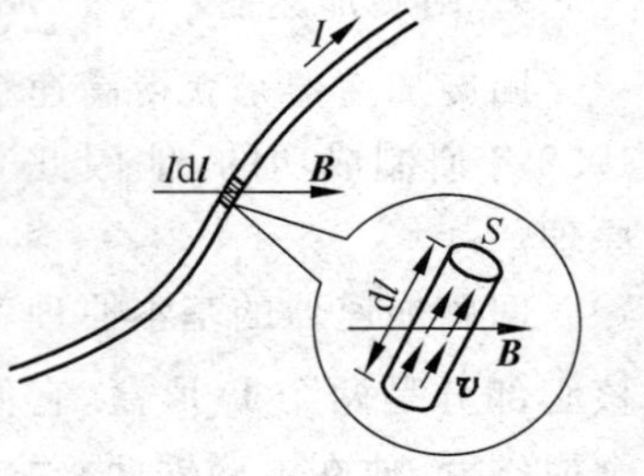

图 7-22 磁场对电流元的作用力

如图 7-22 所示,在载流导线上任取一电流元 $I\mathrm{d}\boldsymbol{l}$。设导线的横截面积为 S,单位体积中的载流子数为 n,每个载流子所带电量为 q,载流子的平均漂移速度为 v。由于每一个载流子受到的洛伦兹力都是 $\boldsymbol{F}=q\boldsymbol{v}\times\boldsymbol{B}$,而 $\mathrm{d}\boldsymbol{l}$ 中共有 $nS\mathrm{d}l$ 个载流子,所以电流元 $I\mathrm{d}\boldsymbol{l}$ 所受的磁场力为

$$\mathrm{d}\boldsymbol{F}=nS\mathrm{d}lq\,\boldsymbol{v}\times\boldsymbol{B}$$

由于 $\boldsymbol{v}$ 的方向和 $\mathrm{d}\boldsymbol{l}$ 的方向相同,而 $I=nqvS$,所以上式可写为

$$\mathrm{d}\boldsymbol{F}=I\mathrm{d}\boldsymbol{l}\times\boldsymbol{B} \tag{7-31}$$

上式称为安培定律。

利用安培定律可以计算任意一段载流导线在磁场中受到的安培力。具体地说,可把导

线分割成无限多的电流元，整个导线所受的安培力为作用在各段电流元上的安培力的矢量和，即

$$\boldsymbol{F}=\int_l \mathrm{d}\boldsymbol{F}=\int_l I\,\mathrm{d}\boldsymbol{l}\times\boldsymbol{B} \tag{7-32}$$

如果长为 l 的一段载流直导线放在均匀磁场 $\boldsymbol{B}$ 中，电流 I 的方向与 $\boldsymbol{B}$ 之间的夹角为 ϕ，因为载流直导线上各电流微元所受的力的方向是一致的，所以该载流直导线所受安培力的大小为

$$F=BIl\sin\phi$$

安培力的方向垂直于直导线和磁感应强度所组成的平面。当 $\phi=0°$时，$F=0$；当 $\phi=90°$时，载流直导线所受的力最大，$F=BIl$。

例 7-8　载有电流 I_1 的长直导线旁有一与长直导线垂直的共面导线，其电流为 I_2，长度为 l，近端与长直导线的距离为 d，如图 7-23(a)所示。求作用在电流 I_2 上的磁力。

解　建立如图 7-23(b)所示坐标系，在 l 上任取电流元 $I_2\mathrm{d}x\boldsymbol{i}$，与原点 O 相距 x，则电流 I_1 在 $I_2\mathrm{d}x\boldsymbol{i}$ 处的磁感应强度大小为

$$B=\frac{\mu_0 I_1}{2\pi x}$$

方向向里。由安培定律 $\mathrm{d}\boldsymbol{F}=I\mathrm{d}\boldsymbol{l}\times\boldsymbol{B}$ 知，电流元 $I_2\mathrm{d}x\boldsymbol{i}$ 受力大小为

$$\mathrm{d}F=I_2\mathrm{d}x\cdot B=\frac{\mu_0 I_1 I_2\mathrm{d}x}{2\pi x}$$

方向竖直向上。所以 l 所受合力大小为

$$F=\int_l \mathrm{d}F=\int_d^{d+l}\frac{\mu_0 I_1 I_2\mathrm{d}x}{2\pi x}=\frac{\mu_0 I_1 I_2}{2\pi}\ln\left(\frac{d+l}{d}\right)$$

方向竖直向上。

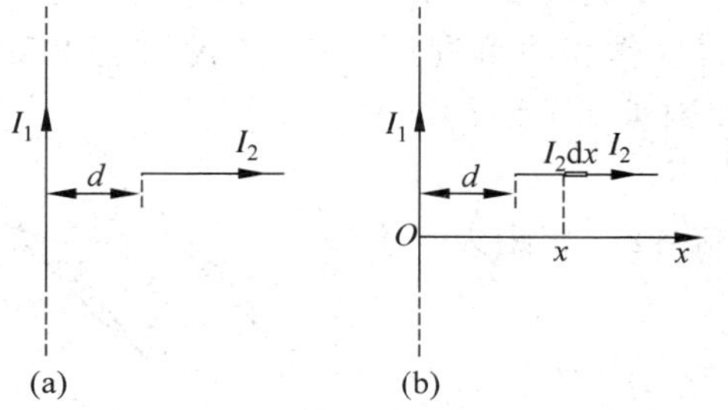

图　7-23

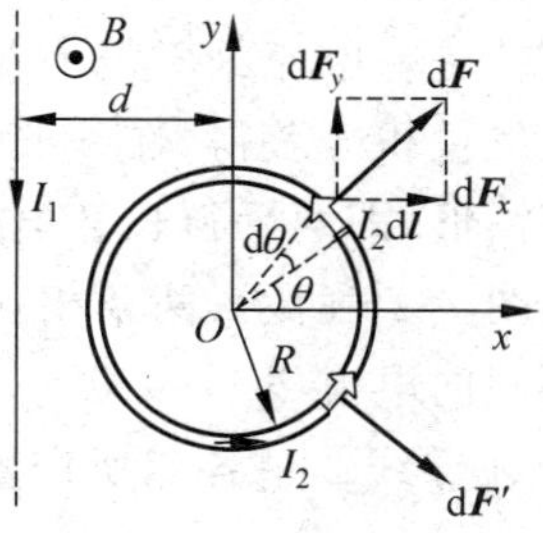

图　7-24

例 7-9　如图 7-24 所示，半径为 R 载有电流 I_2 的导体圆环与电流为 I_1 的长直导线放在同一平面内，直导线与圆心相距为 d，且 $R<d$，两者间绝缘，求作用在圆电流上的磁场力。

解　建立如图所示的坐标系，在导体圆环上任取电流元 $I_2\mathrm{d}\boldsymbol{l}$，电流 I_1 在 $I_2\mathrm{d}\boldsymbol{l}$ 处的磁感应强度大小为

$$B=\frac{\mu_0}{2\pi}\cdot\frac{I_1}{d+R\cos\theta}$$

方向垂直纸面向外。

$I_2\mathrm{d}\boldsymbol{l}$ 受力大小为

$$\mathrm{d}F = BI_2\mathrm{d}l$$

方向如图 7-24 所示。

因为 $\mathrm{d}l=R\mathrm{d}\theta$,所以上式为

$$\mathrm{d}F = \frac{\mu_0 I_1 I_2}{2\pi}\cdot\frac{R\mathrm{d}\theta}{d+R\cos\theta}$$

由对称性分析知,$\mathrm{d}\boldsymbol{F}$ 和 $\mathrm{d}\boldsymbol{F}'$ 总是成对出现,即上半环所受的力与下半环所受的力在竖直方向上的分量互相抵消,其矢量和始终为零。即

$$F_y = \int_{圆环}\mathrm{d}F_y = 0$$

$\mathrm{d}\boldsymbol{F}$ 沿 Ox 轴的分量为

$$\mathrm{d}F_x = \mathrm{d}F\cos\theta = \frac{\mu_0 I_1 I_2}{2\pi}\cdot\frac{R\cos\theta\mathrm{d}\theta}{d+R\cos\theta}$$

所以圆电流所受磁场力沿 Ox 轴的分量分别为

$$F_x = \int_0^{2\pi}\mathrm{d}F_x = \frac{\mu_0 I_1 I_2}{2\pi}\int_0^{2\pi}\frac{R\cos\theta\mathrm{d}\theta}{d+R\cos\theta} = \mu_0 I_1 I_2\left(1-\frac{d}{\sqrt{d^2-R^2}}\right)$$

圆电流所受磁场力为

$$\boldsymbol{F} = F_x\boldsymbol{i} = \mu_0 I_1 I_2\left(1-\frac{d}{\sqrt{d^2-R^2}}\right)\boldsymbol{i}$$

由于 $R<d$,$1-d/\sqrt{d^2-R^2}<0$,所以圆电流所受安培力 $\boldsymbol{F}$ 水平向左。

7.6.2 两平行长直电流之间的相互作用 电流单位“安培”的定义

电流能够产生磁场,磁场又会对处于其中的电流施加作用力。因此,一电流与另一电流的作用就是一电流的磁场对另一电流的作用,这作用力可利用毕奥-萨伐尔定律和安培定律通过矢量积分获得,在一般情况下计算比较困难。下面讨论一种简单情形,即两平行长直电流之间的相互作用。

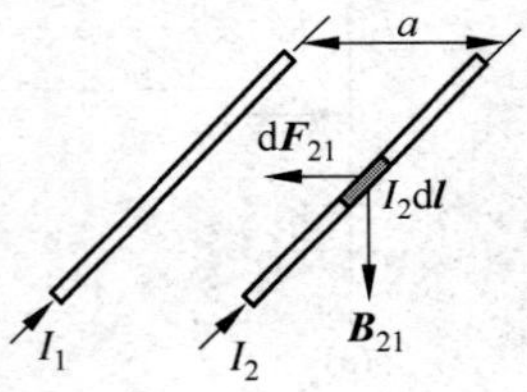

图 7-25

如图 7-25 所示,两条相互平行的长直载流导线,相距为 a,分别载有同向电流 I_1、I_2。

I_1 在导线 2 中各点所产生的磁感应强度的大小为

$$B_{21} = \frac{\mu_0 I_1}{2\pi a}$$

方向如图,它对导线 2 中的任一电流元 $I_2\mathrm{d}\boldsymbol{l}$ 的作用力可由安培定律得

$$\mathrm{d}\boldsymbol{F}_{21} = I_2\mathrm{d}\boldsymbol{l}\times\boldsymbol{B}_{21}$$

其大小为

$$\mathrm{d}F_{21} = I_2\mathrm{d}lB_{21} = \frac{\mu_0 I_1 I_2\mathrm{d}l}{2\pi a}$$

其方向如图 7-25 所示。

载流导线 2 中每单位长度所受载流导线 1 的作用力大小为

$$f_{21}=\frac{\mathrm{d}F_{21}}{\mathrm{d}l}=\frac{\mu_0 I_1 I_2}{2\pi a} \tag{7-33}$$

同理可得导线 1 中单位长度所受载流导线 2 的作用力大小为

$$f_{12}=\frac{\mu_0 I_1 I_2}{2\pi a} \tag{7-34}$$

f_{21} 与 f_{12} 大小相等、方向相反，体现为引力；若两平行导线中的电流方向相反，则彼此间的相互作用力为斥力。

在国际单位制中，电流强度作为基本物理量，它的单位安培(A)作为基本单位。这一基本单位就是利用两条相互平行的长直载流导线间的相互作用力来定义的：真空中两条载有等量电流且相距为 1m 的长直导线，当每米长度上的相互作用力为 2×10^{-7}N 时，导线中的电流大小定义为 1A。据此定义及式(7-33)可得

$$\frac{2\times10^{-7}}{1}=\frac{\mu_0}{2\pi}\cdot\frac{1\times1}{1}\rightarrow\mu_0=4\pi\times10^{-7}(\mathrm{N\cdot A^2})$$

可见真空的磁导率 μ_0 是一个具有单位的导出量。

7.6.3 均匀磁场对载流线圈的作用

如图 7-26 所示，在均匀磁场 $\boldsymbol{B}$ 中放置一刚性矩形平面载流线圈，边长分别为 l_1 和 l_2，电流强度为 I。用 $\boldsymbol{e}_n$ 表示线圈平面的法向单位矢量，规定 $\boldsymbol{e}_n$ 的指向与线圈中电流的环绕方向构成右手螺旋，即右手四指环绕方向代表电流的方向，则拇指伸直时的指向即为 $\boldsymbol{e}_n$ 的方向。设线圈平面与 $\boldsymbol{B}$ 的方向成 θ 角(线圈平面的法向单位矢量 $\boldsymbol{e}_n$ 与 $\boldsymbol{B}$ 成 ϕ 角)，对边 ab、cd 与磁场垂直。这时导线 bc 和 ad 所受到的安培力分别为 $\boldsymbol{F}_1$ 和 $\boldsymbol{F}_1'$。根据安培定律

$$F_1=F_1'=BIl_1\sin\theta$$

由图 7-26(a)可见，$\boldsymbol{F}_1$ 和 $\boldsymbol{F}_1'$ 方向相反，并且在同一直线上，其作用是使线圈受到张力，对于刚性线圈可不考虑其作用。

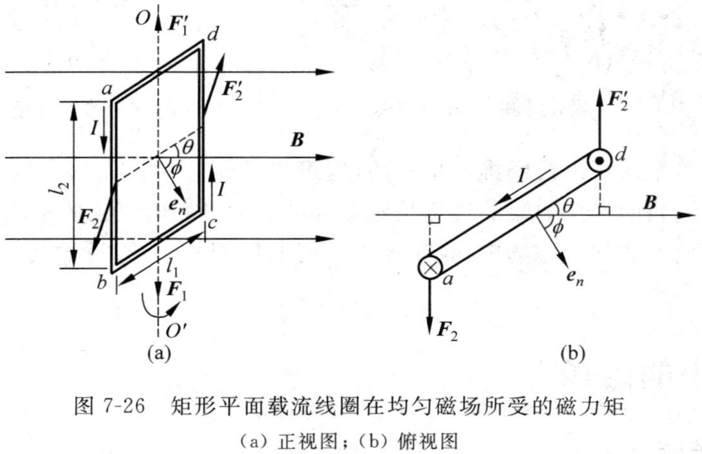

图 7-26 矩形平面载流线圈在均匀磁场所受的磁力矩

(a) 正视图；(b) 俯视图

导线 ab 和 cd 所受的磁场力分别为 $\boldsymbol{F}_2$ 和 $\boldsymbol{F}_2'$，根据安培定律

$$F_2=F_2'=BIl_2$$

这两个力方向相反,但不在同一直线上,形成力偶。这一对力对 OO' 轴(OO' 为 da 和 bc 两边中点的连线)的力矩为

$$M=F_2\frac{l_1}{2}\cos\theta+F_2'\frac{l_1}{2}\cos\theta=BIl_1l_2\cos\theta$$

$$=BIl_1l_2\cos\left(\frac{\pi}{2}-\phi\right)=BIS\sin\phi$$

式中 $S=l_1l_2$ 为线圈面积。

若线圈为 N 匝,则线圈所受力矩的大小为

$$M=NBIS\sin\phi$$

力矩 $\boldsymbol{M}$ 的方向与矢量积 $\boldsymbol{e}_n\times\boldsymbol{B}$ 的方向一致。定义 $\boldsymbol{m}=NIS\boldsymbol{e}_n$ 为载流线圈的磁矩,因此上式可用矢量形式表示为

$$\boldsymbol{M}=(NIS\boldsymbol{e}_n)\times\boldsymbol{B}=\boldsymbol{m}\times\boldsymbol{B} \tag{7-35}$$

力矩 $\boldsymbol{M}$ 的大小为 $M=mB\sin\phi$,方向由 $\boldsymbol{m}$ 与 $\boldsymbol{B}$ 的矢积决定。

下面讨论几种情况:

如图 7-27(a)所示,当 $\phi=0$ 时,即线圈平面与磁场方向垂直,$\boldsymbol{m}$ 与 $\boldsymbol{B}$ 方向相同,线圈所受力矩为零,这时线圈处于稳定平衡状态;

如图 7-27(b)所示,当 $\phi=\pi/2$ 时,线圈平面与磁场方向相互平行,$\boldsymbol{m}\perp\boldsymbol{B}$,线圈所受力矩最大;

如图 7-27(c)所示,当 $\phi=\pi$ 时,线圈所受力矩为零,这时线圈处于非稳定平衡状态,只要线圈稍稍偏过一个微小角度,它就会在力矩作用下离开这个位置。

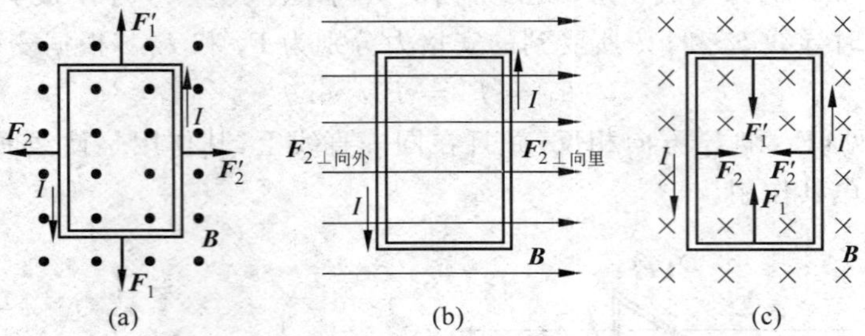

图 7-27 载流线圈 $\boldsymbol{e}_n$ 方向与磁场方向成不同角度时所受的磁力矩

式(7-35)虽然是从矩形线圈推导出来的,但可以证明它对任意形状的平面线圈都是成立的。磁场对载流线圈作用力矩的规律是制造各种电动机和电流计的基本原理。

若载流线圈处于非均匀磁场中,线圈除受力矩的作用外,还要受合力的作用,这样线圈除转动外还要发生平动。

7.7 介质中的磁场

7.7.1 磁介质的分类

电场中的电介质由于电极化而影响电场,电介质中的电场强度 $\boldsymbol{E}$ 等于真空中的电场强

度 $\boldsymbol{E}_0$ 和电介质由于电极化而产生的附加电场强度 $\boldsymbol{E}'$ 的矢量和，即 $\boldsymbol{E}=\boldsymbol{E}_0+\boldsymbol{E}'$。与此相类似，磁场对处于磁场中的物质也有作用。凡在磁场中与磁场发生相互作用的物质都称为磁介质。事实上，任何物质在磁场作用下都或多或少地发生变化并反过来影响磁场，因此任何物质都可以看作磁介质。磁介质中的磁感应强度 $\boldsymbol{B}$ 等于真空中的磁感应强度 $\boldsymbol{B}_0$ 和磁介质由于磁化而产生的附加磁感应强度 $\boldsymbol{B}'$ 的矢量和，即

$$\boldsymbol{B}=\boldsymbol{B}_0+\boldsymbol{B}' \tag{7-36}$$

磁介质对磁场的影响远比电介质对电场的影响复杂得多。我们知道，无论是有极分子电介质还是无极分子电介质，当它们处于电场中时，电介质内的电场强度 $\boldsymbol{E}$ 都要有所减弱。但不同的磁介质在磁场中的表现则很不相同，磁介质对磁场的影响并不一定是削弱原来的磁场，这要看 $\boldsymbol{B}_0$ 与 $\boldsymbol{B}'$ 是同向还是反向。

实验发现，当磁场中充满各向同性的均匀磁介质时，磁介质中的磁感应强度 $\boldsymbol{B}$ 是真空中的磁感应强度 $\boldsymbol{B}_0$ 的 μ_r 倍，即

$$\boldsymbol{B}=\mu_r\boldsymbol{B}_0 \tag{7-37}$$

式中，μ_r 称为磁介质的相对磁导率，它随磁介质的种类和状态的不同而不同（如表 7-1 所示），其大小反映了磁介质对磁场影响的程度。若 $\mu_r>1$，这种磁介质的附加磁场 $\boldsymbol{B}'$ 方向与原磁场 $\boldsymbol{B}_0$ 方向相同，使得磁介质中磁感应强度 $B>B_0$，这种磁介质称为顺磁质；若 $\mu_r<1$，这种磁介质的附加磁场 $\boldsymbol{B}'$ 方向与原磁场 $\boldsymbol{B}_0$ 方向相反，使得磁介质中 $B<B_0$，这种磁介质称为抗磁质。上述两类磁介质统称为弱磁性物质。还有一类磁介质，$\mu_r\gg1$，而且还随外磁场的大小发生变化，$\boldsymbol{B}'$ 的方向与 $\boldsymbol{B}_0$ 的方向相同，且 $B\gg B_0$，这种磁介质称为铁磁质。下面我们讨论顺磁质的磁化微观机制，对抗磁质的微观解释比较复杂，有兴趣的读者可参看相关书籍。

表 7-1　几种磁介质在常温下的相对磁导率

抗磁质	相对磁导率	顺磁质	相对磁导率	铁磁质	相对磁导率
铋	$1-1.70\times10^{-5}$	锰	$1+12.4\times10^{-5}$	铸铁	200～400
铜	$1-0.108\times10^{-5}$	铬	$1+4.5\times10^{-5}$	铸钢	500～2200
汞	$1-2.90\times10^{-5}$	铝	$1+0.82\times10^{-5}$	硅钢	7×10^3（最大值）
氢	$1-2.47\times10^{-5}$	铂	$1+3.0\times10^{-5}$	坡莫合金	1×10^5（最大值）

物质的磁性可以从其电结构中得到解释。构成物质的原子中每一个电子同时参与两种运动，一种是绕核的轨道运动，一种是自旋。这两种运动都对应一定的磁矩：与绕核的轨道运动相对应的是轨道磁矩，与自旋相对应的是自旋磁矩。整个原子的磁矩是它所包含的所有电子轨道磁矩和自旋磁矩的矢量和。不同物质的原子包含的电子数目不同，电子所处的状态不同，其轨道磁矩和自旋磁矩合成的结果也不同。所以有些物质的原子磁矩大些，有些物质的原子磁矩小些，还有些物质的原子磁矩恰好为零。另外，有些物质的原子磁矩虽然不为零，但多个原子合成一个分子时，合成的结果使分子磁矩等于零。

分子磁矩不为零的物质，其分子磁矩可以看作为由一个等效的圆电流所提供的，这个圆电流称为分子电流。在无外磁场时，由于分子的热运动，物质中各分子磁矩混乱取向，致使任何宏观体积元内的分子磁矩的矢量和等于零，所以宏观上不显磁性。当受到外磁场作用

时,分子磁矩将在一定程度上沿外磁场方向排列,任何宏观体积元内所有分子磁矩的矢量和不再为零,从而对外显示磁性,并且外磁场越强,分子磁矩排列的有序程度越高,相同体积内分子磁矩的矢量和也越大,对外所显示的磁性也就越强。分子热运动是会破坏分子磁矩的有序排列的,一旦将外磁场撤除,分子磁矩立即回到无序状态,磁性也就消失了。这种磁性称为顺磁性,具有顺磁性的物质便为顺磁质。

分子磁矩为零的物质,其磁性来源于原子中电子在外磁场的作用下所产生的附加运动(即进动),这种附加运动也等效为某一圆电流并对应一定磁矩。但由于电子带负电,这种磁矩的方向总是与外磁场的方向相反,故得名为抗磁性。具有抗磁性的物质便是抗磁质。

例如,长直螺线管中某种均匀磁介质,在没有外磁场作用时,各分子环流的取向杂乱无章,它们的磁矩相互抵消,宏观上不显示磁性,如图 7-28(a)所示;当线圈通有电流时,电流的磁场对分子磁矩发生取向作用,各分子环流的磁矩在一定程度上沿外磁场的方向排列起来,从宏观上来看,在磁介质表面相当于有一层电流流过,如图 7-28(b)所示。这种因磁化而出现的宏观电流叫做磁化电流(也称束缚电流),磁介质磁化后产生的附加磁场,就是磁化电流产生的磁场。

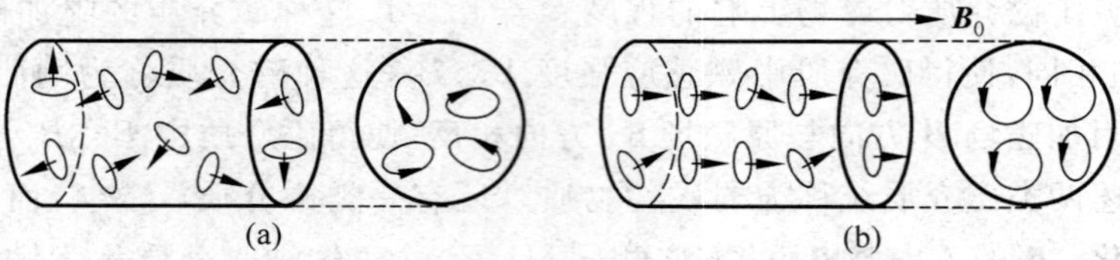

图 7-28　磁化的微观机制与宏观效果

(a) 无外磁场时;(b) 有外磁场时

7.7.2　磁介质中的安培环路定理

根据叠加原理,磁介质中合磁场的磁感应强度 $\boldsymbol{B}$ 为传导电流 I 产生的原磁场的磁感应强度 $\boldsymbol{B}_0$ 和磁化电流 I' 产生的磁感应强度 $\boldsymbol{B}'$ 的矢量和。因此,在磁介质中,安培环路定理式(7-17)应写成

$$\oint_l \boldsymbol{B} \cdot \mathrm{d}\boldsymbol{l} = \mu_0 \left(\sum_{i=1}^{N} I_i + \sum_{i=1}^{N} I'_i \right) \tag{7-38}$$

我们以无限长载流直螺线管中充满均匀的各向同性顺磁质为特例来讨论。设线圈中的传导电流为 I,磁介质的相对磁导率为 μ_r,单位长度线圈的匝数为 n,圆柱形磁介质表面上单位长度的磁化电流为 nI'。安培回路仍取图 7-14 中矩形回路,令 $\overline{ab}$ 为 1 单位长度,则式(7-38)可写为

$$\oint_l \boldsymbol{B} \cdot \mathrm{d}\boldsymbol{l} = \mu_0 n (I + I') \tag{7-39}$$

对长直螺线管,由式(7-19)得

$$B_0 = \mu_0 n I, \quad B' = \mu_0 n I' \tag{7-40}$$

由式(7-36)、式(7-37)、式(7-39)和式(7-40)得

$$\oint_l \boldsymbol{B} \cdot \mathrm{d}\boldsymbol{l} = \mu_0 \mu_r nI \tag{7-41}$$

令磁介质的磁导率 $\mu=\mu_0\mu_r$，上式即为

$$\oint_l \boldsymbol{B} \cdot \mathrm{d}\boldsymbol{l} = \mu nI \tag{7-42}$$

令

$$\boldsymbol{H} = \frac{\boldsymbol{B}}{\mu} \tag{7-43}$$

$\boldsymbol{H}$ 称为磁场强度，它是描述磁场的一个辅助量，在国际单位制中，磁场强度的单位为 A/m。这样式(7-42)也可写为

$$\oint_l \boldsymbol{H} \cdot \mathrm{d}\boldsymbol{l} = nI \tag{7-44}$$

式(7-44)虽然是从无限长载流直螺线管得出的，但可以证明在一般情况下它也是正确的。故磁介质中的安培环路定理可叙述如下：

磁场强度沿任意闭合回路的线积分，等于该回路所包围的传导电流的代数和。其数学表达式为

$$\oint_l \boldsymbol{H} \cdot \mathrm{d}\boldsymbol{l} = \sum_{i=1}^{N} I_i \tag{7-45}$$

计算有磁介质存在的磁场时，一般是根据传导电流的分布，利用式(7-45)先求出 $\boldsymbol{H}$ 的分布，然后再利用式(7-43)求出 $\boldsymbol{B}$ 的分布，从而避开了直接利用式(7-38)求 $\boldsymbol{B}$ 需先求出磁化电流而带来的麻烦。

7.7.3　铁磁质

铁磁质是以铁为代表的一类磁性很强的物质，具有很大的磁导率。在纯化学元素中，除铁之外，还有过渡族中的其他元素(如钴、镍)和某些稀土族元素(如钆、镝、钬)具有铁磁性，然而常用的铁磁质多是它们的合金和氧化物。铁磁质常用于电机、电气设备、电子器件等。在外磁场作用下，铁磁质将产生与外磁场方向相同、量值很大的磁感应强度。

下面简单介绍铁磁质的特性。

(1) 铁磁质的磁导率(以及磁化率)不是恒量，而随所在处的磁场强度 $\boldsymbol{H}$ 而变化，且有较复杂的关系。

(2) 具有明显的磁滞效应。铁磁质的磁化过程落后于外加磁场的变化，当外加磁场停止作用后，铁磁质仍保留部分磁性，称为剩磁现象。

(3) 任何铁磁质都有一个临界温度，称为居里温度或居里点。当温度超过居里点时，铁磁质的铁磁性立即消失而变为普通的顺磁质。

1. 磁化曲线

用实验研究铁磁质的性质时通常把铁磁质试样做成环状，外面绕上若干匝线圈(见图 7-29)。线圈通电后，铁磁质就被磁化。当励磁电流为 I 时，环中的磁场强度大小 H 为

$$H = \frac{NI}{2\pi r}$$

式中 N 为环上线圈的总匝数，r 为环的平均半径。这时环内磁感应强度大小 B 可以用另外的方法测出，于是可得一组对应的 H 和 B 的值，改变电流 I，可以依次测得许多组 H 和 B 的值，这样就可以绘出一条关于试样的 H-B 关系曲线以表示试样的磁化特点。这样的曲线叫磁化曲线。

如果从试样完全没有磁化开始逐渐增大电流 I，从而逐渐增大 H，那么所得的磁化曲线叫起始磁化曲线，一般如图 7-30 所示。H 增大时，B 随 H 成正比地增大。H 再稍大时 B 就开始急剧地但也约成正比地增大，接着增大变慢，当 H 达到某一值后再增大时，B 就几乎不再随 H 的增大而增大了。这时铁磁质试样达到了一种磁饱和状态。

根据 $\mu_r=\dfrac{B}{\mu_0 H}$，可以求出不同 H 值时的 μ_r 值，μ_r 随 H 变化的关系曲线也对应地以虚线画在图 7-30 中。

实验证明，各种铁磁质的起始磁化曲线都是“不可逆”的，即当铁磁质达到饱和后，如果慢慢减小磁化电流以减小 H 的值，铁磁质中的 B 并不沿起始磁化曲线逆向逐渐减小，而是减小得比原来增加时慢。如图 7-31 中 ab 线段所示，当 $I=0$，因而 $H=0$ 时，B 并不等于 0，而是还保持一定的值。这种现象叫磁滞效应。H 恢复到零时铁磁质内仍保留的磁化状态叫剩磁，相应的磁感应强度常用 B_r 表示。

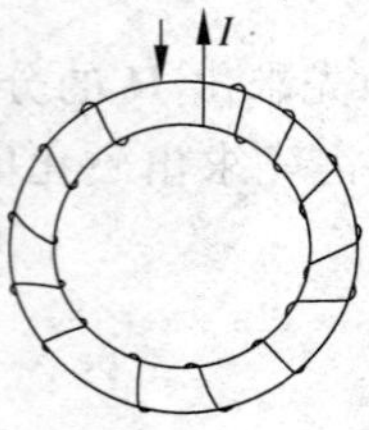

图 7-29

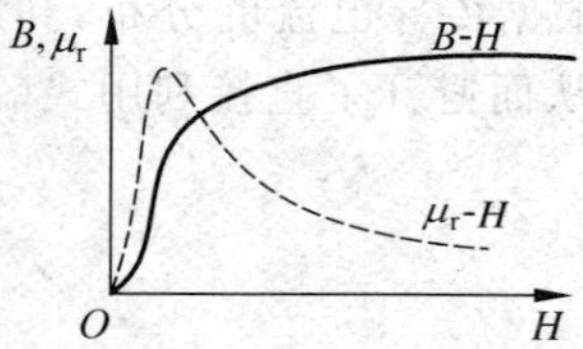

图 7-30

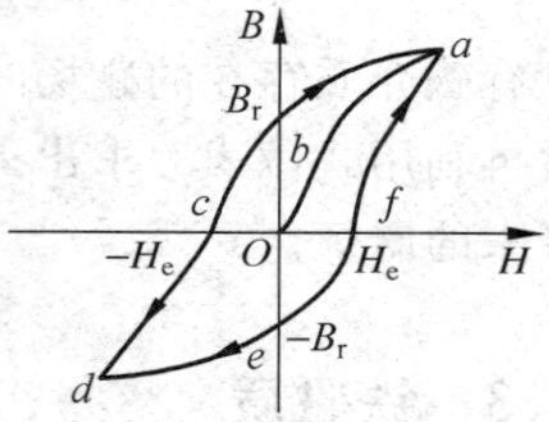

图 7-31

要想把剩磁完全消除，必须改变电流的方向，并逐渐增大这反向的电流(图 7-31 中 bc 段)。当 H 增大到 $-H_c$ 时，$B=0$。这个使铁磁质中的 B 完全消失的 H_c 值称为铁磁质的矫顽力。

再增大反向电流以增大 H，可使铁磁质达到反向磁饱和状态(cd 段)。将反向电流逐渐减小到零，铁磁质会达到 $-B_r$ 所代表的反向剩磁状态(de 段)。把电流改回原来的方向并逐渐增大，铁磁质又会经过 H_c 表示的状态而回到原来的饱和状态(efa 段)。这样磁化曲线就形成了一个闭合曲线，这一闭合曲线叫磁滞回线。当从起始磁化曲线的不同位置开始减小电流(磁场强度 H)将得到不同的磁滞回线。由磁滞回线可以看出，铁磁质的磁化状态并不能由激励电流或 H 值单值地确定，它还取决于该铁磁质此前的磁化历史。

不同铁磁质的磁滞回线的形状不同，表示它们具有不同的剩磁和矫顽力。纯铁、硅钢、坡莫合金(含铁、镍)等材料的 H_c 很小，因而磁滞回线比较瘦(见图 7-32(a))。这些材料叫软磁材料，常用作变压器和电磁铁的铁芯。

碳钢、钨钢、铝镍钴合金(含 Fe、Al、Ni、Co、Cu)等材料具有较大的矫顽力 H_c，因而磁滞回线显得肥胖(图 7-32(b))，当外磁场撤去后，这种材料能保留很强的剩磁。这种材料叫硬磁材料，常用来作永磁体。

锰-镁铁氧体、锂-锰铁氧体，其磁滞回线接近于矩形(图 7-32(c))，这种材料叫矩磁材

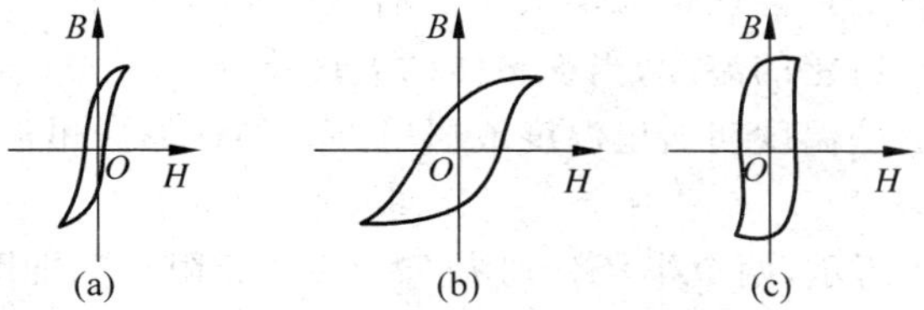

图 7-32 不同铁磁质的磁滞回线

料，其特征是矫顽力很小，且剩磁 B_r 非常接近于饱和值 B_s。因此当外磁场趋于零时，只能处于 B_s 和 $-B_s$ 两种剩磁状态。当外磁场方向改变时，可以从一个稳定状态“翻转”到另一个稳定状态，若用这种材料的两种剩磁状态分别代表计算机二进制中的两个数码 0 和 1，则能在计算机中起“记忆”作用。电子计算机储存元件的环形磁芯，录音、录像磁带以及现代电机的铁芯均要用到这样的材料。

实验指出，铁磁质反复磁化时将要吸热，硬磁物质较软磁物质更为显著，由此引起的能量损失称为磁滞损耗，理论和实践都证明，铁磁质反复磁化一次的磁滞损耗，与磁滞回线所包围的面积成正比，而磁滞损失的功率与反复磁化的频率成正比。

2. 铁磁质磁化特性的微观解释——磁畴

铁磁性不能用一般的顺磁质的磁化理论来解释。因为铁磁质的单个原子或分子并不具有任何特殊的磁性。例如铁原子和铬原子的结构大致相同，铁是典型的铁磁质，而铬是普通的顺磁质。另一方面，铁磁质总是固相，这一事实说明了铁磁性是一种与固体结构有关的性质。

现代的理论和实验都证明，在铁磁质内存在许多线度约为 10^{-4} m 的小区域，在这些小区域内相邻原子间存在着一种特殊的相互作用力，称为交互耦合作用，这种相互作用致使它们的磁矩平行排列，在无外磁场时这些小区域已自发磁化到饱和状态。这种自发磁化小区域叫磁畴。对未磁化的铁磁质，各磁畴的磁矩取向是无规则的，因而整块铁磁质在宏观上没有明显的磁性，如图 7-33(a)所示。当在铁磁质内加上外磁场并逐渐增大时，其磁矩方向与外磁场方向相近的磁畴体积逐渐扩大，而方向相反的磁畴体积逐渐缩小，直至自发磁化方向与外磁场偏离较大的那些磁畴全部消失。而后随着外磁场的进一步增加，留存的磁畴逐渐转向外磁场方向，直到所有的磁畴都与外磁场的方向相同，磁化就达到饱和状态，如图 7-33(b)～(d)所示。

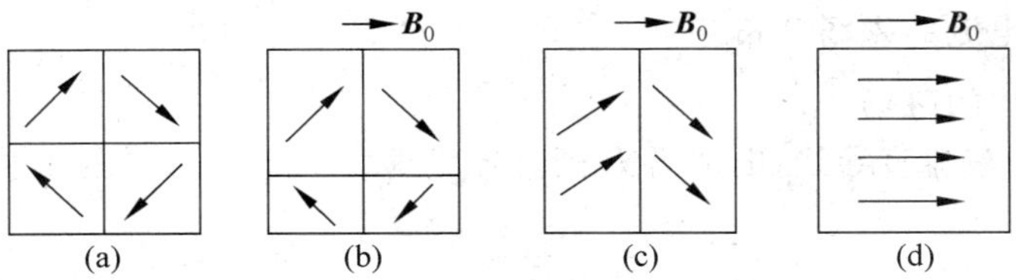

图 7-33 铁磁质的磁化示意图

上述磁化过程是一不可逆过程。在磁化停止后，各磁畴之间的某种排列仍保留下来，而表现为剩磁和磁滞现象。振动和加热能够促进去磁作用，也证实了上述观点。

铁磁性和磁畴结构的存在是分不开的，当铁磁体受到强烈震动，或在高温下剧烈的热运动使磁畴瓦解时,铁磁体的铁磁性也就消失了。居里(Pierre Curie,1859—1906)曾发现,对任何铁磁质来说,各有一特定的温度,当铁磁体的温度高于这一温度时,铁磁性就完全消失而成为普通的顺磁质,这一温度叫居里温度或居里点。如铁的居里温度是 770℃,铁硅合金的居里温度是 690℃。

例 7-10 如图 7-34 所示,两个半径分别为 R_1、R_2 的无限长同轴圆柱面间充满相对磁导率为 μ_r 的磁介质。当两圆柱面通有方向相反的电流时,求:(1)磁介质中任意点 P 的磁感应强度的大小;(2)两同轴圆柱面外任一点 Q 的磁感应强度。

解 (1) 两个无限长的同轴圆柱面所产生的磁场是对称分布的。如图 7-34(a)所示,设磁介质内任一点 P 到轴线的垂直距离为 r,并以 r 为半径作一垂直于柱轴的圆周。根据磁介质中的安培环路定理有

$$\oint_l \boldsymbol{H} \cdot \mathrm{d}\boldsymbol{l} = \oint_l H \mathrm{d}l = H \oint_l \mathrm{d}l = H \cdot 2\pi r = I$$

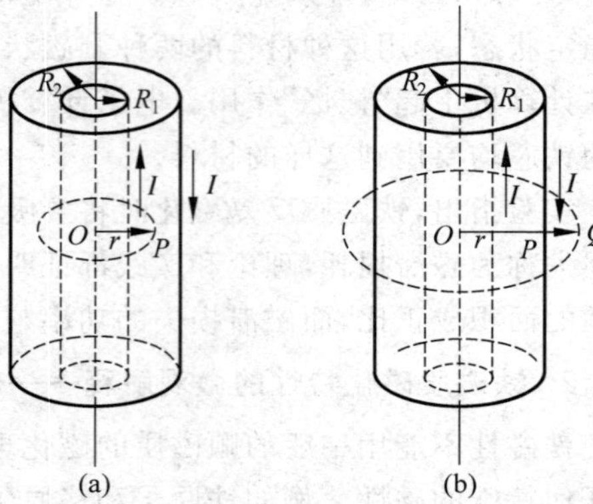

图 7-34 同轴圆柱面的磁场

所以

$$H = \frac{I}{2\pi r}$$

由式(7-43)得 P 点的磁感应强度的大小为

$$B = \mu H = \mu_0 \mu_r H = \frac{\mu_0 \mu_r I}{2\pi r}$$

(2) 如图 7-34(b)所示,设两同轴圆柱面外任一点 Q 到轴线的垂直距离为 r,并以 r 为半径作一垂直于柱轴的圆周,由磁介质中的安培环路定理得

$$\oint_l \boldsymbol{H} \cdot \mathrm{d}\boldsymbol{l} = 0$$

所以

$$H = 0$$

Q 点的磁感应强度的大小为

$$B = 0$$

本章要点

1. 几种常见电流的磁场分布

1) 载流直导线的磁场

(1) 长为 L 的载流直导线,电流为 I,到直导线垂直距离为 r_0 处的 P 点的磁感应强度 $\boldsymbol{B}$ 大小为

$$B = \frac{\mu_0 I}{4\pi r_0}(\cos\theta_1 - \cos\theta_2)$$

式中 θ_1 和 θ_2 分别为载流直导线起点处和终点处电流元的方向与位矢 $\boldsymbol{r}$ 之间的夹角。

(2) 无限长直导线周围某一场点 P 处的磁感应强度 $\boldsymbol{B}$ 大小为

$$B = \frac{\mu_0 I}{2\pi r_0}$$

(3) 载流直导线延长线上任一点的磁感应强度

$$\boldsymbol{B}=\boldsymbol{0}$$

2) 圆形载流导线的磁场

(1) 半径为 R、载流 I 的圆形导线(常称为圆电流)在其轴线上距圆心 O 为 x 处的 P 点的磁感应强度 $\boldsymbol{B}$ 的大小为

$$B=\frac{\mu_0 IR^2}{2(x^2+R^2)^{\frac{3}{2}}}$$

(2) 若场点 P 在圆心 O 处,$x=0$,则该处磁感应强度大小为

$$B=\frac{\mu_0 I}{2R}$$

(3) 圆心角为 θ、半径为 R、载流为 I 的圆弧在圆心处的磁感应强度大小为

$$B=\frac{\theta}{2\pi}\cdot\frac{\mu_0 I}{2R}$$

磁感应强度 $\boldsymbol{B}$ 的方向与圆电流环绕方向呈右手螺旋关系。

3) 无限长直载流螺线管内部的磁场

对于处在真空中的无限长直载流螺线管,若半径为 R,电流为 I,单位长度上绕有 n 匝线圈,则其管内中央部分一点 P 处的磁感应强度 $\boldsymbol{B}$ 的大小为

$$B=\mu_0 nI$$

2. 磁通量 磁高斯定理

1) 磁通量

磁场中通过某一曲面 S 的磁感应线条数称为通过该曲面的磁通量,用 Φ_{m} 表示:

$$\Phi_{\mathrm{m}}=\int_S \boldsymbol{B}\cdot\mathrm{d}\boldsymbol{S}=\int_S B\,\mathrm{d}S\cos\theta$$

2) 磁高斯定理

在磁场中通过任意闭合曲面的总磁通量等于零,即

$$\oint_S \boldsymbol{B}\cdot\mathrm{d}\boldsymbol{S}=0$$

这样的场在数学上称为无源场,而静电场则是有源场。

3. 安培环路定理

1) 真空中的安培环路定理

磁感应强度 $\boldsymbol{B}$ 沿任意闭合回路的线积分,等于该闭合回路所包围的各传导电流强度的代数和的 μ_0 倍,即

$$\oint_l \boldsymbol{B}\cdot\mathrm{d}\boldsymbol{l}=\mu_0\sum_{i=1}^{n} I_i$$

当回路的绕行方向与传导电流方向满足右手螺旋关系时,传导电流取正,反之传导电流取负。安培环路定理是反映磁场基本性质的重要方程之一,它说明磁场是有旋场。

2) 有介质存在时的安培环路定理

磁场强度沿任何闭合回路的线积分,等于该回路所包围的所有传导电流的代数和,即

$$\oint_l \boldsymbol{H}\cdot\mathrm{d}\boldsymbol{l}=\sum_{i=1}^{n} I_i$$

在各向同性的均匀磁介质中,有

$$\boldsymbol{B}=\mu\boldsymbol{H}=\mu_0\mu_r\boldsymbol{H}$$

其中 $\mu=\mu_0\mu_r$,称为磁介质的磁导率。

4. 带电粒子在磁场中的运动

(1) 洛伦兹力:

$$\boldsymbol{F}=q\boldsymbol{v}\times\boldsymbol{B}$$

(2) 带电量为 q、质量为 m 的粒子,以速度 v 进入磁感应强度为 $\boldsymbol{B}$ 的均匀磁场,带电粒子将在垂直于磁场的平面内作半径为 R 的匀速率圆周运动,相应的轨道半径为

$$R=\frac{mv}{qB}$$

周期为

$$T=\frac{2\pi m}{qB}$$

(3) 带电粒子进入磁场时的速度 v 和磁场 $\boldsymbol{B}$ 方向成一夹角 θ。带电粒子的合运动是以磁场方向为轴的等螺距螺旋运动,螺旋线半径为

$$R=\frac{mv_\perp}{qB}=\frac{mv\sin\theta}{qB}$$

螺旋周期为

$$T=\frac{2\pi m}{qB}$$

螺距为

$$d=v_{/\!/}T=\frac{2\pi mv_{/\!/}}{qB}$$

5. 磁场对载流导线的作用

(1) 安培定律:

$$\mathrm{d}\boldsymbol{F}=I\mathrm{d}\boldsymbol{l}\times\boldsymbol{B}$$

其中 $\boldsymbol{B}$ 为电流元 $I\mathrm{d}\boldsymbol{l}$ 所在处的磁感应强度。

(2) 在磁场中所受的磁力矩:

$$\boldsymbol{M}=\boldsymbol{m}\times\boldsymbol{B}$$

其中载流线圈(由 N 匝导线构成)的磁矩 $\boldsymbol{m}$ 为

$$\boldsymbol{m}=NIS\boldsymbol{e}_n$$

习题 7

一、选择题

1. 如图 7-35 所示,无限长直导线在 P 处弯成半径为 R 的圆,当通以电流 I 时,则在圆心 O 点的磁感应强度大小等于(　　)。

A. $\frac{\mu_0 I}{2\pi R}$　　B. $\frac{\mu_0 I}{4R}$　　C. 0　　D. $\frac{\mu_0 I}{2R}\left(1-\frac{1}{\pi}\right)$

E. $\frac{\mu_0 I}{4R}\left(1+\frac{1}{\pi}\right)$

2. 电流由长直导线 1 沿半径方向经 a 点流入一由电阻均匀的导线构成的圆环，再由 b 点沿半径方向从圆环流出，经长直导线 2 返回电源(如图 7-36 所示)。已知直导线上电流强度为 I，$\angle aOb=30°$。若长直导线 1、2 和圆环中的电流在圆心 O 点产生的磁感应强度分别用 $\boldsymbol{B}_1$、$\boldsymbol{B}_2$、$\boldsymbol{B}_3$ 表示，则圆心 O 点的磁感应强度大小(　　)。

A. $B=0$，因为 $\boldsymbol{B}_1=\boldsymbol{B}_2=\boldsymbol{B}_3=\boldsymbol{0}$

B. $B=0$，因为虽然 $\boldsymbol{B}_1\neq\boldsymbol{0}$，$\boldsymbol{B}_2\neq\boldsymbol{0}$，但 $\boldsymbol{B}_1+\boldsymbol{B}_2=\boldsymbol{0}$，$\boldsymbol{B}_3=\boldsymbol{0}$

C. $B\neq 0$，因为虽然 $\boldsymbol{B}_3=\boldsymbol{0}$，但 $\boldsymbol{B}_1+\boldsymbol{B}_2\neq\boldsymbol{0}$

D. $B\neq 0$，因为 $\boldsymbol{B}_3\neq\boldsymbol{0}$，$\boldsymbol{B}_1+\boldsymbol{B}_2\neq\boldsymbol{0}$，所以 $\boldsymbol{B}_1+\boldsymbol{B}_2+\boldsymbol{B}_3\neq\boldsymbol{0}$

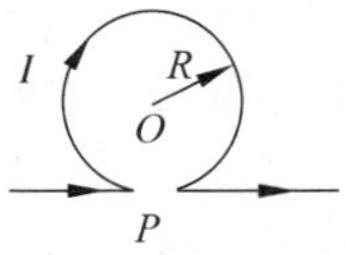

图 7-35

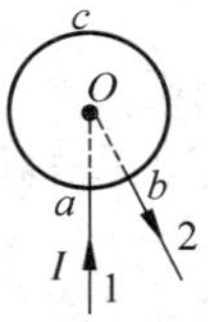

图 7-36

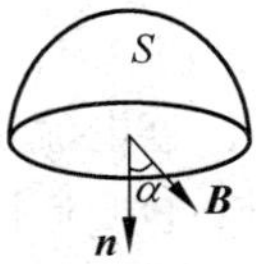

图 7-37

3. 如图 7-37 所示，在磁感应强度为 $\boldsymbol{B}$ 的均匀磁场中作一半径为 r 的半球面 S，S 边线所在平面的法线方向单位矢量 $\boldsymbol{n}$ 与 $\boldsymbol{B}$ 的夹角为 α，则通过半球面 S 的磁通量(取弯面向外为正)为(　　)。

A. $\pi r^2 B$　　B. $2\pi r^2 B$　　C. $-\pi r^2 B\sin\alpha$　　D. $-\pi r^2 B\cos\alpha$

4. 若要使半径为 4×10^{-3} m 的裸铜线表面的磁感应强度为 7.0×10^{-5} T，则铜线中需要通过的电流为(　　)。($\mu_0=4\pi\times10^{-7}$ N/A^2)

A. 0.14A　　B. 1.4A　　C. 2.8A　　D. 14A

5. 取一闭合积分回路 L，使三根载流导线穿过它所围成的面。现改变三根导线之间的相互间隔，但不越出积分回路，则(　　)。

A. 回路 L 内的 ΣI 不变，L 上各点的 $\boldsymbol{B}$ 不变

B. 回路 L 内的 ΣI 不变，L 上各点的 $\boldsymbol{B}$ 改变

C. 回路 L 内的 ΣI 改变，L 上各点的 $\boldsymbol{B}$ 不变

D. 回路 L 内的 ΣI 改变，L 上各点的 $\boldsymbol{B}$ 改变

6. 在图 7-38(a)、(b)中各有一半径相同的圆形回路 L_1、L_2，圆周内有电流 I_1、I_2，其分布相同，且均在真空中，但在图(b)中 L_2 回路外有电流 I_3，P_1、P_2 为两圆形回路上的对应点，则(　　)。

A. $\oint_{L_1}\boldsymbol{B}\cdot d\boldsymbol{l}=\oint_{L_2}\boldsymbol{B}\cdot d\boldsymbol{l}$，$B_{P_1}=B_{P_2}$

B. $\oint_{L_1}\boldsymbol{B}\cdot d\boldsymbol{l}\neq\oint_{L_2}\boldsymbol{B}\cdot d\boldsymbol{l}$，$B_{P_1}=B_{P_2}$

C. $\oint_{L_1}\boldsymbol{B}\cdot d\boldsymbol{l}=\oint_{L_2}\boldsymbol{B}\cdot d\boldsymbol{l}$，$B_{P_1}\neq B_{P_2}$

D. $\oint_{L_1}\boldsymbol{B}\cdot d\boldsymbol{l}\neq\oint_{L_2}\boldsymbol{B}\cdot d\boldsymbol{l}$，$B_{P_1}\neq B_{P_2}$

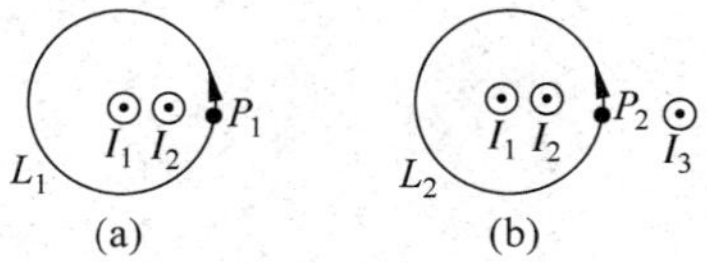

图 7-38

7. 无限长直圆柱体，半径为 R，沿轴向均匀流有电流。设圆柱体内($r<R$)的磁感应强

度为 B_i，圆柱体外($r>R$)的磁感应强度为 B_e，则有(　　)。

A. B_i、B_e 均与 r 成正比　　B. B_i、B_e 均与 r 成反比

C. B_i 与 r 成反比，B_e 与 r 成正比　　D. B_i 与 r 成正比，B_e 与 r 成反比

8. 如图 7-39 所示，在磁感应强度为 $\boldsymbol{B}$ 的均匀磁场中，有一圆形载流导线，a、b、c 是其上三个长度相等的电流元，则它们所受安培力大小的关系为(　　)。

A. $F_a>F_b>F_c$　　B. $F_a<F_b<F_c$　　C. $F_b>F_c>F_a$　　D. $F_a>F_c>F_b$

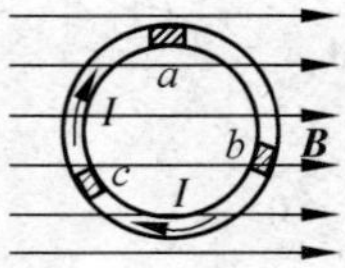

图　7-39

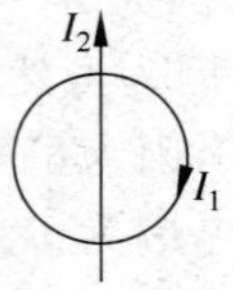

图　7-40

9. 长直电流 I_2 与圆形电流 I_1 共面，并与其一直径相重合，如图 7-40 所示(但两者间绝缘)，设长直电流不动，则圆形电流将(　　)。

A. 绕 I_2 旋转　　B. 向左运动　　C. 向右运动　　D. 向上运动

E. 不动

10. 关于稳恒电流磁场的磁场强度 $\boldsymbol{H}$，下列说法中正确的是(　　)。

A. $\boldsymbol{H}$ 仅与传导电流有关

B. 若闭合曲线内没有包围传导电流，则曲线上各点的 $\boldsymbol{H}$ 必为零

C. 若闭合曲线上各点 $\boldsymbol{H}$ 均为零，则该曲线所包围传导电流的代数和为零

D. 以闭合曲线 L 为边缘的任意曲面的 $\boldsymbol{H}$ 通量均相等

11. 顺磁物质的磁导率(　　)。

A. 比真空的磁导率略小　　B. 比真空的磁导率略大

C. 远小于真空的磁导率　　D. 远大于真空的磁导率

二、填空题

1. 一条无限长载流导线折成如图 7-41 所示形状，导线上通有电流 $I=10\text{A}$，P 点在 cd 的延长线上，它到折点的距离 $a=2\text{cm}$，则 P 点的磁感应强度大小 $B=$________。($\mu_0=4\pi\times10^{-7}\text{N/A}^2$)

2. 在如图 7-42 所示的回路中，两共面半圆的半径分别为 a 和 b，且有公共圆心 O，当回路中通有电流 I 时，圆心 O 处的磁感强度：方向________，大小为________。

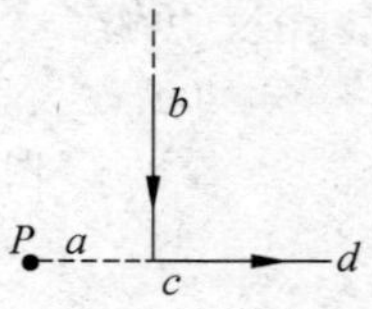

图　7-41

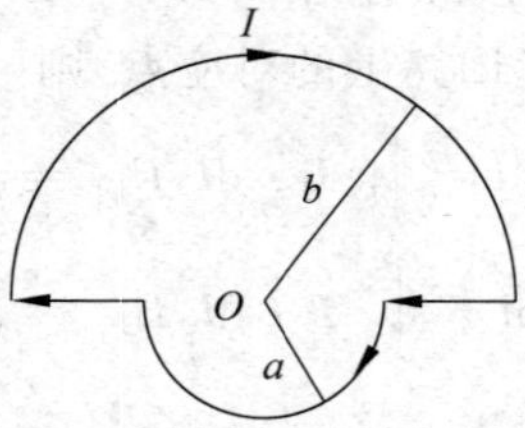

图　7-42

3. 电流由长直导线 1 经过 a 点流入一由电阻均匀的导线构成的正三角形线框，再由 b 点流出，经长直导线 2 返回电源(如图 7-43 所示)。已知直导线上电流强度为 I，两直导线

的延长线交于三角形中心点 O，三角框每边长为 l，则 O 处的磁感应强度为________。

4. 在半径为 R 的长直金属圆柱体内部挖去一个半径为 r 的长直圆柱体，两柱体轴线平行，其间距为 a，如图 7-44 所示。今在此导体上通以电流 I，电流在截面上均匀分布，则空心部分轴线上 O' 点的磁感应强度的大小为________。

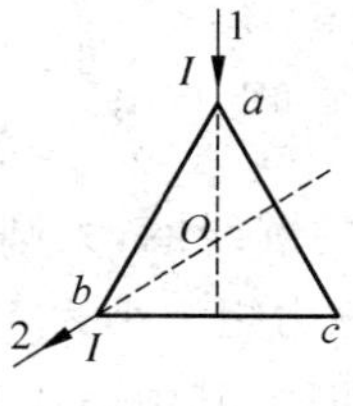

图　7-43

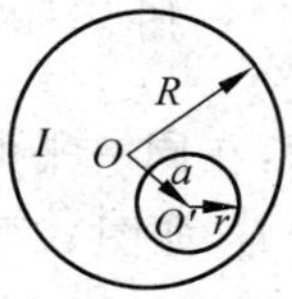

图　7-44

5. 如图 7-45 所示，半径为 0.5cm 的无限长直圆柱形导体上，沿轴线方向均匀地流着 $I=3\mathrm{A}$ 的电流。作一个半径 $r=5\mathrm{cm}$、长 $l=5\mathrm{cm}$ 且与电流同轴的圆柱形闭合曲面 S，则该曲面上的磁感应强度 $\boldsymbol{B}$ 沿曲面的积分 $\oint_S \boldsymbol{B}\cdot\mathrm{d}\boldsymbol{S}=$ ________。

6. 如图 7-46 所示，一根载流导线被弯成半径为 R 的 1/4 圆弧，放在磁感应强度为 $\boldsymbol{B}$ 的均匀磁场中，则载流导线 ab 所受磁场的作用力的大小为________，方向________。

7. 如图 7-47 所示，有一半径为 a，流过稳恒电流为 I 的 1/4 圆弧形载流导线 bc，按图示方式置于均匀外磁场 $\boldsymbol{B}$ 中，则该载流导线所受的安培力大小为________。

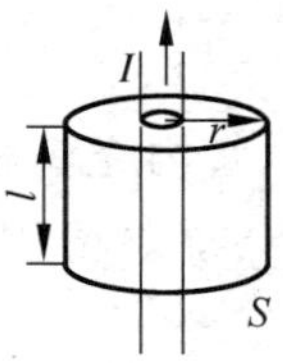

图　7-45

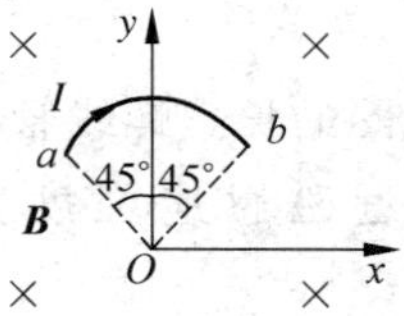

图　7-46

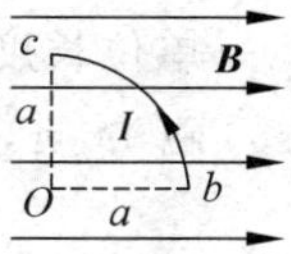

图　7-47

8. 如图 7-48 所示，A、B、C 为三根平行共面的长直导线，导线间距 $d=10\mathrm{cm}$，它们通过的电流分别为 $I_A=I_B=5\mathrm{A}$，$I_C=10\mathrm{A}$，其中 I_C 与 I_B、I_A 的方向相反，每根导线每厘米所受的力的大小为：

$\dfrac{\mathrm{d}F_A}{\mathrm{d}l}=$ ________；

$\dfrac{\mathrm{d}F_B}{\mathrm{d}l}=$ ________；

$\dfrac{\mathrm{d}F_C}{\mathrm{d}l}=$ ________。$(\mu_0=4\pi\times10^{-7}\mathrm{N/A^2})$

9. 如图 7-49 所示，真空中有一半圆形闭合线圈，半径为 a，流过稳恒电流 I，则圆心 O 处的电流元 $I\mathrm{d}\boldsymbol{l}$ 所受的安培力 $\mathrm{d}\boldsymbol{F}$ 方向为________，$\mathrm{d}\boldsymbol{F}$ 大小为________。

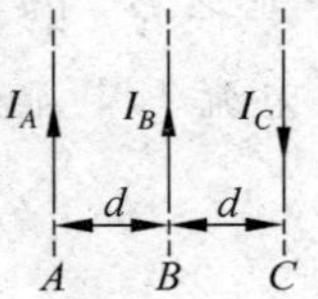

图 7-48

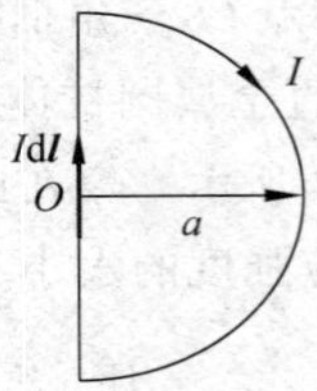

图 7-49

10. 如图 7-50 所示,在同一平面上有两个同心的圆线圈,大圆半径为 R,通有电流 I_1,小圆半径为 r,通有电流 I_2(如图),则小线圈所受的磁力矩大小为________。

11. 图 7-51 为三种不同的磁介质的 B-H 关系曲线,其中虚线表示的是 $B=\mu_0 H$ 关系。说明 a、b、c 各代表哪一类磁介质的 B-H 关系曲线:

a 代表________________的 B-H 关系曲线;

b 代表________________的 B-H 关系曲线;

c 代表________________的 B-H 关系曲线。

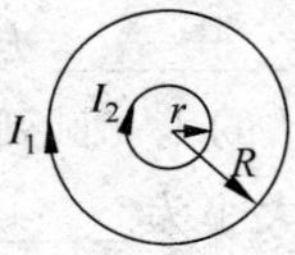

图 7-50

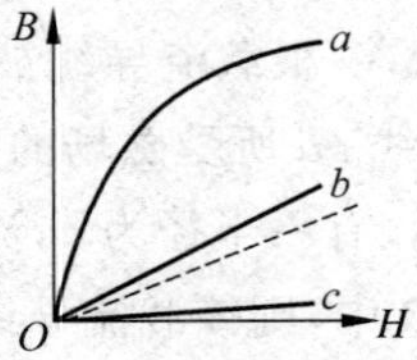

图 7-51

12. 一单位长度上密绕有 n 匝线圈的长直螺线管,通有电流强度 I,管内充满相对磁导率为 μ_r 的磁介质,则管内中部附近磁感应强度大小 $B=$________,磁场强度大小 $H=$________。

13. 长直电缆由一个圆柱导体和一共轴圆筒状导体组成,两导体中有等值反向均匀电流 I 通过,其间充满磁导率为 μ 的均匀磁介质。介质中离中心轴距离为 r 的某点处的磁场强度的大小 $H=$________,磁感应强度的大小 $B=$________。

三、计算题

1. 半径为 R 的均匀环形导线在 b、c 两点处分别与两根互相垂直的载流导线相连接,已知环与二导线共面,如图 7-52 所示。若直导线中的电流强度为 I,求:环心 O 处磁感应强度的大小和方向。

2. 如图 7-53 所示,一无限长载流平板宽度为 a,线电流密度(即沿 x 方向单位长度上的电流)为 δ,求与平板共面且距平板一边为 b 的任意点 P 的磁感应强度。

3. 如图 7-54 所示,在一半径 $R=1.0\text{cm}$ 的无限长半圆筒形金属薄片中,沿长度方向有半柱面上均匀分布的电流 $I=5.0\text{A}$ 通过,求圆柱轴线上任一点的磁感强度大小。($\mu_0=4\pi\times10^{-7}\text{N/A}^2$)

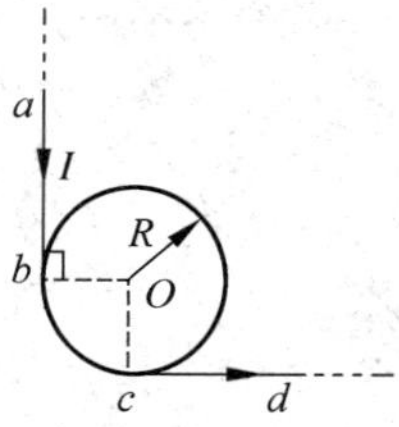

图　7-52

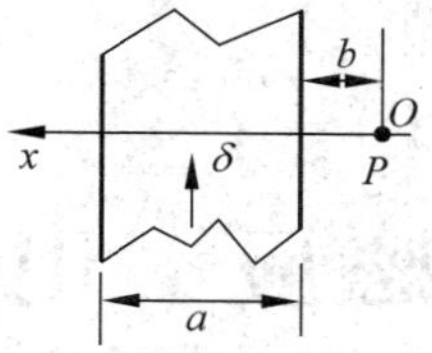

图　7-53

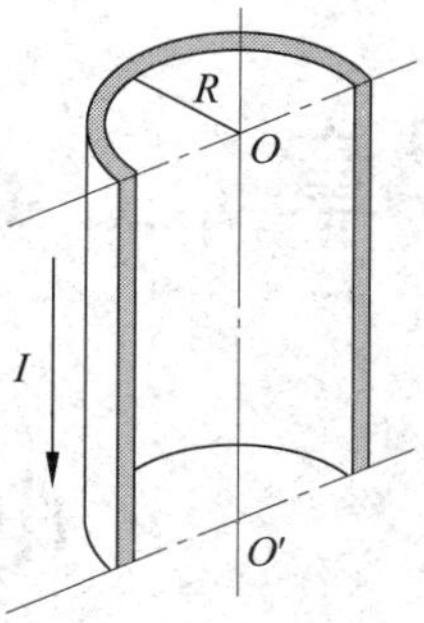

图　7-54

4. 如图7-55所示，半径为R的半圆线圈ACD通有电流I_2，置于电流为I_1的无限长直线电流的磁场中，直线电流I_1恰过半圆的直径，两导线相互绝缘。求半圆线圈受到长直线电流I_1的磁力。

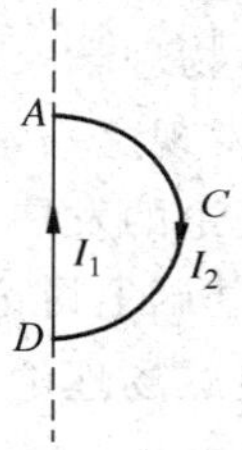

图　7-55

5. 一根同轴线由半径为R_1的长导线和套在它外面的内半径为R_2、外半径为R_3的同轴导体圆筒组成。中间充满磁导率为μ的各向同性均匀非铁磁绝缘材料，如图7-56所示。传导电流I沿导线向上流去，由圆筒向下流回，在它们的截面上电流都是均匀分布的。求同轴线内外的磁感应强度大小B的分布。

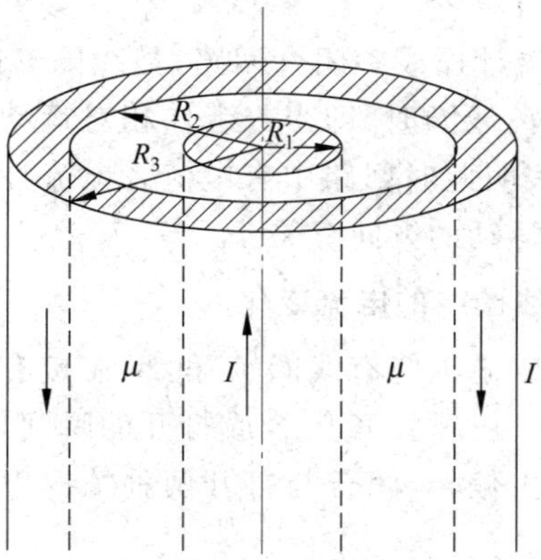

图　7-56

第 8 章

电磁感应　电磁场

1820 年，奥斯特发现了电流的磁效应，从一个侧面揭示了人们长期以来一直认为是彼此独立的电现象和磁现象之间的联系。既然电流可以产生磁场，从自然界的对称原理出发，“磁”也能产生“电”，这种现象由英国实验物理学家法拉第发现，并总结出电磁感应定律。

电磁感应现象是电磁学中最重大的发现之一，电磁感应现象的发现，不仅进一步揭示了电与磁现象的内在联系，推动了电磁学理论的发展，而且在实践上开拓了广泛应用的前景。

本章主要内容是在电磁感应现象的基础上讨论电磁感应定律以及动生电动势和感应电动势、自感与互感、磁场能量、麦克斯韦电磁场理论。

8.1　电磁感应现象　楞次定律

8.1.1　电磁感应现象

我们通过以下几个实验说明电磁感应现象，以及产生这一现象的条件。

1. 闭合回路与磁铁作相对运动

如图 8-1 所示，线圈与电流计连成一闭合回路，当线圈与磁铁相对静止时，电流计的指针并不偏转；当磁铁靠近或远离线圈时，即当二者作相对运动时，电流计指针才发生偏转，表明此时回路中有电流。电流计指针的偏转方向，与二者相对运动的方向有关。

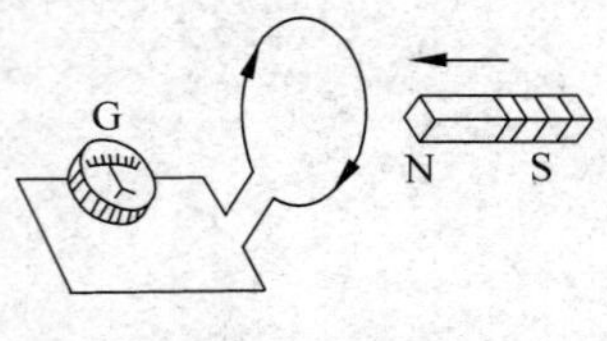

图 8-1　磁铁和线圈有相对运动时的电磁感应

2. 闭合回路与邻近载流线圈中的电流变化

如图 8-2 所示，在一环形铁芯上绕有线圈 A 和 B，A 接有电流计，B 与开关和电源相接。在开关 K 闭合或打开的瞬间，与 A 连接的电流计指针将发生偏转，闭合与打开两种情况下的电流方向相反。

3. 在均匀磁场中改变闭合回路的面积

在图 8-3 所示的均匀磁场 B 中，放置一个由导线组成的回路 $abcda$，其中导线 ab 可以滑动。当导线 ab 向右或向左滑动时，电流计的指针发生偏转。两种情况下，电流计的指针偏转方向相反，表明电流的流向相反。

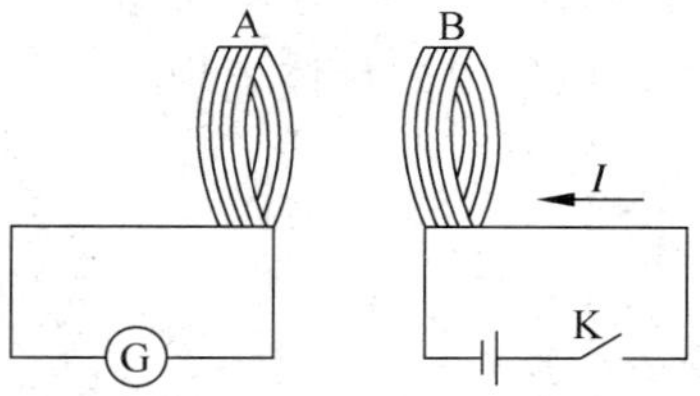

图 8-2 闭合和打开开关时电流计的指针发生偏转

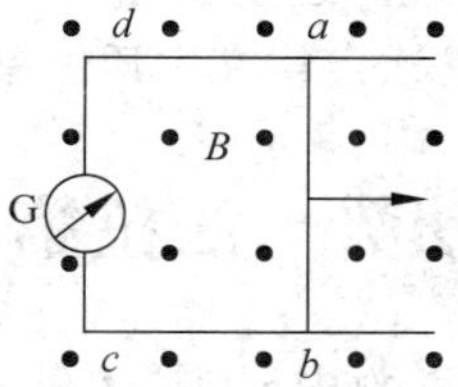

图 8-3 在匀强磁场中改变闭合回路面积时的电磁感应

从上述实验可以看出，线圈(闭合回路)中产生的电流，可以是保持线圈不动，由线圈中的磁场发生变化而引起的，如实验 1 和 2；也可以是保持磁场不变，而由线圈在磁场中运动引起的，如实验 3。在线圈中引起电流的方式尽管不同，但综合分析这些实验，有一共同特征即穿过线圈(或闭合回路)的磁通量都有变化。因此，我们可以得出如下结论：当穿过闭合导电回路所包围曲面的磁通量发生变化时，不管这种变化是由于什么原因引起的，回路中都有电流产生。这种现象叫做电磁感应现象，回路中所产生的电流叫做感应电流。

8.1.2 楞次定律

如何判定感应电流的方向呢？为解决这一问题，楞次在大量实验的基础上，于 1834 年总结出如下定律：闭合回路中所产生的感应电流具有确定的方向，感应电流产生的通过回路所包围曲面的磁通量，总是阻止或者说反抗引起感应电流的磁通量的变化。这一规律叫做楞次定律。

下面举例说明，以加深对楞次定律的理解。如图 8-4(a)所示，当磁铁 N 极靠近闭合回路 A 时，通过回路 A 的磁通量增加，由楞次定律可知，这时引起的感应电流所产生的磁场方向(虚线)应和磁铁的磁场方向(实线)相反，以反抗引起感应电流的磁通量的增加。根据右手螺旋法则可确定如图所示的感应电流方向。同理，当磁铁的 N 极离开回路 A 时，如图 8-4(b)所示，通过回路 A 的磁通量减少，则感应电流产生的磁场方向应和磁铁的磁场方向相同，以反抗引起感应电流的磁通量的减少。由右手螺旋法则，即得出如图 8-4(b)所示的感应电流方向。

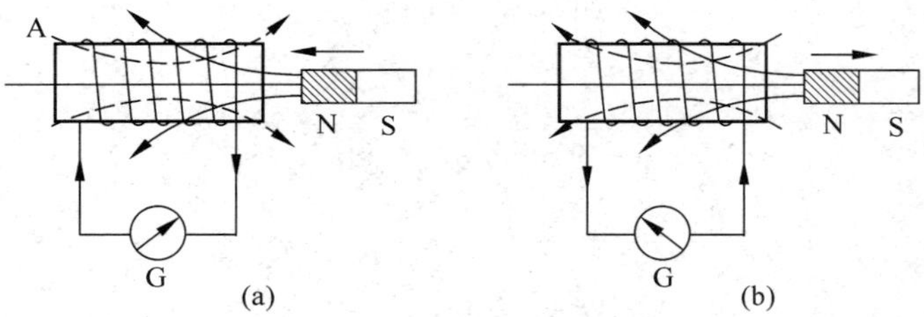

图 8-4 楞次定律应用举例

楞次定律是符合能量守恒定律的。如图 8-4(a)所示，当磁铁靠近闭合回路时，感应电流所产生的磁场方向与磁铁的磁场方向相反，以阻碍磁铁的靠近。如果磁铁要维持靠近 A，使回路中维持感应电流,就需要外力继续做功。与此同时,回路中的感应电流的流动使一定的电能转变成热能,这些能量的来源就是外力所做的功。利用同样的方法可以分析图 8-4(b)。所以,楞次定律在本质上是能量守恒定律在电磁感应现象中的具体表现。

8.2 电动势 法拉第电磁感应定律

8.2.1 电源的电动势

任何闭合回路中的电流,由于电阻的存在都要消耗电能。要维持回路中的电流需要不断地补充能量,给闭合回路中的电流提供能量的装置叫做电源。

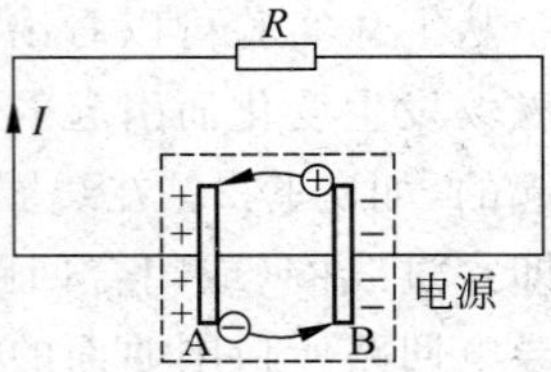

图 8-5 电源的电动势

图 8-5 所示的为极板 A 和极板 B 构成的电源与外电路组成一闭合回路。开始时,A 和 B 分别带有正、负电荷。由于极板 A 的电势高于极板 B 的电势,因此在电场力作用下,正电荷从极板 A 经外电路移到极板 B,并与负电荷中和,直至两极板间的电势差消失。

要维持回路中的稳恒电流,就要使两极板间具有恒定的电势差,办法是把正电荷从负极板 B 沿内电路移至正极板 A,以维持 A、B 两极板的正、负电荷不变。显然,静电力 $\boldsymbol{F}$ 是不能实现这一目标的,因为静电场 $\boldsymbol{E}_{静}$ 是阻止正电荷从 B 移向 A 的。这就必须由一个非静电力的外力 $\boldsymbol{F}_{\mathrm{K}}$ 来实现。将其他形式的能量转化成电能的电源,是提供非静电力 $\boldsymbol{F}_{\mathrm{K}}$ 的一种装置。不同类型的电源,提供非静电力的机理不同,如在化学电池中,非静电力源于化学作用;在发电机中的非静电力则源于电磁作用。

正电荷 q 在非静电力 $\boldsymbol{F}_{\mathrm{K}}$ 的作用下,克服静电力 $\boldsymbol{F}$ 的作用,从负极 B 到达正极 A。与静电场相比较,定义非静电场 $\boldsymbol{E}_{\mathrm{K}}=\boldsymbol{F}_{\mathrm{K}}/q$,它表示单位正电荷所受的非静电力。这样,当正电荷 q 通过电源绕闭合回路一周时,静电力与非静电力对正电荷所做的功为

$$W=\oint_L q(\boldsymbol{E}_{静}+\boldsymbol{E}_{\mathrm{K}})\cdot \mathrm{d}\boldsymbol{l}$$

由于静电场是保守场,故

$$\oint_L \boldsymbol{E}_{静}\cdot \mathrm{d}\boldsymbol{l}=0$$

所以

$$W=\oint_L q\boldsymbol{E}_{\mathrm{K}}\cdot \mathrm{d}\boldsymbol{l}$$

即

$$W/q=\oint_L \boldsymbol{E}_{\mathrm{K}}\cdot \mathrm{d}\boldsymbol{l}$$

我们把单位正电荷绕闭合回路一周时非静电力所做的功定义为电源的电动势,用符号 ε 表示,则有

$$\varepsilon=\frac{W}{q}=\oint_L \boldsymbol{E}_{\mathrm{K}}\cdot \mathrm{d}\boldsymbol{l} \tag{8-1}$$

由于在图 8-5 所示的闭合回路中，$\boldsymbol{E}_K$ 只存在于电源 A、B 内部，在外电路中没有非静电场，这样式(8-1)可改写为

$$\varepsilon=\oint_L \boldsymbol{E}_K \cdot \mathrm{d}\boldsymbol{l}=\int_-^+ \boldsymbol{E}_K \cdot \mathrm{d}\boldsymbol{l} \tag{8-2}$$

上式表明电源的电动势的大小等于把单位正电荷从负极经电源内部移到正极时非静电力所做的功。

电动势是标量，单位与电势差的单位相同。通常把电源内部电势升高的方向即从负极经电源内部到正极方向规定为电动势的方向。电动势的大小只取决于电源本身的性质，而与外电路无关。

8.2.2 法拉第电磁感应定律

由上节电磁感应现象的分析可知，当穿过闭合回路的磁通量发生变化时，回路中就有感应电流产生。感应电流的产生，意味着回路中有电动势存在。这种由于磁通量变化而引起的电动势称为感应电动势。以后我们将看到，当回路不闭合时，只要回路中的磁通量发生变化，虽没有感应电流，但感应电动势却依然存在。感应电动势比感应电流更能反映电磁现象的本质。所以对于电磁现象更确切的描述是：当穿过闭合回路的磁通量发生变化时，回路中就产生感应电动势。

法拉第对电磁现象作了大量的研究。精确实验表明：穿过闭合回路所围曲面的磁通量发生变化时，回路中产生的感应电动势 ε_i 与该磁通量对时间变化率的负值成正比。这就是法拉第电磁感应定律，即

$$\varepsilon_i=-k\frac{\mathrm{d}\Phi}{\mathrm{d}t}$$

式中 k 为比例常数。在国际单位制中，ε_i 的单位为 V，Φ 的单位为 Wb，t 的单位为 s，则 $k=1$，于是上式可写成

$$\varepsilon_i=-\frac{\mathrm{d}\Phi}{\mathrm{d}t} \tag{8-3}$$

上式是法拉第电磁感应定律的数学表达式，式中的负号表示感应电动势的方向。如果闭合回路中的电阻为 R，则回路中的感应电流为

$$I_i=-\frac{1}{R}\cdot\frac{\mathrm{d}\Phi}{\mathrm{d}t} \tag{8-4}$$

设在时刻 t_1 穿过回路所围面积的磁通量为 Φ_1，在时刻 t_2 穿过回路所围面积的磁通量为 Φ_2，于是在时间 $\Delta t=t_2-t_1$ 内通过回路任一截面的感应电量则为

$$q=\int_{t_1}^{t_2}\mathrm{d}q=\int_{t_1}^{t_2}I_i\,\mathrm{d}t=-\frac{1}{R}\int_{\Phi_1}^{\Phi_2}\mathrm{d}\Phi=\frac{1}{R}(\Phi_1-\Phi_2) \tag{8-5}$$

由上式可知，感应电量与通过回路面积的磁通量的改变成正比，而与磁通量变化的快慢无关。

8.2.3 感应电动势的方向

式(8-3)中的负号反映电动势的方向，如何使用该式判断感应电动势的方向？现举例

说明。如图 8-6 所示,先在回路上任意规定一个绕行方向作为回路的正方向,并用右手螺旋定则确定这回路的正法线 $\boldsymbol{n}$ 的方向,当通过回路面积的磁通量 Φ 与正法线 $\boldsymbol{n}$ 方向相同者规定为正值,相反者为负值。于是,ε_i 的正、负完全由 $\mathrm{d}\Phi/\mathrm{d}t$ 决定。如果 $\mathrm{d}\Phi/\mathrm{d}t>0$,则 $\varepsilon_i<0$,表示感应电动势的方向与选定的绕行的正方向相反。图 8-6 中对线圈中磁通量变化的四种情况,分别画出了感应电动势的方向。用这种方向确定的结果,与由楞次定律所判定的完全一致。

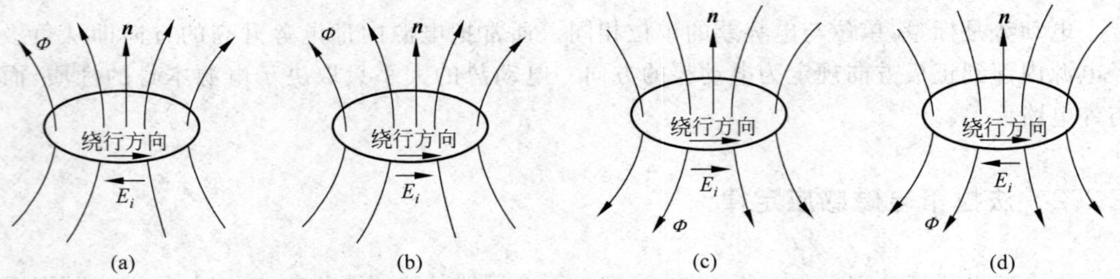

图 8-6 感应电动势方向的确定

(a) $\Phi>0, \frac{\mathrm{d}\Phi}{\mathrm{d}t}>0, E_i$(或 I_i)<0;(b) $\Phi>0, \frac{\mathrm{d}\Phi}{\mathrm{d}t}<0, E_i$(或 I_i)>0;

(c) $\Phi<0, \frac{\mathrm{d}\Phi}{\mathrm{d}t}<0, E_i$(或 I_i)>0;(d) $\Phi<0, \frac{\mathrm{d}\Phi}{\mathrm{d}t}>0, E_i$(或 I_i)<0

例 8-1 交流发电机的原理。

如图 8-7 所示的均匀磁场中,置有面积为 S 的可绕 OO' 轴转动的 N 匝线圈。若线圈以角速度 ω 作匀速转动,求线圈中的感应电动势。

解 t 时刻,线圈外法线方向与磁感应强度的夹角为 $\theta=\omega t$,穿过线圈的磁通匝链(总磁通)为

$$\Psi = NBS\cos\theta = NBS\cos\omega t$$

线圈中的感应电动势为

$$\varepsilon_i = -\mathrm{d}\Psi/\mathrm{d}t = NBS\omega\sin\omega t = \varepsilon_{\mathrm{m}}\sin\omega t$$

说明:此为实际大功率发电机的结构。

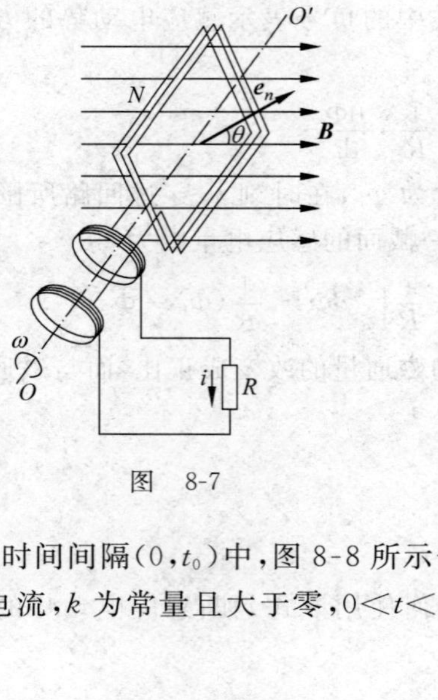

图 8-7

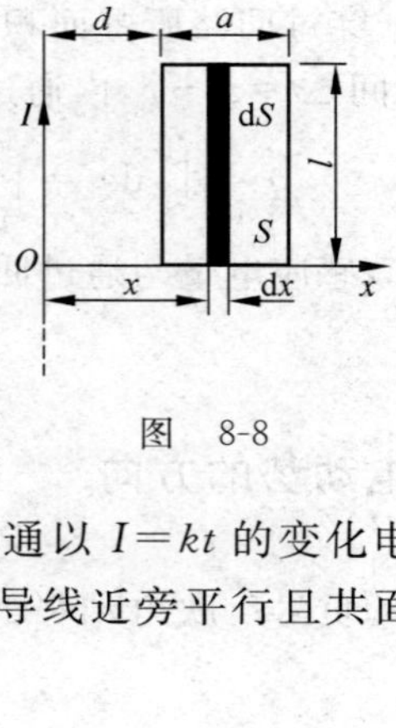

图 8-8

例 8-2 在时间间隔$(0,t_0)$中,图 8-8 所示长直导线通以 $I=kt$ 的变化电流,方向向上。式中 I 为瞬时电流,k 为常量且大于零,$0<t<t_0$。在此导线近旁平行且共面地放一长方形

线圈，长为 l，宽为 a，线圈的一边与导线相距为 d，设磁导率为 μ 的磁介质充满整个空间，求任一时刻线圈中的感应电动势。

解　因为长直导线的电流随时间变化，产生变化的磁场 $B=\frac{\mu I}{2\pi x}$，所以穿过线圈的是变化的磁通量，故而线圈中就产生感应电动势。

$\boldsymbol{B}$ 的方向垂直于纸面向里，且为非均匀场，故取面积元 $\mathrm{d}S=l\mathrm{d}x$，在 $\mathrm{d}S$ 内 B 视为常量。于是穿过 $\mathrm{d}S$ 的磁通量为

$$\mathrm{d}\Phi=\boldsymbol{B}\cdot\mathrm{d}\boldsymbol{S}=\frac{\mu kt}{2\pi x}l\,\mathrm{d}x$$

在给定时刻（t 的定值），通过线圈所包围面积 S 的磁通量为

$$\Phi=\int\mathrm{d}\Phi=\int_d^{a+d}\frac{\mu ktl}{2\pi x}\mathrm{d}x=\frac{\mu lkt}{2\pi}\ln\frac{d+a}{d}$$

它随 t 而增加，所以线圈中的感应电动势大小为

$$|\varepsilon_i|=\left|-\frac{\mathrm{d}\Phi}{\mathrm{d}t}\right|=\frac{\mu lk}{2\pi}\ln\frac{d+a}{d}$$

根据楞次定律，为了反抗穿过线圈包围面积的垂直图画向里的磁通量的增加，线圈中 ε_i 的绕行方向是逆时针的。

8.3　动生电动势　感生电动势

前面已指出，不论什么原因，只要穿过回路中的磁通量发生变化，回路中就有感应电动势产生。引起回路中磁通量发生变化，不外乎有两种方式：一种是磁场不变化，导体在磁场中运动，由这种原因产生的感应电动势叫做动生电动势；另一种是导体不动，而磁场变化，由这种原因产生的感应电动势叫做感生电动势。

8.3.1　动生电动势

如图 8-9 所示，在磁感应强度为 $\boldsymbol{B}$ 的均匀磁场中，有一长为 L 的导线 ab 以速度 $\boldsymbol{v}$ 垂直于 $\boldsymbol{B}$ 向右运动。

导线内的自由电子则受到洛伦兹力 $\boldsymbol{F}$ 的作用：

$$\boldsymbol{F}=-e(\boldsymbol{v}\times\boldsymbol{B})$$

式中“$-$”e 表示电子电量为负。$\boldsymbol{F}$ 的方向驱使电子沿导线由 b 移向 a，致使 b 端带正电，a 端带负电，从而在导线内产生静电场。电子所受静电场力 $\boldsymbol{F}_e$ 的方向与洛伦兹力 $\boldsymbol{F}$ 相反，当 $\boldsymbol{F}+\boldsymbol{F}_e=\boldsymbol{0}$ 时，a、b 间产生的动生电动势为

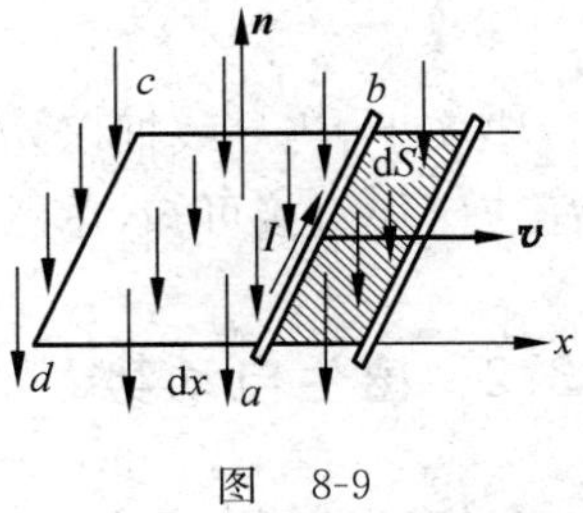

图　8-9

$$\varepsilon_i=\int_a^b\boldsymbol{E}_K\cdot\mathrm{d}\boldsymbol{l}=\int_a^b(\boldsymbol{v}\times\boldsymbol{B})\cdot\mathrm{d}\boldsymbol{l}\qquad(8\text{-}6)$$

在图 8-9 所示情况，由于 $\boldsymbol{v}\perp\boldsymbol{B}$，且 $\boldsymbol{v}\times\boldsymbol{B}$ 的方向与 $\mathrm{d}\boldsymbol{l}$ 的方向一致，所以上式为

$$\varepsilon_i=\int_0^l vB\,\mathrm{d}l=vBl$$

注意到 $lv=\dfrac{S}{t}$,可得 $\varepsilon_i=BS/t=\Phi/t$,即动生电动势等于运动导体在单位时间内切割的磁感应线数(中学结论)。

对于普遍情况,磁场可以是非均匀磁场,导线的形状可以任意。当导线运动或发生形变时,导线上任意一小段 d$\boldsymbol{l}$ 都可能有一速度 $\boldsymbol{v}$,一般不同 d$\boldsymbol{l}$ 的速度 $\boldsymbol{v}$ 不同。这时在整个导线中产生的动生电动势应为

$$\varepsilon_i=\int_l(\boldsymbol{v}\times\boldsymbol{B})\cdot\mathrm{d}\boldsymbol{l} \tag{8-7}$$

上述讨论说明,动生电动势只可能存在于运动的导体中,而不论导线是否闭合。

例 8-3 如图 8-10 所示,直角三角形导线框 abc 置于磁感应强度为 $\boldsymbol{B}$ 的均匀磁场中,以角速度 ω 绕 ab 边为轴转动,ab 边平行于 $\boldsymbol{B}$。求各边的动生电动势及回路 abc 中的总感应电动势。

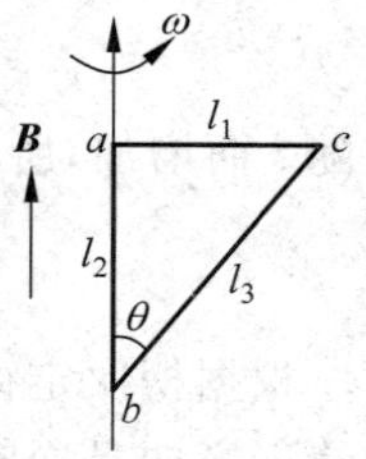

图 8-10

解 在 ac 边上距 a 点 l 处沿 ac 方向取线元 d$\boldsymbol{l}$,d$\boldsymbol{l}$ 的速度大小为 $v=\omega l$,方向垂直纸面向里。因 $\boldsymbol{v}\perp\boldsymbol{B}$,且 $\boldsymbol{v}\times\boldsymbol{B}$ 的方向与 d$\boldsymbol{l}$ 的方向一致,所以 $(\boldsymbol{v}\times\boldsymbol{B})\cdot\mathrm{d}\boldsymbol{l}=vB\mathrm{d}l=\omega lB\mathrm{d}l$。

由式(8-6)有

$$\varepsilon_{ac}=\int_a^c(\boldsymbol{v}\times\boldsymbol{B})\cdot\mathrm{d}\boldsymbol{l}=\int_0^{l_1}\omega Bl\,\mathrm{d}l=\frac{1}{2}\omega Bl_1^2$$

因为 $\boldsymbol{v}\times\boldsymbol{B}$ 的方向为从 $a\to c$,所以 ε_{ac} 的指向为 $a\to c$,即 $V_c>V_a$。

在 bc 边上距 b 点 l 处沿 bc 方向取线元 dl,dl 的速度大小为 $v=\omega l\sin\theta$,$\boldsymbol{v}\perp\boldsymbol{B}$,$|\boldsymbol{v}\times\boldsymbol{B}|=vB=\omega lB\sin\theta$,$\boldsymbol{v}\times\boldsymbol{B}$ 的方向平行于 ac 指向,因此与 dl 夹角为 $90°-\theta$。所以

$$(\boldsymbol{v}\times\boldsymbol{B})\cdot\mathrm{d}\boldsymbol{l}=\omega lB\sin\theta\cdot\cos(90°-\theta)\cdot\mathrm{d}l=\omega B\sin^2\theta l\,\mathrm{d}l$$

由式(8-6)有

$$\varepsilon_{bc}=\int_b^c(\boldsymbol{v}\times\boldsymbol{B})\cdot\mathrm{d}\boldsymbol{l}=\int_0^{l_3}\omega B\sin^2\theta l\,\mathrm{d}l=\frac{1}{2}\omega Bl_3^2\sin^2\theta=\frac{1}{2}\omega Bl_1^2$$

即 $\varepsilon_{bc}=\varepsilon_{ac}$,可见 $V_b=V_a$,$V_c>V_b$,ε_{bc} 指向为 $b\to c$。

因为对 ab 边上任一线元 $V=0$,所以 $\varepsilon_{ab}=0$,这与以上所得 $\varepsilon_{ab}=0$ 及 $V_b=V_a$ 的结果是一致的。

abc 回路中的总感应电动势为

$$\varepsilon=\varepsilon_{ab}+\varepsilon_{bc}+\varepsilon_{ca}=\varepsilon_{bc}-\varepsilon_{ac}=0$$

事实上,当导线框以 ab 为轴转动时,通过回路 abc 面积的磁通量始终为零,由法拉第电磁感应定律直接可知,总感应电动势为零。

8.3.2 感生电动势

1. 感生电场

动生电动势的非静电力是洛伦兹力,那么固定在变化磁场中的闭合回路中产生的感生电动势的非静电力又是什么呢?

麦克斯韦对这种情况的电磁感应现象提出如下假设:任何变化的磁场在它周围空间里都要产生一种非静电性的电场,叫做感生电场或涡旋电场,用符号 $\boldsymbol{E}_\mathrm{K}$ 表示。感生电场与静

电场有相同之处，它们对电荷都要施予作用力；但也有不同之处，静电场由静止电荷所激发，而感生电场是由变化的磁场所激发。其次，静电场是保守场，电场线始于正电荷止于负电荷，而感生电场是非保守场，其电场线是闭合的。正是由于感生电场的存在，才在回路中产生感生电动势。

2. 感生电动势

根据电动势的定义式(8-1)及法拉第电磁感应定律式(8-3)，感生电动势为

$$\varepsilon_i = \oint \boldsymbol{E}_{\mathrm{K}} \cdot \mathrm{d}\boldsymbol{l} = -\frac{\mathrm{d}\Phi}{\mathrm{d}t} \tag{8-8}$$

应该明确，法拉第建立的电磁感应定律式(8-3)仅适用于导体回路，而由麦克斯韦关于感生电场的假设所建立的式(8-8)则有更普遍的意义，即无论有无导体回路，也不论回路是在真空中还是在介质中，式(8-8)都是适用的。就是说，在变化的磁场的周围空间，到处充满感生电场。如果有导体回路置于感生电场中，感生电场就驱使导体中的自由电荷运动，显示出感生电流；如果不存在导体回路，感生电场仍然存在，只不过没有感生电流而已。

3. 感生电场与变化磁场之间的关系

(1) 变化的磁场将在其周围激发涡旋状的感生电场，电场线是一系列的闭合线。

(2) 变化的磁场和它所激发的感生电场，在方向上满足反右手螺旋关系——左手螺旋关系。

(3) 感生电场的性质不同于静电场。

4. 感生电场与静电场的比较

表 8-1 所示为感生电场与静电场的比较。

表 8-1　感生电场与静电场的比较

比较项目	静　电　场	感　生　电　场
场源	正负电荷	变化的磁场
场的性质	$\oint_S \boldsymbol{E} \cdot \mathrm{d}\boldsymbol{S} = \frac{1}{\varepsilon_0}\sum q$，有源场	$\oint_S \boldsymbol{E}_{\mathrm{K}} \cdot \mathrm{d}\boldsymbol{S} = 0$，无源场
	$\oint \boldsymbol{E} \cdot \mathrm{d}\boldsymbol{l} = 0$，保守场	$\oint \boldsymbol{E}_{\mathrm{K}} \cdot \mathrm{d}\boldsymbol{l} = -\int_S \frac{\partial \boldsymbol{B}}{\partial t} \cdot \mathrm{d}\boldsymbol{S}$，非保守场
力线	起始于正电荷，终止于负电荷，不闭合	闭合线
作用力	$\boldsymbol{F} = q\boldsymbol{E}$	$\boldsymbol{F} = q\boldsymbol{E}_{\mathrm{K}}$

例 8-4　在半径 $R=0.1\mathrm{m}$ 的圆柱形空间中存在着均匀磁场 $\boldsymbol{B}$，$\boldsymbol{B}$ 的方向与柱的轴线平行(见图 8-11)。若 $\boldsymbol{B}$ 的大小变化率 $\mathrm{d}B/\mathrm{d}t=0.10\mathrm{T/s}$，求在 $r=0.05\mathrm{m}$ 处的感生电场的电场强度为多大。

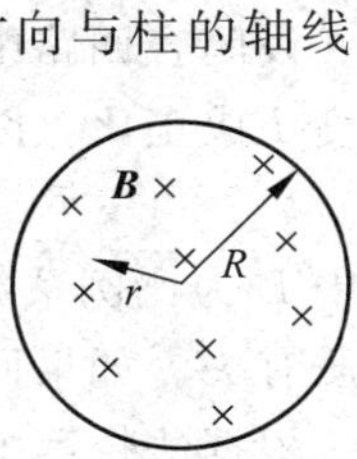

图　8-11

解　由题意可知，感生电场是轴对称的，根据

$$-\frac{\mathrm{d}\Phi}{\mathrm{d}t} = \int \boldsymbol{E}_{\mathrm{K}} \cdot \mathrm{d}\boldsymbol{l}$$

有

$$\frac{\mathrm{d}B}{\mathrm{d}t}S = E_{\mathrm{K}} \cdot 2\pi r$$

故

$$E_K = \frac{\pi r^2}{2\pi r} \cdot \frac{dB}{dt} = \frac{r}{2} \cdot \frac{dB}{dt} = 0.025 \times 0.1 = 2.5 \times 10^{-3}\,(\text{V/m})$$

例 8-5 如图 8-12 所示,有一弯成 θ 角的金属架 COD 放在磁场中,磁感强度 $\boldsymbol{B}$ 的方向垂直于金属架 COD 所在平面。一导体杆 MN 垂直于 OD 边,并在金属架上以恒定速度 $\boldsymbol{v}$ 向右滑动,$\boldsymbol{v}$ 与 MN 垂直。设 $t=0$ 时,$x=0$。求下列两情形,框架内的感应电动势 ε_i。

(1) 磁场分布均匀,且 $\boldsymbol{B}$ 不随时间改变;

(2) 非均匀的时变磁场 $B=Kx\cos\omega t$。

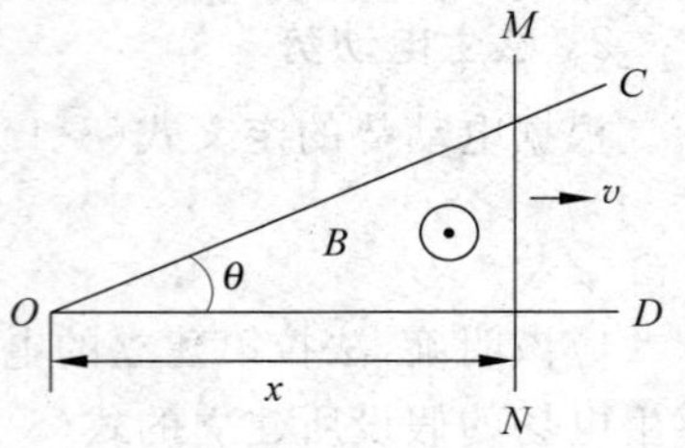

图 8-12

解 (1) $\varphi=B\cdot S=B\cdot\frac{1}{2}xy, y=x\cdot\tan\theta, x=vt$

$$\varepsilon=-\frac{d\varphi}{dt}=-\frac{d\left(\frac{1}{2}Bv^2t^2\tan\theta\right)}{dt}=Bv^2t\cdot\tan\theta$$

电动势方向:由 M 指向 N

(2) 对非均匀时变磁场:$B=Kx\cos\omega t$,在 a 处取高为 $a\tan\theta$,宽为 da 的面元,

$$d\varphi = Ka\cos\omega t\cdot a\tan\theta\cdot da$$

$$\varphi = \int_0^x Ba\tan\theta da = \int_0^x Ka\cos\omega t\cdot a\tan\theta da = \frac{1}{3}Kx^3\cos\omega t\cdot\tan\theta$$

$$\varepsilon = -\frac{d\varphi}{dt} = Kv^3\cdot\tan\theta\left(\frac{1}{3}\omega t^3\sin\omega t - t^2\cos\omega t\right)$$

8.4 自感和互感

电磁感应现象的表现形式是多种多样的,下面对线圈中的电磁感应现象作进一步讨论。

8.4.1 自感

当一闭合回路中的电流发生变化时,它所激发的磁场通过自身回路的磁通量也发生变化,因此使回路自身产生感应电动势。这种因回路中电流变化而在回路自身所引起的感应电动势现象叫做自感现象,所产生的感应电动势叫做自感电动势。

设闭合回路中通有电流 I,根据毕奥-萨伐尔定律,此电流所激发的磁感应强度与电流强度 I 成正比。因此,穿过回路自身所围面积的磁通量也与 I 成正比,即

$$\Phi = LI \tag{8-9}$$

式中 L 为比例系数,叫做自感系数,简称自感。自感系数的数值与回路的形状、大小及周围介质有关。如果回路的几何形状和磁介质分布给定时,L 为常量。

根据法拉第电磁感应定律,回路中产生的自感电动势为

$$\varepsilon_L = \frac{d\Phi}{dt} = -L\frac{dI}{dt} \tag{8-10}$$

上式是楞次定律的数学表达式。它表示,自感电动势总是反抗回路中电流的变化:电流增

加时，自感电动势与原电流的方向相反；当电流减小时，自感电动势与原电流的方向相同。"一"号正体现了这一意义。回路的自感系数越大，回路中的电流就越不容易改变；自感应的作用越强，回路保持电路原有电流不变的性质就越明显。因此，自感系数也可视为"电磁惯性"大小的量度。

自感系数的单位是亨利(H)。当线圈中的电流为 1A 时，穿过这个线圈的磁通量为 1Wb，此线圈的自感系数为 1H。

例 8-6　半径为 R 的长直螺线管的长度为 $l(l \gg R)$，均匀密绕 N 匝线圈，管内充满磁导率 μ 为恒量的磁介质，计算该螺线管的自感系数。

解　长直密绕螺线管通有电流强度 I，且忽略两端磁场不均匀性，管内磁感应强度的大小为

$$B = \mu \frac{N}{l} I$$

通过 N 匝线圈的磁通量为

$$\Phi = NBS = \mu \frac{N^2}{l} IS$$

由式(10-9)得长直螺线管的自感系数为

$$L = \frac{\Phi}{I} = \mu \frac{N^2}{l} S = \mu \frac{N^2}{l} \pi R^2$$

令 $n = N/l$，为螺线管单位长度的匝数；$V = \pi R^2 l$，为螺线管体积，有

$$L = \mu n^2 V$$

可见，自感系数与电流无关。

例 8-7　一截面为长方形的螺绕环，其尺寸如图 8-13(a)所示，共有 N 匝，求此螺绕环的自感。

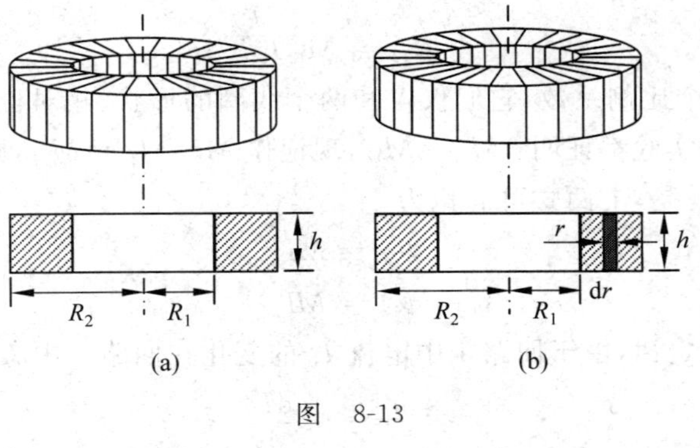

图　8-13

解　螺绕环内部磁场为非均匀场，由环路定理可求出：

$$B = \frac{\mu_0 NI}{2\pi r}$$

$$\Phi_m = N\int_S B \mathrm{d}S = N\int_{R_1}^{R_2} \frac{\mu_0 NI}{2\pi r} h \mathrm{d}r = \frac{\mu_0 N^2 Ih}{2\pi} \ln \frac{R_2}{R_1}$$

由于 $\Phi_m = LI$，所以

$$L = \frac{\mu_0 N^2 h}{2\pi} \ln \frac{R_2}{R_1}$$

8.4.2 互感

设有两个邻近的闭合回路 1 和 2,分别通有强度为 I_1 和 I_2 的电流,如图 8-14 所示。当 I_1 发生变化时,I_1 所产生的磁场的部分磁感线和通过回路 2 所包围面积的磁通量 Φ_{21} 也将变化,因而在回路 2 中激发感应电动势 ε_{21}。同理,当 I_2 变化时,由 I_2 所产生的通过回路 1 所包围面积的磁通量 Φ_{12} 也将变化,因而在回路 1 中也激发感应电动势 ε_{12}。这种两个回路中的电流发生变化时相互在对方回路中激发感应电动势的现象叫做互感现象,所产生的电动势称为互感电动势。

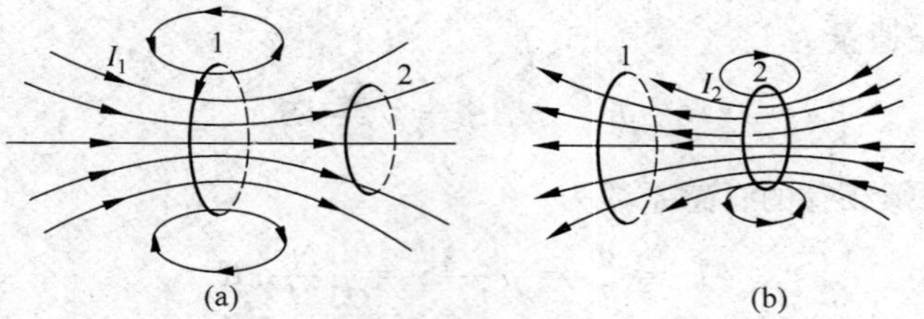

图 8-14　互感现象

根据毕奥-萨伐尔定律,在 I_1 所产生的磁场中,任何一点的磁感应强度都和 I_1 成正比,因此通过回路 2 的磁通量 Φ_{21} 也必然和 I_1 成正比,即

$$\Phi_{21} = M_{21} I_1$$

同理

$$\Phi_{12} = M_{12} I_2$$

式中 M_{21} 和 M_{12} 是两个比例系数,它们仅仅和两个线圈的形状、相对位置及其周围磁介质的磁导率有关。理论和实验都证明:$M_{21}=M_{12}$,现记作 $M=M_{21}=M_{12}$,则 M 称做两回路的互感系数,简称互感。于是,上两式可简化为

$$\Phi_{21} = MI_1 \tag{8-11}$$

$$\Phi_{12} = MI_2 \tag{8-12}$$

应用法拉第电磁感应定律,由于回路 1 中电流 I_1 的变化在回路 2 中激发的电动势为

$$\varepsilon_{21} = -M\frac{\mathrm{d}I_1}{\mathrm{d}t} \tag{8-13}$$

同理,由于回路 2 中的电流 I_2 的变化而在回路 1 中激发的电动势为

$$\varepsilon_{12} = -M\frac{\mathrm{d}I_2}{\mathrm{d}t} \tag{8-14}$$

由以上两式可以看出,一个回路中所引起的互感电动势,总要反抗另一个回路中的电流变化。利用互感现象,可以把电能由一个线圈移到另一个线圈,变压器、感应线圈等就是根据这个原理制成的。

互感系数的单位也为 H。

例 8-8　原线圈 C_1 和副线圈 C_2 是长度 l 和截面积 S 都相同的共轴长螺线管，如图 8-15 所示。C_1 有 N_1 匝，C_2 有 N_2 匝，螺线管内磁介质的磁导率为 μ。求：

(1) 这两共轴螺线管的互感系数；

(2) 两螺线管的自感系数与互感系数的关系。

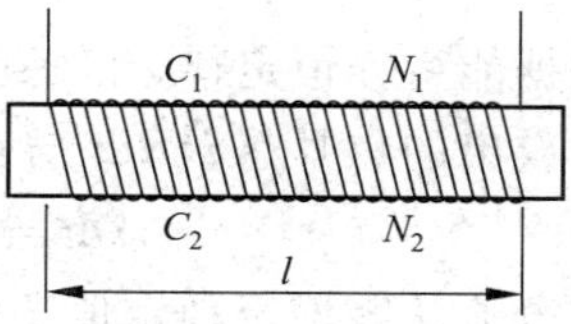

图　8-15

解　(1) 设原线圈中通有电池 I_1，则管内磁感应强度和通过每匝线圈的磁通量分别为

$$B = \mu \frac{N_1}{l} I_1$$

$$\Phi = BS = \mu \frac{N_1}{l} I_1 S$$

通过每匝副线圈的磁通量也为 Φ，通过副线圈的总磁通为

$$N_2 \Phi = \mu \frac{N_1 N_2}{l} I_1 S$$

由互感系数的定义式，得

$$M = \frac{N_2 \Phi}{I_1} = \mu \frac{N_1 N_2}{l} S$$

(2) 原线圈通有电流 I_1 时，原线圈自己的总磁通量为

$$N_1 \Phi = \mu \frac{N_1^2 I_1}{l} S$$

按自感系数的定义式，得原线圈的自感

$$L_1 = \frac{N_1 \Phi}{I_1} = \mu \frac{N_1^2}{l} S$$

同理，得副线圈的自感

$$L_2 = \frac{N_2 \Phi}{I_2} = \mu \frac{N_2^2}{l} S$$

由此可见

$$M^2 = L_1 L_2, \quad M = \sqrt{L_1 L_2}$$

必须指出，一般情况下，$M = k\sqrt{L_1 L_2}$。k 称为两线管的耦合系数：$0 \leqslant k \leqslant 1$，$k$ 值视两线圈的相对位置而定。

8.5　磁场的能量

磁场与电场一样也具有能量。下面通过分析自感现象中的能量转换关系，简要介绍磁场能量。

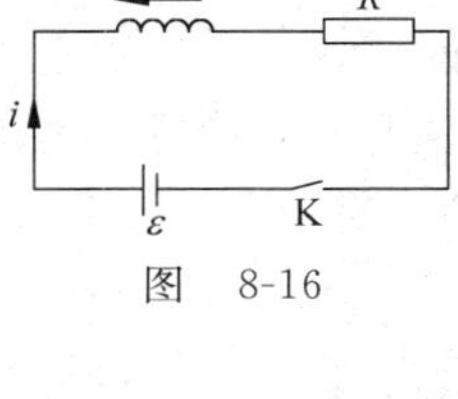

图　8-16

设有自感为 L 的线圈，接在如图 8-16 所示的电路中，当开关 K 未接通时，电路中无电流，线圈中也没有磁场。当接通开关 K 的瞬间，线圈中的电流 i 从零迅速增加到稳定值 I。由于通过线圈中的电流增加，在线圈中将产生自感电动势 ε_L，阻止电流的增加，在此过程中，电源不仅要供给一部分能量通过电阻 R 转换为热能，而且还要因克服自感电动势做功，而将另一部分能量转换为线圈中磁场的能量。

设在某一时刻 t 回路中电流 i 从 0 增至 I 的过程中，线圈中的自感电动势为

$$\varepsilon_L = -L\frac{di}{dt}$$

根据能量守恒定律,在 t 到 $t+dt$ 时间内,电源所做的功为 $\varepsilon i dt$,应该等于时间 dt 内电阻 R 上放出的焦耳热 i^2Rdt 与克服自感电动势所做的功 $dW=-\varepsilon_L i dt$ 之和:

$$\varepsilon i\,dt = i^2R\,dt + dW = i^2R\,dt - \varepsilon_L i\,dt = i^2R\,dt + Li\,di \tag{8-15}$$

在电流从零增至稳定值 I 的过程中,电源反抗自感电动势所做的功为

$$W_m = \int dW_m = \int_0^I Li\,di = \frac{1}{2}LI^2$$

由此可知,对自感系数为 L 的线圈,当其电流为 I 时,磁场的能量为

$$W_m = \frac{1}{2}LI^2 \tag{8-16}$$

磁场的性质是用磁感应强度 B 来描述的,所以磁场能量也可用磁感应强度 B 来表示,为简便起见,现以长直密绕螺线管为例进行讨论。当长直螺线管通有电流 I 时,管中的磁感应强度 $B=\mu nI$,螺线管的自感系数 $L=\mu n^2V$。将它们代入式(8-16)中,可得螺线管内的磁场能量为

$$W_m = \frac{1}{2}LI^2 = \frac{1}{2}\mu n^2V\left(\frac{B}{\mu n}\right)^2 = \frac{1}{2}\cdot\frac{B^2}{\mu}V$$

式中 V 为长直螺线管的体积,由此可得单位体积内的磁能,即磁场能量密度为

$$w_m = \frac{W_m}{V} = \frac{1}{2}\frac{B^2}{\mu} \tag{8-17}$$

因为 $B=\mu H$,上式还可写为

$$W_m = \frac{1}{2}\mu H^2 = \frac{1}{2}BH \tag{8-18}$$

应当明确,式(8-17)虽然是从长直螺线管这一特例导出的,但可以证明,该式对任意磁场都是适用的。

对于非均匀磁场,在有限空间 V 内的磁场能量为

$$W_m = \int_V w_m\,dV = \frac{1}{2}\int_V \frac{B^2}{\mu}dV = \frac{1}{2}\int_V BH\,dV \tag{8-19}$$

例 8-9 由两个"无限长"的同轴圆筒状导体所组成的电缆,沿内圆筒和外圆筒流动的电流方向相反而强度 I 相同。若内、外圆筒截面半径分别为 R_1 和 R_2,如图 8-17 所示,求长为 L 的一段电缆内的磁能。

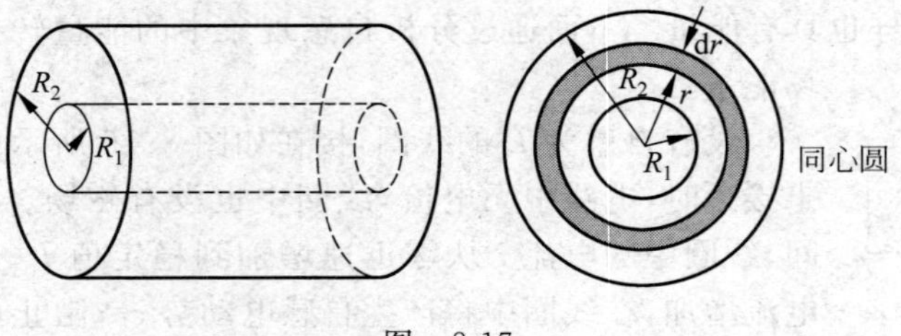

图 8-17

解 由安培环路定理可知,在内、外圆筒间的距轴线为 r 处的磁场强度为

$$H = \frac{1}{2\pi r}$$

在该处的磁场能量密度为

$$w_{\mathrm{m}} = \frac{1}{2} \cdot \frac{B^2}{\mu} = \frac{1}{2\mu}\left(\frac{\mu I}{2\pi r}\right)^2 = \frac{\mu I^2}{8\pi^2 r^2}$$

在由半径为 r 和 $r+\mathrm{d}r$、长为 l 的两个圆柱面所组成的体积元 $\mathrm{d}V$ 中的磁场能为

$$\mathrm{d}W_{\mathrm{m}} = w_{\mathrm{m}}\mathrm{d}V = \frac{\mu I^2}{8\pi^2 r^2}\mathrm{d}V$$

总磁能应为

$$W_{\mathrm{m}} = \int \mathrm{d}W_{\mathrm{m}} = \int_V w_{\mathrm{m}}\mathrm{d}V = \int_{R_1}^{R_2} \frac{\mu I^2 l}{8\pi^2 r^2} 2\pi r \mathrm{d}r = \frac{\mu I^2 l}{4\pi}\ln\frac{R_2}{R_1}$$

8.6 位移电流 麦克斯韦方程组

前面我们已经介绍了电磁学的一些实验定律，麦克斯韦系统总结了库仑、高斯、安培、法拉第、诺埃曼、汤姆孙等人的电磁学说的全部成就，特别是把法拉第的力线和场的概念用数学方法加以描述、论证、推广和提升，提出了有旋电场和位移电流的假说，他指出：不但变化的磁场可以产生(有旋)电场，而且变化的电场也可以产生磁场。在相对论出现之前，麦克斯韦就揭示了电场和磁场的内在联系，把电场和磁场统一为电磁场，归纳出了电磁场的基本方程——麦克斯韦方程组，建立了完整的电磁场理论体系。1862 年，麦克斯韦从他建立的电磁理论出发，预言了电磁波的存在，并论证了光是一种电磁波。1888 年，赫兹(H. R. Hertz，1857—1894)在实验上证实了麦克斯韦的这一预言。

即使在相对论和量子力学建立之后，麦克斯韦方程组实质上还是在原来的形式下被使用着，它们正确地描写了所有的电磁现象。然而，现代物理学对麦克斯韦方程组的解释发生了变化。运用量子场论的语言，我们可以说麦克斯韦方程组描写的是称为光子的电磁量子在空间的传播，而带电体之间的电磁相互作用也可以用交换光子这种方式来描述。

本节将介绍麦克斯韦的电磁场基本方程，为此先介绍位移电流假设。

8.6.1 位移电流

如图 8-18 所示，电容器在放电时，电路的导线中的电流 I 是非稳恒电流，它随时间而变化。现在极板 A 的附近取一个闭合回路 L，并以 L 为边界作两个曲面 S_1 和 S_2，其中 S_1 与导线相交，S_2 在两极板之间不与导线相交；S_1 和 S_2 构成一个闭合曲面。对曲面 S_1 来说，由于它与导线相交，通过 S_1 面的电流为 I，所以由安培环路定理有

$$\oint_L \boldsymbol{H} \cdot \mathrm{d}\boldsymbol{l} = I$$

而对于曲面 S_2 来说，则没有电流通过，由安培环路定理则有

$$\oint_L \boldsymbol{H} \cdot \mathrm{d}\boldsymbol{l} = 0$$

上述结果表明，在非稳恒电流的磁场中，选取不同的曲面，磁场强度的环流有不同的值，安培

环路定理失效。如果以位移电流的假设,则安培环路定理可用于非稳恒电流的情况。

在图 8-19 所示的电容器放电电路中,设某一时刻板 A 上有电荷 $+q$,其中电荷由板 A 沿导线向板 B 流动。设板的面积为 S,其中传导电流 I_c 为

$$I_c = \frac{dq}{dt} = \frac{d(S\sigma)}{dt} = S\frac{d\sigma}{dt}$$

传导电流密度的大小 j_c 为

$$j_c = \frac{d\sigma}{dt}$$

在电容器两极板之间由于没有自由电荷的移动,传导电流为零,所以对整个电路来说,传导电流是不连续的。

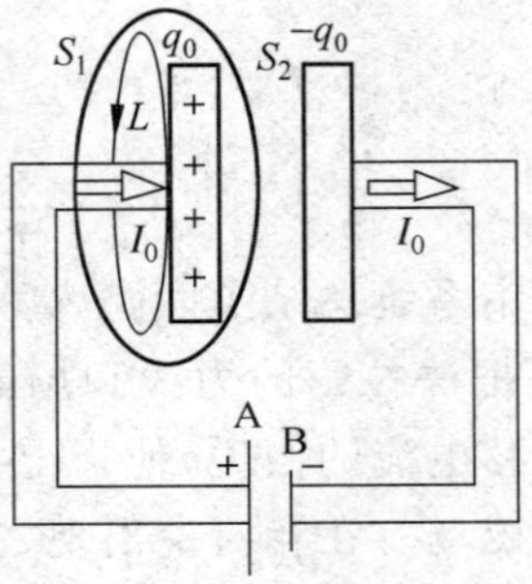

图 8-18　含有电容的电路

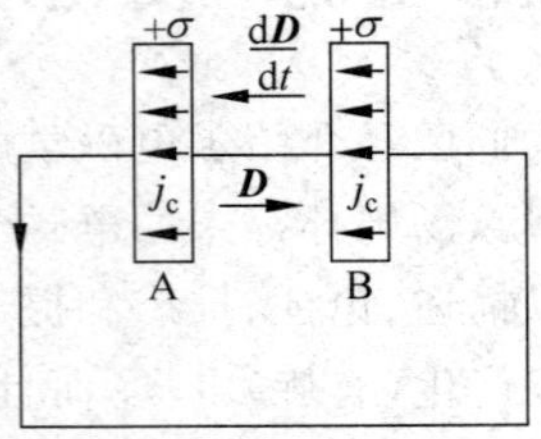

图 8-19　位移电流

但是,在电容器放电过程中,极板上的电荷密度 σ 随时间变化,极板间电场中电位移矢量的大小 $D=\sigma$ 和电位移通量 $\Phi_e=SD$ 也随时间而变化。它们随时间的变化率分别为

$$\frac{dD}{dt} = \frac{d\sigma}{dt}, \quad \frac{d\Phi_e}{dt} = S\frac{d\sigma}{dt}$$

上述结果说明,极板间电通量的变化率 $d\Phi_e/dt$,在数值上等于板内传导电流 I_c;极板间电位移矢量的变化率 $d\boldsymbol{D}/dt$ 在数值上等于板内传导电流密度 j_c。而且,电容器放电时,由于 σ 减小,极板间电场减弱,所以 $d\boldsymbol{D}/dt$ 的方向与 $\boldsymbol{D}$ 的方向相反。在图 8-19 中 $\boldsymbol{D}$ 的方向由左向右,而 $d\boldsymbol{D}/dt$ 表示某种电流密度,它就可以代替极板间中断的传导电流密度,从而构成电流的连续性。

为此,麦克斯韦引入位移电流,并定义:电场中某一点位移电流密度 j_d 等于该点电位移矢量对时间的变化率;通过电场中某一截面的位移电流 I_d 等于通过该截面电位移通量 Φ_e 对时间的变化率,即

$$j_d = \frac{dD}{dt}, \quad I_d = \frac{d\Phi_e}{dt} \tag{8-20}$$

麦克斯韦并假设位移电流和传导电流一样,在其周围空间要产生磁场。要明确,位移电流并非是电荷的定向移动,它的本质是随时间变化的电场。当电路中同时存在传导电流 I_c 和位移电流 I_d 时,它们之和为 $I_s=I_c+I_d$。I_s 叫做全电流。

这样,在非稳恒电流的情况下,安培环路定理可修改为

$$\oint_L \boldsymbol{H}\cdot d\boldsymbol{l} = I_s = I_c + \frac{d\Phi}{dt}$$

或

$$\oint_L \boldsymbol{H} \cdot \mathrm{d}\boldsymbol{l} = \int_S \left(\boldsymbol{j}_c + \frac{\mathrm{d}\boldsymbol{D}}{\mathrm{d}t}\right) \cdot \mathrm{d}\boldsymbol{S} \tag{8-21}$$

式(8-21)称为全电流安培定理。式(8-21)的右边第一项为传导电流对磁场的贡献，第二项为位移电流即变化的电场对磁场的贡献。

例 8-10 如图 8-20 半径为 R、两板相距为 d 的平行板电容器，从轴线接入圆频率为 ω 的交流电，板间的电场 E 为多少？板间的电场 E 与磁场 H 的相位差为多少？(忽略边缘效应)

解 设交流电为 $i = i_0\cos(\omega t + \varphi)$，传导电流均匀、极板上自由电荷均匀，由全电流闭合，则 $j_d = \frac{i}{A}$，$\sigma_0 = \frac{Q_0}{A}$，其中 $A = \pi R^2$，$Q_0 = \int_0^t i\mathrm{d}t = \frac{i_0}{\omega}\sin(\omega t + \varphi)$，则

$$E = \frac{D}{\varepsilon_0} = \frac{\sigma_0}{\varepsilon_0} = \frac{Q_0}{A\varepsilon_0} = \frac{i_0}{\omega A\varepsilon_0}\sin(\omega t + \varphi)$$

$$= \frac{i_0}{\omega A\varepsilon_0}\cos\left(\omega t + \varphi - \frac{\pi}{2}\right)$$

板间的电场 E 与磁场 H 的相位差 $\frac{\pi}{2}$，如图 8-21 所示。

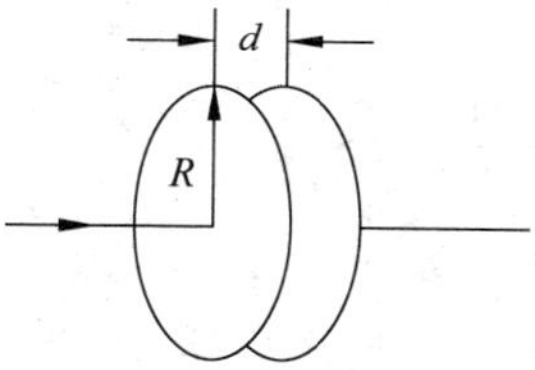

图 8-20

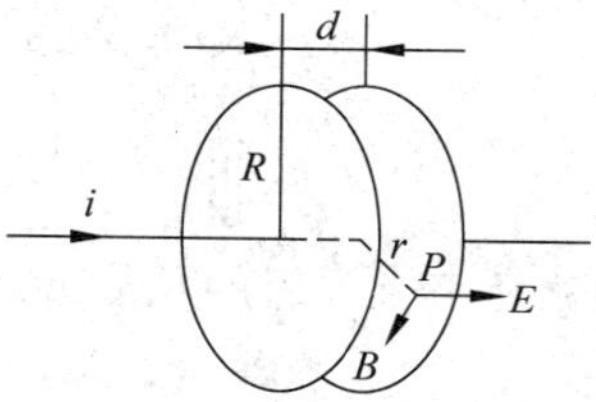

图 8-21

8.6.2 麦克斯韦方程组的积分形式

位移电流的假设指出变化的电场激发有旋磁场；前面讨论的感应电场的假设指出变化的磁场激发有旋电场。这两个假设揭示了电磁场之间的内在联系。存在变化电场的空间必存在变化磁场，而存在变化磁场的空间也必然存在变化电场，它们构成一个统一的电磁场整体。这就是麦克斯韦关于电磁场的基本概念。

我们在研究电场和磁场的过程中，曾分别得出有关静电场和稳恒磁场的一些基本方程：

静电场的高斯定理

$$\oint_S \boldsymbol{D} \cdot \mathrm{d}\boldsymbol{S} = q = \int_V \rho \mathrm{d}V$$

静电场的环路定理

$$\oint_L \boldsymbol{E} \cdot \mathrm{d}\boldsymbol{l} = 0$$

磁场的高斯定理

$$\oint_S \boldsymbol{B} \cdot \mathrm{d}\boldsymbol{S} = 0$$

安培环路定理

$$\oint_L \boldsymbol{H} \cdot \mathrm{d}\boldsymbol{l} = I_c = \oint_S \boldsymbol{j} \cdot \mathrm{d}\boldsymbol{S}$$

麦克斯韦引入有旋电场和位移电流两个重要概念后，将式$\oint_L \boldsymbol{E} \cdot \mathrm{d}\boldsymbol{l} = 0$ 修改为

$$\oint_L \boldsymbol{E} \cdot \mathrm{d}\boldsymbol{l} = -\frac{\mathrm{d}\Phi}{\mathrm{d}t} = -\oint_S \frac{\partial \boldsymbol{B}}{\partial t} \cdot \mathrm{d}\boldsymbol{S}$$

将式$\oint_L \boldsymbol{H} \cdot \mathrm{d}\boldsymbol{l} = I_c = \oint_S \boldsymbol{j} \cdot \mathrm{d}\boldsymbol{S}$修改为

$$\oint_L \boldsymbol{H} \cdot \mathrm{d}\boldsymbol{l} = I_c + I_d = \oint_S \left(\boldsymbol{j}_c + \frac{\partial \boldsymbol{D}}{\partial t}\right) \cdot \mathrm{d}\boldsymbol{S} \tag{8-22}$$

使它们能适用于一般的电磁场。麦克斯韦还认为，式(6-7)和式(7-16)不仅适用于静电场和稳恒电流的磁场，也适用于一般的电磁场。这样，由式(6-7)、式(8-8)、式(7-16)、式(8-22)组成电磁场的四个基本方程

$$\begin{cases} \oint_S \boldsymbol{D} \cdot \mathrm{d}\boldsymbol{S} = q = \int_V \rho \mathrm{d}V \\ \oint_L \boldsymbol{E} \cdot \mathrm{d}\boldsymbol{l} = -\oint \frac{\partial \boldsymbol{B}}{\partial t} \cdot \mathrm{d}\boldsymbol{S} \\ \oint_S \boldsymbol{B} \cdot \mathrm{d}\boldsymbol{S} = 0 \\ \oint_L \boldsymbol{H} \cdot \mathrm{d}\boldsymbol{l} = \int_S \left(\boldsymbol{j}_c + \frac{\partial \boldsymbol{D}}{\partial t}\right) \cdot \mathrm{d}\boldsymbol{S} \end{cases} \tag{8-23}$$

式(8-23)就是麦克斯韦方程组的积分形式。

阅读材料 7　电磁感应定律在生活中的实际应用

1. 涡流

将整块金属放在变化的磁场中，穿过金属块的磁通量发生变化，金属块内部就产生感应电流。这种电流在金属块内部形成闭合回路，就像旋涡一样，我们把这种感应电流叫做涡电流(eddy current)，简称涡流。如图 8-22 所示，把绝缘导线绕在块状铁芯上，当交变电流通过导线时，铁芯中会产生图中虚线所示的涡流。在以上实验中，小铁锅的电阻很小，穿过铁锅的磁通量变化时产生的涡流较大，足以使水温升高；而玻璃杯是绝缘体，电阻很大，不产生涡流。

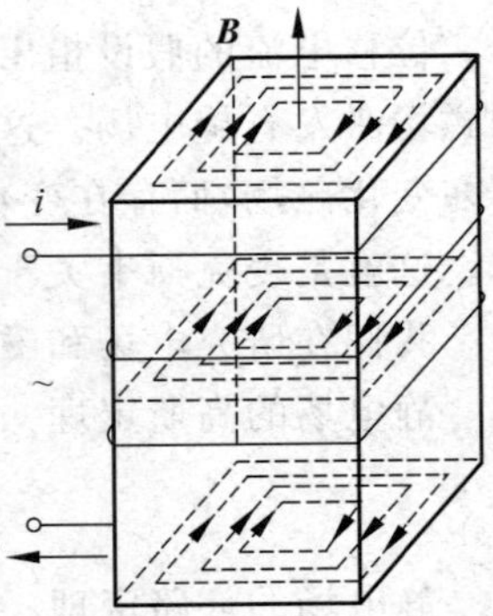

图 8-22　涡流的产生

2. 电磁炉

电磁炉的工作原理与涡流有关。如图 8-23 所示，当 50Hz 的交流电通入电磁炉时，经过整流变为直流电，再使其变为高频电流(20～50kHz)进入炉内的线圈。由于电流的变化频率较高，通过铁质锅底的磁通量变化率较大，根据电磁感应定律可知，产生的感应电动势也较大；铁质锅底是整块导体，电阻很小，所以在锅底能产生很强的涡电流，使锅底迅速发热，进而加热锅内的食物。

与煤气灶、电饭锅等炊具相比，电磁炉具有很多优点：利用涡流使锅直接发热，减少了

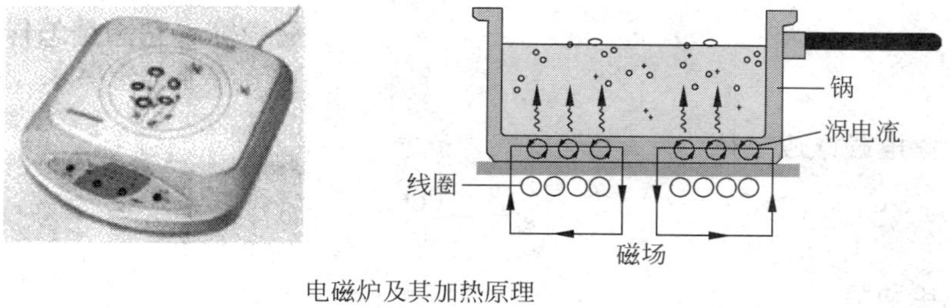

图 8-23　电磁炉及其加热原理

能量传递的中间环节，能大大提高热效率；使用时无烟火，无毒气、废气；只对铁质锅具加热，炉体本身不发热……由于以上种种优点，电磁炉深受消费者的喜爱，被称为“绿色炉具”。

涡流既有利，也有害。例如，变压器、电动机和发电机的铁芯常会因涡流损失大量的电能并导致设备发热。为了减少发热，降低能耗，提高设备的工作效率，一般是先把硅钢轧制成很薄的板材，板材外涂以绝缘材料，再把板材叠放在一起，形成铁芯（见图 8-24）。这样，涡流被限制在薄片之内，由于回路的电阻很大，涡流大为减弱，涡流损失大大降低。另外，硅钢电阻率大，也可以进一步减少涡流损失（只有普通钢涡流损失的 1/5～1/4）。

图　8-24

3. **磁卡**

磁卡机记录信息的工作原理如图 8-25 所示。磁卡机的记录磁头由有空隙的环形铁芯与绕在铁芯上的线圈构成；磁卡上涂有磁性材料。记录信息时，磁卡的磁性面（或记录磁头）以一定的速度移动，磁性面与记录磁头的空隙接触。磁头的线圈一旦通以数据信号电流，就在环形铁芯的空隙处产生随电流变化的磁场，磁卡通过时便被不同程度地磁化；离开空隙时，磁卡的磁性层就留下相应于电流变化的磁信号，数据就这样被记录在磁卡上了。

读取磁卡的信息则是一个相反的过程（见图 8-26）。读取数据时，磁卡以一定的速度通过读取磁头，磁卡上变化的磁通的绝大部分进入磁头铁芯，在磁头的线圈上感应出电动势。感应电动势的变化规律与记录的磁信号相同，再经读取设备分析，就可还原出相应的数据。

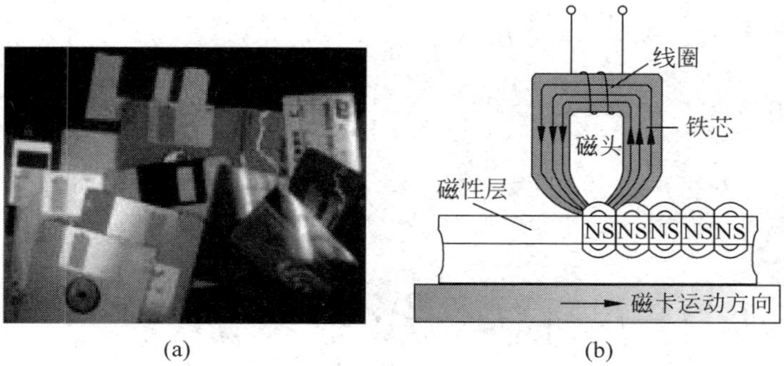

图　8-25

（a）磁卡和磁盘；（b）利用电磁感应记录信息

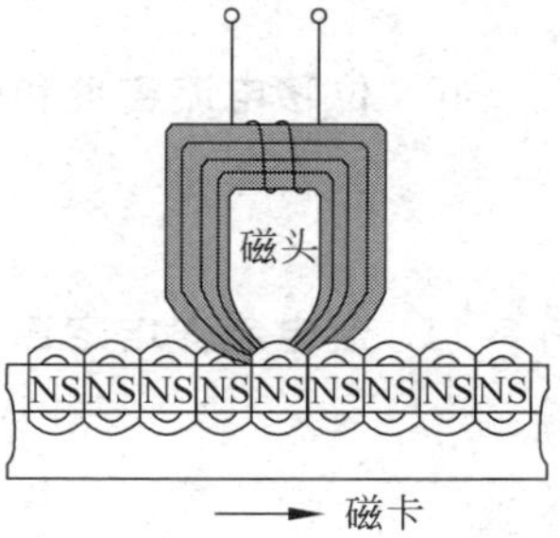

图 8-26　利用电磁感应读取磁卡信息

本章要点

1. 法拉第电磁感应定律

$$\varepsilon_i = -\frac{\mathrm{d}\Phi}{\mathrm{d}t}$$

2. 动生电动势

$$\varepsilon_{ab} = \int_a^b (\boldsymbol{v} \times \boldsymbol{B}) \cdot \mathrm{d}\boldsymbol{l}$$

3. 感生电动势和感生电场

$$\varepsilon = \oint_L \boldsymbol{E} \cdot \mathrm{d}\boldsymbol{l} = -\frac{\mathrm{d}\Phi}{\mathrm{d}t}$$

4. 互感系数

$$M = \frac{\Phi_{12}}{I_2} = \frac{\Phi_{21}}{I_1}$$

5. 互感电动势

$$\varepsilon_{21} = -M\frac{\mathrm{d}I_1}{\mathrm{d}t}$$

6. 自感系数

$$L = \frac{\Phi}{I}$$

7. 自感电动势

$$\varepsilon_L = -L\frac{\mathrm{d}I}{\mathrm{d}t}$$

8. 自感磁能

$$W_{\mathrm{m}} = \frac{1}{2}LI^2$$

9. 磁场能量密度

$$w_{\mathrm{m}} = \frac{B^2}{2\mu} = \frac{1}{2}BH$$

10. 位移电流密度和位移电流

$$j_{\mathrm{d}} = \frac{\partial D}{\partial t}, \quad I_{\mathrm{d}} = \frac{\mathrm{d}\Phi_{\mathrm{e}}}{\mathrm{d}t}$$

11. 全电流安培定律

$$\oint_L \boldsymbol{H} \cdot \mathrm{d}\boldsymbol{l} = I_{\mathrm{c}} + I_{\mathrm{d}} = \oint_S \left(\boldsymbol{j}_{\mathrm{c}} + \frac{\partial \boldsymbol{D}}{\partial t}\right) \cdot \mathrm{d}\boldsymbol{S}$$

12. **麦克斯韦方程组**

$$\begin{cases}\oint_S \boldsymbol{D}\cdot \mathrm{d}\boldsymbol{S}=q=\int_V \rho \mathrm{d}V\\ \oint_L \boldsymbol{E}\cdot \mathrm{d}\boldsymbol{l}=-\oint \dfrac{\partial \boldsymbol{B}}{\partial t}\cdot \mathrm{d}\boldsymbol{S}\\ \oint_S \boldsymbol{B}\cdot \mathrm{d}\boldsymbol{S}=0\\ \oint_L \boldsymbol{H}\cdot \mathrm{d}\boldsymbol{l}=\int_S\left(\boldsymbol{j}_c+\dfrac{\partial \boldsymbol{D}}{\partial t}\right)\cdot \mathrm{d}\boldsymbol{S}\end{cases}$$

习题 8

一、选择题

1. 将形状完全相同的铜环和木环静止放置,并使通过两环面的磁通量随时间的变化率相等,则不计自感时(　　)。

A. 铜环中有感应电动势,木环中无感应电动势

B. 铜环中感应电动势大,木环中感应电动势小

C. 铜环中感应电动势小,木环中感应电动势大

D. 两环中感应电动势相等

2. 如图 8-27 所示,匀强磁场 $\boldsymbol{B}$ 垂直于纸面向内,一个半径为 r 的圆形线圈在此磁场中变形成正方形线圈。若变形过程在一秒内完成,则线圈中的平均感生电动势的大小为(　　)。

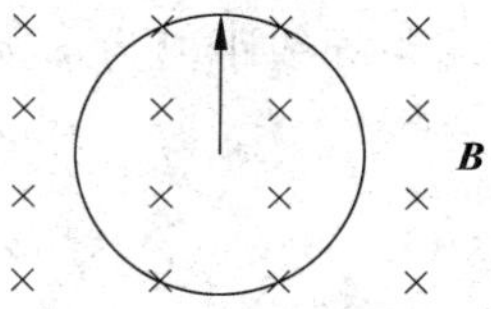

图　8-27

A. $\left(\pi r^2-\dfrac{\pi^2}{4}r^2\right)B$　　B. $\left(\pi r^2-\dfrac{\pi^2}{3}r^2\right)B$

C. $\left(2\pi r^2-\dfrac{\pi^2}{4}r^2\right)B$　　D. $\left(2\pi r^2-\dfrac{\pi^2}{3}r^2\right)B$

3. 在无限长载流导线附近有一个球形闭合曲面 S,当 S 面垂直于导线电流方向向长直导线靠近时,穿过 S 面的磁通量 Φ_m 和面上各点的磁感应强度的大小将(　　)。

A. Φ_m 增大,B 也增大　　B. Φ_m 不变,B 也不变

C. Φ_m 增大,B 不变　　D. Φ_m 不变,B 增大

4. 在无限长的载流直导线附近放置一矩形闭合线圈,开始时线圈与导线在同一平面内,且线圈中两条边与导线平行,当线圈以相同的速率作如图 8-28 所示的三种不同方向的平动时,线圈中的感应电流(　　)。

A. 以情况Ⅰ中为最大　　B. 以情况Ⅱ中为最大

C. 以情况Ⅲ中为最大　　D. 在情况Ⅰ和Ⅱ中相同

5. 铜圆盘水平放置在均匀磁场中,$\boldsymbol{B}$ 的方向垂直向上。当铜盘绕通过中心垂直于盘面的轴沿图 8-29 所示方向转动时,(　　)。

A. 铜盘上有感应电流产生,沿着铜盘转动的相反方向流动

B. 铜盘上有感应电流产生,沿着铜盘转动的方向流动

C. 铜盘上有感应电动势产生,铜盘边缘处电势高

D. 铜盘上有感应电动势产生,铜盘中心处电势高

6. 如图 8-30 所示,导体棒 AB 在均匀磁场 $\boldsymbol{B}$ 中绕通过 C 点的垂直于棒长且沿磁场方向的轴 OO' 转动(角速度 ω 与 $\boldsymbol{B}$ 同方向),BC 的长度为棒长的 1/3。则(　　)。

A. A 点比 B 点电势高　　B. A 点与 B 点电势相等

C. A 点比 B 点电势低　　D. 无法判断

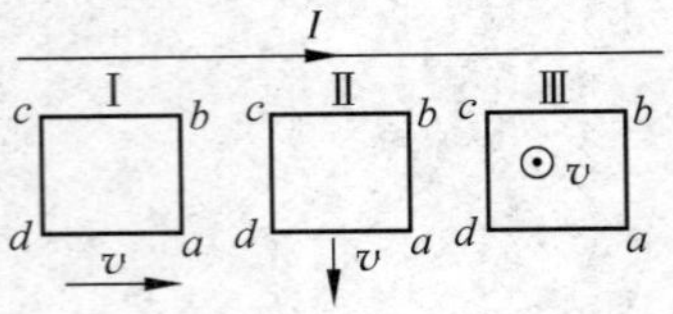

图　8-28

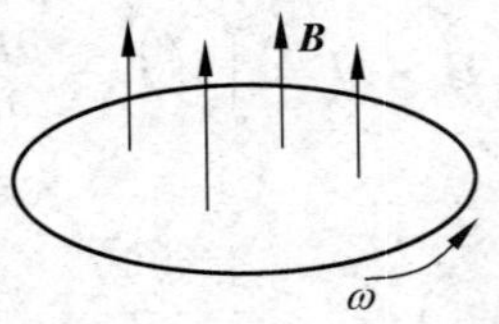

图　8-29

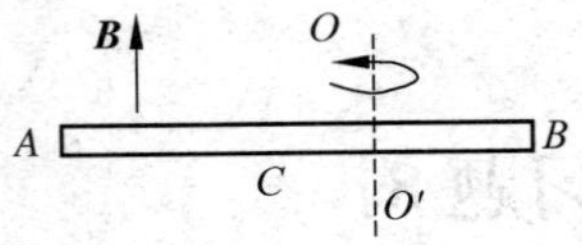

图　8-30

7. 如图 8-31 所示,直角三角形金属框架 abc 放在均匀磁场中,磁场 $\boldsymbol{B}$ 平行于 ab 边,bc 长度为 l。当金属框架绕 ab 边以匀角速度 ω 转动时,abc 回路中的感应电动势 ε 和 a、c 两点间的电势差 V_a-V_c 为(　　)。

A. $\varepsilon=0, V_a-V_c=\dfrac{1}{2}B\omega l^2$　　B. $\varepsilon=0, V_a-V_c=-\dfrac{1}{2}B\omega l^2$

C. $\varepsilon=B\omega l^2, V_a-V_c=\dfrac{1}{2}B\omega l^2$　　D. $\varepsilon=B\omega l^2, V_a-V_c=-\dfrac{1}{2}B\omega l^2$

8. 一根长为 $2a$ 的细金属杆 MN 与载流长直导线共面,导线中通过的电流为 I,金属杆 M 端距导线距离为 a,如图 8-32 所示。金属杆 MN 以速度 v 向上运动时,杆内产生的电动势为(　　)。

A. $\varepsilon=\dfrac{\mu_0}{2\pi}Iv\ln 2$,方向由 N 到 M　　B. $\varepsilon=\dfrac{\mu_0}{2\pi}Iv\ln 2$,方向由 M 到 N

C. $\varepsilon=\dfrac{\mu_0}{2\pi}Iv\ln 3$,方向由 N 到 M　　D. $\varepsilon=\dfrac{\mu_0}{2\pi}Iv\ln 3$,方向由 M 到 N

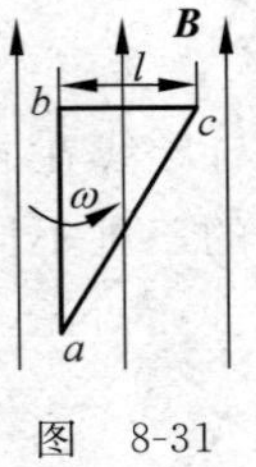

图　8-31

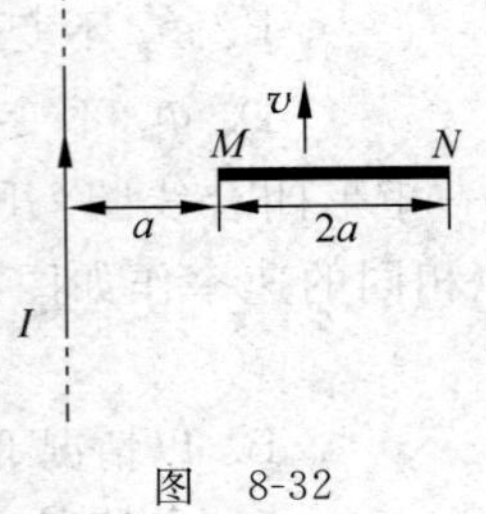

图　8-32

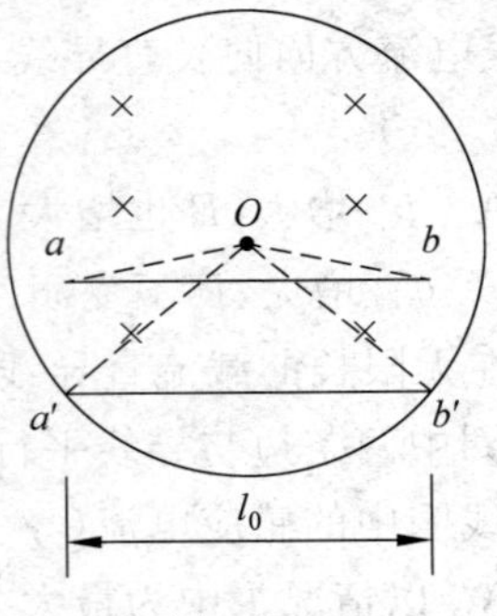

图　8-33

9. 如图 8-33 所示在圆柱空间内有一磁感应强度为 $\boldsymbol{B}$ 的均匀磁场,如图所示,$\boldsymbol{B}$ 的大小以速率 $\mathrm{d}B/\mathrm{d}t$ 变化,有一长度为 l_0 的金属棒先后放在磁场的两个不同位置,则金属棒在这两个位置 1(ab)和 2($a'b'$)时感应电动势的大小关系为(　　)。

A. $\varepsilon_1=\varepsilon_2\neq 0$　　B. $\varepsilon_2>\varepsilon_1$　　C. $\varepsilon_2<\varepsilon_1$　　D. $\varepsilon_1=\varepsilon_2=0$

10. 长为 l 的单层密绕螺线管,共绕有 N 匝导线,螺线管的自感系数为 L,下列说法错误的是(　　)。

A. 将螺线管的半径增大一倍,自感为原来的四倍

B. 换用直径比原导线直径大一倍的导线密绕,自感为原来的四分之一

C. 在原来密绕的情况下,用同样直径的导线再顺序密绕一层,自感为原来的二倍

D. 在原来密绕的情况下,用同样直径的导线反方向密绕一层,自感为零

11. 对于单匝线圈取自感系数的定义式为 $L=\frac{\varphi}{I}$。当线圈的几何形状、大小及周围磁介质分布不变,且无铁磁性物质时,若线圈中的电流强度变小,则线圈的自感系数(　　)。

A. 变大,与电流成反比　　B. 变小

C. 不变　　D. 变大,但与电流不成反比

12. 如图 8-34 所示,两线圈 A、B 相互垂直放置。当通过两线圈中的电流 I_1、I_2 均发生变化时,那么(　　)。

A. 线圈 A 中产生自感电流,线圈 B 中产生互感电流

B. 线圈 B 中产生自感电流,线圈 A 中产生互感电流

C. 两线圈中同时产生自感电流和互感电流

D. 两线圈中只有自感电流,不产生互感电流

13. 面积为 S 和 $2S$ 的两圆线圈 1、2 如图 8-35 放置,通有相同的电流 I,线圈 1 的电流所产生的通过线圈 2 的磁通用 Φ_{21} 表示,线圈 2 的电流所产生的通过线圈 1 的磁通用 Φ_{12} 表示,则 Φ_{21} 和 Φ_{12} 的大小关系为(　　)。

A. $\Phi_{21}=2\Phi_{12}$　　B. $2\Phi_{21}=\Phi_{12}$

C. $\Phi_{21}=\Phi_{12}$　　D. $\Phi_{21}>\Phi_{12}$

14. 真空中一根无限长直细导线上通电流 I,则距导线垂直距离为 a 的空间某点处的磁能密度为(　　)。

A. $\frac{1}{2}\mu_0\left(\frac{\mu_0 I}{2\pi a}\right)^2$　　B. $\frac{1}{2\mu_0}\left(\frac{\mu_0 I}{2\pi a}\right)^2$　　C. $\frac{1}{2}\left(\frac{2\pi a}{\mu_0 I}\right)^2$　　D. $\frac{1}{2\mu_0}\left(\frac{\mu_0 I}{2a}\right)^2$

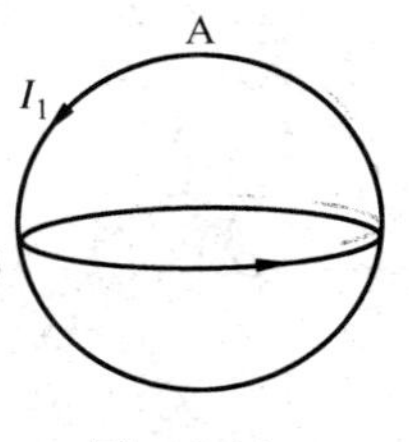

图 8-34

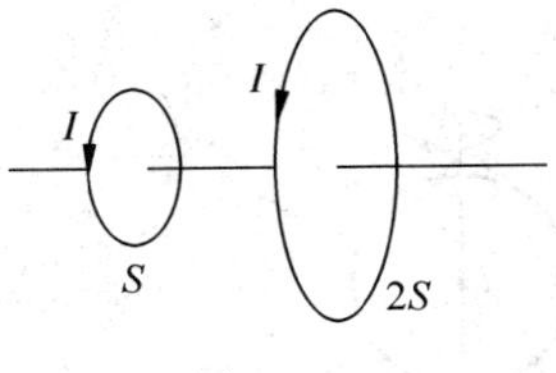

图 8-35

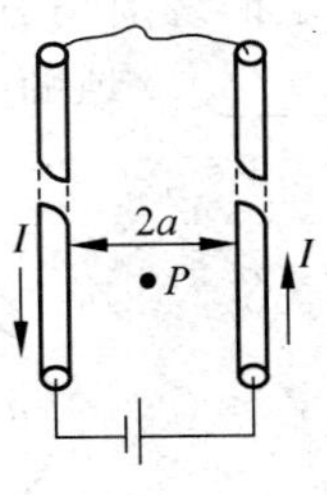

图 8-36

15. 真空中两根很长的相距为 $2a$ 的平行直导线与电源组成闭合回路,如图 8-36 所示。已知导线中的电流为 I,则在两导线正中间某点 P 处的磁能密度为(　　)。

A. $\frac{1}{\mu_0}\left(\frac{\mu_0 I}{2\pi a}\right)^2$　　B. $\frac{1}{2\mu_0}\left(\frac{\mu_0 I}{2\pi a}\right)^2$　　C. $\frac{1}{2\mu_0}\left(\frac{\mu_0 I}{\pi a}\right)^2$　　D. 0

16. 设位移电流激发的磁场为 $\boldsymbol{B}_1$,传导电流激发的磁场为 $\boldsymbol{B}_2$,则有(　　)。

A. $\boldsymbol{B}_1$、$\boldsymbol{B}_2$ 都是保守场　　B. $\boldsymbol{B}_1$、$\boldsymbol{B}_2$ 都是涡旋场

C. $\boldsymbol{B}_1$ 是保守场,$\boldsymbol{B}_2$ 是涡旋场　　　　D. $\boldsymbol{B}_1$ 是涡旋场,$\boldsymbol{B}_2$ 是保守场

17. 如图 8-37 所示,平板电容器(忽略边缘效应)充电时,沿环路 L_1、L_2 磁场强度 H 的环流中,必有(　　)。

A. $\oint_{L_1}\boldsymbol{H}\cdot\mathrm{d}\boldsymbol{l} > \oint_{L_2}\boldsymbol{H}\cdot\mathrm{d}\boldsymbol{L}$

B. $\oint_{L_1}\boldsymbol{H}\cdot\mathrm{d}\boldsymbol{l} = \oint_{L_2}\boldsymbol{H}\cdot\mathrm{d}\boldsymbol{L}$

C. $\oint_{L_1}\boldsymbol{H}\cdot\mathrm{d}\boldsymbol{l} < \oint_{L_2}\boldsymbol{H}\cdot\mathrm{d}\boldsymbol{L}$

D. $\oint_{L_1}\boldsymbol{H}\cdot\mathrm{d}\boldsymbol{l} = 0$

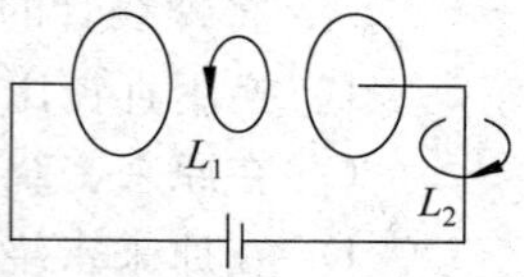

图 8-37

18. 判断下列说法哪一个正确。(　　)

A. 位移电流由电荷作定向运动而产生

B. 位移电流只能在导体中通过

C. 位移电流的大小与变化的电场有关

D. 位移电流是虚拟的电流,不能激发磁场

二、填空题

1. 判断在下述情况下,线圈中有无感应电流,若有,在图 8-38 中标明感应电流的方向。

(1) 两圆环形导体互相垂直地放置。两环的中心重合,且彼此绝缘,当 B 环中的电流发生变化时,在 A 环中________。

(2) 无限长载流直导线处在导体圆环所在平面并通过环的中心,载流直导线与圆环互相绝缘,当圆环以直导线为轴匀速转动时,圆环中________。

2. 如图 8-39 所示,在一长直导线 L 中通有电流 I,$ABCD$ 为一矩形线圈,它与 L 皆在纸面内,且 AB 边与 L 平行。

(1) 矩形线圈在纸面内向右移动时,线圈中感应电动势方向为________;(填顺时针或逆时针)

(2) 矩形线围绕 AD 边旋转,当 BC 边已离开纸面正向外运动时,线圈中感应动势的方向为________。(填顺时针或逆时针)

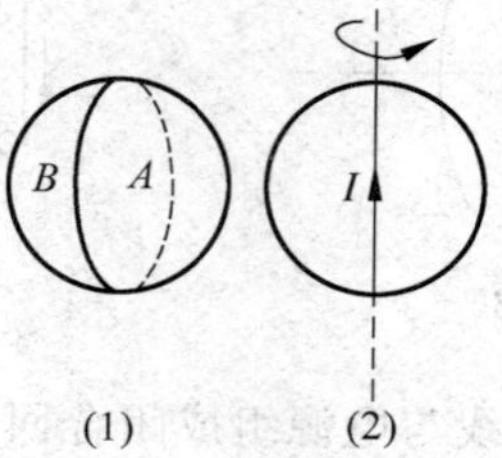

图 8-38

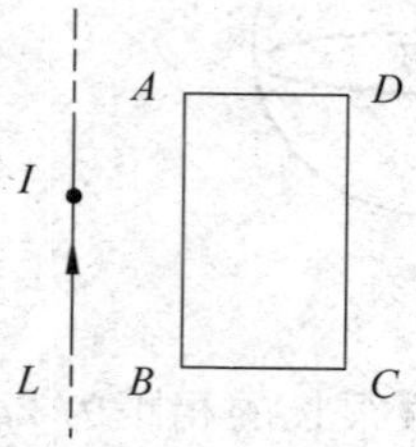

图 8-39

3. 如图 8-40 所示,均匀磁场 $\boldsymbol{B}$ 垂直纸面向下,一根金属细棒 OA 以角速度 ω 垂直磁场、绕定点 O 点逆时针水平转动,设 $OA=L$,则棒 OA 的感应电动势的大小为________;棒 OA 的感应电动势的方向为________。

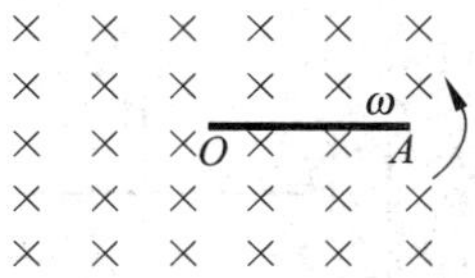

图 8-40

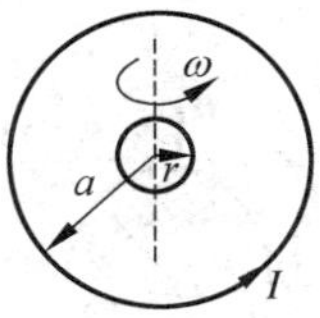

图 8-41

4. 如图 8-41 所示，一半径为 r 的很小的金属圆环，在初始时刻与一半径为 $a(a\gg r)$ 的大金属圆环共面且同心。在大圆环中通以恒定的电流 I，方向如图。如果小圆环以匀角速度绕其任一方向的直径转动，并设小圆环的电阻为 R，则任一时刻 t 通过小圆环的磁通量为________；小圆环中的感应电流为________。

5. 长直螺线管的长度为 l、截面积为 S、线圈匝数为 N，管内充满磁导率为 μ 的均匀磁介质。当线圈通以电流 I 时，管内磁感应强度的大小为________，管内储存的磁场能为________。

6. 反映电磁场基本性质和规律的积分形式的麦克斯韦方程组为

$$\oint_S \boldsymbol{D}\cdot \mathrm{d}\boldsymbol{S}=\sum_{i=1}^{n} q_i \qquad ①$$

$$\oint_l \boldsymbol{E}\cdot \mathrm{d}\boldsymbol{l}=-\int_S \frac{\partial \boldsymbol{B}}{\partial t}\cdot \mathrm{d}\boldsymbol{S} \qquad ②$$

$$\oint_S \boldsymbol{B}\cdot \mathrm{d}\boldsymbol{S}=0 \qquad ③$$

$$\oint_l \boldsymbol{H}\cdot \mathrm{d}\boldsymbol{l}=\sum_{i=1}^{n} I_i+I_d \qquad ④$$

试判断下列结论是包含于或等效于哪一个麦克斯韦方程式的，将你确定的方程式用代号填在相应结论后的空白处。

(1) 变化的磁场一定伴随有电场：________。

(2) 磁感应线是无头无尾的：________。

(3) 电荷总伴随有电场：________。

7. 自由空间(即无自由电荷与传导电流的空间)麦克斯韦方程组的积分形式为

$\oint_S \boldsymbol{D}\cdot \mathrm{d}\boldsymbol{S}=$ ________；$\oint_l \boldsymbol{E}\cdot \mathrm{d}\boldsymbol{l}=$ ________；

$\oint_S \boldsymbol{B}\cdot \mathrm{d}\boldsymbol{S}=$ ________；$\oint_l \boldsymbol{H}\cdot \mathrm{d}\boldsymbol{l}=$ ________。

三、计算题

1. 如图 8-42 所示，载有电流的 I 长直导线附近，放一导体半圆环 MeN 与长直导线共面，且端点 MN 的连线与长直导线垂直。半圆环的半径为 b，环心 O 与导线相距 a。设半圆环以速度 $\boldsymbol{v}$ 平行导线平移，求半圆环内感应电动势的大小和方向以及 MN 两端的电压。

2. 两相互平行无限长的直导线载有大小相等、方向相反的电流，长度为 b 的金属杆 CD 与两导线共面且垂直，相对位置如图 8-43 所示。CD 杆以速度 $\boldsymbol{v}$ 平行直线电流运动，求 CD 杆中的感应电动势，并判断 C、D 两端哪端电势较高。

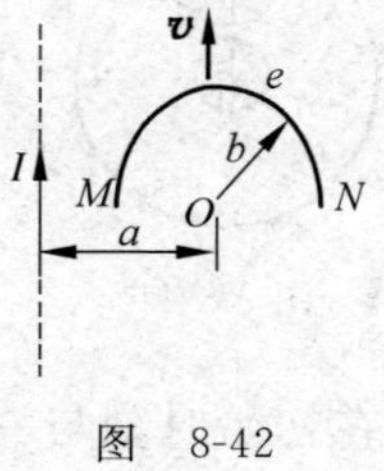

图 8-42

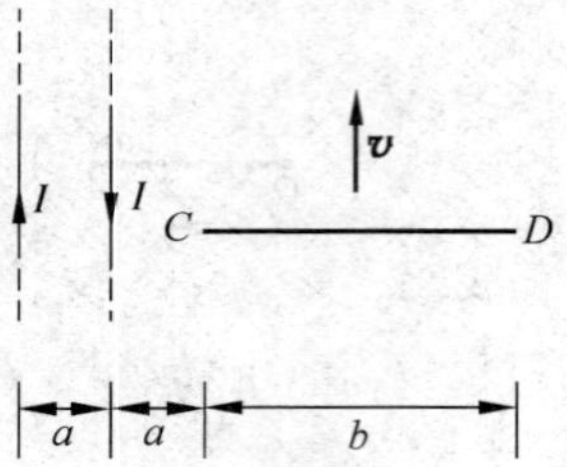

图 8-43

3. 真空中两根无限长平行直导线载有大小相等、方向相反的电流 I。电流随时间变化，$\mathrm{d}I/\mathrm{d}t=k<0$，一单匝矩形线圈位于导线平面内，且线圈的一边与导线平行(如图 8-44 所示)，图中 a、l 均为已知量。计算线圈内感应电动势的大小及方向。

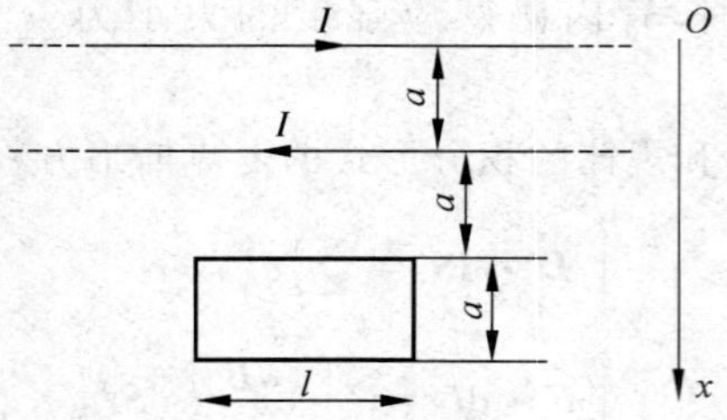

图 8-44

4. 一长直导线载有 10A 的电流，有一矩形线圈与通电导线共面，且一边与长直导线平行，具体位置如图 8-45 所示。$l_1=0.9\mathrm{m}$，$l_2=0.2\mathrm{m}$，$a=0.1\mathrm{m}$。线圈以速率 $v=2.0\mathrm{m}\cdot\mathrm{s}^{-1}$ 沿垂直于 l_1 方向向上匀速运动。求线圈在图示位置时的感应电动势大小和方向？

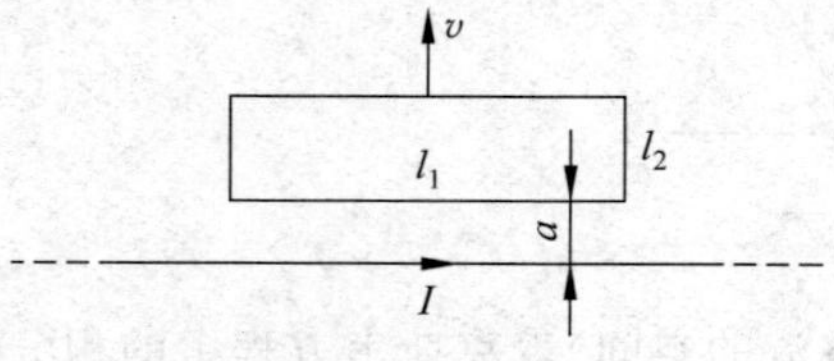

图 8-45

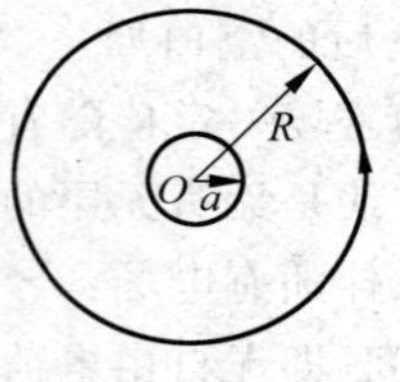

图 8-46

5. 如图 8-46 所示，小线圈半径为 a，大线圈半径为 R，小线圈和大线圈共面且 $R\gg a$，通电流 $I=b+kt$，其中 $k>0$，a 内各点磁场均匀，求：

(1) t 时刻小线圈中的感生电动势的大小和方向；

(2) 两线圈的互感。

6. 一个中空的螺绕环上每厘米绕有 20 匝导线，当通以电流 $I=3\mathrm{A}$ 时，求环中磁场能量密度。

附　　录

附录 A　量纲

本书根据我国计量法，物理量的单位采用国际单位制，即 SI。SI 以长度、质量、时间、电流、热力学温度、物质的量及发光强度这 7 个最重要的相互独立的基本物理量的单位作为基本单位，称为 SI 基本单位。

物理量是通过描述自然规律的方程或定义新物理量的方程而彼此联系着的，因此，非基本量可根据定义或借助方程用基本量来表示，这些非基本量称为导出量，它们的单位称为导出单位。

某一物理量 Q 可以用方程表示为基本物理量的幂次乘积：

$$\dim Q = \mathrm{L}^{\alpha}\mathrm{M}^{\beta}\mathrm{T}^{\gamma}\mathrm{I}^{\delta}\Theta^{\varepsilon}\mathrm{N}^{\xi}\mathrm{J}^{\eta}$$

这一关系式称为物理量 Q 对基本量的量纲。式中 α、β、γ、δ、ε、ξ 和 η 称为量纲的指数，L、M、T、I、Θ、N、J 则分别为 7 个基本量的量纲。下表列出几种物理量的量纲。

物理量	量　纲	物理量	量　纲
速度	$\mathrm{LT^{-1}}$	磁通	$\mathrm{L^2MT^{-2}I^{-1}}$
力	$\mathrm{LMT^{-2}}$	亮度	$\mathrm{L^{-2}J}$
能量	$\mathrm{L^2MT^{-2}}$	摩尔熵	$\mathrm{L^2MT^{-2}}\Theta^{-1}\mathrm{N^{-1}}$
熵	$\mathrm{L^2MT^{-2}}\Theta^{-1}$	法拉第常数	$\mathrm{TN^{-1}}$
电势差	$\mathrm{L^2MT^{-3}I^{-1}}$	平面角	1
电容率	$\mathrm{L^{-3}M^{-1}T^4I^2}$	相对密度	1

所有量纲指数都等于零的量称为量纲一的量。量纲一的量的单位符号为 1。导出量的单位也可以由基本量的单位(包括它的指数)的组合表示，因为只有量纲相同的物理量才能相加减；只有两边具有相同量纲的等式才能成立，故量纲可用于检验算式是否正确，对量纲不同的项相乘除是没有限制的。此外，三角函数和指数函数的自变量必须是量纲一的量。

在从一种单位制向另一单位制变换时，量纲也是十分重要的。

附录B 国际单位制(SI)的基本单位和辅助单位

1. 国际单位制的基本单位

物理量	单位名称	单位符号	单位的定义
长度	米	m	光在真空中(1/299 792 458)s时间间隔内所经路径的长度
质量	千克(公斤)	kg	千克是质量单位,等于国际千克原器的质量
时间	秒	s	秒是铯-133原子基态的两个超精细能级之间跃迁所对应的辐射的9 192 631 770个周期的持续时间
电流	安[培]	A	在真空中截面积可忽略的两根相距1m的无限长平行圆直导线内通以等量恒定电流时,若导线间相互作用力在每米长度上为2×10^{-7}N,则每根导线中的电流为1A
热力学温度	开[尔文]	K	开尔文是水的三相点热力学温度的1/273.16
物质的量	摩[尔]	mol	摩尔是一系统的物质的量,该系统中所包含的基本单元数与0.012kg碳-12的原子数目相等。在使用摩尔时,基本单位应予指明,可以是原子、分子、离子、电子及其他粒子,或是这些粒子的特定组合
发光强度	坎[德拉]	cd	坎德拉是一光源在给定方向上的发光强度,该光源发出频率为540×10^{12} Hz的单色辐射,且在此方向上的辐射强度为(1/683)W/sr

2. 国际单位制的辅助单位

物理量	单位名称	单位符号	定义
[平面]角	弧度	rad	弧度是一圆内两条半径之间的平面角,这两条半径在圆周上截取的弧长与半径相等
立体角	球面度	sr	球面度是一立体角,其顶点位于球心,而它在球面上所截取的面积等于以球半径为边长的正方形面积

附录C 希腊字母

小写	大写	英文名称	小写	大写	英文名称
α	A	Alpha	ν	N	Nu
β	B	Beta	ξ	Ξ	Xi
γ	Γ	Gamma	ο	O	Omicron
δ	Δ	Delta	π	Π	Pi
ε	E	Epsilon	ρ	P	Rho
ζ	Z	Zeta	σ	Σ	Sigma

续表

小写	大写	英文名称	小写	大写	英文名称
η	H	Eta	τ	T	Tau
θ	Θ	Theta	υ	Υ	Upsilon
ι	I	Iota	$\varphi(\phi)$	Φ	Phi
κ	K	Kappa	χ	X	Chi
λ	Λ	Lambda	ψ	Ψ	Psi
μ	M	Mu	ω	Ω	Omega

附录 D　物理量的名称、符号和单位(SI)

物　理　量		单　　位	
名　称	符　号	名　称	符　号
长度	l,L	米	m
质量	m	千克	kg
时间	t	秒	s
速度	v	米每秒	$\mathrm{m\cdot s^{-1}}$, m/s
加速度	a	米每二次方秒	$\mathrm{m\cdot s^{-2}}$, $\mathrm{m/s^2}$
角	$\theta,\alpha,\beta,\gamma$	弧度	rad
角速度	ω	弧度每秒	$\mathrm{rad\cdot s^{-1}}$, rad/s
(旋)转速(度)	n	转每秒	$\mathrm{r\cdot s^{-1}}$, r/s
频率	ν	赫[兹]	Hz, $\mathrm{s^{-1}}$; Hz, 1/s
力	F	牛[顿]	N
摩擦因数	μ	一	1
动量	p	千克米每秒	$\mathrm{kg\cdot m\cdot s^{-1}}$, $\mathrm{kg\cdot m/s}$
冲量	I	牛[顿]秒	$\mathrm{N\cdot s}$
功	A	焦[耳]	J
能量,热量	E,E_k,E_p,Q	焦[耳]	J
功率	P	瓦[特]	$\mathrm{W(J\cdot s^{-1})}$, W(J/s)
力矩	M	牛[顿]米	$\mathrm{N\cdot m}$
转动惯量	J	千克二次方米	$\mathrm{kg\cdot m^2}$
角动量	L	千克二次方米每秒	$\mathrm{kg\cdot m^2\cdot s^{-1}}$, $\mathrm{kg\cdot m^2/s}$
劲度系数	k	牛顿每米	$\mathrm{N\cdot m^{-1}}$, N/m

续表

物理量		单位	
名称	符号	名称	符号
压强	p	帕[斯卡]	Pa
体积	V	立方米	m^3
热力学能	U	焦[耳]	J
热力学温度	T	开[尔文]	K
摄氏温度	t	摄氏度	℃
物质的量	ν,n	摩尔	mol
摩尔质量	M	千克每摩尔	$\mathrm{kg\cdot mol^{-1}}$,kg/mol
分子自由程	λ	米	m
分子碰撞频率	Z	次每秒	s^{-1}
黏度	η	帕[斯卡]秒,千克每米秒	$\mathrm{Pa\cdot s,kg\cdot m^{-1}\cdot s^{-1}}$,kg/(m·s)
热导率	κ	瓦每米开	$\mathrm{W\cdot m^{-1}\cdot K^{-1}}$,W/(m·K)
扩散系数	D	平方米每秒	$\mathrm{m^2\cdot s^{-1}}$,$\mathrm{m^2/s}$
比热容	c	焦[耳]每千克开	$\mathrm{J\cdot kg^{-1}\cdot K^{-1}}$,J/(kg·K)
摩尔热容	$C_{\mathrm{m}},C_{V,\mathrm{m}},C_{p,\mathrm{m}}$	焦[耳]每摩尔开	$\mathrm{J\cdot mol^{-1}\cdot K^{-1}}$,J/(mol·K)
摩尔热容比	$\gamma=C_{p,\mathrm{m}}/C_{V,\mathrm{m}}$		
热机效率	η		
制冷系数	ε		
熵	S	焦[耳]每开	$\mathrm{J\cdot K^{-1}}$,J/K
电荷	q,Q	库[仑]	C
体电荷密度	ρ	库[仑]每立方米	$\mathrm{C\cdot m^{-3}}$,$\mathrm{C/m^3}$
面电荷密度	σ	库[仑]每平方米	$\mathrm{C\cdot m^{-2}}$,$\mathrm{C/m^2}$
线电荷密度	λ	库[仑]每米	$\mathrm{C\cdot m^{-1}}$,C/m
电场强度	E	伏[特]每米	$\mathrm{V\cdot m^{-1}}$,V/m
真空电容率	ε_0	法拉每米	$\mathrm{F\cdot m^{-1}}$,F/m
相对电容率	ε_{r}		
电场强度通量	Ψ_{e}	伏[特]米	V·m
电势能	E_{p}	焦[耳]	J
电势	V	伏[特]	V
电势差	V_1-V_2	伏[特]	V
电偶极矩	p	库[仑]米	C·m

续表

物理量		单位	
名称	符号	名称	符号
电容	C	法拉	F
电极化强度	P	库[仑]每平方米	$C\cdot m^{-2}$, C/m^2
电位移	D	库[仑]每平方米	$C\cdot m^{-2}$, C/m^2
电流	I	安[培]	A
电流密度	j	安[培]每平方米	$A\cdot m^{-2}$, A/m^2
电阻	R	欧[姆]	Ω
电阻率	ρ	欧[姆]米	Ω·m
电动势	$\mathscr{E}$	伏[特]	V
磁感应强度	B	特[斯拉]	T
磁矩	m	安[培]平方米	$A\cdot m^2$
磁化强度	M	安[培]每米	$A\cdot m^{-1}$, A/m
真空磁导率	μ_0	亨[利]每米	$H\cdot m^{-1}$, H/m
相对磁导率	μ_r		
磁场强度	H	安[培]每米	$A\cdot m^{-1}$, A/m
磁通[量]	Φ_m	韦[伯]	Wb
磁通匝链数	Ψ		
自感	L	亨[利]	H
互感	M	亨[利]	H
位移电流	I_d	安[培]	A
磁能密度	ω_m	焦[耳]每立方米	$J\cdot m^{-3}$, J/m^3
周期	T	秒	s
频率	ν, f	赫[兹]	Hz
振幅	A	米	m
角频率	ω	弧度每秒	$rad\cdot s^{-1}$, rad/s
波长	λ	米	m
角波数(波数)	k	每米	m^{-1}, 1/m
相位	φ	弧度	rad
光速	c	米每秒	$m\cdot s^{-1}$, m/s
振动位移	x, y	米	m
振动速度	v	米每秒	$m\cdot s^{-1}$, m/s
波强	I	瓦[特]每平方米	$W\cdot m^{-2}$, W/m^2

附录 E　基本物理常数表(2006 年国际推荐值)

物理量	符号	数值	单位	计算时的取值
真空光速	c	299 792 458(精确)	m/s	3.00×10^{8}
真空磁导率	μ_0	$4\pi\times10^{-7}$(精确)	H/m	
真空介电常数	ε_0	$8.854\,187\,817\cdots\times10^{-12}$(精确)	F/m	8.85×10^{-12}
牛顿引力常数	G	$6.674\,28(67)\times10^{-11}$	$m^3/(kg\cdot s^2)$	6.67×10^{-11}
普朗克常数	h	$6.626\,608\,96(33)\times10^{-34}$	J·s	6.63×10^{-34}
基本电荷	e	$1.602\,176\,487(40)\times10^{-19}$	C	1.60×10^{-19}
里德伯常数	R_∞	10 973 731.568 527(73)	m^{-1}	10 973 731
电子质量	m_e	$0.910\,938\,215(45)\times10^{-30}$	kg	9.11×10^{-31}
康普顿波长	λ_C	$2.426\,310\,58(22)\times10^{-12}$	m	2.43×10^{-12}
质子质量	m_p	$1.672\,621\,637(83)\times10^{-27}$	kg	1.67×10^{-27}
阿伏伽德罗常数	N_A,L	$6.022\,141\,79(30)\times10^{23}$	mol^{-1}	6.02×10^{23}
摩尔气体常数	R	8.314 472(15)	J/(mol·K)	8.31
玻耳兹曼常数	k	$1.380\,650\,4(24)\times10^{-23}$	J/K	1.38×10^{-23}
摩尔体积(理想气体),T=273.15K,p=101 325Pa	V_m	22.414 10(19)	L/mol	22.4
斯特藩-玻耳兹曼常数	σ	$5.670\,400(40)\times10^{-8}$	$W/(m^2\cdot K^4)$	5.67×10^{-8}

附录 F　常用数学公式

1. 矢量运算

1) 单位矢量的运算

$\boldsymbol{i}$、$\boldsymbol{j}$ 和 $\boldsymbol{k}$ 为坐标轴 $\boldsymbol{x}$、$\boldsymbol{y}$ 和 $\boldsymbol{z}$ 方向的单位矢量,有

$$\boldsymbol{i}\cdot\boldsymbol{i}=\boldsymbol{j}\cdot\boldsymbol{j}=\boldsymbol{k}\cdot\boldsymbol{k}=1,\quad \boldsymbol{i}\cdot\boldsymbol{j}=\boldsymbol{j}\cdot\boldsymbol{k}=\boldsymbol{k}\cdot\boldsymbol{i}=0$$

$$\boldsymbol{i}\times\boldsymbol{i}=\boldsymbol{j}\times\boldsymbol{j}=\boldsymbol{k}\times\boldsymbol{k}=\boldsymbol{0}$$

$$\boldsymbol{i}\times\boldsymbol{j}=\boldsymbol{k},\boldsymbol{j}\times\boldsymbol{k}=\boldsymbol{i},\boldsymbol{k}\times\boldsymbol{i}=\boldsymbol{j}$$

2) 矢量的标积和矢积

设两矢量 $\boldsymbol{a}$ 与 $\boldsymbol{b}$ 之间小于 π 的夹角为 θ,有

$$\boldsymbol{a}\cdot\boldsymbol{b}=\boldsymbol{b}\cdot\boldsymbol{a}=a_xb_x+a_yb_y+a_zb_z=ab\cos\theta$$

$$\boldsymbol{a}\times\boldsymbol{b}=-\boldsymbol{b}\times\boldsymbol{a}=\begin{vmatrix}\boldsymbol{i}&\boldsymbol{j}&\boldsymbol{k}\\a_x&a_y&a_z\\b_x&b_y&b_z\end{vmatrix}$$

$$|\boldsymbol{a}\times\boldsymbol{b}|=ab\sin\theta$$

3）矢量的混合运算

$$\boldsymbol{a}\times(\boldsymbol{b}+\boldsymbol{c})=(\boldsymbol{a}\times\boldsymbol{b})+(\boldsymbol{a}\times\boldsymbol{c})$$

$$(s\boldsymbol{a})\times\boldsymbol{b}=\boldsymbol{a}\times(s\boldsymbol{b})=s(\boldsymbol{a}\times\boldsymbol{b})\quad(s\text{ 为标量})$$

$$\boldsymbol{a}\cdot(\boldsymbol{b}+\boldsymbol{c})=\boldsymbol{b}\cdot(\boldsymbol{c}\times\boldsymbol{a})=\boldsymbol{c}\cdot(\boldsymbol{a}\times\boldsymbol{b})$$

$$\boldsymbol{a}\times(\boldsymbol{b}\times\boldsymbol{c})=(\boldsymbol{a}\cdot\boldsymbol{c})\boldsymbol{b}-(\boldsymbol{a}\cdot\boldsymbol{b})\boldsymbol{c}$$

2. 三角函数公式

$$\sin(90^\circ-\theta)=\cos\theta$$

$$\cos(90^\circ-\theta)=\sin\theta$$

$$\sin\theta/\cos\theta=\tan\theta$$

$$\sin^2\theta+\cos^2\theta=1$$

$$\sec^2\theta-\tan^2\theta=1$$

$$\csc^2\theta-\cot^2\theta=1$$

$$\sin2\theta=2\sin\theta\cos\theta$$

$$\cos2\theta=\cos^2\theta-\sin^2\theta=2\cos^2\theta-1=1-2\sin^2\theta$$

$$\sin(\alpha\pm\beta)=\sin\alpha\cos\beta\pm\cos\alpha\sin\beta$$

$$\cos(\alpha\pm\beta)=\cos\alpha\cos\beta\pm\sin\alpha\sin\beta$$

$$\tan(\alpha\pm\beta)=\frac{\tan\alpha\pm\tan\beta}{1\pm\tan\alpha\tan\beta}$$

$$\sin\alpha\pm\sin\beta=2\sin\frac{1}{2}(\alpha\pm\beta)\cos\frac{1}{2}(\alpha\pm\beta)$$

$$\cos\alpha+\cos\beta=2\cos\frac{1}{2}(\alpha+\beta)\cos\frac{1}{2}(\alpha-\beta)$$

$$\cos\alpha-\cos\beta=-2\sin\frac{1}{2}(\alpha+\beta)\sin\frac{1}{2}(\alpha-\beta)$$

3. 常用导数公式

(1) $\dfrac{\mathrm{d}x}{\mathrm{d}x}=1$

(2) $\dfrac{\mathrm{d}(au)}{\mathrm{d}x}=a\dfrac{\mathrm{d}u}{\mathrm{d}x}$

(3) $\dfrac{\mathrm{d}}{\mathrm{d}x}(u+v)=\dfrac{\mathrm{d}u}{\mathrm{d}x}+\dfrac{\mathrm{d}v}{\mathrm{d}x}$

(4) $\dfrac{\mathrm{d}}{\mathrm{d}x}x^m=mx^{m-1}$

(5) $\dfrac{\mathrm{d}}{\mathrm{d}x}\ln x=\dfrac{1}{x}$

(6) $\dfrac{\mathrm{d}}{\mathrm{d}x}(uv)=u\dfrac{\mathrm{d}v}{\mathrm{d}x}+v\dfrac{\mathrm{d}u}{\mathrm{d}x}$

(7) $\dfrac{\mathrm{d}}{\mathrm{d}x}\mathrm{e}^x=\mathrm{e}^x$

(8) $\dfrac{\mathrm{d}}{\mathrm{d}x}\sin x=\cos x$

(9) $\dfrac{\mathrm{d}}{\mathrm{d}x}\cos x=-\sin x$

(10) $\frac{d}{dx}\tan x=\sec^2 x$

(11) $\frac{d}{dx}\cot x=-\csc^2 x$

(12) $\frac{d}{dx}\sec x=\tan x\sec x$

(13) $\frac{d}{dx}\csc x=-\cot x\csc x$

(14) $\frac{d}{dx}e^u=e^u\frac{du}{dx}$

(15) $\frac{d}{dx}\sin u=\cos u\frac{du}{dx}$

(16) $\frac{d}{dx}\cos u=-\sin u\frac{du}{dx}$

4. 常用积分公式

(1) $\int dx = x + c$

(2) $\int au\,dx = a\int u\,dx + c$

(3) $\int (u+v)dx = \int u\,dx + \int v\,dx + c$

(4) $\int x^m dx = \frac{1}{m+1}x^{m+1} + c,\quad m \neq -1$

(5) $\int \frac{dx}{x} = \ln|x| + c$

(6) $\int e^x dx = e^x + c$

(7) $\int \sin x\,dx = -\cos x + c$

(8) $\int \cos x\,dx = \sin x + c$

(9) $\int \tan x\,dx = \ln|\sec x| + c$

(10) $\int e^{-ax} dx = -\frac{1}{a}e^{ax} + c$

(11) $\int xe^{-ax} dx = -\frac{1}{a^2}(ax+1)e^{-ax} + c$

(12) $\int x^2 e^{-ax} dx = -\frac{1}{a^3}(a^2x^2+2ax+2)e^{-ax} + c$

(13) $\int \frac{dx}{\sqrt{x^2+a^2}} = \ln(x+\sqrt{x^2+a^2}) + c$

(14) $\int \frac{x\,dx}{(x^2+a^2)^{3/2}} = -\frac{1}{(x^2+a^2)^{1/2}} + c$

(15) $\int \frac{dx}{(x^2+a^2)^{3/2}} = \frac{1}{a^2(x^2+a^2)^{1/2}} + c$

习 题 答 案

习 题 1

一、选择题

1. D； 2. B； 3. B； 4. C； 5. B； 6. C； 7. B； 8. B； 9. B。

二、填空题

1. $\omega=4t^3-3t^2, a_\tau=R\alpha=12t^2-6t$。

2. $A\omega^2\sin\omega t$；$\frac{1}{2}(2n+1)\pi/\omega, n=0,1,2,\cdots$。

3. (1) A； (2) $t=1.19\text{s}$； (3) $t=0.67\text{s}$。

4. 23m/s。

5. 8m,10m。

6. 2m/s,3m/s。

三、计算题

1. (1) $\Delta\boldsymbol{r}=(4\boldsymbol{i}-2\boldsymbol{j})\text{m}$；

   (2) $|\Delta\boldsymbol{r}|=2\sqrt{5}$,该段时间内位移的方向与 x 轴的夹角为 $\alpha=-26.6°$；

   (3) 坐标图上的表示略。

2. (1) $x(3)=4\text{m}$； (2) $x(3)-x(0)=3\text{m}$； (3) 5m。

3. (1) $y=2-\frac{x^2}{4}, x>0$,运动轨迹图略；

   (2) $\bar{\boldsymbol{v}}=2\boldsymbol{i}-3\boldsymbol{j}(\text{m/s})$；

   (3) $\boldsymbol{v}(1)=2\boldsymbol{i}-2\boldsymbol{j}(\text{m/s}), \boldsymbol{v}(2)=2\boldsymbol{i}-4\boldsymbol{j}(\text{m/s})$；

   (4) $\boldsymbol{a}(1)=\boldsymbol{a}(2)=-2\boldsymbol{j}(\text{m/s}^2)$。

4. $x=\sqrt{(l_0-v_0t)^2-H^2}$；$v=-\frac{(l_0-v_0t)v_0}{\sqrt{(l_0-v_0t)^2-H^2}}=-\frac{v_0}{\cos\alpha}$；$a=-\frac{v_0^2H^2}{x^3}$。

5. 4.03m；差不多是人所跳高度的两倍。

6. (1) $t=0.5\text{s}$ 时质点以顺时针方向转动； (2) $\theta(0.25)=0.25\text{rad}$。

7. (1) $t=1\text{s}$ 时 $\boldsymbol{a}$ 与半径成 45°角； (2) $s=1.5\text{m}, \Delta\theta=0.5\text{rad}$。

8. $a_n=0.25\text{m/s}^2, a=0.32\text{m/s}^2, \alpha=128°40'$。

9. (1) $x=v_0t, y=\frac{1}{2}gt^2$；轨迹方程是：$y=\frac{1}{2}x^2g/v_0^2$；

   (2) $v=\sqrt{v_x^2+v_y^2}=\sqrt{v_0^2+g^2t^2}$;方向为：与 x 轴夹角 $\theta=\arctan\frac{gt}{v_0}(gt/v_0)$；

   $a_\tau=\text{d}v/\text{d}t=g^2t/\sqrt{v_0^2+g^2t^2}$,与 $\boldsymbol{v}$ 同向；

   $a_n=(g^2-a_\tau^2)^{1/2}=v_0g/\sqrt{v_0^2+g^2t^2}$,方向与 $\boldsymbol{a}_\tau$ 垂直；

图示略。

10. (1) 45.0m; (2) 21.8m/s。

11. (1) $(8t\boldsymbol{j}+\boldsymbol{k})$m/s; (2) $8\boldsymbol{j}$m/s^2。

12. (1) 7.49×10^3m/s; (2) 8.00m/s^2。

13. 4.5m/s^2, 0.6m/s^2。

14. (1) $\boldsymbol{r}=200t\boldsymbol{i}+(200\sqrt{3}t-5t^2)\boldsymbol{j}$(m),$\boldsymbol{a}=-10\boldsymbol{j}$m/s^2;

(2) $a_\tau=5\sqrt{3}$m/s^2,$a_n=5$m/s^2,图略。

15. (1) $\boldsymbol{r}=2t\boldsymbol{i}+(9-2t^2)\boldsymbol{j}$(m),$\boldsymbol{a}=-4\boldsymbol{j}$m/s^2;

(2) $a_\tau=2\sqrt{2}$m/s^2,$a_n=2\sqrt{2}$m/s^2;

(3) $t=0$,$t=2$s。

习 题 2

一、选择题

1. B; 2. A; 3. A; 4. D; 5. C; 6. A; 7. D; 8. C; 9. C; 10. D。

二、填空题

1. $1:\cos^2\theta$。

2. $\frac{2}{3}t^3\boldsymbol{i}+3t\boldsymbol{j}$。

3. $\frac{mv}{t}$,竖直向下。

4. $\boldsymbol{i}-5\boldsymbol{j}$。

5. $-\int_{L_1-L_0}^{L_2-L_0}kx\,\mathrm{d}x$。

6. 18J,6m/s。

7. 12J。

8. $2F_0R^2$。

9. $=$,$>$。

三、计算题

1. $M\sqrt{6gh}$,方向垂直斜面向下。

2. $\frac{m\omega^2(A^2-B^2)}{2}$。

3. $v=v_0\mathrm{e}^{-\frac{kt}{m}}$,$x_{\max}=\frac{mv}{k}$。

4. (1) $v_B=d\sqrt{\frac{k}{2m}}$; (2) $\frac{d}{\sqrt{2}}$。

5. (1) $\sqrt{(g\sin\theta)^2+[2g(1-\cos\theta)]^2}$; (2) 48.2°。

6. (1) 0.06m; (2) 4.2J,碰撞是非弹性。

7. $\sqrt{2gh+m^2v^2\cos^2\theta/(M+m)^2}$。

习　题　3

一、选择题

1. C；　2. D；　3. B；　4. C；　5. C；　6. C；　7. D。

二、填空题

1. 刚体的总质量，质量的分布，转轴的位置。

2. $\frac{1}{2}Ma$。

3. 5.0N·m。

4. 0.4rad/s。

5. 12.5N·m。

三、计算题

1. $M_{阻}=J\alpha=-\frac{1}{3}ml^2\frac{\omega_0}{t}=-\frac{1}{3t}ml^2\omega_0$。

2. $a=\frac{m_1 g}{m_1+m_2+M/2}$；$T_1=\frac{m_1(m_2+M/2)g}{m_1+m_2+M/2}$，$T_2=\frac{m_1 m_2 g}{m_1+m_2+M/2}$。

讨论：当 $M=0$ 时(忽略滑轮质量)，$T_1=T_2=\frac{m_1 m_2 g}{m_1+m_2}$。

3. $v=\sqrt{\frac{2mgh-kh^2}{m+I/R^2}}$。

4. (1) $\omega=\frac{mv_0 R}{\frac{1}{2}MR^2+mR^2}$；

　(2) 损失的机械能 $\Delta E=\frac{1}{2}mv_0^2-\frac{1}{2}\left(\frac{1}{2}MR^2+mR^2\right)\omega^2$。

习　题　4

一、选择题

1. D；　2. A；　3. B；　4. C；　5. C；　6. C；　7. C；　8. C；　9. B；　10. A。

二、填空题

1. c；c。

2. 0.8；0.8。

3. 0.075m^3。

4. 2.60×10^8。

5. $\sqrt{3}c/2$；$\sqrt{3}c/2$。

6. $\frac{m}{lS}$；$\frac{25m}{9lS}$。

7. 9×10^{16}J；1.5×10^{17}J。

8. $c\sqrt{1-(l/l_0)^2}$，$m_0c^2\left(\frac{l_0-l}{l}\right)$。

9. 3/5，1/5。

10. $m_0c^2(n-1)$。

习　题　5

一、选择题

1. C；　2. A；　3. A；　4. B；　5. D；　6. D；　7. C；　8. C；　9. D；
10. A；　11. D；　12. A；　13. D；　14. A；　15. B；　16. A；　17. C；　18. D；
19. D；　20. C；　21. D；　22. D；　23. D。

二、填空题

1. $\dfrac{\lambda d}{4\pi\varepsilon_0 R^2}$；指向缺口。

2. $\dfrac{\lambda_1}{\lambda_1+\lambda_2}d$。

3. $-\dfrac{3\sigma}{2\varepsilon_0}$；$-\dfrac{\sigma}{2\varepsilon_0}$；$\dfrac{\sigma}{2\varepsilon_0}$；$\dfrac{3\sigma}{2\varepsilon_0}$。

4. $\dfrac{-2\varepsilon_0 E_0}{3}$；$\dfrac{4\varepsilon_0 E_0}{3}$。

5. $\dfrac{q_2+q_4}{\varepsilon_0}$；$q_1$、$q_2$、$q_3$、$q_4$。

6. $\dfrac{q}{6\varepsilon_0}$。

7. $E\pi R^2$。

8. $-W_0$。

9. $\dfrac{Q}{4\pi\varepsilon_0 R}$；$-\dfrac{Qq}{4\pi\varepsilon_0 R}$。

10. 0；$W_1=W_2=W_3$。

11. 0；$\dfrac{Qq}{4\pi\varepsilon_0 R}$。

12. Ed。

13. $\dfrac{Q}{4\pi\varepsilon_0}\left(\dfrac{1}{r}-\dfrac{1}{R}\right)$。

14. $x=d/4$。

15. $U_{ab}=\int_a^b \boldsymbol{E}\cdot\mathrm{d}\boldsymbol{l}=\int_a^b(400\boldsymbol{i}+600\boldsymbol{j})\cdot(\mathrm{d}x\boldsymbol{i}+\mathrm{d}y\boldsymbol{j})=\int_3^1 400\mathrm{d}x+\int_2^0 400\mathrm{d}y=-2\times10^3\,\mathrm{V}$。

16. $\dfrac{q}{4\pi\varepsilon_0 r^2}$；0；$\dfrac{q}{4\pi\varepsilon_0 r}$；$\dfrac{q}{4\pi\varepsilon_0 r_2}$。

17. 0；0。

三、计算题

1. (1) $\boldsymbol{E}=-\dfrac{\lambda L}{4\pi\varepsilon_0 d(L+d)}\boldsymbol{i}$；

(2) $\boldsymbol{F}=-\dfrac{\lambda Lq}{4\pi\varepsilon_0 d(L+d)}\boldsymbol{i}$；(3) $V_P=\dfrac{\lambda}{4\pi\varepsilon_0}\ln\dfrac{d+L}{d}$。

2. $\boldsymbol{E}=\frac{\lambda}{2\pi\varepsilon_0 R}\boldsymbol{i}$。

3. $\boldsymbol{E}=-\frac{Q}{\pi^2\varepsilon_0 R^2}\boldsymbol{j}$。

4. $\boldsymbol{E}=\frac{-q}{2\pi\varepsilon_0 a^2\theta_0}\sin\frac{\theta_0}{2}\boldsymbol{j}$。

5. $V_0=\frac{\sigma R}{2\varepsilon_0}$。

6. (1) $E_1=0$；$E_2=\frac{Q}{4\pi\varepsilon_0 r^2}\cdot\frac{r^3-R^3}{R_1^3-R^3}$；$E_3=\frac{Q}{4\pi\varepsilon_0 r^2}$；

(2) $V_a=\frac{Q}{4\pi\varepsilon_0 r_a}$。

习　题　6

一、选择题

1. D；　2. C；　3. B；　4. B；　5. B；　6. A；　7. B；　8. B；　9. C；　10. C；
11. A；　12. B；　13. B。

二、填空题

1. $-q$；$-q$。
2. V_0。
3. 0。
4. $\frac{q}{4\pi\varepsilon_0 r^2}$，$\frac{q}{4\pi\varepsilon_0 r_c}$。
5. 4.55×10^5 C。
6. $\boldsymbol{D}=\varepsilon_0\varepsilon_r\boldsymbol{E}$。
7. $\frac{q}{4\pi\varepsilon_0 R}$。
8. =。
9. 电位移线；电场线。
10. $\frac{V_0}{2}+\frac{Qd}{4\varepsilon_0 S}$。
11. $\sqrt{2Fd/C}$。
12. $\frac{1}{\varepsilon_r}$；$\frac{1}{\varepsilon_r}$；$\frac{1}{\varepsilon_r}$。
13. ε_r；1；ε_r。
14. $\frac{Q^2}{8\pi\varepsilon_0 R}$。
15. 大于。
16. 1/16；1/4。

三、计算题

1. (1) $r<R$，$E_1=0$；

$R<r<R_1, E_2=\dfrac{q}{4\pi\varepsilon_0\varepsilon_r r^2}$;

$R_1<r<R_2, E_3=0$;

$r>R_2, E_4=\dfrac{q+Q}{4\pi\varepsilon_0 r^2}$;

(2) $V_A=\dfrac{q}{4\pi\varepsilon_0\varepsilon_r}\left(\dfrac{1}{R}-\dfrac{1}{R_1}\right)+\dfrac{q+Q}{4\pi\varepsilon_0 R_2}$;

(3) $V_B=\dfrac{q+Q}{4\pi\varepsilon_0 R_2}$;

(4) $U_{AB}=\int_R^{R_1}\boldsymbol{E}\cdot d\boldsymbol{r}=\int_R^{R_1}\dfrac{q}{4\pi\varepsilon_0\varepsilon_r r^2}dr=\dfrac{q}{4\pi\varepsilon_0\varepsilon_r}\left(\dfrac{1}{R}-\dfrac{1}{R_1}\right)$。

2. $\sigma_1=-\dfrac{1}{2}\sigma, \sigma_2=\dfrac{1}{2}\sigma$。

3. $(Q_B-Q_A)/2$。

4. $\dfrac{Q_1}{\varepsilon_0 S}$。

5. 7.4m^2。

6. $5.3\times10^{-10}\text{F/m}^2$。

7. (1) 2.0×10^{-11}F; (2) 4.0×10^{-6}F。

8. 8.0×10^{-13}F。

9. $C=\dfrac{(n-1)\varepsilon_0 S}{d}$。

10. 2.1。

11. 0.152mm。

12. (1) 190V; (2) 9.03×10^{-3}J。

13. 击穿。

14. 0.42m^2。

15. $d=\dfrac{\varepsilon_r}{\varepsilon_r-1}a-\dfrac{\varepsilon_0\varepsilon_r S}{(\varepsilon_r-1)C}$。

16. (1) $\dfrac{Q^2 d}{2\varepsilon_0 S}$; (2) $\dfrac{Q^2 d}{2\varepsilon_0 S}$。

17. 3.0×10^{10}J; 8.98×10^4kg; 416 天。

18. 略。

习　题　7

一、选择题

1. D; 2. A; 3. D; 4. B; 5. B; 6. C; 7. D; 8. C; 9. C; 10. C; 11. B。

二、填空题

1. 5×10^{-5}T。

2. 垂直纸面向里；$\frac{\mu_0 I}{4}\left(\frac{1}{a}+\frac{1}{b}\right)$。

3. 0。

4. $B=\frac{\mu_0 Ia}{2\pi(R^2-r^2)}$。

5. 0。

6. $\sqrt{2}IBR$；沿 y 轴正向。

7. BIa。

8. 0； 1.5×10^{-6} N/cm； 1.5×10^{-6} N/cm。

9. 水平向左；$\frac{\mu_0 I^2 \mathrm{d}l}{4a}$。

10. 0。

11. 铁磁质；顺磁质；抗磁质。

12. $\mu_0\mu_r nI, nI$。

13. $\frac{I}{2\pi r}, \frac{\mu I}{2\pi r}$。

三、计算题

1. $B=\frac{\mu_0 I}{2\pi R}$，方向垂直纸面向外。

2. $B=\frac{\mu_0 \delta}{2\pi}\ln\frac{a+b}{b}$，方向垂直纸面向里。

3. $\frac{\mu_0 I}{\pi^2 R}=6.37\times10^{-5}(\mathrm{T})$。

4. $F=\frac{\mu_0 I_1 I_2}{2}$，方向：垂直 I_1 向右。

5. $0<r<R_1$：$B=\frac{\mu_0 Ir}{2\pi R_1^2}$；

$R_1<r<R_2$：$B=\frac{\mu I}{2\pi r}$；

$R_2<r<R_3$：$B=\frac{\mu_0 I}{2\pi r}\left(1-\frac{r^2-R_2^2}{R_3^2-R_2^2}\right)$；

$r>R_3$：$B=0$。

习 题 8

一、选择题

1. D； 2. A； 3. D； 4. B； 5. C； 6. A； 7. B； 8. C； 9. B；
10. C； 11. C； 12. D； 13. C； 14. B； 15. C； 16. B； 17. C； 18. C。

二、填空题

1. (1) 无感应电流； (2) 无感应电流。

2. 顺时针； 顺时针。

3. $\frac{1}{2}B\omega l^2$；从 A 到 O。

4. $\frac{\mu_0 I\pi r^2}{2a}\cos\omega t$；$\frac{\mu_0 I\omega\pi r^2}{2Ra}\sin\omega t$。

5. $\mu\frac{N}{l}I$；$\frac{\mu N^2 I^2 S}{2l}$。

6. (1) ②； (2) ③； (3) ①。

7. 0；$-\int_S(\partial\boldsymbol{B}/\partial t)\cdot\mathrm{d}\boldsymbol{S}$；0；$\int_S(\partial\boldsymbol{D}/\partial t)\cdot\mathrm{d}\boldsymbol{S}$。

三、计算题

1. $\varepsilon_{MeN}=-\frac{\mu_0 Iv}{2\pi}\ln\frac{a+b}{a-b}$，方向 $N\to M$；$U_M-U_N=-\varepsilon_{MN}=\frac{\mu_0 Iv}{2\pi}\ln\frac{a+b}{a-b}$。

2. $\frac{\mu_0 Iv}{2\pi}\ln\frac{2(a+b)}{2a+b}$；电动势方向从 C 到 D，D 端电势高。

3. $-\frac{\mu_0 lk}{2\pi}\ln\frac{4}{3}$，感应电流方向为逆时针。

4. 感应电动势大小 2.4×10^{-5} V，方向为逆时针。

5. (1) $-\frac{\mu_0\pi a^2 k}{2R}$，电动势顺时针； (2) $\frac{\mu_0\pi a^2}{2R}$。

6. $22.6\mathrm{J/m^3}$。

索　引

（以汉语拼音字母顺序排列）

J

击穿	breakdown	(6.2节)
击穿场强	breakdown field strength	(6.2节)
机械能	mechanical energy	(2.8节)
机械能守恒定律	law of conservation of mechanical energy	(2.8节)
机械运动	mechanical motion	(1.1节)
极化电荷	polarization charge	(6.2节)
加速度	acceleration	(1.2节)
伽利略相对性原理	Galilean principle of relativity	(1.5节)
尖端放电	point discharge	(6.1节)
交流	alternating current	(8.2节)
角动量	angular momentum	(2.5节)
角动量守恒定律	law of conservation of angular momentum	(2.5节)
角加速度	angular acceleration	(1.4节)
角速度	angular velocity	(1.4节)
角位移	angular displacemnent	(1.4节)
介质中的高斯定理	Gauss theorem in medium	(6.2节)
劲度系数	coefficient of stiffness	(2.2节)
静电场	electrostatic field	(5.2节)
静电场的环路定理	circuital theorem of electrostatic field	(5.4节)
静电感应	electrostatic induction	(6.1节)
静电平衡	electrostatic equilibrium	(6.1节)
静电屏蔽	eletrostatic screening	(6.1节)
静摩擦力	static friction force	(2.2节)
居里点	Curie point	(7.7节)
绝对参考系	absolute reference frame	(4.1节)
绝对空间	absolute space	(4.1节)
绝对时间	absolute time	(4.1节)
绝对速度	absolute velocity	(1.5节)
绝对运动	absolute motion	(1.1节)

K

抗磁性	diamagnetism	(7.7节)
库仑	Coulomb	(5.2节)
库仑定律	Coulomb law	(5.2节)
库仑力	Coulomb force	(5.2节)

L

M

N

P

Q

R

S

速度	velocity	(1.2 节)
速率	speed	(1.2 节)

T

弹性力	elastic force	(2.7 节)
弹性势能	elastic potential energy	(2.7 节)
逃逸速度	velocity of escape	(2.8 节)
同时性	simultaneity	(4.3 节)
同时性的相对性	relativity of simultaneity	(4.3 节)

W

外力	external force	(2.6 节)
万有引力	universal gravitation	(2.7 节)
万有引力定律	law of universal gravitation	
位矢	position vector	(1.1 节)
位移	displacement	(1.1 节)
位移电流	displacement current	(8.6 节)
涡流	eddy current	(8.3 节)
无极分子	nonpolar molecule	(6.2 节)

X

狄义相对论	special relativity	(4.2 节)
狭义相对性原理	principle of special relativity	(4.2 节)
相对磁导率	relative permeability	(7.7 节)
相对电容率	relative permittivity	(6.2 节)
相对论速度相加	relativity velocity addition	(4.2 节)
相对论性动量	relativistic momentum	(4.4 节)
相对论性质-能关系	relativity mass-energy relation	(4.4 节)
相对速度	relative velocity	(1.5 节)
相对运动	relative motion	(1.5 节)
相对性原理	relativity principle	(4.2 节)
向心加速度	centripetal acceleration	(1.4 节)
向心力	centripetal force	(1.4 节)

Y

以太	ether	(4.2 节)
引力常数	gravitational constant	(2.2 节)
引力场	gravitational field	(2.2 节)
硬磁材料	hard magnetic material	(7.7 节)

参 考 文 献

[1] 张三慧. 大学基础物理学(上册)[M]. 北京：清华大学出版社,2003.

[2] 单秋山. 物理教程[M]. 哈尔滨：哈尔滨工业大学出版社，2002.

[3] 朱峰. 大学物理[M]. 北京：清华大学出版社,2004.

[4] 戴剑锋，李维学，王青. 工科物理(下册)[M]. 北京：机械工业出版社,2009.

[5] 吴王杰. 物理(工)[M]. 北京：机械工业出版社,2007.

[6] 张丹海,洪小达. 简明大学物理教程[M]. 北京：科学出版社,2008.

[7] 孙厚谦. 大学物理学[M]. 北京：清华大学出版社,2009.

[8] 徐建中. 物理学[M]. 北京：化学工业出版社，2009.

[9] 马文蔚. 物理学[M]. 北京：高等教育出版社，2006.

[10] 唐海燕,王丽梅,宋士贤. 工科物理教程[M]. 北京：国防工业出版社，2007.

[11] 魏京花,宫瑞婷. 普通物理学习辅导[M]. 北京:中国建材工业出版社,2010.

[12] 刘金伟,于慧,王俊平. 大学物理学习题集[M]. 天津：天津科学技术出版社,2005.